建筑电气新技术丛书

建筑供配电新技术

中国建筑学会建筑电气分会　主编

中国建筑工业出版社

图书在版编目（CIP）数据

建筑供配电新技术/中国建筑学会建筑电气分会主编.
北京：中国建筑工业出版社，2009
（建筑电气新技术丛书）
ISBN 978-7-112-11342-2

Ⅰ. 建…　Ⅱ. 中…　Ⅲ. ①房屋建筑设备-供电②房屋建筑设备-配电系统　Ⅳ. TU852

中国版本图书馆 CIP 数据核字（2009）第 170264 号

建筑电气新技术丛书
建筑供配电新技术
中国建筑学会建筑电气分会　主编
*
中国建筑工业出版社出版、发行（北京西郊百万庄）
各地新华书店、建筑书店经销
霸州市顺浩图文科技发展有限公司制版
北京市兴顺印刷厂印刷
*
开本：850×1168 毫米　1/32　印张：17⅛　插页：10　字数：492 千字
2010 年 2 月第一版　　2010 年 2 月第一次印刷
定价：**40.00** 元
ISBN 978-7-112-11342-2
（18549）

本书由建筑中压配电系统工程和低压供配电系统工程两篇内容组成，以国家民用建筑电气设计标准和规范为依据，全面介绍了建筑供配电设计所涉及的系统设计、设备选型、工程计算、保护控制和电气安全等内容。这两篇内容分别独立完整地讲解了中压和低压配电系统中的新技术，同时也包含一部分建筑电气供配电工程的一些经典内容。

本书由国内权威专家编写，可供从事建筑电气设计、施工、监理、维护管理和其他相关专业的工程技术人员阅读，也适合高等院校有关专业作为工程实践教学环节和毕业设计的指导材料。

* * *

责任编辑：刘　江　张　磊
责任设计：赵明霞
责任校对：张　虹　陈晶晶

编委会名单

前　言

建筑电气新技术丛书即将向全国读者印发出版了，对于建筑电气界来说这是一件大好事。

“建筑电气”广义的解释是：建筑电气是以建筑为平台，以电气技术为手段，在有限的空间内，创造人性化生活环境的一门应用学科。

“建筑电气”狭义的解释是：在建筑物中，利用现代先进的科学理论及电气技术（含电力技术、信息技术及智能化技术等），创造一个人性化生活环境的电气系统，统称为建筑电气。

我们在编著建筑电气新技术丛书时，考虑到建筑电气的范围广阔，项目繁多，特别是新技术层出不穷，尽可能不遗漏和全面一些。丛书共分六册，即：《建筑电气工程基础与IT技术应用》、《建筑供配电新技术》、《建筑照明》、《智能建筑新技术》、《常用电器系统·电磁兼容与防雷接地》、《电气节能与太阳能应用技术》。

本丛书是以中国建筑学会建筑电气分会的第七届理事会部分领导成员洪元颐、张文才、王金元、杨维迅、陈建飚、陈众励、杨德才、陈汉民，并邀请了我国电气领域的老专家：王厚余、贺湘琨、刘希清、詹庆旋、刘屏周、王素英、李道本、姚家祎、黄妙庆、杨守权、张艺滨等，以及诸多的专家领衔编纂而成的，他们有孙成群、王勇、张野、孙牧海、张涓笑、高小平、龚增、黄春、刘侃、戎一农、施巨岭、张跃、方磊、陈慈萱、孙兰、张昕、叶明、姚梦明等；此外许多同仁帮助做了很多校阅工作，他们有杜毅威、葛大麟、石萍萍、李宏毅等等；这项巨大的工程是大家辛劳地一砖一瓦堆砌起来的，在此我向七十余名作者及方方面面给予我们支持的同仁致以深深的感谢。

洪元颐

目　录

第一篇　建筑中压配电系统工程

第1章　概　　述…………………………………………… 3
1　建筑工程中压配电系统的范围及特点 ………………… 3
2　建筑工程中压配电系统按电压等级分类概况 ………… 4
3　建筑工程中压配电系统继电保护的现状 ……………… 4
4　建筑工程中压配电系统配电自动化的内容 …………… 5
5　建筑工程中压配电装置的概况 ………………………… 5
6　建筑工程中压配电所（站）的基本型式 ……………… 5
第2章　建筑工程中压配电系统的构成………………… 7
1　常用的典型中压配电系统主接线 ……………………… 7
2　典型中压配电系统主接线的评价……………………… 26
第3章　短路电流计算 ………………………………… 29
1　短路电流计算的一般情况……………………………… 29
2　电路元件参数的换算及网络变换……………………… 33
3　高压网络电路元件的阻抗的计算……………………… 37
4　高压网络的短路电流计算（实用短路电流计算方法）… 46
5　低压网络电路元件阻抗的计算………………………… 66
6　低压网络短路电流的计算……………………………… 77
7　短路电流计算（7～13 国标 GB/T 15544 计算方法）… 80
8　远端短路………………………………………………… 98
9　短路电流计算 ………………………………………… 107
10　近端短路……………………………………………… 113
11　短路电流计算………………………………………… 118

12 电动机影响……………………………………………………… 127
13 非旋转负载和电容器……………………………………………… 131
第4章 继电保护………………………………………………… 132
1 一般要求 ……………………………………………………… 132
2 数字式（微机）继电保护装置的特点 ……………………… 135
3 电力变压器的保护 …………………………………………… 136
4 3～63kV线路的保护 ………………………………………… 154
5 6～10kV母线分段断路器的保护 …………………………… 166
6 电力电容器的保护 …………………………………………… 170
7 3～10kV电动机的保护 ……………………………………… 182
8 微机保护装置的电磁兼容 …………………………………… 196
9 保护用电流互感器 …………………………………………… 199
10 交流操动的继电保护……………………………………………… 212
第5章 中压配电系统自动化…………………………………… 216
1 配电自动化系统定义 ………………………………………… 216
2 配电主站的功能 ……………………………………………… 217
3 配电子站的功能 ……………………………………………… 220
4 配电远方终端的功能 ………………………………………… 221
5 配电自动化系统通信配置 …………………………………… 222
6 配电自动化系统的主要技术指标 …………………………… 222
7 配电自动化系统组成结构 …………………………………… 223
第6章 中压配电系统的所用电及操动电源…………………… 254
1 所用电 ………………………………………………………… 254
2 操动电源系统 ………………………………………………… 256
第7章 电力系统中性点接地…………………………………… 295
1 简介 …………………………………………………………… 295
2 电力系统中性点接地方式分类 ……………………………… 295
3 各种接地方式的比较与适用范围 …………………………… 300
4 各种接地方式的比较 ………………………………………… 304
5 中性点接地方式的选择 ……………………………………… 305

第8章 常用高压电器和开关柜 …… 307
1 高压电器和开关柜的选择 …… 307
2 高压开关柜的组成与分类 …… 316
3 高压开关柜的技术条件 …… 320
4 高压开关柜的技术性能与产品选型 …… 328
5 高压开关柜订货和投标应提供的资料 …… 330
第9章 操作电源 …… 332
1 直流电源柜 …… 332
2 UPS电源 …… 366
第10章 箱式变电站 …… 373
1 箱式变电站的组成与使用条件 …… 373
2 箱式变电站的类型与特性 …… 374
3 产品选用和安装要点 …… 386
4 查询、投标和订货时应提供的资料 …… 387
第11章 变配电所 …… 389
1 变配电所所址选择 …… 389
2 变配电所的布置 …… 393
3 对有关专业的要求 …… 411

第二篇 低压供配电系统工程

第1章 低压供配电系统 …… 427
1 电力供配电系统 …… 427
2 照明配电系统 …… 430
第2章 应急电源及供配电系统 …… 436
1 应急电源种类 …… 436
2 应急电源系统 …… 436
3 备用或应急电源的组成 …… 437
第3章 民用建筑供配电系统 …… 445
1 高层建筑供配电系统 …… 445
2 体育建筑供配电系统 …… 447

3　剧场供配电系统 …… 449
4　医疗建筑供配电系统 …… 451
5　商住楼供配电系统 …… 455
第4章　导体选择 …… 457
1　电线、电缆类型的选择 …… 457
2　电线、电缆截面选择 …… 467
3　电线、电缆载流量 …… 470
4　按经济电流选择电缆截面 …… 472
第5章　开关电器和保护电器的选用 …… 473
1　低压电器选择的一般要求 …… 473
2　开关、隔离电器和接触器的选用 …… 474
3　保护电器的选用 …… 479
4　各级保护电器间的选择性配合 …… 485
5　各种低压电器的安装位置要求 …… 487
6　ATSE的选用 …… 489
第6章　特低电压配电 …… 492
1　SELV（Self-sufficient ELV） …… 492
2　PELV（Protective ELV） …… 494
3　FELV（Functional ELV） …… 495
第7章　电气设备布置 …… 496
1　正常环境的配电设备布置要求 …… 496
2　爆炸及火灾危险环境的配电设备布置要求 …… 496
3　腐蚀性环境的配电设备布置要求 …… 497
4　洁净环境的配电设备布置要求 …… 497
5　高频环境的配电设备布置要求 …… 497
6　高温环境的配电设备布置要求 …… 497
第8章　电能质量 …… 498
1　概述 …… 498
2　电压偏差 …… 498
3　电压波动与闪变 …… 500

4 大功率设备启动时的电压降及其供电电源容量的确定 …… 502
5 谐波 …… 504
6 不平衡度 …… 510
第 9 章 电机的启动、控制、保护 …… 513
1 电机启动方式的选择原则 …… 513
2 电机启动设备的选择及要求 …… 514
第 10 章 电动机启动设备特性及应用 …… 516
1 直流电动机的启动 …… 516
2 交流电动机的启动 …… 517
3 变频调速启动 …… 527

第一篇　建筑中压配电系统工程

第1章 概 述

1 建筑工程中压配电系统的范围及特点

建筑中压配电系统工程指向民用和工业建筑供电的用户终端配变电所、用户中压开关站及配电系统，直接作为电力系统的用户单位，为该工程的中压变电设备、电动机等中压用电设备供电。

建筑工程中采用中压供电的用电设备的容量从100kW、变压器容量从50kVA以上至设备容量数万千瓦及变压器容量数万千伏安。

建筑工程的用户终端配变电所的电源进线系根据用户用电负荷对供电可靠性的要求及中断供电在政治、经济上所造成损失或影响的程度的分级，电力系统的供电环境及自备发电设备确定。建筑工程用户用电涵盖了全部负荷的分级。

建筑工程的中压馈电系统根据用电负荷级别采用树干式配电、放射式配电、环式配电。

建筑工程的用户终端配变电所的电能计量原则上采用高供高计，也大量存在高供低计。

民用建筑工程中，合理用地使配变电所有相当大比例设在地下层、避难楼层及设备楼层。

民用建筑工程中，适应防火需要大量采用干式变压器、真空断路器、难燃性电容器、环氧树脂全密封浇铸的电压互感器、环氧树脂浇铸的电流互感器等不带可燃性油的中压配变电设备。

建筑工程的中压配电装置大量采用开关及操动机构、继电保护、测量、信号、网络通信装置等组成的户内型中压成套开关设备（高压开关柜）。

民用建筑工程中高压环网开关设备（环网柜）的采用占有相当大比例。

建筑工程中预装式变电站得到广泛应用。

建筑工程的配电自动化系统功能有的由BAS系统来完成；有的配电自动化系统作为BAS系统的子系统；有的配电自动化系统作为独立系统仅与BAS系统有信息通信；有的配电自动化系统为独立系统。

2　建筑工程中压配电系统按电压等级分类概况

建筑工程中压配电系统的配电电压等级须从用电容量、用电设备特性、供电距离、供电线路的回路数、用户的远景规划、当地电力系统的供电环境和发展规划以及经济合理等因数考虑决定。根据公共建筑、办公楼、商用楼、公寓楼、住宅及一般工业建筑等的特点，中压配电系统的电源电压等级主要为35kV、10kV。内部中压配电电源电压等级主要为10kV。

3　建筑工程中压配电系统继电保护的现状

用户用电容量、用电负荷的分级、用户的经济实力及用户的要求不同，建筑工程中压配电系统继电保护的做法也不同。1250kVA及以下的配电变压器仅在高压侧设环网柜负荷开关加熔断器的保护，因简单、投资省在民用等用电负荷的供电系统中得到普遍应用。随着计算机及微处理器在继电保护中的应用及配电自动化的飞速发展，微机继电保护在大型工业与民用建筑中应用很普遍。

4 建筑工程中压配电系统配电自动化的内容

建筑工程中压配电系统配电自动化包括配电自动化系统的配电主站实时功能、管理功能的确定；配电子站的数据采集、控制、数据传输、维护、故障处理、通信监视等功能的确定；配电远方终端的数据采集、控制、数据传输、维护、当地功能等功能的确定；配电自动化系统的搭建及配置，配电自动化系统通信的通信介质、通信规约、接口的确定及配置等内容。

5 建筑工程中压配电装置的概况

空气绝缘方式布置更加合理，结构紧凑和小型化，安全可靠是建筑工程的中压配电装置的发展趋势之一。中压配电装置应用传感技术、数字技术、智能化监控，使集中控制、继电保护制成机电一体化的产品日益增多。配电装置从整体手车式的10kV及以下的产品因检修和互换较麻烦，已逐渐被淘汰，中置式、下置式和双层布置的10kV配电装置逐步取代整体手车式的10kV配电装置。目前，建筑工程中对供电要求不太高的用户，固定式的高压开关柜和环网开关柜占有很大比例。35kV配电装置建筑工程中采用35kV高压开关柜占主导地位。

6 建筑工程中压配电所（站）的基本型式

35/10kV变电所的型式分为全户外型、全户内型及半户内型。全户外型的主变压器、35kV配电装置及主变压器户外布置。全户内型的主变压器、35kV配电装置及主变压器户内布置，一般为双层布置，变压器室设在底层。采用单层布置，主变压器半露天安装。半户内型又分为两种，一种35kV配电装置及主变压器户外布置，10kV配电装置户内布置；一种仅主变压器为户外布置，35kV配电装置及10kV配电装置户内布置。

10kV配电所（站）的型式一般为全户内型，采用单层布置。建筑工程中当10kV配电所（站）和10/0.4kV变电所建在一起时，也可双层布置。

预装式变电站因其体积小、占地少、施工快、可靠性高；方便接近负荷中心、缩短了低压供电半径；采用10kV等级电压向预装式变电站供电减少线损和有色金属用量等优点，广泛应用于高层建筑、住宅小区等场合。

第2章　建筑工程中压配电系统的构成

1　常用的典型中压配电系统主接线

1.1　35kV 配电系统主接线

1.1.1　35kV 单电源进线单母线接线

一路 35kV 电源进线单母线接线供电系统概略图见图 1.2-1。

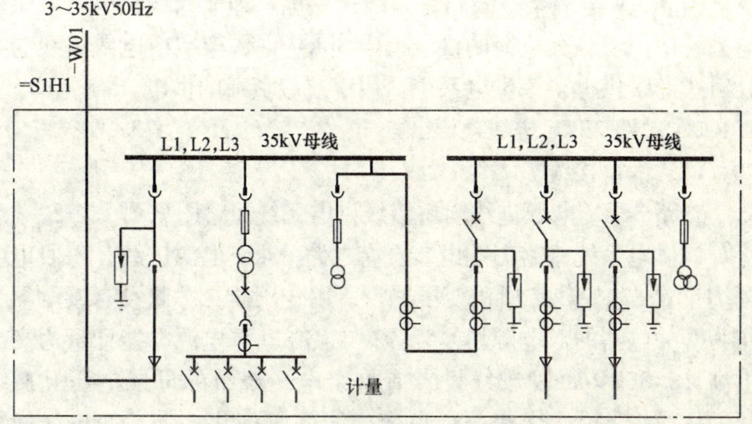

图 1.2-1　一路 35kV 电源进线单母线接线供电系统概略图

该供电系统概略图配电装置有一路 35kV 电源进线；设置 35/0.4kV 所用变压器；35kV 用电电能计量为高供高计；35kV 母线设带有剩余电压绕组的母线电压互感器；两个主变出线间隔；选用有两个二次绕组的电流互感器；35kV 开关、设备、继电保护、表计等组装在移开式金属封闭开关柜内为成套装置。

35kV 开关柜采用固定式金属封闭开关柜，可按图 1.2-1 所示主接线按固定式金属封闭开关柜的一次方案套改。35kV 进线隔离开关柜的一次方案依据电源架空进线或电缆进线方式确定。

所用变可根据变电所的重要性、容量的大小及操动方式的需要取舍。35kV 变电所设有低压配电变压器或从 35kV 变电所外可取得可靠的所用电电源、采用蓄电池的直流操动电源系统或 UPS 供电的交流操动电源系统，用户 35kV 变电所中可不设专用所用变压器。

图 1.2-1 馈电间隔可根据工程需要增减。当需从 35kV 变电所引出 35kV 电源可改为 35kV 馈电间隔；根据配电变压器的数量增加变压器出线间隔。

主变、进线采用纵联差动保护，电流互感器为有三个二次绕组的电流互感器。

当 35kV 电源架空线路系干线式供电，即非专线供电，该供电系统适用于三级负荷的供电；当 35kV 电源架空或电缆进线为放射式专线供电，该供电系统适用于二级负荷的供电。

1.1.2 二路 35kV 进线电源

(1) 内桥接线

二路 35kV 电源进线内桥接线供电系统概略图见图 1.2-2。

该供电系统概略图配电装置有二路 35kV 电源进线；每段电源均设置 35/0.4kV 所用变压器，所用变压器二次侧设有接触器作为开关电器的双电源切换装置；二路 35kV 电源电能计量为高供高计；35kV 每段母线设带有剩余电压绕组的母线电压互感器；每段 35kV 母线有一个主变出线间隔（共二个主变出线间隔）；选用有两个二次绕组的电流互感器；二个 35kV 电源均设有电源监视电压互感器，可设置备用电源自动投入装置；35kV 开关、设备、继电保护、自动投入装置、表计等组装在移开式金属封闭开关柜为成套装置。

35kV 开关柜采用固定式金属封闭开关柜，可按图 1.2-2 所示主接线按固定式金属封闭开关柜的一次方案套改。35kV 进线隔离开关柜的一次方案依据电源架空进线或电缆进线方式确定。

所用变压器可根据变电所的重要性、容量的大小及操动方式的需要取舍。35kV 变电所一般设置二台所用变压器如图 1.2-2 所示，35kV 一段电源设一台所用变压器，在 10kV 另一段电源设一台所用变压器的做法也较普遍。因能从 35kV 变电所外可取得可靠的所用电备用电源，35kV 变电所可在 35kV 某段电源设一台所用变压器。当 35kV 变电所设有低压配电变压器或从 35kV 变电所外可取得可靠的所用电电源，且采用蓄电池的直流操动电源系统或 UPS 供电的交流操动电源系统，有用户在 35kV 变电所中不设所用变压器的工程实例。

主变、进线采用纵联差动保护，电流互感器为有三个二次绕组的电流互感器。

35kV 变电所当 35kV 电源架空线路系干线式供电，即非专线供电时，其供电系统适用于对二级负荷的供电；当 35kV 电源架空或电缆为放射式专线供电，该供电系统适用于对一级负荷的供电。

(2) 外桥接线

二路 35kV 电源进线外桥接线供电系统概略图见图 1.2-3。

该供电系统概略图配电装置有二路 35kV 电源进线；每段电源均设置 35/0.4kV 所用变压器，所用变压器二次侧设有接触器作为开关电器的双电源切换装置；二路 35kV 电源电能计量为高供高计；35kV 每段母线为单母线接线，设带有剩余电压绕组的母线电压互感器；每段 35kV 母线有一个主变出线间隔（共二个主变出线间隔）；选用有两个二次绕组的电流互感器；35kV 开关、设备、继电保护、表计等组装在移开式金属封闭开关柜为成套装置。

35kV 开关柜采用固定式金属封闭开关柜，可按图 1.2-3 所示主接线按固定式金属封闭开关柜的一次方案套改。35kV 进线隔离开关柜的一次方案依据电源架空进线或电缆进线方式确定。

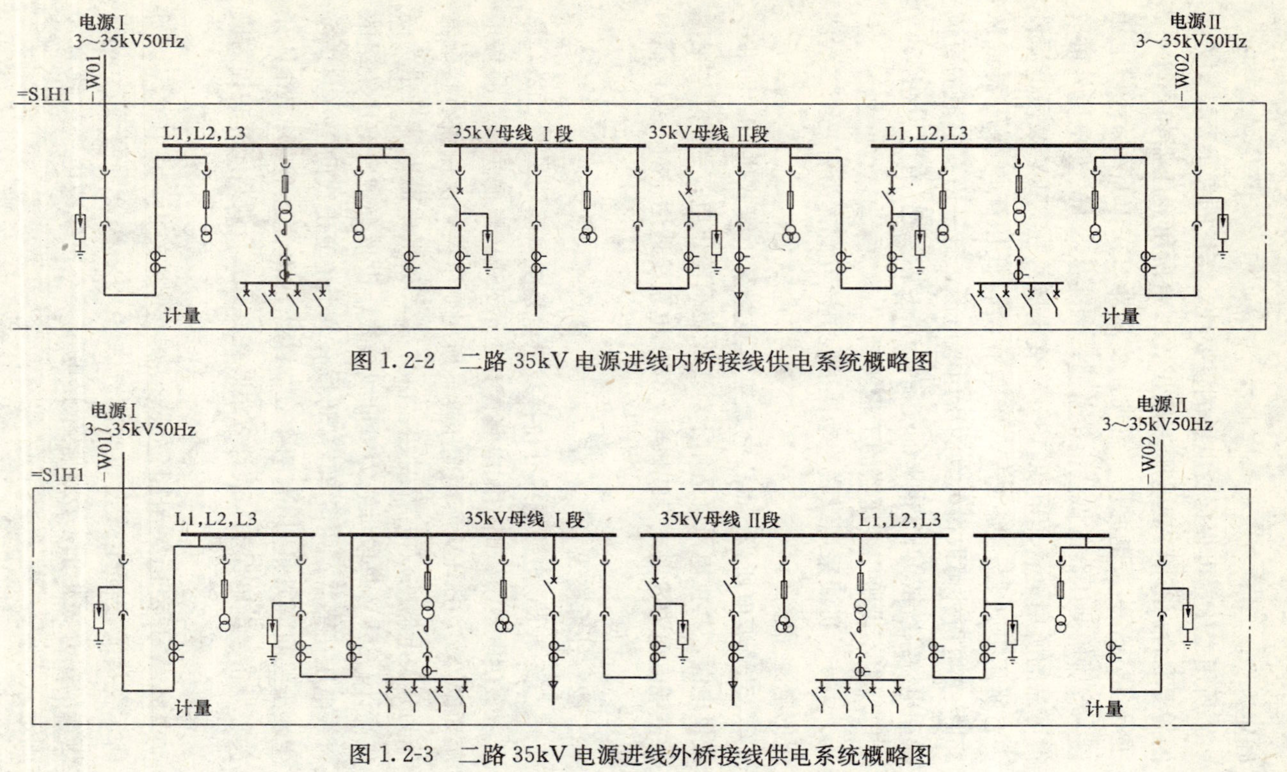

图1.2-2 二路35kV电源进线内桥接线供电系统概略图

图1.2-3 二路35kV电源进线外桥接线供电系统概略图

所用变压器可根据变电所的重要性、容量的大小及操动方式的需要取舍。35kV 变电所一般设置两台所用变压器如图 1.2-3 所示，35kV 一段电源设一台所用变压器，在 10kV 另一段电源设一台所用变压器的做法也较普遍。因能从 35kV 变电所外可取得可靠的所用电备用电源，35kV 变电所可在 35kV 某段电源设一台所用变压器。当 35kV 变电所设有低压配电变压器或从 35kV 变电所外可取得可靠的所用电电源，且采用蓄电池的直流操动电源系统或 UPS 供电的交流操动电源系统，有用户在 35kV 变电所中不设所用变压器的工程实例。

主变采用纵联差动保护，电流互感器为有三个二次绕组的电流互感器。

35kV 变电所当 35kV 电源架空线路系干线式供电，即非专线供电时，其供电系统适用于对二级负荷的供电；当 35kV 电源架空或电缆进线为放射式专线供电，该供电系统适用于对一级负荷的供电。

(3) 分段单母线接线

二路 35kV 电源进线分段单母线接线供电系统概略图见图 1.2-4。

该供电系统概略图配电装置有二路 35kV 电源进线；每段电源均设置 35/0.4kV 所用变压器，所用变压器二次侧设有接触器作为开关电器的双电源切换装置；二路 35kV 电源电能计量为高供高计；35kV 每段母线设带有剩余电压绕组的母线电压互感器；每段 35kV 母线有一个主变出线间隔（共二个主变出线间隔)；选用有两个二次绕组的电流互感器；两个 35kV 电源均设有电源监视电压互感器，可设置备用电源自动投入装置；35kV 开关、设备、继电保护、自动投入装置、表计等组装在移开式金属封闭开关柜为成套装置。

35kV 开关柜采用固定式金属封闭开关柜，可按图 1.2-4 所示主接线按固定式金属封闭开关柜的一次方案套改。35kV 进线隔离开关柜的一次方案依据电源架空进线或电缆进线方式确定。

所用变压器可根据变电所的重要性、容量的大小及操动方式的需要取舍。35kV 变电所一般设置两台所用变压器如图 1.2-4 所示，35kV 一段电源设一台所用变压器，在 10kV 另一段电源设一台所用变压器的做法也较普遍。因能从 35kV 变电所外可取得可靠的所用电备用电源，35kV 变电所可在 35kV 某段电源设一台所用变压器。当 35kV 变电所设有低压配电变压器或从 35kV 变电所外可取得可靠的所用电电源，且采用蓄电池的直流操动电源系统或 UPS 供电的交流操动电源系统，有用户在 35kV 变电所中不设所用变压器的工程实例。

馈电间隔可根据工程需要增减。图 1.2-4 按两台主变出线间隔绘制，当需从 35kV 变电所引出 35kV 电源可根据需要增加 35kV 馈电间隔，根据配电变压器的数量增加变压器出线间隔。

主变、进线采用纵联差动保护，电流互感器为有三个二次绕组的电流互感器。

35kV 变电所当 35kV 电源架空线路系干线式，即非专线供电时，其供电系统适用于对二级负荷的供电；当 35kV 电源架空或电缆进线系放射式专线供电，该供电系统适用于对一级负荷的供电。

1.1.3 三路 35kV 进线电源

三路 35kV 电源进线分段单母线接线供电系统概略图见图 1.2-5。

该供电系统概略图配电装置有三路 35kV 电源进线，电源Ⅰ、电源Ⅱ引自同一电力系统区域变电站不同电源段，电源Ⅲ引自电力系统不同区域变电站，电源Ⅲ为电源Ⅰ、电源Ⅱ的共用备用电源，电源Ⅰ、电源Ⅱ同时也作为电源Ⅲ的备用电源，当电源Ⅲ失电时电源Ⅰ、电源Ⅱ互为备用；电源Ⅲ母线段设置 35/0.4kV所用变，所用变压器二次设有接触器，可作为双电源切换装置的开关电器；三路 35kV 电源电能计量为高供高计；35kV 每段母线均设带有剩余电压绕组的母线电压互感器；每段 35kV 母线有一个主变出线间隔（共三个主变出线间隔）；选用有

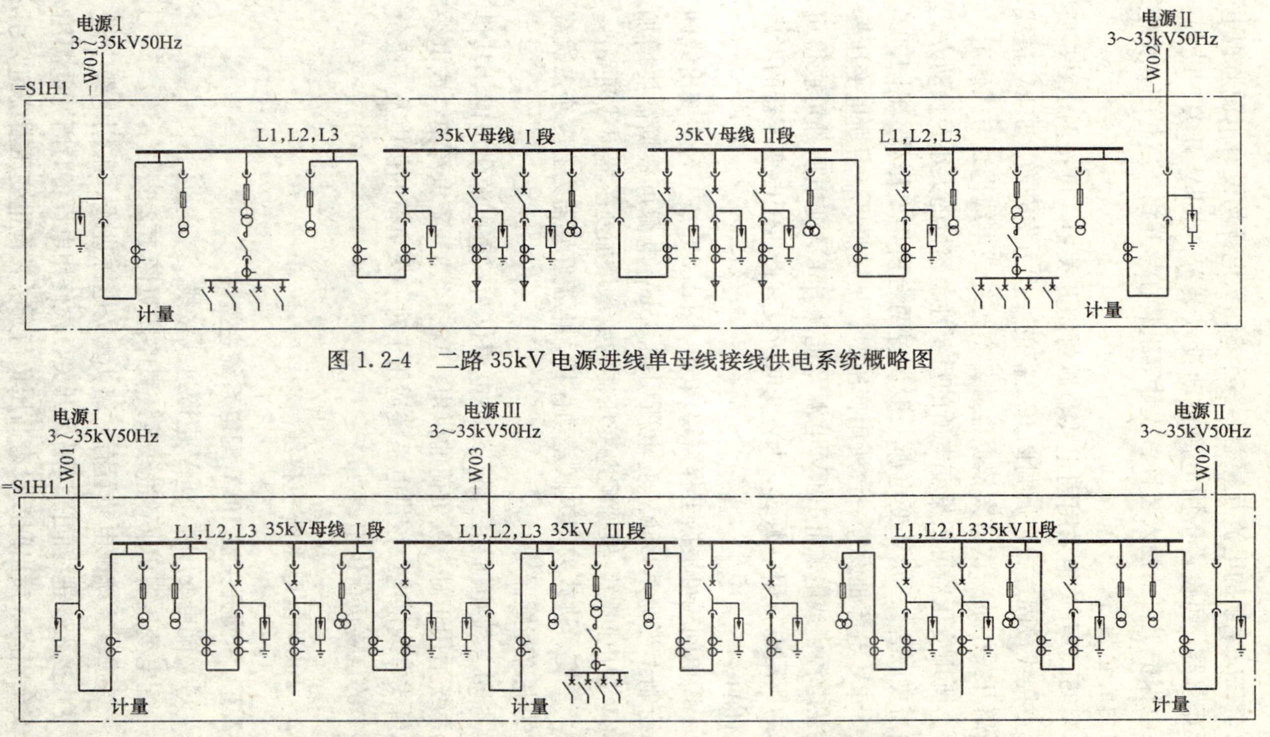

图 1.2-4 二路 35kV 电源进线单母线接线供电系统概略图

图 1.2-5 三路 35kV 电源进线单母线接线供电系统概略图

两个二次绕组的电流互感器；三个35kV电源均设有电源监视电压互感器，可设置备用电源自动投入装置；35kV开关、设备、继电保护、自动投入装置、表计等组装在移开式金属封闭开关柜内为成套装置。

35kV开关柜采用固定式金属封闭开关柜，可按图1.2-5所示主接线按固定式金属封闭开关柜的一次方案套改。35kV进线隔离开关柜的一次方案依据电源架空进线或电缆进线方式确定。

所用变压器可根据变电所的重要性、容量的大小及操动方式的需要取舍。35kV变电所一般设置两台所用变压器。图1.2-5在35kV电源Ⅲ设置一台所用变压器，是按照另一台所电变压器设在电源Ⅰ或电源Ⅱ10kV电源及能从35kV变电所外可取得可靠的所用电备用电源或35kV变电所设有低压配电变压器的考虑设计的。

馈电间隔可根据工程需要增减。图1.2-5按三台主变出线间隔绘制，当需从35kV变电所引出35kV电源可根据需要增加35kV馈电间隔，根据配电变压器的数量增加变压器出线间隔。

主变、进线采用纵联差动保护，电流互感器为有三个二次绕组的电流互感器。

35kV变电所当三路35kV电源仅为双重电源供电时，其供电系统适用于对一级负荷的供电；当三个35kV电源架空或电缆放射式专线供电，该供电系统适用于对一级负荷的供电及一级负荷中的重要负荷供电。

1.2　10kV配电系统主接线

1.2.1　环网开关设10kV配电系统主接线

（1）配电变压器10kV电源进线接线

配电变压器10kV进线系统概略图见图1.2-6。

该进线系统配电装置有一路10kV电源进线，采用电缆下进线方式接入；进线间隔设隔离开关，检修用电设备时断开电源用于安全隔离；馈出间断设有高压负荷开关，配电变压器绕组、引出线的相间路、绕组的匝间短路等内部故障采用高压熔断器保护；10kV 开关、设备等电器组装在固定金属封闭开关柜（金属封闭环网开关设备）。

配电变压器低压侧配电系统等外部短路、过流、接地故障由配电变压器低压侧断路器保护。图 1.2-6 适用于用电电能计量为高供低计，配电变压器的容量不超过 1250kVA 的用户。

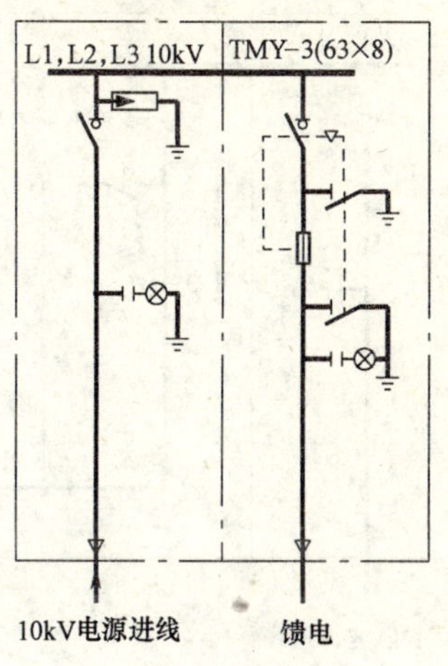

图 1.2-6 配电变压器 10kV 进线系统概略图

当 10kV 电源系干线式供电，即非专线供电，该供电系统适用于三级负荷的供电；当 10kV 电源为放射式专线供电，该供电系统适用于二级负荷的供电。

（2）单母线接线

一路 10kV 电源进线单母线接线供电系统概略图见图 1.2-7。

该进线系统配电装置有一路 10kV 电源进线，采用电缆下进线方式接入；进线间隔设隔离开关，检修用电设备时断开电源用于安全隔离；电能计量采用高供高计；设有二个配电变压器馈出间断，设有高压负荷开关，配电变压器绕组、引出线的相间路、绕组的匝间短路等内部故障采用高压熔断器保护；10kV 开关、设备等电器组装在固定金属封闭开关柜（金属封闭环网开关设备）。

可根据进线隔离开关的容量及所需配电变压器的台数增加变压器的出线间隔。

配电变压器低压侧配电系统等外部短路、过流、接地故障由配电变压器低压侧断路器保护。图 1.2-7 适用于配电变压器单台容量的容量不超过 1250kVA 的用户。

当 10kV 电源系干线式供电，即非专线供电，该供电系统适

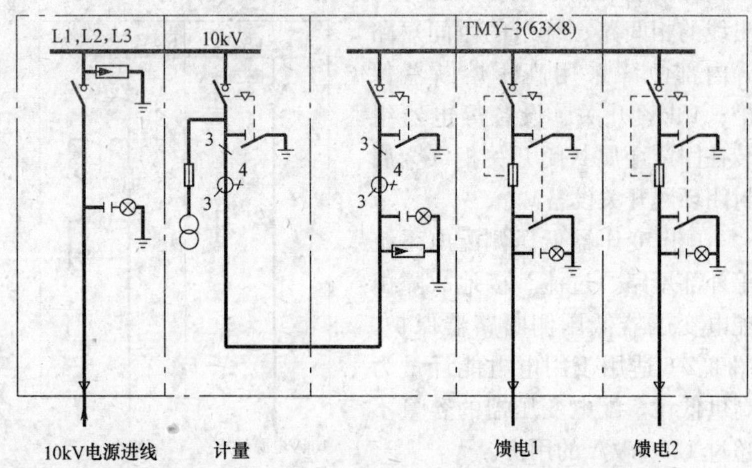

图 1.2-7 一路 10kV 电源进线单母线接线供电系统概略图

用于三级负荷的供电；当 10kV 电源为放射式专线供电，该供电系统适用于二级负荷的供电。

(3) 一路电源环网供电接线

一路 10kV 电源进线环网供电系统概略图见图 1.2-8。

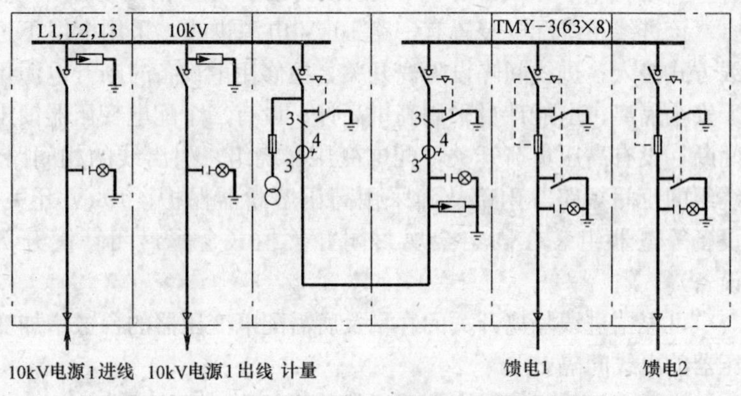

图 1.2-8 一路 10kV 电源进线环网供电系统概略图

该进线系统配电装置有一路 10kV 电源进线，采用电缆下进线方式接入；进线间隔设进线隔离开关；馈出一个干线式供电间隔，设有馈电隔离开关，馈电电缆采用下出线；电能计量采用高供高计；有二个配电变压器馈出间断，设有高压负荷开关，配电变压器绕组、引出线的相间路、绕组的匝间短路等内部故障采用高压熔断器保护；10kV 开关、设备等电器组装在固定金属封闭开关柜（金属封闭环网开关设备）。

可根据进线隔离开关的容量及所需配电变压器的台数增加变压器的出线间隔。

配电变压器低压侧配电系统等外部短路、过流、接地故障由配电变压器低压侧断路器保护。图 1.2-7 适用于配电变压器单台容量的容量不超过 1250kVA 的用户。

10kV 电源系干线式供电，该供电系统适用于三级负荷的供电。

(4) 二路电源供电分段单母线接线

二路 10kV 电源进线分段单母线接线供电系统概略图见图 1.2-9。

该进线系统配电装置有二路 10kV 电源进线，采用电缆下进线方式接入；进线间隔设隔离开关，检修用电设备时断开电源用于安全隔离；电能计量采用高供高计；每个电源段设有一个配电变压器馈出间断，该间隔设有高压负荷开关用于带电操动，设高压熔断器承担配电变压器绕组、引出线的相间路、绕组的匝间短路等内部故障的保护；两个电源间设有分段负荷开关（联络开关），当一路电源失电，手动操动失电电源进线隔离开关后，手动合分段负荷开关，使负荷恢复供电；10kV 开关、设备等电器组装在固定金属封闭开关柜（金属封闭环网开关设备）。

根据进线隔离开关的容量及所需配电变压器的台数可增加配电变压器馈出间隔。

配电变压器的二次侧低压配电系统等外部短路、过流、接地故障由配电变压器低压侧断路器保护。图 1.2-9 所示配电变压器馈出间隔适用于配电变压器单台容量的容量不超过 1250kVA 的用户。

当10kV电源系干线式供电，即非专线供电，该供电系统适用于二、三级负荷的供电；当二路10kV电源均为放射式专线供电，该供电系统适用于一级负荷的供电。

（5）二路电源环网供电分段单母线接线

二路10kV电源环网分段单母线接线供电系统概略图见图1.2-10。

该进线系统配电装置有二路10kV电源进线，采用电缆下进线方式接入；进线间隔设进线隔离开关；每路10kV电源馈出一个干线式供电间隔，该间隔设有馈电隔离开关，馈电电缆采用下出线；电能计量采用高供高计；每个电源段有一个配电变压器馈出间隔，该间隔设有高压负荷开关用于带电操动，设高压熔断器承担配电变压器绕组、引出线的相间路、绕组的匝间短路等内部故障采用高压熔断器保护；10kV开关、设备等电器组装在固定金属封闭开关柜（金属封闭环网开关设备）。

可根据进线隔离开关的容量及所需配电变压器的台数增加变压器的出线间隔。

配电变压器低压侧配电系统等外部短路、过流、接地故障由配电变压器低压侧断路器保护。图1.2-10适用于配电变压器单台容量的容量不超过1250kVA的用户。

10kV电源系干线式供电，该供电系统适用于二、三级负荷的供电。

（6）二路电源（一用一备）单母线接线

二路10kV电源进线一用一备供电系统概略图见图1.2-11。

该进线系统配电装置有二路10kV电源进线一用一备，电源进线间隔的进线开关间设有机械连锁，防止两路电源并列运行，电源进线采用电缆下进线方式接入；电能计量采用高供高计；设有二个配电变压器馈出间断，设高压熔断器承担配电变压器绕组、引出线的相间路、绕组的匝间短路等内部故障采用高压熔断器保护；10kV开关、设备等电器组装在固定金属封闭开关柜（金属封闭环网开关设备）。

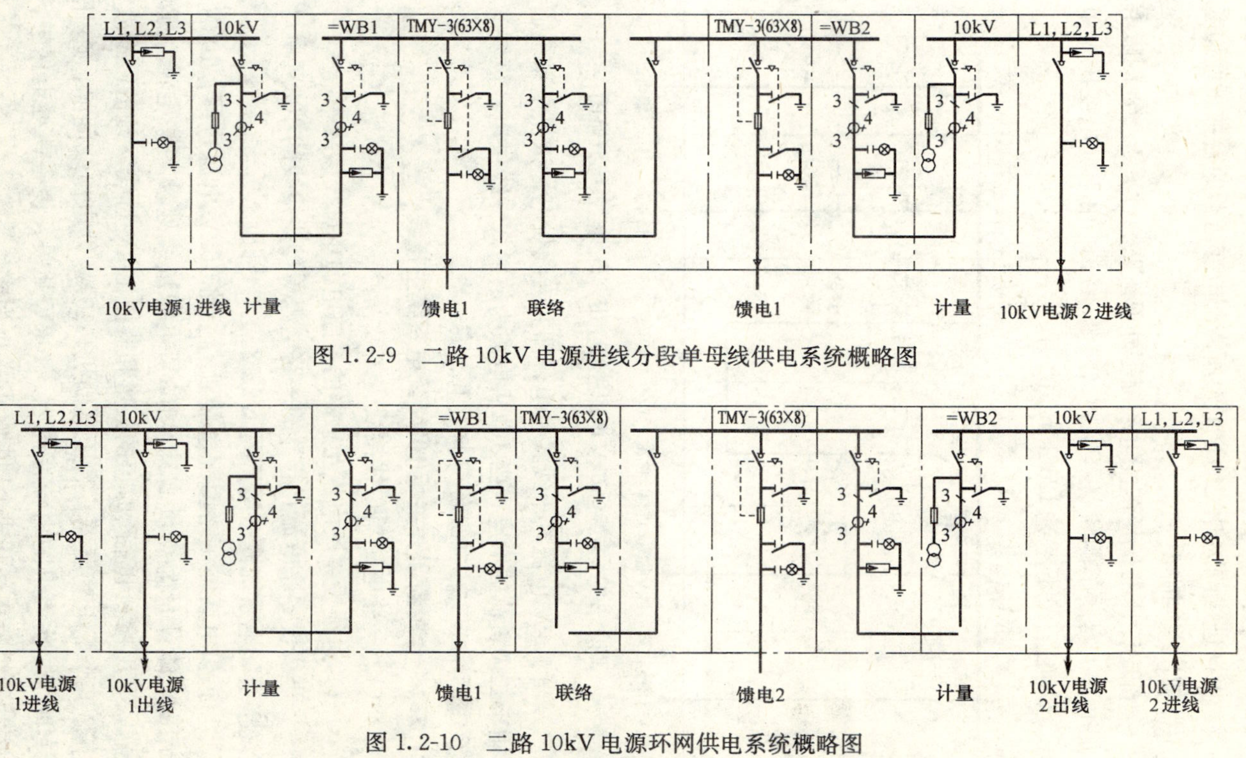

图 1.2-9　二路 10kV 电源进线分段单母线供电系统概略图

图 1.2-10　二路 10kV 电源环网供电系统概略图

根据进线隔离开关的容量及所需配电变压器的台数可增加变压器的出线间隔。

配电变压器低压侧配电系统等外部短路、过流、接地故障由配电变压器低压侧断路器保护。图 1.2-11 适用于配电变压器单台容量的容量不超过 1250kVA 的用户。

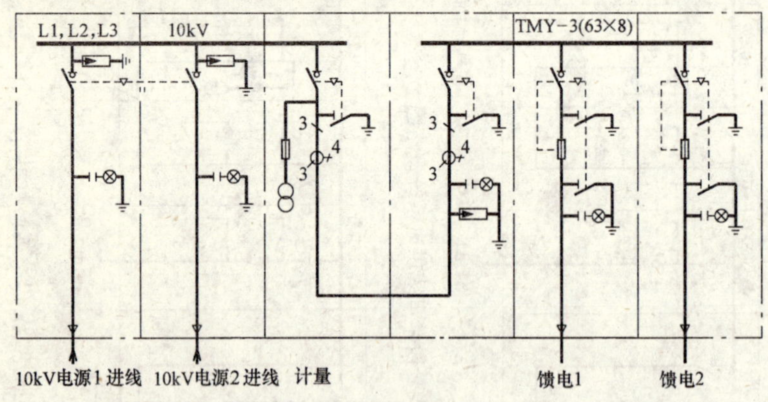

图 1.2-11 二路 10kV 电源进线一用一备供电系统概略图

当 10kV 电源系干线式供电，即非专线供电，该供电系统适用于二级负荷的供电；当 10kV 电源为放射式专线供电，该供电系统适用于一、二级负荷的供电。

1.2.2 金属封闭开关柜 10kV 配电系统主接线

（1）一路电源单母线接线

1）进线设零序电流互感器的一路电源单母线接线

进线设零序电流互感器的一路电源单母线接线的 10kV 单母线接线配电系统概略图见图 1.2-12。

该供电系统概略图配电装置有一路 10kV 电源进线；10kV 用电电能计量为高供高计；10kV 电源进线处设零序电流互感器，采用检测电流瞬时值的矢量和监控 10kV 母线系统的接地故障；6 个配电变压器、高压电动机、10kV 馈电出线间隔；选用有两个二次绕组的电流互感器；10kV 开关、设备、继电保护、表计等组装在移开式金属封闭开关柜为成套装置。

10kV 开关柜采用固定式金属封闭开关柜，可按图 1.2-12 所示主接线按固定式金属封闭开关柜的一次方案套改。10kV 进线隔离开关柜的一次方案依据电源架空进线或电缆进线方式确定。

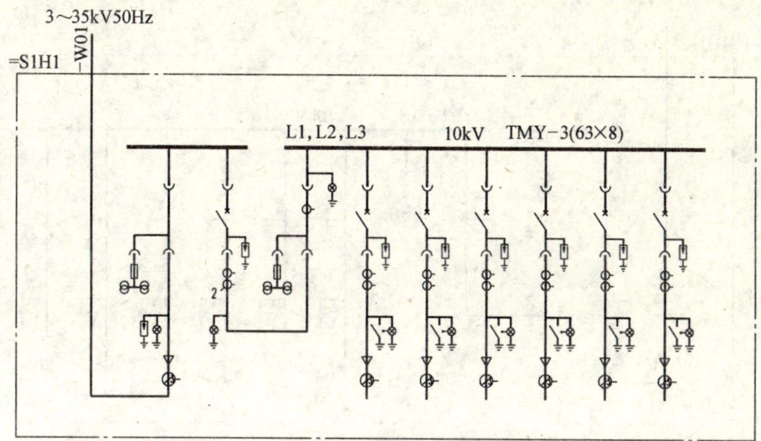

图 1.2-12 10kV 单母线接线配电系统概略图（一）

所用变压器可根据变电所的重要性、容量的大小及操动方式的需要取舍。10kV 变电所因弹簧储能机构允许手动储能，且一般 10kV 开关所和 10/0.4kV 变电所建在一起，变电所能够提供 220/380V 所用电，所以一般可不设置专用所电变压器。35kV 变电所中在 35kV 系统设了一台所用变压器，需要在 10kV 系统设置所用变压器，可设专用所用变压器。

图 1.2-12 馈电间隔可根据工程需要增减。

35/10kV 主变压器、10/0.4kV 配电变压器、高压电动机采用纵联差动保护时，电流互感器为有三个二次绕组的电流互感器。

当 10kV 电源架空线路系干线式供电，即非专线供电，该供电系统适用于三级负荷的供电；当 10kV 电源架空或电缆进线为放射式专线供电，该供电系统适用于二级负荷的供电。

2）母线设带剩余电压绕组电压互感器的一路电源单母线接线

母线设带剩余电压绕组电压互感器的单路电源单母线接线的10kV单母线接线配电系统概略图见图1.2-13。

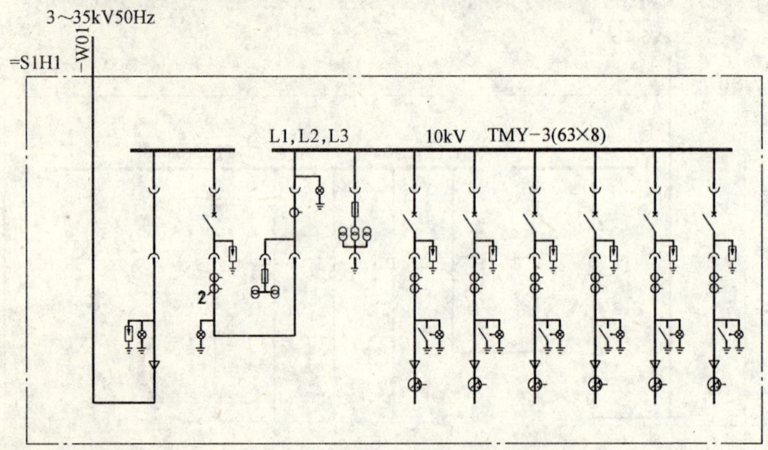

图1.2-13　10kV单母线接线配电系统概略图（二）

该供电系统概略图配电装置有一路10kV电源进线，采用单母线接线；10kV用电电能计量为高供高计；10kV母线系统设置带剩余电压绕组电压互感器，通过检测母线的剩余电压监控接地故障；6个配电变压器、高压电动机、10kV馈电出线间隔；选用有两个二次绕组的电流互感器；10kV开关、设备、继电保护、表计等组装在移开式金属封闭开关柜为成套装置。

10kV开关柜采用固定式金属封闭开关柜，可按图1.2-13所示主接线按固定式金属封闭开关柜的一次方案套改。10kV进线隔离开关柜的一次方案依据电源架空进线或电缆进线方式确定。

所用变压器可根据变电所的重要性、容量的大小及操动方式的需要取舍。10kV变电所因弹簧储能机构允许手动储能，且一般10kV开关所和10/0.4kV变电所建在一起，变电所能够提供220/380V所用电，所以一般可不设置专用所电变压器。需要在10kV系统设置所用变压器，可设专用所用变压器。

图1.2-13馈电间隔可根据工程需要增减。

35/10kV 主变、10/0.4kV 配电变压器、高压电动机采用纵联差动保护时，电流互感器为有三个二次绕组的电流互感器。

当 10kV 电源架空线路系干线式供电，即非专线供电，该供电系统适用于三级负荷的供电；当 10kV 电源架空或电缆进线为放射式专线供电，该供电系统适用于二级负荷的供电。

（2）二路电源分段单母线接线

1）进线设零序电流互感器的二路电源分段单母线接线

进线设零序电流互感器的二路电源分段单母线接线的 10kV 分段单母线接线配电系统概略图见图 1.2-14。

该供电系统概略图配电装置有二路 10kV 电源进线，二路 10kV 电源互为备用，采用分段单母线接线；二路 10kV 电源电能计量为高供高计；10kV 电源进线处设零序电流互感器，采用检测电流瞬时值的矢量和监控 10kV 母线系统的接地故障；10kV 每段母线设置 5 个配电变压器、高压电动机、10kV 馈电出线间隔（两段母线共有 10 个间隔）；选用有两个二次绕组的电流互感器；二个 10kV 电源均设有电源监视电压互感器，可设置备用电源自动投入装置；10kV 开关、设备、继电保护、自动投入装置、表计等组装在移开式金属封闭开关柜为成套装置。

10kV 开关柜采用固定式金属封闭开关柜，可按图 1.2-14 所示主接线按固定式金属封闭开关柜的一次方案套改。10kV 进线隔离开关柜的一次方案依据电源架空进线或电缆进线方式确定。

所用变压器可根据变电所的重要性、容量的大小及操动方式的需要取舍。10kV 变电所因弹簧储能机构允许手动储能，且一般 10kV 开关所和 10/0.4kV 变电所建在一起，变电所能够提供 220/380V 所用电，固一般可不设置专用所电变压器。35kV 变电所中在 35kV 系统设了一台所用变压器，需要在 10kV 系统设置所用变压器，可设专用所用变压器。

图 1.2-14 馈电间隔可根据工程需要增减。

当 10kV 配电系统不需备自投时可取消图 1.2-14 电源进线处电源监视电压互感器。

35/10kV 主变压器、10/0.4kV 配电变压器、高压电动机采用纵联差动保护时，电流互感器为有三个二次绕组的电流互感器。

10kV 变电所当 10kV 电源架空线路系干线式，即非专线供电时，其供电系统适用于对二级负荷的供电；当 10kV 电源架空或电缆进线系放射式专线供电，该供电系统适用于对一级负荷的供电。

2）母线设带剩余电压绕组电压互感器的二路电源分段单母线接线

母线设带剩余电压绕组电压互感器的二路电源分段单母线接线的 10kV 分段单母线接线配电系统概略图见图 1.2-15。

该供电系统概略图配电装置有二路 10kV 电源进线，二路 10kV 电源互为备用；二路 10kV 电源电能计量为高供高计；10kV 母线系统设置带剩余电压绕组电压互感器，通过检测母线的剩余电压监控接地故障；10kV 每段母线设置 6 个配电变压器、高压电动机、10kV 馈电出线间隔（两段母线共有 12 个间隔）；选用有两个二次绕组的电流互感器；两个 10kV 电源均设有电源监视电压互感器，可设置备用电源自动投入装置；10kV 开关、设备、继电保护、自动投入装置、表计等组装在移开式金属封闭开关柜为成套装置。

10kV 开关柜采用固定式金属封闭开关柜，可按图 1.2-15 所示主接线按固定式金属封闭开关柜的一次方案套改。10kV 进线隔离开关柜的一次方案依据电源架空进线或电缆进线方式确定。

所用变压器可根据变电所的重要性、容量的大小及操动方式的需要取舍。10kV 变电所因弹簧储能机构允许手动储能，且一般 10kV 开关所和 10/0.4kV 变电所建在一起，变电所能够提供 220/380V 所用电，固一般可不设置专用所电变压器。35kV 变电所中在 35kV 系统设了一台所用变压器，需要在 10kV 系统设置所用变压器，可设专用所用变压器。

图 1.2-15 馈电间隔可根据工程需要增减。

当 10kV 配电系统不需备自投时可取消图 1.2-14 电源进线处电源监视电压互感器。

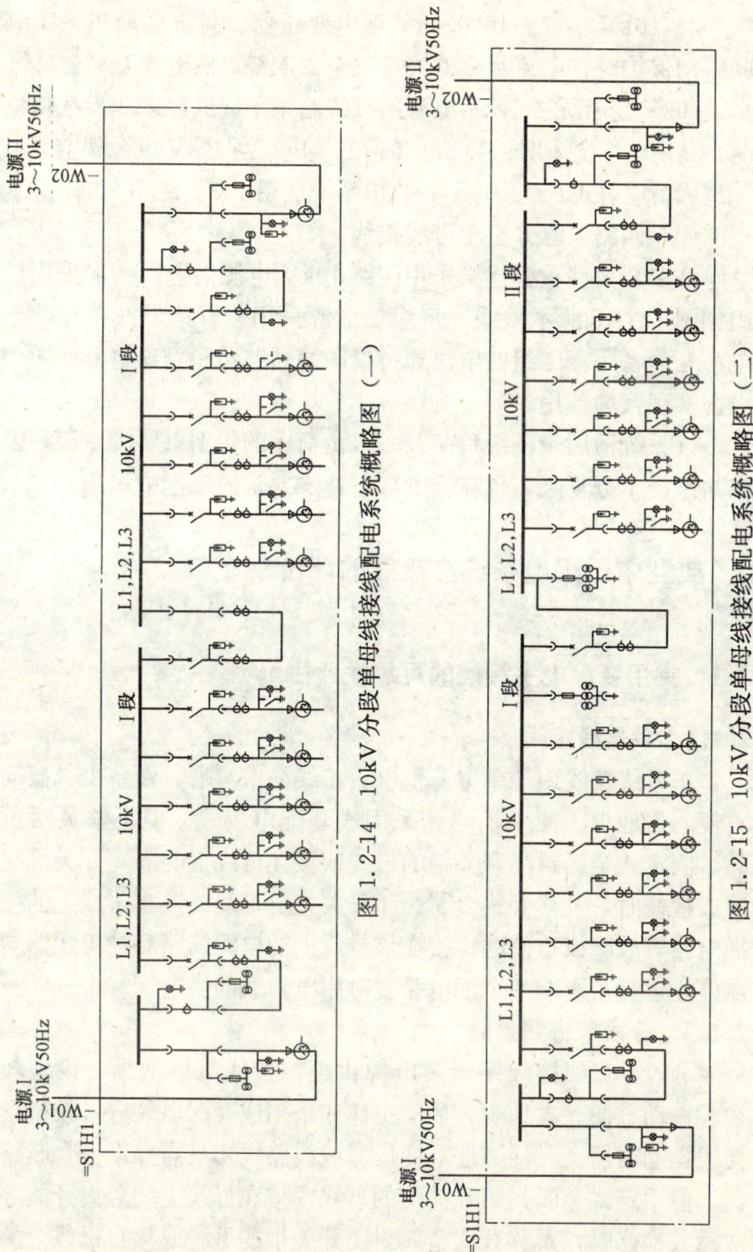

图 1.2-14 10kV 分段单母线接线配电系统概略图（一）

图 1.2-15 10kV 分段单母线接线配电系统概略图（二）

35/10kV 主变、10/0.4kV 配电变压器、高压电动机采用纵联差动保护时，电流互感器为有三个二次绕组的电流互感器。

10kV 变电所当 10kV 电源架空线路系干线式，即非专线供电时，其供电系统适用于对二级负荷的供电；当 10kV 电源架空或电缆进线系放射式专线供电，该供电系统适用于对一级负荷的供电。

(3) 四路电源分段单母线接线

许多特大型重要建筑采用四路 10kV 电源供电。一般采用二组如图 1.2-15 所示接线，每组二电源采用分段单母线接线，二电源互为备用；二组四电源通过设联络断路器和隔离电器使四个电源实现互为备用。

该系统适用于一级负荷及一级负荷中的特别重要的负荷，因二次系统十分复杂，仅在极少数有特殊要求的工程中采用。

2 典型中压配电系统主接线的评价

2.1 常用变配电主接线的可靠性评估

2.1.1 单母线接线

单母线接线用于单电源供电，接线简单清晰、设备少、操动方便、占地少、便于扩建和采用成套配电装置。但不够灵活可靠，固定式金属封闭开关柜的母线或接在母线上的隔离开关等故障或检修时，及移开式金属封闭开关柜的母线或接自母线上的接插电器等故障或检修时，接在该母线上的电源线路和馈出线路均需停止运行，影响整个配电装置对用电负载的供电。

2.1.2 分段单母线接线

分段单母线接线用于多电源供电，接线简单清晰、设备较少、操动方便、占地少、便于扩建和采用成套配电装置，较桥形接线操动简便、灵活，任一变压器或线路投切只需操动一台断路器。但固定式金属封闭开关柜的母线或接在母线上的隔离开关等故障或检修时，及移开式金属封闭开关柜的母线或接自母线上的接插电器等故障或检修时，接在该母线上的电源线路和馈出线路均需停止运行，影响电源段对三级用电负载的供电，一、二级等重要负载需经负载侧双电源自动切换装置改由其他电源段供电。当部分电源失电，通过分段开关，可使一、二级等重要负载尽快恢复供电。

分段单母线接线的供电可靠性较高。

三电源进线的分段单母线接线供电可靠性高于二电源进线的分段单母线接线。

2.1.3 内桥接线

内桥接线用于双电源及双回路供电，它的优点是：两路电源设有进线断路器，两路电源间设桥接断路器，电力变压器的电源侧不设断路器而设置高压隔离电器，较双电源及双回路供电的分段单母线接线高压断路器使用数量少二台。内桥接线所需设备少，结构简单，占地面积小。

一般正常运行时桥接断路器断开运行，一路电源失电或线路故障时，可采用自动投入装置将桥接断路器合闸，使接于失电或线路故障的电力变压器继续运行。

当二路电源进线允许并联运行，桥接断路器是合闸运行时，任一电源线路失电或故障，继电保护装置将其相应的断路器断开，不影响所有电力变压器的正常运行。

电力变压器的切除和投入较复杂，需要动作二台断路器，并且使相对应的线路和变压器短时停运。

对于不会发展成需要装设三台电力变压器的变电所，可为具有两路电源进线和三台电力变压器的内扩大桥接线。

为了在检修进线断路器期间保证供电，可设旁路开关。

内桥接线其供电可靠性与分段单母线相当。

2.1.4 外桥接线

外桥接线用于双电源及双回路供电，它的优点是：两路电源设有进线高压隔离电器，两路电源间设桥接断路器（当操动无要求时，桥接断路器可采用高压隔离电器），电力变压器的电源侧设断路器，较双电源及双回路供电的分段单母线接线高压断路器使用数量少二台。外桥接线所需设备少，结构简单，占地面积小。

当一路电源进线失电或故障，在操动开关倒闸所需的短时间内，将停止对相应一台变压器的供电。

电力变压器的切除和投入较复杂，需要动作二台断路器，并且使相对应的线路和变压器短时停运。

对于不会发展成需要装设三台电力变压器的变电所，可为具有两路电源进线和三台电力变压器的外扩大桥接线。

外桥接线其供电可靠性较分段单母线接线及内桥接线要差。

综上各种接线，其供电按可靠性的排序（从高往低）为：三电源分段单母线接线，二电源分段单母线接线，内桥接线，外桥接线，单母线接线。

2.2　常用变配电主接线的适用范围

2.2.1　单母线接线

单母线接线适用于容量小、线路少，及对二、三级负荷供电的变电所。

2.2.2　分段单母线接线

分段单母线接线适用于35kV多路电源进线、35kV配电装置出线回路数多于2回路的一、二级负荷供电的变电所；适用于10kV多路电源进线、10kV配电装置出线回路数为6回路以上的一、二级负荷供电的变电所，在建筑电气中广泛应用。

2.2.3　内桥接线

内桥接线适用于对一、二级负荷供电，且变压器不频繁切换或线路较长，故障率较高的变电所。

2.2.4　外桥接线

外桥接线适用于对一、二级负荷供电，且变压器的切换较频繁或线路较短，故障率较少的变电所。当线路有穿越功率时，也宜采用外桥接线。

第3章 短路电流计算

1 短路电流计算的一般情况

1.1 短路电流计算方法

我国在20世纪50年代初～70年代末，短路电流计算采用运算曲线法。

20世纪80年代初，电力工业部电力建设总局、水力发电建设总局联合发文，关于试行《短路电流实用计算方法》的通知，要求在工程设计中试行。

1986年《导体和电器选择设计技术规定》(SDGJ 14—1986)中，以附件形式明确使用《短路电流实用计算方法》。该方法以西安交通大学为主，并由原电力工业部西北电力设计院、西北勘测设计院、水利部北京勘测设计院等单位参加共同完成的。该方法根据国产机组的参数，考虑到我国电力系统负荷分配的实际情况，用概率统计方法制定了新的短路电流运算曲线，并对非周期分量的时间常数及短路电流热效应计算提出了新的方法。

2002年《水电工程三相交流系统短路电流计算导则》(DL/T 5163—2002)补充了自并励水轮发电机运算曲线。

1995年国家技术监督局批准了《三相交流系统短路电流计算》(GB/T 15544—1995)。该标准等效采用《三相交流系统短路电流计算》IEC 909 (1988)。该标准主要作为进出口设备及对外工程投标使用，在国内工程计算中逐步推广采用。

另外在建筑电气设计中，由于中压配电网络与低配电网络紧密联系，所以在本章中也包括低压配电网络短路电流计算。

1.2 短路电流计算的基本概念

在三相交流系统中可能发生的短路故障主要有三相短路、两相短路和单相短路（包括单相接地故障）。通常，三相短路电流最大。当短路点发生在发电机附近时，两相短路电流可能大于三相短路电流；当短路点靠近中性点接地的变压器时，单相短路电流也有可能大于三相短路电流。

短路过程中短路电流变化的情况决定于系统电源容量的大小或短路点离电源的远近，如图 1.3-1 所示。在工程计算中，如果以供电电源容量为基准的短路电路计算电抗大于或等于 3，认为电源母线电压维持不变，不考虑短路电流周期分量的衰减，短路电流将按短路电流不含衰减交流分量的系统，即无限大电源容量的系统或远离发电机端短路进行计算。否则，短路电流应按短路电流含衰减交流分量的系统，即有限电源容量的系统或靠近发电机端短路进行计算。

1.3 短路电流计算的主要目的

1）电气接线方案的比较和选择。

2）正确选择和校验电气设备（包括限制短路电流的设备）。

3）正确选择和校验载流导体。

4）继电保护的选择与整定。

5）接地装置的设计及确定中性点接地方式。

6）计算软导线的短路摇摆。

7）确定分裂导线间隔棒的间距。

8）验算接地装置的接触电压和跨步电压。

9）大、中型电动机的启动。

短路电流计算应求出最大短路电流值，以确定电气设备容量或额定参数，整定继电保护装置，求出最小短路电流值，作为选择熔断器、校验继电保护装置灵敏系数和校验电动机启动的依据。

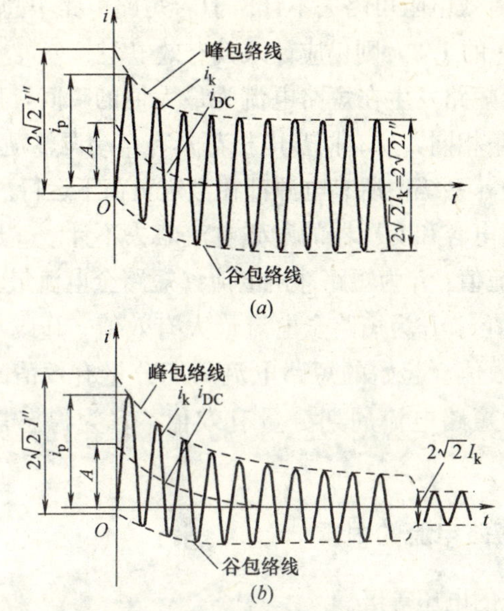

图 1.3-1 短路电流变化示意图

(*a*) 远离发电机端的短路电流；(*b*) 靠近发电机端部的短路电流

i_k—短路全电流；i_p—短路冲击电流；i_{DC}—短路电流非周期衰减分量；

I''—起始或 0s 短路电流周期分量有效值（超瞬态短路电流有效值）；

I_k—稳态短路电流有效值；A—短路电流非周期分量的起始值

1.4 短路电流计算条件

1）在短路持续时间内，短路相数不变。

2）具有分接开关的变压器，其开关位置均视为在主分接位置。

3）不计电弧电阻。

此外，在《短路电流实用计算方法》中还规定：

1）短路前三相系统应是正常运行情况下的接线方式，不考虑仅在切换过程中短时出现的接线方式。

2）设定短路回路各元件的磁路系统为不饱和状态，即认为各元件的感抗为常数。计算中应考虑对短路电流有影响的所有元件的电抗，有效电阻可略去不计。但若短路电路中总电阻 R_{Σ} 大于总电抗 X_{Σ} 的 1/3，则仍应计入其有效电阻。

3）假定短路发生在短路电流为最大值的瞬间，所有电源的电动势相位角相同，所有同步电机都具有自动调整励磁装置（包括强行励磁），系统中所有电源都在额定负荷下运行。

4）电路电容和变压器的励磁电流略去不计。一般需要计算下列短路电流值：i_{p}为短路冲击电流（短路全电流最大瞬时值或短路电流峰值）。I_{p}为短路全电流最大有效值。I''_{k}或 I''为超瞬态短路电流有效值（起始的短路电流周期分量有效值）。$I_{0.2}$为短路后 0.2s 的短路电流周期分量有效值，I_{k}为稳态短路电流有效值。

1.5 影响短路电流的因素

1）系统的电压等级。

2）主接线形式以及主接线的运行方式。

3）系统的元件正负序阻抗及零序阻抗大小（变压器中性点接地点的多少）。

4）是否加装限流电抗器（如限流电抗器、分裂电抗器或分裂绕组变压器）。

5）是否采用限流型电器（如限流熔断器、限流型低压断路器）。

1.6 限制短路电流的措施

各场合采取的具体措施

（1）电力系统可采取的限流措施：提高电力系统的电压等级；直流输电；在电力系统主网加强联系后，将次级电网解环运行；在允许的范围内，增大系统的零序阻抗，例如采用不带第三绕组或第三绕组为Y接线的全星形自耦变压器，减少变压器的接地点等。

（2）发电厂和变电所中可采取的限流措施：发电厂中，在发电机电压母线分段回路中安装电抗器；变压器分列运行；变电所中，在变压器回路中装设分裂电抗器或电抗器；采用低压侧为分列绕组的变压器；出线上装设电抗器。

（3）终端变电所中可采取的限流措施：变压器分列运行；采用高阻抗变压器；在变压器回路中装设电抗器；采用小容量变压器。

2 电路元件参数的换算及网络变换

进行短路电流计算时，先要知道短路电路的电参数，然后通过网络变换求得电源至短路点之间的等值总阻抗，最后按照公式或运算曲线求出短路电流。

短路电路的电参数可以用有名单位制表示，也可以用标幺值表示。有名单位制一般用于1000V以下低压网络的短路电流计算，标幺值则广泛用于高压网络。

2.1 标幺值

标幺值是一种相对单位制，电参数的标幺值为其有名值与基值之比，即

容量标幺值

$$S_* = S/S_j \tag{1.3-1}$$

电压标幺值

$$U_* = U/U_j \tag{1.3-2}$$

电流标幺值

$$I_* = I/I_j \tag{1.3-3}$$

电抗标幺值

$$X_* = X/X_j \tag{1.3-4}$$

工程计算中通常首先选定基准容量 S_j 和基准电压 U_j。与其相应的基准电流 I_j 和基准电抗 X_j，在三相电力系统中可由下式导出

$$I_j = S_j / \sqrt{3} U_j \tag{1.3-5}$$

$$X_j = U_j / \sqrt{3} I_j = U_j^2 / S_j \tag{1.3-6}$$

在三相电力系统中，电路元件电抗的标幺值 X_* 可表示为

$$X_* = X / X_j = \sqrt{3} I_j X / U_j = S_j X / U_j^2 \tag{1.3-7}$$

基准容量 S_j 一般取 100MVA，如为有限电源容量系统，则可选取向短路点馈送短路电流的发电机额定总容量 $S_{r\Sigma}$ 作为基准容量。基准电压 U_j 应取各电压级平均电压（线电压）U_p，即 $U_j = U_p \approx 1.05U_n$（$U_n$ 为系统标称电压），对于标称电压为 220/380V 的电压级，则计入电压系数 C（取 1.05），即 $1.05U_n =$ 400V 或 0.4kV，常用基准值见表 1.3-1。

常用基准值（S_j＝100MVA） **表 1.3-1**

系统标称电压 U_n(kV)	0.38	3	6	10	35	110
基准电压 $U_j = U_p$(kV)	0.40	3.15	6.30	10.50	37	115
基准电流 I_j(kA)	144.30	18.30	9.16	5.50	1.56	0.50

注：$U_j = U_p \approx 1.05U_n$，但对于 0.38kV，则 $U_j = cU_n = 1.05 \times 0.38 = 0.4$kV。

采用标幺值计算短路电路的总阻抗时电路元件阻抗标幺值和有名值的换算公式见表 1.3-2。

2.2 有名单位制

用有名单位制（欧姆制）计算短路电路的总阻抗时，必须把各电压级所在元件阻抗的相对值和欧姆值，都归算到短路点所在级平均电压下的欧姆值。其换算公式如表 1.3-2。

2.3 网络变换

网络变换的目的是简化短路电路，以求得电源至短路点间的等效总阻抗。标幺值和有名单位制的常用电抗网络变换公式完全相同，见表 1.3-3。

在简化短路电路过程中，如果各电路元件的电阻均需计入，则简化过程比较复杂。

电路元件阻抗标幺值和有名值的换算公式 表 1.3-2

序号	元件名称	标幺值	有名值(Ω)	符号说明
1	同步电机(同步发电机或电动机)	$X''_{*d}=(x''_d\%/100)(S_j/U_j^2)(U_r^2/S_r)$ $X''_{*d}=(x''_d\%/100)(S_j/S_r)=x''_dS_j/S_r$ (当 $U_j=U_r$ 时)	$X''_{*d}=(x''_d\%/100)(U_r^2/S_r)=x''_dU_r^2/S_r$	S_r——同步电机的额定容量,MVA S_{rT}——变压器的额定容量,MVA(对于三绕组变压器,是指最大容量绕组的额定容量) x''_d——同步电机的超瞬态电抗相对值 $x''_d\%$——同步电机的超瞬态电抗百分值 $u_k\%$——变压器阻抗电压百分值 $x_k\%$——电抗器的电抗百分值 U_r——额定电压(指线电压),kV I_r——额定电流,kA X、R——线路每相电抗值、电阻值,Ω S''_s——系统短路容量,MVA S_j——基准容量,MVA I_j——基准电流,kA ΔP——变压器短路负载损耗,kW U_j——基准电压 kV,对于发电机实际是设备电压
2	变压器	$R_{*T}=(\Delta PS_j/S_{rT}^2)\times10^{-3}$ $X_{*T}=\sqrt{Z_{*T}^2-R_{*T}^2}$ $Z_{*T}=(u_k\%/100)(S_j/S_{rT})$ 当电阻值允许忽略不计时 $X_{*T}=(u_k\%/100)(S_j/S_{rT})$	$R_T=(\Delta P/3I_r^2)\times10^{-3}=(\Delta PU_r^2/S_{rT}^2)\times10^{-3}$ $X_T=\sqrt{Z_T^2-R_T^2}$ $Z_T=(u_k\%/100)(U_r^2/S_{rT})$ 当电阻值允许忽略不计时 $X_T=(u_k\%/100)(U_r^2/S_{rT})$	
3	电抗器	$X_{*k}=(x_k\%/100)(U_r/\sqrt{3}I_r)(S_j/U_j^2)=(x_k\%/100)(U_r/I_r)(I_j/U_j)$	$X_k=(x_k\%/100)(U_r/\sqrt{3}I_r)$	
4	线路	$X_*=XS_j/U_j^2$　$R_*=RS_j/U_j^2$		
5	电力系统(已知短路容量 S''_s)	$X_{*s}=S_j/S''_s$	$X_s=U_j^2/S''_s$	
6	基准电压相同,从某一基准容量 S_{j1} 下的标幺值 X_{*1} 换算到另一基准容量 S_j 下的标幺值 X_*	$X_*=X_{*1}S_j/S_{j1}$		
7	将电压 U_{j1} 下的电抗值 X_1 换算到另一电压 U_{j2} 下的电抗值 X_2		$X_2=X_1U_{j2}^2/U_{j1}^2$	

常用电抗网络变换公式 **表 1.3-3**

原网络	变换后的网络	换算公式
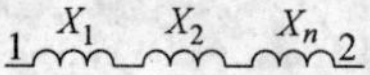 1 X_1 X_2 X_n 2	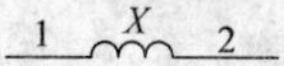 1 X 2	$X=X_1+X_2+\cdots+X_n$
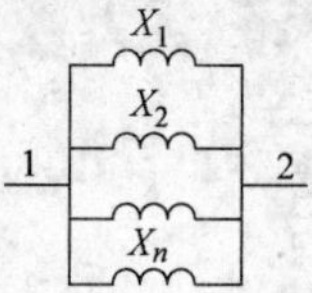 X_1 X_2 1 2 X_n	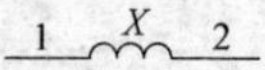 1 X 2	$X=1/(1/X_1+1/X_2+\cdots+1/X_n)$ 当只有两个支路时， $X=X_1X_2/(X_1+X_2)$
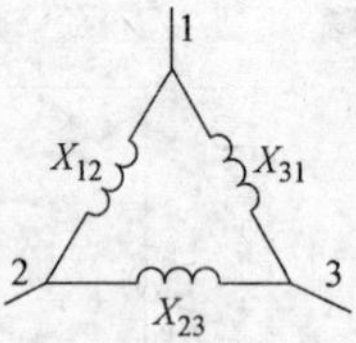 1 X_{12} X_{31} 2 3 X_{23}	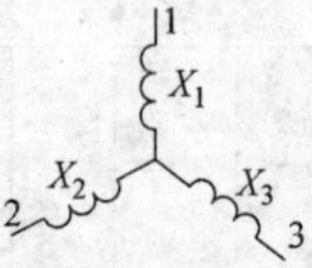 1 X_1 X_2 X_3 2 3	$X_1=X_{12}X_{31}/(X_{12}+X_{23}+X_{31})$ $X_2=X_{12}X_{23}/(X_{12}+X_{23}+X_{31})$ $X_3=X_{23}X_{31}/(X_{12}+X_{23}+X_{31})$
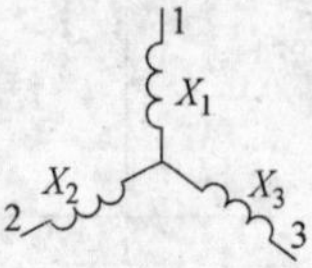 1 X_1 X_2 X_3 2 3	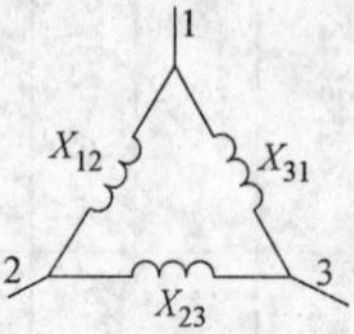 1 X_{12} X_{31} 2 3 X_{23}	$X_{12}=X_1+X_2+X_1X_2/X_3$ $X_{23}=X_2+X_3+X_2X_3/X_1$ $X_{31}=X_3+X_1+X_3X_1/X_2$
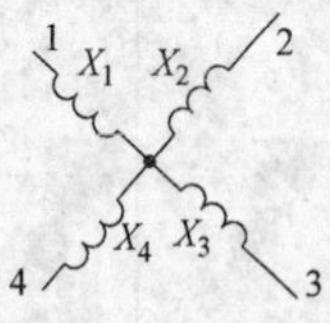 1 2 X_1 X_2 X_4 X_3 4 3	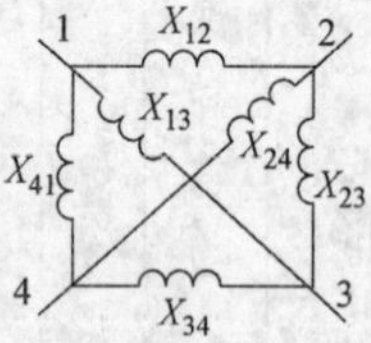 1 X_{12} 2 X_{13} X_{24} X_{41} X_{23} 4 3 X_{34}	$X_{12}=X_1X_2\sum Y$ $X_{23}=X_2X_3\sum Y$ $X_{24}=X_2X_4\sum Y$ ⋮ 式中，$\sum Y=1/X_1+1/X_2+1/X_3+1/X_4$
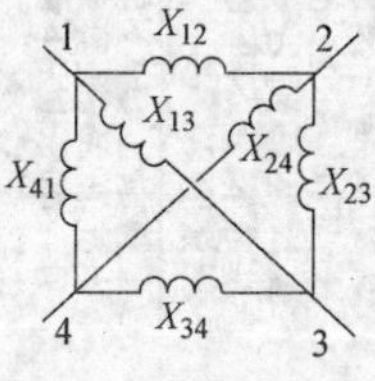 1 X_{12} 2 X_{13} X_{24} X_{41} X_{23} 4 X_{34} 3	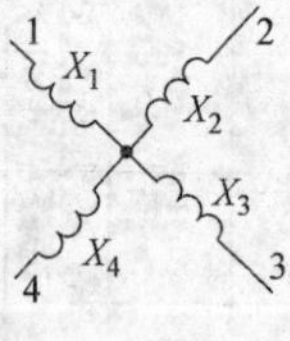 1 2 X_1 X_2 X_3 X_4 4 3	$X_1=1/(1/X_{12}+1/X_{13}+1/X_{41}+X_{24}/X_{12}X_{41})$ $X_2=1/(1/X_{12}+1/X_{23}+1/X_{24}+X_{13}/X_{12}X_{23})$ $X_3=1/(1+X_{12}/X_{23}+X_{12}/X_{24}+X_{13}/X_{23})$ $X_4=1/(1+X_{12}/X_{13}+X_{12}/X_{41}+X_{24}/X_{41})$

当电路元件为串联时，则总电抗和总电阻分别计算

$$X_{\Sigma}=X_1+X_2+\cdots \quad (\Omega)$$
$$R_{\Sigma}=R_1+R_2+\cdots \quad (\Omega) \tag{1.3-8}$$

当两个电路元件并联时，若两个并联元件的电阻与电抗的比值比较接近时，则并联电路的总电阻和总电抗可按并联公式分别计算

当$R_1/X_1 \approx R_2/X_2$时，则

$$X_{\Sigma}=X_1X_2/(X_1+X_2) \quad (\Omega)$$
$$R_{\Sigma}=R_1R_2/(R_1+R_2) \quad (\Omega) \tag{1.3-9}$$

在化简很复杂的网络中，常常用到多支路星—网变换。有时它不仅可以使网络迅速简化，而且是化简网络所必需的。图1.3-2示出了一个多支路星形及与它对应的网形网络。令 X_m 和 X_n 为星形网络中接到 m 和 n 点各支路的电抗，根据网络等效的理论，可知网形网络中 m 和 n 点间直接连接的支路电抗 X_{mn} 为

$$X_{mn}=X_mX_n\Sigma Y \tag{1.3-10}$$

式中，ΣY 为接到星形中心点各支路的电纳之和，$\Sigma Y=1/X_1+1/X_2+\cdots+1/X_m+1/X_n$。

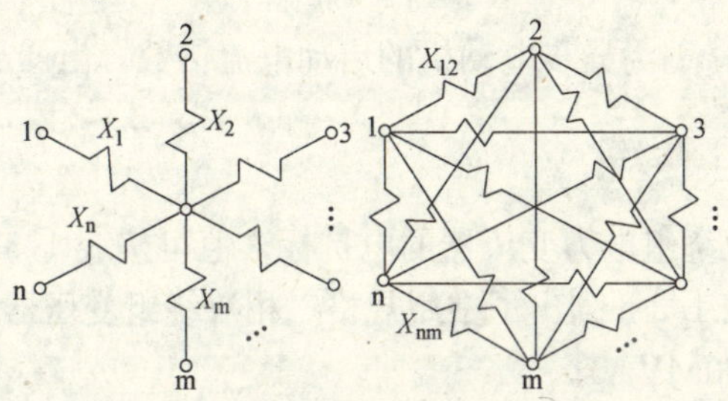

图1.3-2 星形网络变换成网形网络

3 高压网络电路元件的阻抗的计算

3.1 同步电机

同步电机的阻抗参数由电机制造厂提供。若缺少数据时，

在近似计算中可采用表 1.3-4 中所列的各类同步电机电抗平均值。

各类同步电机的电抗平均值　　　　**表 1.3-4**

<table>
<tr><th>序号</th><th colspan="2">同步电机类型</th><th>X''_d或 $X_{(1)}$(%)</th><th>$X_{(2)}$(%)</th><th>$X_{(0)}$(%)</th></tr>
<tr><td rowspan="4">1</td><td rowspan="4">汽轮发电机</td><td>≤50MW</td><td>14.5</td><td>17.5</td><td>7.5</td></tr>
<tr><td>100～125MW</td><td>17.5</td><td>21.0</td><td>8.0</td></tr>
<tr><td>200MW</td><td>14.5</td><td>17.5</td><td>8.5</td></tr>
<tr><td>300MW</td><td>17.2</td><td>19.8</td><td>8.4</td></tr>
<tr><td rowspan="2">2</td><td rowspan="2">水轮发电机</td><td>无阻尼绕组时</td><td>29.0</td><td>45.0</td><td>11.0</td></tr>
<tr><td>有阻尼绕组时</td><td>21.0</td><td>21.5</td><td>9.5</td></tr>
<tr><td>3</td><td colspan="2">同步调相机</td><td>16.0</td><td>16.5</td><td>8.5</td></tr>
<tr><td>4</td><td colspan="2">同步电动机</td><td>15.0</td><td>16.0</td><td>8.0</td></tr>
</table>

注：$X_{(1)}$、$X_{(2)}$、$X_{(0)}$表示正序电抗相对值、负序电抗相对值、零序电抗相对值。

3.2　异步电动机

高、低压异步电动机的超瞬态电抗相对值 X''_d可按下式计算

$$X''_d = 1/k_{qM} \tag{1.3-11}$$

式中，k_{qM}为异步电动机的启动电流倍数，由产品样本查取。

3.3　电力变压器

三相双绕组电力变压器的电抗标幺值可按表 1.3-2 中有关公式计算。表 1.3-5 列出了常用规格三相双绕组变压器的电抗标幺值（S_j=100MVA）。

三相三绕组电力变压器每个绕组的电抗百分值按下列公式计算

$$\left.\begin{aligned} X_1\% &= (1/2)(u_{k12}\% + u_{k13}\% - u_{k23}\%) \\ X_2\% &= (1/2)(u_{k12}\% + u_{k23}\% - u_{k13}\%) \\ X_3\% &= (1/2)(u_{k13}\% + u_{k23}\% - u_{k12}\%) \end{aligned}\right\} \tag{1.3-12}$$

式中，$u_{k12}\%$、$u_{k13}\%$、$u_{k23}\%$为每对绕组的阻抗电压百分值，其间相互关系如图 1.3-3 所示。

三相双绕组电力变压器的电抗标幺值 **表 1.3-5**

变压器容量（kVA）	阻抗电压（%）	S_j=100MVA时电抗标幺值	变压器容量（kVA）	阻抗电压（%）	S_j=100MVA时电抗标幺值
35/10.5(6.3)kV			10/6.3 (3.15)kV		
1000		6.50	200		20.00
1250		5.20	250		16.00
1600	6.5	4.06	315	4	12.70
2000		3.25	400		10.00
2500		2.60	500		8.00
3150		2.22	630	4.5	8.73
4000	7	1.75	800		6.88
5000		1.40	1000		5.50
6300		1.19	1250		4.40
8000	7.5	0.94	1600		3.44
10000		0.75	2000		2.75
12500		0.64	2500		2.20
16000	8	0.50	3150		1.75
20000		0.40	4000	5.5	1.38
110/10.5(6.3)kV			5000		1.10
6300		1.67	6300		0.87
8000		1.31			
10000		1.05			
12500	10.5	0.84			
16000		0.66			
20000		0.53			
25000		0.42			

110kV 三相三绕组电力变压器的电抗标幺值 表 1.3-6

变压器容量(kVA)			6300	8000	10000	12500	16000	20000	25000	变压器容量(kVA)	
按阻抗电压 u_k%的第一种组合方式(升压变)	阻抗电压 u_k%	高中	17	17.5	17	18	18	18	18	高低	按阻抗电压 u_k%的第二种组合方式(降压变)
		高低	10.5	10.5	10.5	10.5	10.5	10.5	10.5	高中	
		中低	6	6.5	6	6.5	6.5	6.5	6.5	中低	
	绕组电抗 x_k/ %	高压	10.75	10.75	10.75	11	11	11	11	高压	
		中压	6.25	6.75	6.25	7	7	7	7	低压	
		低压	−0.25	−0.25	−0.25	−0.50	−0.50	−0.50	−0.50	中压	
	S_j=100MVA时绕组电抗标幺值 X_*	高压	1.706	1.344	1.075	0.880	0.688	0.550	0.440	高压	
		中压	0.992	0.844	0.625	0.560	0.438	0.350	0.280	低压	
		低压	−0.040	−0.031	−0.025	−0.04	−0.031	−0.025	−0.02	中压	

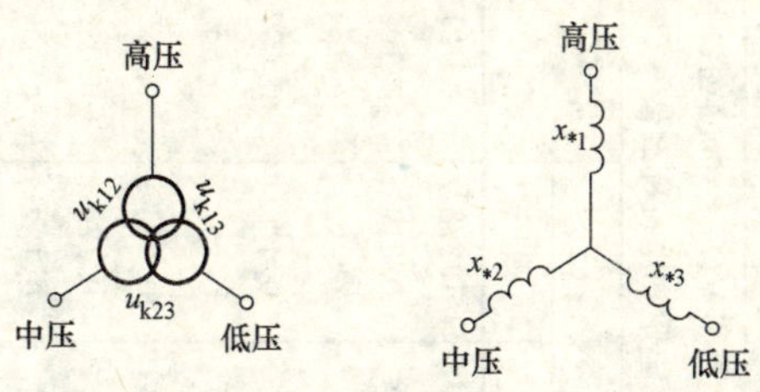

图 1.3-3 三相三绕组变压器等效变换

110kV 级 6300～25000kVA、三相三绕组电力变压器每个绕组的电抗标幺值见表 1.3-6。

3.4 电抗器

电抗器的电抗标幺值及有名值计算见表 1.3-2。

3.5 高压线路

对计算要求不十分精确时，可采用表 1.3-7 所列各种线路电抗的近似值。如要求较精确，则可查表 1.3-8～表 1.3-11。

高压线路每千米电抗近似值 **表 1.3-7**

线路种类	标称电压 U_n(kV)	电抗 X(Ω/km)	S_j=100MVA 时，电抗标幺值 X_*
电缆线路	6	0.07	0.176
	10	0.08	0.073
	35	0.12	0.009
架空线路	6	0.35	0.882
	10	0.35	0.317
	35	0.40	0.029
	110	0.40	0.003

注：计算电抗标幺值时，所采用的基准电压 U_j 分别为 6.3kV、10.5kV、37kV、115kV。

6kV 和 10kV 交联聚乙烯绝缘三芯电力电缆每千米阻抗 表 1.3-8

标称截面积 (mm^2)	t=90℃时线芯交流电阻 R(Ω/km)		6kV				10kV			
			电抗 X (Ω/km)	U_j=6.3kV、S_j=100MVA 时电阻和电抗标幺值			电抗 X (Ω/km)	U_j=10.5kV、S_j=100MVA 时电阻和电抗标幺值		
				R_*		X_*		R_*		X_*
	铝	铜		铝	铜			铝	铜	
16	2.301	1.404	0.124	5.799	3.538	0.312	0.133	2.094	1.278	0.121
25	1.473	0.898	0.111	3.712	2.263	0.280	0.120	1.340	0.817	0.109
35	1.052	0.642	0.105	2.651	1.618	0.264	0.113	0.957	0.584	0.103
50	0.736	0.449	0.099	1.855	1.131	0.249	0.107	0.670	0.409	0.097
70	0.526	0.321	0.093	1.326	0.809	0.236	0.101	0.479	0.292	0.091
95	0.388	0.236	0.089	0.978	0.595	0.225	0.096	0.353	0.215	0.087
120	0.307	0.187	0.087	0.774	0.471	0.219	0.095	0.279	0.170	0.087
150	0.245	0.150	0.085	0.617	0.378	0.214	0.093	0.223	0.137	0.084
185	0.199	0.121	0.082	0.501	0.305	0.208	0.090	0.181	0.110	0.082
240	0.153	0.094	0.080	0.386	0.237	0.202	0.087	0.139	0.086	0.079

表 1.3-9 35kV 交联聚乙烯绝缘电力电缆每千米阻抗

标称截面积(mm^2)	35kV					
	t=75℃时线芯交流电阻 R(Ω/km)		电抗 X (Ω/km)	U_j=115kV、S_j=100MVA 时电阻和电抗标幺值		
				R_*		X_*
	铝	铜		铝	铜	
3×50	0.702	0.428	0.137	0.0512	0.0313	0.0100
3×70	0.500	0.305	0.128	0.0365	0.0223	0.0093
3×95	0.370	0.225	0.121	0.0270	0.0164	0.0088
3×120	0.292	0.178	0.116	0.0213	0.0130	0.0085
3×150	0.234	0.143	0.112	0.0171	0.0104	0.0082
3×185	0.189	0.116	0.109	0.0138	0.0085	0.0080
3×240	0.146	0.090	0.104	0.0107	0.0066	0.0076
3×300	0.117	0.072	0.103	0.0085	0.0053	0.0075
3×400	0.088	0.054	0.103	0.0064	0.0039	0.0075

6kV 和 10kV 架空线路每千米阻抗 **表 1.3-10**

标称截面积 (mm^2)	t=70℃时交流电阻						线间几何均距 D_j=1000mm 时电抗			线间几何均距 D_j=1250mm 时电抗		
	R (Ω/km)		S_j=100MVA 的标幺值 R_*				X (Ω/km)	S_j=100MVA 的标幺值 X_*		X (Ω/km)	S_j=100MVA 的标幺值 X_*	
			U_j=6.3kV		U_j=10.5kV			U_j=6.3kV	U_j=10.5kV		U_j=6.3kV	U_j=10.5kV
	铝	铜	铝	铜	铝	铜						
16	2.16	1.32	5.44	3.32	1.96	1.20	0.39	0.98	0.35	0.41	1.03	0.37
25	1.38	0.84	3.48	2.12	1.26	0.77	0.38	0.96	0.34	0.39	0.98	0.35
35	0.99	0.60	2.49	1.52	0.90	0.55	0.37	0.93	0.34	0.38	0.96	0.34
50	0.69	0.42	1.74	1.06	0.63	0.38	0.36	0.91	0.33	0.37	0.93	0.34
70	0.49	0.30	1.24	0.76	0.45	0.27	0.35	0.88	0.32	0.36	0.91	0.33
95	0.36	0.22	0.92	0.56	0.33	0.20	0.34	0.86	0.31	0.35	0.88	0.32
120	0.29	0.18	0.73	0.44	0.26	0.16	0.33	0.83	0.30	0.34	0.86	0.31
150	0.23	0.14	0.58	0.35	0.21	0.13	0.32	0.81	0.29	0.34	0.86	0.31
185	0.19	0.11	0.47	0.29	0.17	0.10	0.31	0.78	0.28	0.33	0.83	0.30
240	0.14	0.09	0.36	0.22	0.13	0.08	0.31	0.78	0.28	0.32	0.81	0.29

35kV 和 110kV LGJ 系列架空线路每千米阻抗 表 1.3-11

标称截面积（mm^2）	$t=70$℃时交流电阻 R（Ω/km）	$U_j=37kV$、$D_j=3000mm$			$U_j=115kV$、$D_j=5000mm$		
		电抗	$S_j=100MVA$ 时标幺值		电抗	$S_j=100MVA$ 时标幺值	
		X（Ω/km）	R_*	X_*	X（Ω/km）	R_*	X_*
35	0.99	0.43	0.07	0.031			
50	0.69	0.42	0.05	0.031			
70	0.49	0.41	0.04	0.030	0.44	0.004	0.003
95	0.36	0.40	0.03	0.029	0.43	0.003	0.003
120	0.29	0.39	0.02	0.028	0.42	0.002	0.003
150	0.23	0.39	0.02	0.028	0.42	0.002	0.003
185	0.19	0.38	0.01	0.028	0.41	0.001	0.003
240	0.14	0.37	0.01	0.027	0.40	0.001	0.003

4　高压网络的短路电流计算（实用短路电流计算方法）

4.1　计算条件

1）电力系统中所有发电机电动势相角都相同。不考虑在短路过程中发电机间的摇摆现象对短路电流的影响，算出故障点的短路电流要比计及发电机相角差的实际的短路电流大。

2）电力系统中各元件的磁路不饱和，即各元件的参数不随电流而变化，因此在计算过程中可以应用重叠原理。

3）电力系统各元件的电阻都略去不计。只在计算非周期分量的衰减时间常数时，才计及电阻的作用。此外当短路发生在电缆线路或低压网络时，由于 R 对 X 的比值大，则应计及电阻，但可不用复阻抗，而用阻抗的绝对值 Z（$Z=\sqrt{R^2+X^2}$）进行计算。

4）电路的电容和变压器的励磁电流略去不计。

5）对于同类型的发电机，当它们对短路点的电气距离比较接近时，则假定它们的超瞬态电势的大小和变化规律相同。因此可以用超瞬态网络（发电机用超瞬态电抗 X''_d 来代表）进行网络化简，并将这些发电机合并成一台等值发电机。

6）电力系统为对称的三相系统。负荷只作近似的估计，并用恒定阻抗来代表。

7）发电机在额定运行状态下发生突然三相短路。故障点没有任何阻抗，即发生金属性短路。

此外短路前三相系统是正常运行情况下的接线方式，不考虑仅在切换过程中短时出现的接线方式。

4.2　远离发电机端的三相短路电流周期分量的计算

远离发电机端的（无限大电源容量的）网络发生短路时，即以电源容量为基准的计算电抗 $X_{*js}\geqslant 3$ 时，短路电流周期分量在整个短路过程中不发生衰减，即 $I''=I_{0.2}=I_{k}$，如图 1.3-1（a）所示。其计算方法如下。

（1）用标幺值计算

用标幺值计算时，三相短路电流初始值 I''_{k}按下式计算

$$I_{*k}=S_{*k}=I''_{*}=1/X_{*js} \quad (1.3\text{-}13)$$

$$I''_{k}=I_{*k}I_{j}=I''_{*}I_{j}=I_{j}/X_{*js} \quad (1.3\text{-}14)$$

$$S_{k}=S_{*k}S_{j}=I_{*k}S_{j}=I''_{*}S_{j}=S_{j}/X_{*js} \quad (1.3\text{-}15)$$

式中，I_{*k}为短路电流周期分量有效值的标幺值；S_{*k}为短路容量标幺值；X_{*js}为短路电路总电抗（计算电抗）标幺值；I''_{k}为短路电流初始值，kA；S_{k}为短路容量，MVA；I_{j}为基准电流，kA；S_{j}为基准容量，MVA。

（2）用有名单位制计算

用有名单位制计算时，三相短路电流初始值 I''_{k}按下式计算

$$I_{k}=I''_{k}=U_{p}/\sqrt{3}X_{js} \quad (1.3\text{-}16)$$

如果 $R_{js}>(1/3)X_{js}$，则应计入有效电阻 R_{js}，I_{k}值应按下式计算

$$I_{k}=I''_{k}=U_{p}/\sqrt{3}Z_{js}=U_{p}/\sqrt{3}\sqrt{R_{js}^{2}+X_{js}^{2}} \quad (1.3\text{-}17)$$

式中，U_{p}为短路点所在级的网络平均电压，kV，见表 1.3-1；Z_{js}为短路电路总阻抗，Ω；R_{js}为短路电路总电阻，Ω；X_{js}为短路电路总电抗，Ω。

远离发电机端短路时 10～110kV 级常用变压器低压侧三相短路的短路容量见表 1.3-12。

4.3 靠近发电机端的三相短路电流周期分量的计算

（1）按公式计算

靠近发电机端或有限电源容量的网络发生短路的主要特点是：电源母线上的电压在短路发生后的整个过渡过程不能维持恒定，短路电流周期分量 i_{k}随之变化，见图 1.3-1（b）所示，电源的内阻抗不能忽略不计。

远离发电机端短路时10～110kV级常用变压器低压侧三相短路的短路容量 表1.3-12

变压器容量(kVA)	阻抗电压(%)	变压器高压侧短路容量(kVA)									
		30	50	75	100	150	200	250	300	500	∞
35/10.5(6.3)kV											
1000	6.5	10.17	11.76	12.76	13.33	13.95	14.28	14.49	14.63	14.92	15.38
1250	6.5	11.72	13.89	15.31	16.13	17.04	17.54	17.86	18.07	18.52	19.23
1600	6.5	13.52	16.50	18.54	19.76	21.15	21.92	22.41	22.75	23.46	24.62
2000	6.5	15.19	19.05	21.82	23.53	25.53	26.67	27.40	27.91	28.99	30.77
2500	6.5	16.85	21.74	25.42	27.78	30.61	32.26	33.33	34.09	35.71	38.46
3150	7	18.00	23.68	28.12	31.03	34.62	36.73	38.14	39.13	41.28	45.00
4000	7	19.67	26.67	32.43	36.36	41.38	44.44	46.51	48.00	51.28	57.14
5000	7	21.13	29.41	36.59	41.67	48.39	52.63	55.56	57.70	62.50	71.43
6300	7.5	22.11	31.34	39.62	45.65	53.85	59.15	62.87	65.62	71.92	84.00
8000	7.5	23.41	34.04	44.04	51.61	62.34	69.57	74.77	78.69	87.91	106.67
10000	7.5	24.49	36.36	48.00	57.14	70.59	80.00	86.96	92.31	105.26	133.33
12500	8	25.17	37.88	50.68	60.98	76.53	87.72	96.15	102.74	119.05	156.25
16000	8	26.09	40.00	54.55	66.67	85.71	100.00	111.11	120.00	142.86	200.00
20000	8	30.00	41.67	57.69	71.43	93.75	111.11	125.00	136.36	166.67	250.00
110/10.5(6.3)kV											
6300	10.5	20.00	27.27	33.33	37.50	42.86	46.15	48.39	50.00	53.57	60.00
8000	10.5	21.52	30.19	37.80	43.24	50.53	55.17	58.39	60.76	66.12	76.19
10000	10.5	22.81	32.79	41.96	48.78	58.25	64.52	68.97	72.29	80.00	95.24
12500	10.5	23.96	35.21	46.01	54.35	66.37	74.63	80.65	85.23	96.16	119.05
16000	10.5	25.07	37.65	50.26	60.38	75.59	86.49	94.67	101.05	116.79	152.38
20000	10.5	25.92	39.60	53.81	65.57	83.92	97.56	108.11	116.51	137.93	190.48
25000	10.5	26.64	41.32	57.03	70.42	92.03	108.70	121.95	132.74	161.29	238.10
31500	10.5	27.27	42.86	60.00	75.00	100.00	120.00	136.36	150.00	187.50	300.00
40000	10.5	27.81	44.20	62.66	79.21	107.62	131.15	150.94	167.83	216.22	380.95

续表

变压器容量(kVA)	阻抗电压(%)	变压器高压侧短路容量(kVA)									
		30	50	75	100	150	200	250	300	500	∞
10/6.3(3.15)kV											
200	4	4.29	4.55	4.69	4.76	4.84	4.88	4.90	4.92	4.95	5.00
250	4	5.17	5.56	5.77	5.88	6.00	6.06	6.10	6.12	6.17	6.25
315	4	6.24	6.81	7.13	7.30	7.49	7.58	7.64	7.68	7.76	7.88
400	4	7.50	8.33	8.82	9.09	9.38	9.52	9.62	9.68	9.80	10.00
500	4	8.82	10.00	10.71	11.11	11.54	11.76	11.90	12.00	12.20	12.50
630	4.5	8.29	9.32	9.93	10.27	10.64	10.83	10.95	11.03	11.19	11.45
800	5.5	9.8	11.27	12.19	12.70	13.26	13.56	13.75	13.88	14.14	14.55
1000	5.5	11.32	13.33	14.63	15.38	16.21	16.67	16.95	17.14	17.54	18.18
1250	5.5	12.93	15.63	17.44	18.52	19.74	20.41	20.84	21.13	21.74	22.73
1600	5.5	14.77	18.39	20.96	22.53	24.36	25.40	26.06	26.52	27.49	29.09
2000	5.5	16.44	21.05	24.49	26.66	29.27	30.77	31.74	32.43	33.90	36.36
2500	5.5	18.07	23.81	28.30	31.25	34.88	37.03	38.46	39.47	41.66	45.45
3150	5.5	19.69	26.69	32.47	36.42	41.45	44.52	46.60	48.09	51.38	57.27
4000	5.5	21.24	29.63	36.92	42.11	48.98	53.33	56.34	58.54	63.49	72.73
5000	5.5	22.56	32.26	41.10	47.62	56.60	62.50	66.67	69.77	76.92	90.91
6300	5.5	23.77	34.81	45.32	53.39	64.95	72.83	78.56	82.90	93.20	114.55

注：1. 本表数据按下式计算而得

$$S_{k2}=S_{k1}S_k/(S_{k1}+S_k)$$

式中，S_{k2}为变压器低压侧三相短路的短路容量，MVA；S_{k1}为变压器高压侧短路容量，MVA；S_k为变压器本身短路容量，MVA，其值等于高压侧接入无限大电源容量时的低压侧短路容量，即

$$S_k=100S_{rT}/u_k\%$$

式中，S_{rT}为变压器的额定容量，MVA；$u_k\%$为变压器阻抗电压百分值。

2. 粗线框以右部分为变压器低压侧发生短路时，以变压器高压侧短路容量为基准的计算电抗 $X_{*js}\geqslant 3$ 或以变压器高压侧短路容量为基准的变压器计算电抗 $X_{*js\cdot T}\geqslant 2$，其计算式为

$$X_{*js}=S_j/S_{k1}+S_j/S_k=S_{k1}/S_{k1}+S_{k1}/S_k=1+S_{k1}/S_k=1+S_{k1}/(100S_{rT}/u_k\%)$$
$$=1+(u_k\%/100)/(S_{rT}/S_{k1})$$
$$X_{*js\cdot T}=S_j/S_k=S_{k1}/S_k=S_{k1}/(100S_{rT}/u_k\%)=(u_k\%/100)/(S_{rT}/S_{k1})$$

短路电流的变化与发电机的参数及电压自动调整装置的特性有关。因同步电机的转子绕组（等效阻尼绕组及励磁绕组）的磁链在突然短路瞬间不能突变，与转子绕组的磁链成正比的超瞬态电动势 E''，在突然短路瞬间仍保持短路前的数值，因此短路电流周期分量的起始值，即超瞬态短路电流有效值 I''，可利用下式直接计算

对于汽轮发电机

$$I''=E''/[\sqrt{3}(X''_{d}+X_{w})] \quad (1.3\text{-}18)$$

或

$$I''=I_{j}/(X''_{*d}+X_{*w}) \quad (1.3\text{-}19)$$

对于水轮发电机

$$I''=KE''/[\sqrt{3}(X''_{d}+X_{w})]=KI_{j}/(X''_{*d}+X_{*w}) \quad (1.3\text{-}20)$$

式中，I_{j}为基准电流，kA；E''为发电机超瞬态电动势，工程计算中可认为 $E''\approx U_{rG}$，kV；U_{rG}为发电机额定电压，kV，$U_{rG}=1.05U_{n}$；U_{n}为系统标称电压，kV；X''_{d}为发电机超瞬态电抗，Ω；X_{w}为自发电机出口至短路点间的短路电路电抗，Ω；X''_{*d}、X_{*w}为以发电机额定总容量 $S_{n\Sigma}$ 为基准容量的 X''_{d}标幺值和 X_{w}标幺值；K 为考虑到水轮发电机的超瞬态电抗 X''_{d}值比较大而引入的计算系数，见表 1.3-13。

计算中将 $E''\approx U_{rG}$，$U_{rG}=1.05U_{n}$，则 E''=常数，因此按公式计算误差较大。

水轮发电机的计算系数 K 值 **表 1.3-13**

发电机形式	$X''_{*d}+X_{*w}=X_{*js}$为下列值时								
	0.2	0.27	0.3	0.4	0.5	0.75	1	1.5	≥2
无阻尼绕组		1.16	1.14	1.1	1.07	1.05	1.03	1.02	1
有阻尼绕组	1.11	1.07	1.07	1.05	1.03	1.02	1	1	1

（2）按发电机运算曲线计算

用运算曲线计算周期分量是十分简便的。由于在制定运算曲线时计及了同步电机的过渡过程和负荷对周期分量的影响，因而也是比较准确的。用运算曲线计算周期分量的步骤如下：

1）网络简化。根据计算条件，首先去掉系统中所有负荷、

线路电容、并联电抗等，同时忽略系统各元件的电阻，发电机用超瞬态电抗 X''_d来代表，将电气距离（对短路点而言）大致相等的，同类型的发电机合并为一台等值电机，用统一的基准容量（如 1000MVA 或 100MVA）和平均额定电压（如 230kV、115kV、37kV 等）归算系统各元件电抗的标幺值，进行网络简化，求得各电源对短路点的等值电抗。

2）求计算用电抗 X_{js}。运算曲线 $I_{zt}=f(X_{js}, t)$ 的自变量 X_{js}，是以其相应发电机的额定容量为基准容量的标幺电抗值。在使用运算曲线时，应将各电源对短路点的等值电抗归算到以本电源等值发电机的额定容量为基准容量的标幺值，这个电抗称为计算用电抗 X_{js}。

3）求 t 秒短路电流周期分量的标幺值。根据求得的各个电源对短路点的 X_{js}，查相应的 t 秒运算曲线，即可求得周期分量的标幺值。

4）求 t 秒短路电流周期分量的有名值。由运算曲线查得的短路电流标幺值 I_* 乘相应电源的基准电流 $I_{r\cdot j}$（由等值发电机的额定容量和相应的平均额定电压求得），即得到该分支短路电流周期分量的有名值

$$I_{zt}=I_* I_{r\cdot j} \tag{1.3-21}$$

发电机运算曲线如图 1.3-4～图 1.3-15 所示。

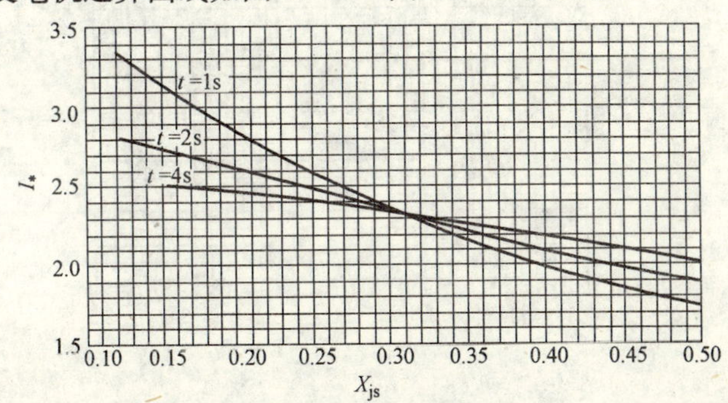

图 1.3-4 汽轮发电机运算曲线（一）

（X_{js}=0.12～0.5，t=0～1s）

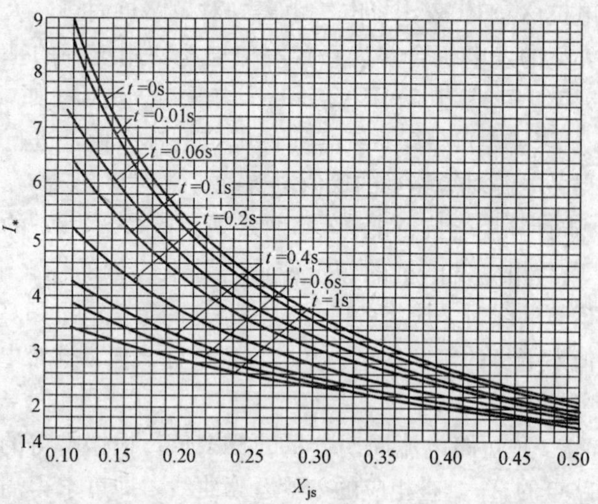

图 1.3-5 汽轮发电机运算曲线（二）

（X_{js}＝0.12～0.5，t=1～4s）

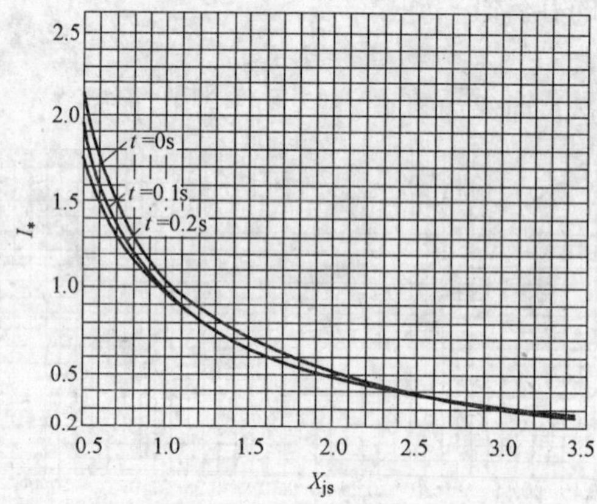

图 1.3-6 汽轮发电机运算曲线（三）

（X_{js}＝0.5～3.45，t=0～0.2s）

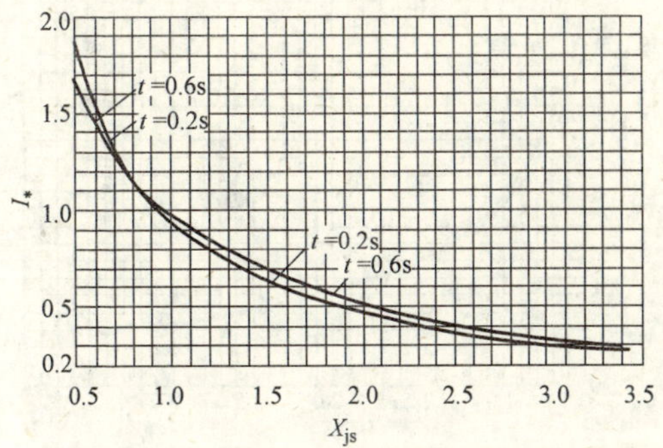

图 1.3-7　汽轮发电机运算曲线（四）

（X_{js}=0.5～3.45，t=0.2s、0.6s）

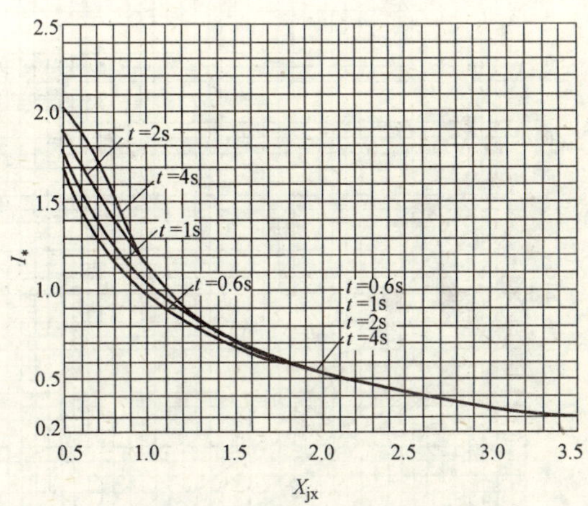

图 1.3-8　汽轮发电机运算曲线（五）

（X_{js}=0.5～3.45，t=0.6～4s）

5）参数的差异所引起的周期分量的修正。当发电机的参数与“标准参数”有较大差别时，为提高计算的精确度，可对周期分量进行修正计算。同步发电机的标准参数见表 1.3-14。

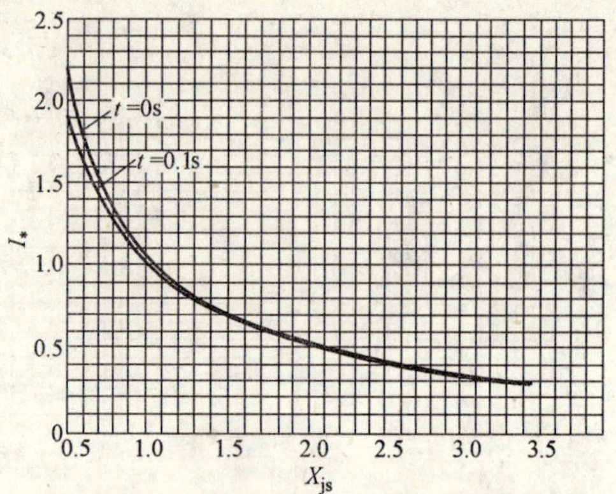

图 1.3-9 水轮发电机运算曲线（一）
（X_{js}=0.5～3.5，t=0s、0.1s）

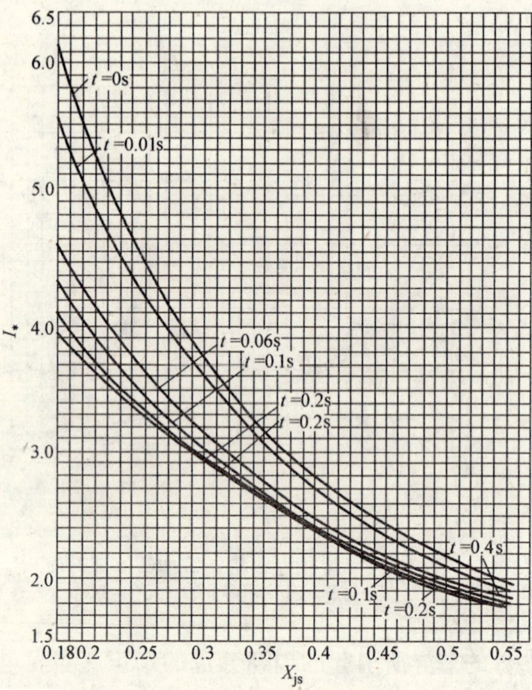

图 1.3-10 水轮发电机运算曲线（二）
（X_{js}=0.18～0.56，t=0～0.4s）

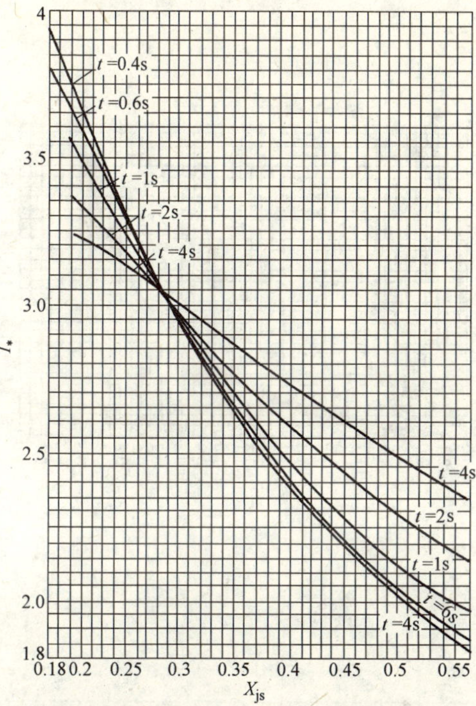

图 1.3-11 水轮发电机运算曲线（三）

（X_{js}=0.18～0.56，t=0.4～4s）

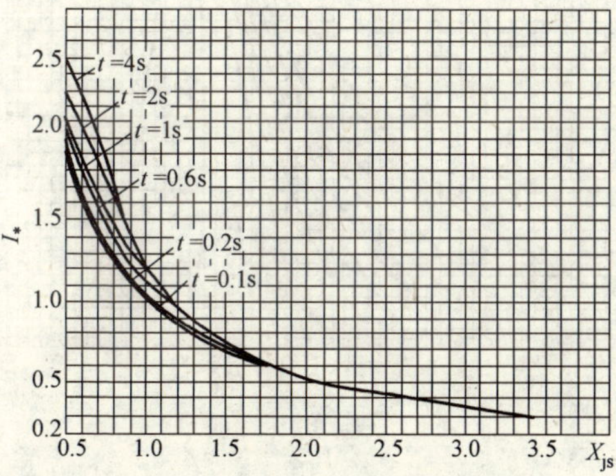

图 1.3-12 水轮发电机运算曲线（四）

（X_{js}=0.5～3.5，t=0.1～4s）

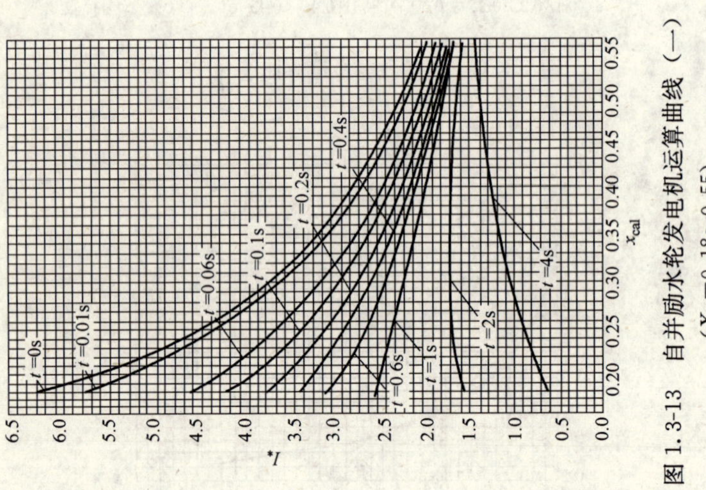

图 1.3-13 自并励水轮发电机运算曲线（一）

（X_{js}=0.18～0.55）

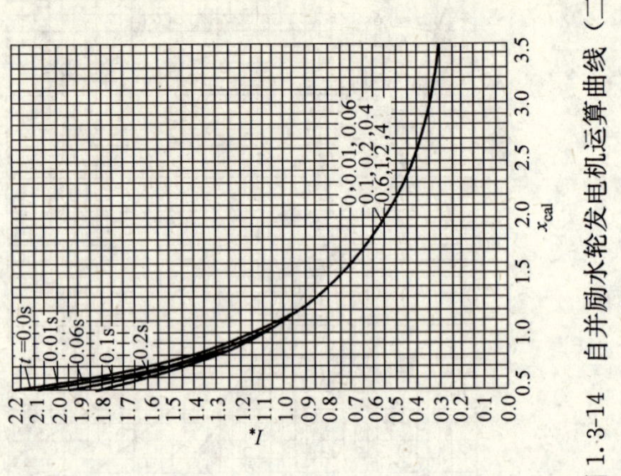

图 1.3-14 自并励水轮发电机运算曲线（二）

（X_{js}=0.5～3.5）

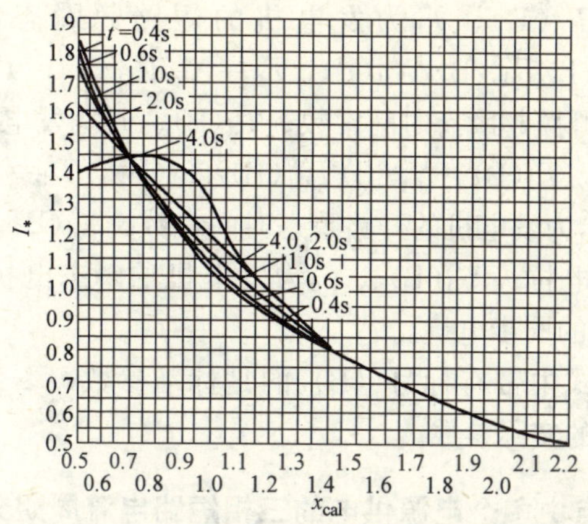

图 1.3-15 自并励水轮发电机运算曲线（三）
（X_{js}=0.5～2.2）

同步发电机的标准参数 **表 1.3-14**

发电机类型	X_d(B)	X'_d(B)	X''_d(B)	X_q(B)	X''_q(B)	T'_{do}(B)/s
汽轮发电机	1.9040	0.2150	0.1385	0.9040	0.1385	9.0283
水轮发电机	0.9851	0.3025	0.2055	0.6423	0.2257	5.9000
发电机类型	T''_{do}(B)/s	T''_{qo}(B)/s	T_d(B)/s	T'_d(B)/s	T''_d(B)/s	cosφ
汽轮发电机	0.1819	2.0125	0.2560	1.0195	0.1172	0.825
发电机类型	0.0673	0.1581	0.2124	1.8117	0.0457	0.850

如果实际电源的发电机的时间常数 T 与表 1.3-14 所示数值相差较大时，则查曲线时应用修正后的短路时间。

当 $t \leqslant 0.06$s 时，周期分量处于超瞬态过程，可用换算过的时间 t''代替实际短路时间 t 来查曲线，以求得 t 秒的实际短路电流。t''的计算式为

$$t''=T''_d(B)t/T''_d \tag{1.3-22}$$

当 $t>0.06$s 时，周期分量处于瞬态过程，可用换算过的时间 t'代替实际短路时间 t 来查曲线，以求得 t 秒的实际短路电流。t'的计算式为

$$t'=T'_d(B)t/T'_d \tag{1.3-23}$$

式中，$T''_{d}(B)$、T''_{d}为发电机的短路超瞬态时间常数，$T''_{d}(B)=X''_{d}(B)T''_{do}(B)/X'_{d}(B)$，$T''_{d}=X''_{d}T''_{do}/X'_{d}$；$T''_{do}(B)$、$T''_{do}$为发电机的开路超瞬态时间常数；$T'_{d}(B)$、$T'_{d}$为发电机的短路瞬态时间常数，$T'_{d}(B)=X'_{d}(B)T'_{do}(B)/X_{d}(B)$，$T'_{d}=X'_{d}T'_{do}/X_{d}$；$T'_{do}(B)$、$T'_{do}$为发电机的开路瞬态时间常数；$X''_{d}(B)$、$X''_{d}$为发电机的超瞬态电抗；$X'_{d}(B)$、$X'_{d}$为发电机的瞬态电抗；$X_{d}(B)$、$X_{d}$为发电机的同步电抗。

以上各式中带有标号（B）的是标准参数，不带标号（B）的是发电机的实际参数。

4.4 短路点由多个电源供电的三相短路电流周期分量的计算

当一个网络是由参数条件相差悬殊的多个电源供电，则在绘制短路电流计算网络时，应先将参数条件相近的电源合并，分成几个等效电源组。然后分别算出各等效电源组向短路点提供的短路电流，最后将各组提供的短路电流相加，即得到通过短路点的全部短路电流。

电源参数条件是指发电机形式、电源容量以及电源至短路点的阻抗大小等。图 1.3-16（*a*）给出了多电源供电的例子。例中假设电源 1 和 2、3 和 4 的参数条件相近，均为有限电源容量，电源 5 为无限大电源容量。下面以计算短路点 K 的三相短路电流周期分量为例，叙述计算步骤如下：

1）先将各电源的内电抗 X''_{d}和支路外电抗 X_{w}按同一基准容量 S_{j}（一般 $S_{j}=100$MVA）归算为标幺值，再将各电源及其所在的支路电抗合并成一个等效标幺电抗 X_{*}，如图 1.3-16（*b*）所示。

2）将各电源按其参数条件分组合并，电源 S_{r1}和 S_{r2}合并为 $S_{r\Sigma1}$，电源 S_{r3}和 S_{r4}合并为 $S_{r\Sigma2}$；支路电抗 X_{*1}和 X_{*2}合并为 X_{*11}，X_{*3}和 X_{*4}合并为 X_{*21}；如图 1.3-16（*c*）所示。

3）消去公共支路电抗 X_{*6}，求出各组电源至短路点 K 之间的等效电抗，如图 1.3-16（*d*）所示。其中

$$\left.\begin{aligned}X_{*12}&=X_{*\Sigma}/C_1\\X_{*22}&=X_{*\Sigma}/C_2\\X_{*52}&=X_{*\Sigma}/C_3\end{aligned}\right\}\quad(1.3\text{-}24)$$

式中，$X_{*\Sigma}$为短路电路的总电抗，且有

$$X_{*\Sigma}=X_{*11}X_{*21}X_{*5}/(X_{*11}X_{*21}+X_{*21}X_{*5}+X_{*5}X_{*11})+X_{*6}$$

C_1、C_2、C_3为分布系数

$$C_1=X_{*21}X_{*5}/(X_{*11}X_{*21}+X_{*21}X_{*5}+X_{*5}X_{*11})$$

$$C_2=X_{*11}X_{*5}/(X_{*11}X_{*21}+X_{*21}X_{*5}+X_{*5}X_{*11})$$

$$C_3=X_{*11}X_{*21}/(X_{*11}X_{*21}+X_{*21}X_{*5}+X_{*5}X_{*11})$$

对于同一短路点，应有 $C_1+C_2+C_3=1$。

4）再将X_{*12}和X_{*22}分别归算到以$S_{r\Sigma1}$和$S_{r\Sigma2}$为基准容量的标幺值X_{*js1}和X_{*js2}。至于X_{*52}，因为该支路由无限大电源容量供电，故可不必换算，取$X_{*js3}=X_{*52}$，如图 1.3-16（*e*）所示。

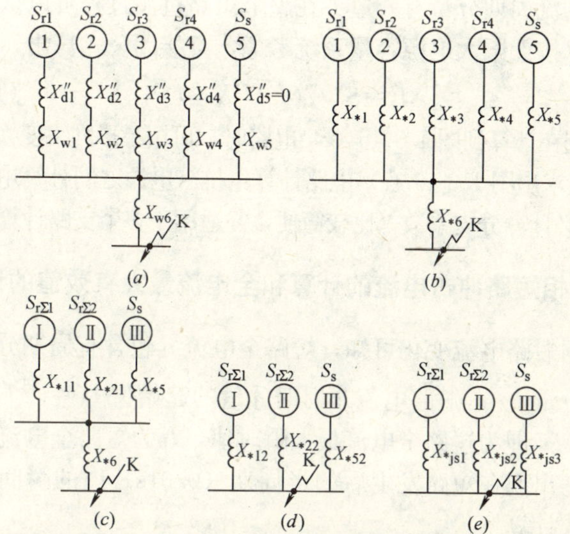

图 1.3-16　多电源网络短路电流计算

（*a*）原等效网络；（*b*）按同一基准容量归算后的等效网络；（*c*）按参数条件分组合并后的等效网络；（*d*）消去公共支路电抗后的等效网格；（*e*）按各支路电源总容量归算后的等效电抗网络

5）根据电源组Ⅰ和Ⅱ的发电机类型及其所在支路的标幺值 X_{*js1} 和 X_{*js2}，即可从相应的运算曲线（见图 1.3-4～图 1.3-15）上查出某一时刻 t 由电源组Ⅰ和Ⅱ通过相应支路，送到短路点的短路电流周期分量标幺值 I''_{*1} 和 I''_{*2}；支路Ⅲ采用式(1.3-13)，按无限大电源容量系统计算，即

$$I''_{*3}=1/X_{*js3}$$

6）求出各组电源送到短路点的短路电流周期分量有效值 I''_1、I''_2、I''_3。此三路电流之和即为通过短路点 K 的全部短路电流 I''_{Σ}，即

$$I''_{\Sigma}=I''_1+I''_2+I''_3 \tag{1.3-25}$$

式中，$I''_1=I''_{*1}S_{r\Sigma1}/\sqrt{3}U_j$；$I''_2=I''_{*2}S_{r\Sigma2}/\sqrt{3}U_j$；

$I''_3=I''_{*3}S_j/\sqrt{3}U_j=S_j/(\sqrt{3}U_jX_{*js3})$。

如果支路Ⅰ或Ⅱ的等效电抗标幺值 $X_{*js}\geqslant3$，则通过该支路的短路电流周期分量有效值 I'' 在整个短路过渡过程可以认为不衰减，可以按无限大电源容量系统考虑，直接用公式算出，即

$$I''=S_{r\Sigma}/(\sqrt{3}U_jX_{*js}) \tag{1.3-26}$$

此例在计算到图 1.3-16（c）电路时，可用星形网络变换成网形网络直接求出图 1.3-16（e）电路计算电抗（电源之间计算电抗不考虑）。不必计算分支系数，比较简便，并适用于多个支路计算

4.5　三相短路冲击电流的计算和全电流最大有效值的计算

根据短路电流变化可知，短路全电流 i_k 包含有周期分量 i_z 和非周期分量 i_{DC}。短路电流非周期分量的起始值 $i_A=\sqrt{2}I''$，短路冲击电流 i_p 即为短路全电流最大瞬时值，I_p 为短路全电流最大有效值，它出现在短路发生后的半周期（0.01s）内的瞬间，其值可按下式计算

$$i_p=K_p\sqrt{2}I'' \tag{1.3-27}$$

$$I_p=\sqrt{1+2(K_p-1)^2}I''$$

式中，K_p 为短路电流冲击系数，$K_p=1+e^{-0.01/T_f}$；T_f 为短

路电流非周期分量衰减时间常数（s），当电网频率为 50Hz 时，$T_f = X_\Sigma / 314R_\Sigma$；$X_\Sigma$ 为短路电路总电抗，Ω；R_Σ 为短路电路总电阻，Ω；

如果电路只有电抗，则 $T_f = \infty$，$K_p = 2$；如果电路只有电阻，则 $T_f = 0$，$K_p = 1$；可见 $2 \geqslant K_p \geqslant 1$。

K_p 与 X_Σ / R_Σ 的数值关系如图 1.3-17 所示的曲线。

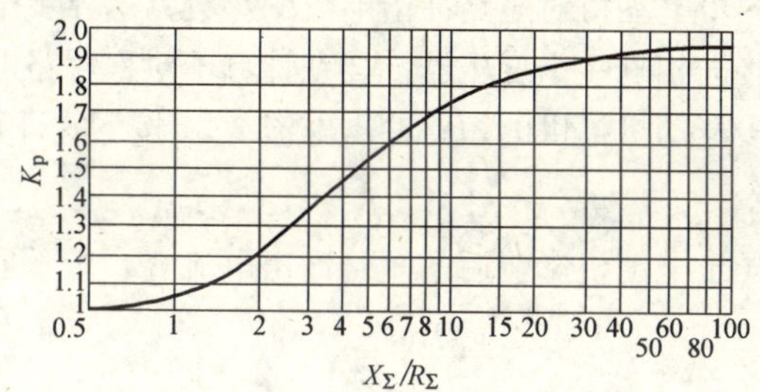

图 1.3-17　冲击系数 K_p 与比值 X_Σ / R_Σ 的关系曲线

工程设计中 K_p 的取值以及 i_p 的计算值如下：

1）当短路发生在发电机端时，取 $K_p = 1.9$，$i_p = 2.69I''$，$I_p = 1.62I''$。

2）当短路发生在发电厂高压侧母线时，取 $K_p = 1.85$，$i_p = 2.62I''$，$I_p = 1.56I''$。

3）当短路点远离发电厂，短路电路的总电阻较小，总电抗较大（$R_\Sigma \leqslant X_\Sigma / 3$）时，$T_f \approx 0.05s$，取 $K_p = 1.8$，$i_p = 2.55I''$，$I_p = 1.51I''$。

4）在电阻较大（$R_\Sigma > X_\Sigma / 3$）的电路中，发生短路时，短路电流非周期分量衰减较快，可取 $K_p = 1.3$，$i_p = 1.84I''$，$I_p = 1.09I''$。

4.6　电动机对短路电流的影响

1）高压同步电动机对短路电流的影响可按有限电源容量考虑。同步电动机在短路过渡过程任一时刻，所给出的短路电流周期分量可利用运算曲线计算（见图 1.3-4～图 1.3-15）。如果同步电动机的时间常数 T_d 与制定曲线的标准参数（见表 1.3-14）相差较大时，则时间 t 应按式（1.3-22）和式（1.3-23）修正。而励磁系统时间常数 T_l 对周期分量的影响很小可不修正。

2）高压异步电动机对短路电流的影响，只有在计算电动机附近短路点的短路冲击电流时才予以考虑。在下列情况下，可不考虑高压异步电动机对短路冲击电流的影响：①异步电动机与短路点的连接已相隔一个变压器。②在计算不对称短路电流时。

由异步电动机提供的短路冲击电流 $i_{p\cdot M}$ 按下式计算

$$i_{p\cdot M}=1.1\sqrt{2}K_{p\cdot M}K_{qM}I_{rM} \tag{1.3-28}$$

计入异步电动机影响后的短路冲击电流 i_p，按下两式计算

$$i_p=i_{p\cdot S}+i_{p.M} \tag{1.3-29}$$

$$i_p=\sqrt{2}(K_{p.S}I''_S+K_{p.M}I''_M) \tag{1.3-30}$$

短路全电流最大有效值 I_p 按下式计算

$$I_p=\sqrt{(I''_S+I''_M)^2+2[(K_{p\cdot S}-1)I''_S+(K_{p\cdot M}-1)I''_M]^2}\ (\text{kA}) \tag{1.3-31}$$

式中，$i_{p\cdot S}$ 为由系统送到短路点的短路冲击电流，kA；I''_S 为由系统送到短路点的超瞬态短路电流，kA；I''_M 为由短路点附近的异步电动机送到短路点的超瞬态短路电流，kA，其值 $I''_M=1.1K_{qM}I_{rM}$，如有多台异步电动机，则应以等效电动机启动电流倍数 K'_{qM} 取代 k_{qM} 值，$K'_{qM}=\sum(K_{qM}P_{rM})/\sum P_{rM}$；$P_{rM}$ 为异步电动机的额定功率，kW；I_{rM} 为异步电动机的额定电流，kA，可由产品样本查得，如有多台异步电动机，则应以各台电动机额定电流的总和代替；$K_{p\cdot S}$ 为由系统送出的短路电流冲击系数；$K_{p\cdot M}$ 为由异步电动机送出的短路电流冲击系数，一般可取 1.4～1.7，准确数据可查图 1.3-18。

4.7 两相不接地短路电流的计算

两相不接地短路电流的初始值 I''_{k2} 的计算公式如下

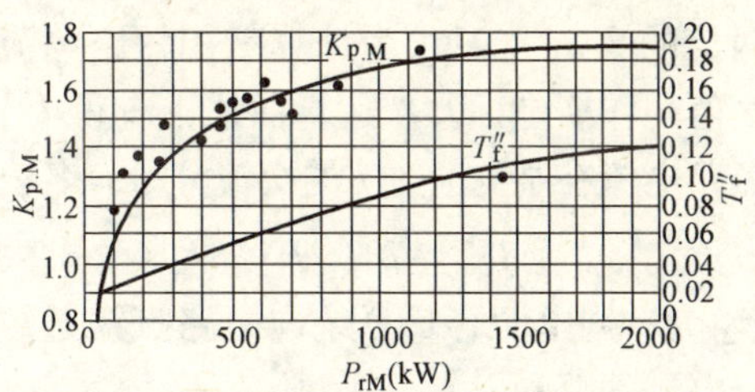

图 1.3-18 异步电动机额定容量 P_{rM}与冲击系数 $K_{p·M}$的关系

T''_f—反馈电流周期分量衰减时间常数

对于汽轮发电机

$$I''_{k2}=E''/[2(X''_d+X_w)] \tag{1.3-32}$$

对于水轮发电机

$$I''_{k2}=KE''/[2(X''_d+X_w)] \tag{1.3-33}$$

两相短路超瞬态电流与三相短路超瞬态电流之比

$$I''_{k2}/I''_{k3}=\sqrt{3}/2=0.866 \tag{1.3-34}$$

而 i_p、I_p均正比于 I''_k故

$$\begin{aligned} I''_{k2}&\approx 0.866I''_{k3}；i_{pk2}=0.866i_{pk3} \\ I_{pk2}&=0.866I_{pk3} \end{aligned} \tag{1.3-35}$$

两相短路稳态电流 I_{k2}与三相短路稳态电流 I_{k3}的比值，按短路点与电源的距离远近决定：

（1）在发电机出口处发生短路时

$$I_{k2}=1.5I_{k3} \tag{1.3-36}$$

（2）在远距离点短路时，即 $X_{*js}>3$ 时，因 $I_k=I''_k$

故
$$I_{k2}=0.866I_{k3} \tag{1.3-37}$$

（3）一般估算

$$\left.\begin{aligned} X_{*js}>0.6\text{ 时，}I_{k2}<I_{k3} \\ X_{*js}\approx 0.6\text{ 时，}I_{k2}=I_{k3} \\ X_{*js}<0.6\text{ 时，}I_{k2}>I_{k3} \end{aligned}\right\} \tag{1.3-38}$$

在靠近发电机端短路时，两相短路电流的交流分量也可利用三相短路的运算曲线（见图 1.3-4～图 1.3-15）进行近似计算，

其方法是以两倍的 X_{*js}（X_{*js} 为计算三相短路电流用的短路电路电抗的标幺值）作横坐标，从运算曲线上查得 I_{*z}，然后按下式求出两相短路电流在某一时刻 t 的交流分量有名值 I_{zk2}

$$I_{zk2}=\sqrt{3}I_{*z}I_{r\Sigma} \quad (1.3\text{-}39)$$

式中，$I_{r\Sigma}$ 为有限电源容量系统向短路点馈送短路电流时所有发电机额定电流的总和。

4.8 单相接地电容电流的计算

电网中的单相接地电容电流由电力线路和电力设备（同步发电机、大容量同步电动机及变压器等）两部分的电容电流组成。

（1）电缆线路的单相接地电容电流按下式计算

6kV 电缆线路

$$I_c=(95+2.84S)U_rl/(2200+6S) \quad (1.3\text{-}40)$$

10kA 电缆线路

$$I_c=(95+1.44S)U_rl/(2200+0.23S) \quad (1.3\text{-}41)$$

电缆线路的单相接地电容电流还可以按下式估算

$$I_c=0.1U_rl \quad (1.3\text{-}42)$$

式中，S 为电缆芯线的标称截面积，mm^2；U_r 为线路额定线电压，kV；l 为线路长度，km。

（2）架空线路单相接地电容电流

无架空地线单回路 $I_c=2.7U_rl\times10^{-3}$ (1.3-43)

有架空地线单回路 $I_c=3.3U_rl\times10^{-3}$ (1.3-44)

架空线路的单相接地电容电流还可以按下式估算

$$I_c=U_rl/350 \quad (1.3\text{-}45)$$

架空线路和电缆线路每千米单相接地电容电流的平均值见表 1.3-15，变电所增加的接地电容电流值见表 1.3-16。

4.9 变压器低压侧短路时折算到高压侧穿越电流的换算关系

变压器低压侧短路时折算到高压侧穿越电流的换算关系，见表 1.3-17。

架空线路和电缆线路每千米单相接地电容电流的平均值

表 1.3-15

单位：A/km

电压(kV)	电缆线路，当线芯截面积为下列诸值时(mm^2)						
	10	16	25	35	50	70	95
6	0.33	0.37	0.46	0.52	0.59	0.71	0.82
10	0.46	0.52	0.62	0.69	0.77	0.90	1.00
35	—	—	—	—	—	3.70	4.10

电压(kV)	电缆线路，当线芯截面积为下列诸值时(mm^2)				架空线路	
	120	150	185	240	单回路	双回路
6	0.89	1.10	1.20	1.30	0.013	0.017
10	1.10	1.30	1.40	1.60	0.0256	0.035
35	4.40	4.80	5.20	—	0.078 (0.091)	0.102 (0.110)

注：括号内数字用于有架空地线的架空线路。

变电所增加的接地电容电流值

表 1.3-16

额定电压(kV)	6	10	15	35	63	110
附加值(%)	18	16	15	13	12	10

变压器低压侧短路时折算到高压侧穿越电流的换算关系

表 1.3-17

连接组别	三相短路	两相短路	单相短路
Yyn0	U V W $\frac{I_k}{K}$ $\frac{I_k}{K}$ $\frac{I_k}{K}$ I_k I_k I_k n u v w	U V W $\frac{I_k}{K}$ $\frac{I_k}{K}$ I_k I_k n u v w	U V W $\frac{2I_k}{3K}$ $\frac{I_k}{3K}$ $\frac{I_k}{3K}$ I_k I_k n u v w

续表

连接组别	三相短路	两相短路	单相短路
Ydn11	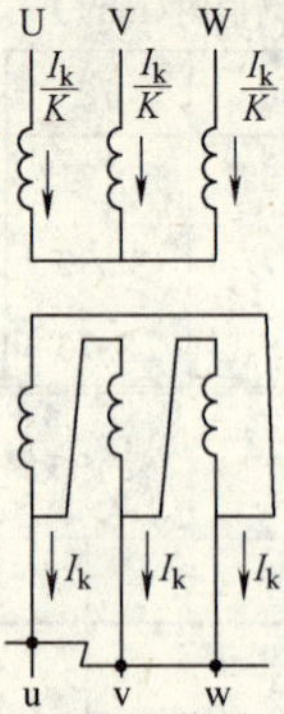 U V W $\frac{I_k}{K}$ $\frac{I_k}{K}$ $\frac{I_k}{K}$ I_k I_k I_k u v w	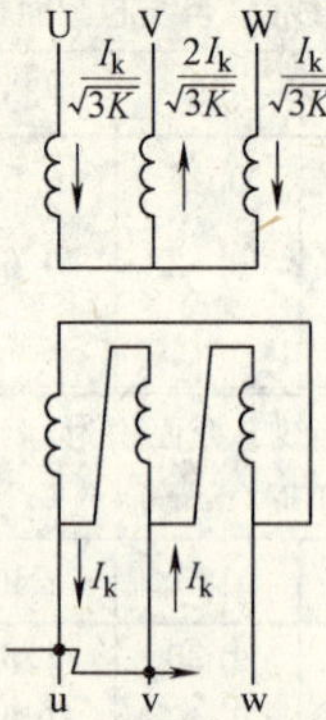 U V W $\frac{I_k}{\sqrt{3}K}$ $\frac{2I_k}{\sqrt{3}K}$ $\frac{I_k}{\sqrt{3}K}$ I_k I_k u v w	
Dyn11	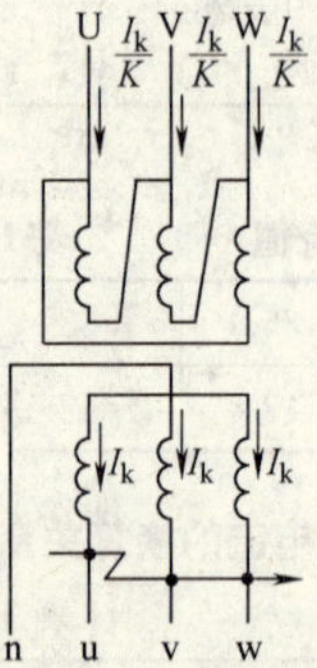 U $\frac{I_k}{K}$ V $\frac{I_k}{K}$ W $\frac{I_k}{K}$ I_k I_k I_k n u v w	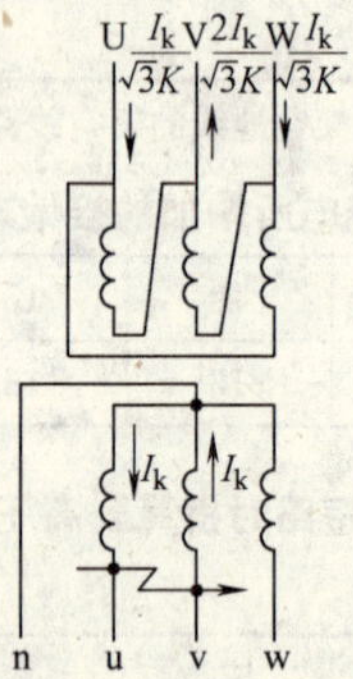 U $\frac{I_k}{\sqrt{3}K}$ V $\frac{2I_k}{\sqrt{3}K}$ W $\frac{I_k}{\sqrt{3}K}$ I_k I_k n u v w	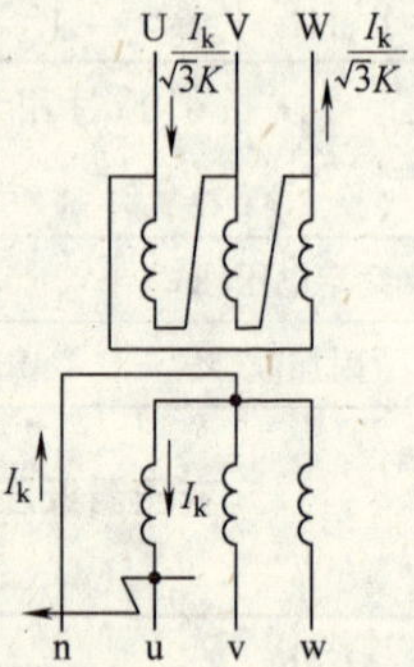 U $\frac{I_k}{\sqrt{3}K}$ V W $\frac{I_k}{\sqrt{3}K}$ I_k I_k n u v w

注：1. I_k—短路电流；
2. K—变压器变比。

5 低压网络电路元件阻抗的计算

由于三相短路为对称短路，在计算三相短路电流时，元件阻抗为相阻抗，即正序阻抗。在计算单相短路（包括单相接地故障）电流时，则必须提出相序阻抗和相保阻抗的概念。在低压网络中发生不对称短路时，由于短路点离发电机较远，因此可以认为所有元件的负序阻抗等于正序阻抗，即等于相阻抗。

TN 接地系统低压网络的零序阻抗等于相线的零序阻抗与 3 倍保护线（即 PE、PEN 线）的零序阻抗之和，即

$$\left.\begin{aligned}\dot{Z}_{(0)}&=\dot{Z}_{(0)\cdot ph}+3\dot{Z}_{(0)\cdot P}\\R_{(0)}&=R_{(0)\cdot ph}+3R_{(0)\cdot P}\\X_{(0)}&=X_{(0)\cdot ph}+3X_{(0)\cdot P}\end{aligned}\right\}\tag{1.3-46}$$

TN 接地系统低压网络的相保阻抗与各相、序阻抗的关系可从下式求得

$$\begin{aligned}\dot{Z}_{ph\cdot P}&=[\dot{Z}_{(1)}+\dot{Z}_{(2)}+\dot{Z}_{(0)}]/3\\R_{ph\cdot P}&=[R_{(1)}+R_{(2)}+R_{(0)}]/3=[2R_{(1)}+R_{(0)}]/3\\X_{ph\cdot P}&=[X_{(1)}+X_{(2)}+X_{(0)}]/3=[2X_{(1)}+X_{(0)}]/3\end{aligned}\tag{1.3-47}$$

5.1 高压侧系统阻抗

在计算 220/380V 网络短路电流时，变压器高压侧系统阻抗需要计入。若已知高压侧系统短路容量为 S_S，则归算到变压器低压侧的高压系统阻抗可按下式计算

$$Z_S=(CU_n)^2/S_S\times10^3\tag{1.3-48}$$

如不知道其电阻 R_S 和 X_S 的确切值，可以认为

$$R_S=0.1X_S,\ X_S=0.995Z_S$$

式中，U_n 为变压器低压侧标称电压，0.38kV；C 为电压系数，计算三相短路电流时，取 1.05；S_s 为变压器高压侧系统短路容量，MVA；R_S、X_S、Z_S 为归算到变压器低压侧的高压系统电阻、电抗、阻抗，mΩ。

当低压侧发生单相短路时，零序电流不能在高压侧绕组流通，高压侧对于零序电流相当于开路状态，故在计算单相接地短路电流时视若无此阻抗。10(6)kV/0.4kV 配电变压器高压侧系统短路容量与高压侧系统阻抗、相保阻抗（归算到 400V）的数值关系见表 1.3-18。

10(6)kV/0.4kV 配电变压器高压侧系统短路容量与高压侧阻抗、相保阻抗（归算到 400V 侧）的数值关系（单位：mΩ）

表 1.3-18

高压侧短路容量 S''_S(MVA)	10	20	30	50	75	100	200	300	∞
Z_s①	16.00	8.00	5.33	3.20	2.13	1.60	0.80	0.53	0
X_s②	15.92	7.96	5.30	3.18	2.12	1.59	0.80	0.53	0
R_s②	1.59	0.80	0.53	0.32	0.21	0.16	0.08	0.05	0
$R_{ph.p.s}$③	1.06	0.53	0.35	0.21	0.14	0.11	0.05	0.03	0
$X_{ph.p.s}$③	10.61	5.31	3.53	2.12	1.41	1.06	0.53	0.35	0

注：① $Z_S=U_p^2/S_S\times10^3=160/S_S$；

② $X_S=0.995Z_S$，$R_S=0.1X_S$；

③ 对于 Dyn11 或 Yyn0 联结的变压器，零序电流不能在高压侧流通，故不计入高压侧的零序阻抗 $R_{(0)\cdot S}$、$X_{(0)\cdot S}$，即

$R_{ph.p\cdot S}=(R_{(1)\cdot S}+R_{(2)\cdot S}+R_{(0)\cdot S})/3=2R_{(1)\cdot S}/3=2R_s/3$

$X_{ph.p\cdot S}=(X_{(1)\cdot S}+X_{(2)\cdot S}+X_{(0)\cdot S})/3=2X_{(1)\cdot S}/3=2X_S/3$

5.2　10(6)kV/0.4kV 三相双绕组配电变压器的阻抗

配电变压器的正序阻抗可按表 1.3-2 中有关公式计算，变压器的负序阻抗等于正序阻抗。Yyn0 联结的变压器的零序阻抗比正序阻抗大得多，其值由制造厂通过测试提供；Dyn11 联结的变压器零序阻抗如果没有测试数据时，可取其值等于正序阻抗值，即相阻抗。表 1.3-19～表 1.3-21 列出了几种变压器的各序阻抗值和相保阻抗值。

5.3　低压配电线路的阻抗

5.3.1　线路零序阻抗的计算

各种形式的低压配电线路的零序阻抗 $Z_{(0)}$ 由下式计算

$$|\dot{Z}_{(0)}|=|\dot{Z}_{(0).ph}+3\dot{Z}_{(0).p}|$$

$$Z_{(0)}=\sqrt{[R_{(0)\cdot ph}+3R_{(0)\cdot p}]^2+[X_{(0)\cdot ph}+3X_{(0)\cdot p}]^2} \tag{1.3-49}$$

式中，$Z_{(0)\cdot ph}$为相线的零序阻抗，$Z_{(0)\cdot ph}=\sqrt{R_{(0)\cdot ph}^2+X_{(0)\cdot ph}^2}$；$Z_{(0)\cdot p}$为保护线的零序阻抗，$Z_{(0)\cdot p}=\sqrt{R_{(0)\cdot p}^2+X_{(0)\cdot p}^2}$；$R_{(0)\cdot ph}$、

$X_{(0)\cdot ph}$为相线的零序电阻和电抗；$R_{(0)\cdot p}$、$X_{(0)\cdot p}$为保护线的零序电阻和电抗。

相线、保护线的零序电阻和零序电抗的计算方法与正、负序电阻和电抗的计算方法相同，但在计算相线零序电抗 $X_{(0)\cdot ph}$和保护线零序电抗 $X_{(0)\cdot p}$时，线路电抗计算公式中的几何均距 D_j 改用 D_o 代替，其计算公式如下

$$D_o=\sqrt[3]{D_{L1P}D_{L2p}D_{L3p}} \tag{1.3-50}$$

式中，D_{L1P}、D_{L2P}、D_{L3P}为相线 L1、L2、L3 中心至保护线 PE 或 PEN 线中心的距离，mm。

5.3.2 线路相保阻抗的计算

单相接地短路电路中任一元件（配电变压器、线路等）的相保阻抗 $Z_{ph\cdot p}$计算公式为

$$\left.\begin{aligned}
Z_{ph\cdot p}&=\sqrt{R_{ph\cdot p}^2+X_{ph\cdot p}^2}\\
R_{ph\cdot p}&=[R_{(1)}+R_{(2)}+R_{(0)}]/3\\
&=[R_{(1)}+R_{(2)}+R_{(0)ph}+3R_{(0)p}]/3=R_{ph}+R_p\\
X_{ph\cdot p}&=[X_{(1)}+X_{(2)}+X_{(0)}]/3\\
&=[X_{(1)}+X_{(2)}+X_{(0)ph}+3X_{(0)p}]/3\\
&=[X_{(1)}+X_{(2)}+X_{(0)ph}]/3+X_{(0)p}
\end{aligned}\right\} \tag{1.3-51}$$

式中，$R_{ph\cdot p}$为元件的相保电阻，$R_{ph\cdot p}=[R_{(1)}+R_{(2)}+R_{(0)}]/3$；$X_{ph\cdot p}$为元件的相保电抗，$X_{ph\cdot p}=[X_{(1)}+X_{(2)}+X_{(0)}]/3$；$R_{(1)}$、$X_{(1)}$为元件的正序电阻和正序电抗；$R_{(2)}$、$X_{(2)}$为元件的负序电阻和负序电抗；$R_{(0)}$、$X_{(0)}$为元件的零序电阻和零序电抗

$$R_{(0)}=R_{(0)\cdot ph}+3R_{(0)\cdot p}$$
$$X_{(0)}=X_{(0)\cdot ph}+3X_{(0)\cdot p}$$

式中，R_{ph}、$R_{(0)ph}$、$X_{(0)ph}$为元件相线电阻，相线的零序电阻和相线的零序电抗；R_p、$P_{(0)p}$、$X_{(0)p}$为元件保护线的电阻，保护线的零序电阻和保护线的零序电抗。

5.3.3 线路阻抗的数据

各种形式配电线路的相线（正、负序）电阻和相线（正、负序）电抗及相保电阻、相保电抗值分别见表 1.3-22 及表 1.3-23。

S9、S9—M 系列 10(6)kV/0.4kV 变压器的阻抗平均值（归算到 400V 侧）　表 1.3-19

型号	电压(kV)	容量(kVA)	阻抗电压(%)	负载损耗(kW)	电阻(mΩ) Dyn11			电抗(mΩ) Dyn11			电阻(mΩ) Yyn0			电抗(mΩ) Yyn0		
					正、负序	零序	相保	正、负序	零序	相保	正、负序	零序	相保	正、负序	零序	相保
					$R_{(1)}$ $R_{(2)}$ R	$R_{(0)}$	$R_{ph \cdot p}$	$X_{(1)}$ $X_{(2)}$ X	$X_{(0)}$	$X_{ph \cdot p}$	$R_{(1)}$ $R_{(2)}$ R	$R_{(0)}$	$R_{ph \cdot p}$	$X_{(1)}$ $X_{(2)}$ X	$X_{(0)}$	$X_{ph \cdot p}$
S9 S9—M	10/0.4	200	4	2.50 (2.60)	10	10	10	30.40	30.40	30.40	10 (10.40)	36	18.67 (18.93)	30.40 (30.26)	116	58.93 (58.84)
		250	4	3.05	7.81	7.81	7.81	23.75	23.75	23.75	7.81	29.2	14.94	23.75	100.2	49.23
		315	4	3.65	5.89	5.89	5.89	19.43	19.43	19.43	5.89	20.3	10.69	19.43	79.7	39.52
		400	4	4.30	4.30	4.30	4.30	15.41	15.41	15.41	4.30	15.1	7.90	15.41	63	31.27
		500	4	5.10	3.26	3.26	3.26	12.38	12.38	12.38	3.26	12.48	6.33	12.38	53.1	25.95
		630	4.5	6.20	2.50	2.50	2.50	11.15	11.15	11.15	2.50	6.5	4.57	11.15	40.24	20.85
		800	4.5	7.50	1.88	1.88	1.88	8.8	8.8	8.8	1.88	8.7	3.42	8.8	31.80	16.47
		1000	4.5	10.30	1.65	1.65	1.65	7.0	7.0	7.0	1.65	5.8	3.03	7.0	28.20	14.07
		1250	4.5	12.00	1.23	1.23	1.23	5.63	5.63	5.63	1.23	4.4	2.29	5.63	22.6	11.29
		1600	4.5	20.00 (14.5)	1.25	1.25	1.25	4.32	4.32	4.32	1.25 (0.91)	3.2	1.9 (1.67)	4.32 (4.41)	17.1	8.58 (8.64)

注：括号内数据为 S9—M 系列变压器数值。

SC(B)9 系列 10(6)/0.4kV 变压器的阻抗平均值（归算到 400V 侧）　　表 1.3-20

型号	电压(kV)	容量(kVA)	阻抗电压(%)	负载损耗(kW)	电阻(mΩ)			电抗(mΩ)			电阻(mΩ)			电抗(mΩ)		
					Dyn11			Dyn11			Yyn0			Yyn0		
					正、负序	零序	相保	正、负序	零序	相保	正、负序	零序	相保	正、负序	零序	相保
					$R_{(1)}$ $R_{(2)}$ R	$R_{(0)}$	$R_{ph\cdot p}$	$X_{(1)}$ $X_{(2)}$ X	$R_{(0)}$	$X_{ph\cdot p}$	$R_{(1)}$ $R_{(2)}$ R	$R_{(0)}$	$R_{ph\cdot p}$	$X_{(1)}$ $X_{(2)}$ X	$R_{(0)}$	$X_{ph\cdot p}$
SC9	10/0.4	160	4	1.98	12.38	12.38	12.38	38.04	38.04	38.04	12.83	37.4	20.72	38.04	405	160.36
		200	4	2.24	8.96	8.96	8.96	29.93	29.93	29.93	8.96	35.46	17.79	29.93	359.8	139.89
		250	4	2.41	6.17	6.17	6.17	24.85	24.85	24.85	6.17	33.03	15.12	24.85	303.4	117.70
		315	4	3.10	5.00	5.00	5.00	19.70	19.70	19.70	5.00	29.86	13.29	19.70	230	89.8
		400	4	3.60	3.60	3.60	3.60	15.59	15.59	15.59	3.60	16.88	8.03	15.59	214.8	81.99
SCB9		500	4	4.30	2.75	2.75	2.75	12.50	12.50	12.50	2.75	12.88	6.13	12.50	177.7	67.57
		630	4	5.40	2.18	2.18	2.18	9.92	9.92	9.92	2.18	10.19	4.85	9.92	150.1	56.65
		630	6	5.60	2.26	2.26	2.26	15.07	15.07	15.07	2.26	11.44	5.32	15.07	197.8	75.98
		800	6	6.60	1.65	1.65	1.65	11.89	11.89	11.89	1.65	7.96	3.75	11.89	148.7	57.49
		1000	6	7.60	1.22	1.22	1.22	9.52	9.52	9.52	1.22	7.73	3.39	9.52	109.1	42.71
		1250	6	9.10	0.93	0.93	0.93	7.62	7.62	7.62	0.93	6.49	2.78	7.62	79	31.41
		1600	6	11.00	0.69	0.69	0.69	5.96	5.96	5.96	0.69	4.43	1.94	5.96	58	23.31
		2000	6	13.30	0.53	0.53	0.53	4.77	4.77	4.77	0.53	2.91	1.32	4.77	46.3	18.61
		2500	6	15.80	0.40	0.40	0.40	3.82	3.82	3.82	0.40	2.18	0.99	3.82	36.7	14.78

SC(B)10系列10(6)/0.4kV变压器的阻抗平均值（归算到400V侧） 表1.3-21

型号	电压(kV)	容量(kVA)	阻抗电压(%)	负载损耗(kW)	电阻(mΩ) Dyn11			电抗(mΩ) Dyn11			电阻(mΩ) Yyn0			电抗(mΩ) Yyn0		
					正、负序 $R_{(1)}$ $R_{(2)}$ R	零序 $R_{(0)}$	相保 $R_{ph \cdot p}$	正、负序 $X_{(1)}$ $X_{(2)}$ X	零序 $R_{(0)}$	相保 $X_{ph \cdot p}$	正、负序 $R_{(1)}$ $R_{(2)}$ R	零序 $R_{(0)}$	相保 $R_{ph \cdot p}$	正、负序 $X_{(1)}$ $X_{(2)}$ X	零序 $R_{(0)}$	相保 $X_{ph \cdot p}$
SC10	10/0.4	200	4	2.20	8.80	8.80	8.80	30.77	30.77	30.77	8.80	35.46	17.69	30.77	359.8	140.45
		250	4	2.40	6.14	6.14	6.14	24.85	24.85	24.85	6.14	33.03	15.10	24.85	303.4	117.70
		315	4	3.03	4.89	4.89	4.89	19.73	19.73	19.73	4.89	29.86	13.21	19.73	230	89.82
		400	4	3.48	3.48	3.48	3.48	15.62	15.62	15.62	3.48	16.88	7.95	15.62	214.8	82.01
SCB10		500	4	4.26	2.73	2.73	2.73	12.51	12.51	12.51	2.73	12.88	6.11	12.51	177.7	67.57
		630	4	5.12	2.06	2.06	2.06	9.95	9.95	9.95	2.06	10.19	4.77	9.95	150.1	56.67
		630	6	5.20	2.10	2.10	2.10	15.09	15.09	15.09	2.10	11.44	5.21	15.09	197.8	75.99
		800	6	6.06	1.52	1.52	1.52	11.90	11.90	11.90	1.52	7.96	3.67	11.90	148.7	57.50
		1000	6	7.09	1.13	1.13	1.13	9.54	9.54	9.54	1.13	7.73	3.33	9.54	109.1	42.73
		1250	6	8.46	0.87	0.87	0.87	7.63	7.63	7.63	0.87	6.49	2.74	7.63	79	31.42
		1600	6	10.20	0.64	0.64	0.64	5.97	5.97	5.97	0.64	4.43	1.90	5.97	58	23.31
		2000	6	12.60	0.50	0.50	0.50	4.77	4.77	4.77	0.50	2.91	1.30	4.77	46.3	18.61
		2500	6	15.00	0.38	0.38	0.38	3.82	3.82	3.82	0.38	2.18	0.98	3.82	36.7	14.78
		2000	8	14.30	0.57	0.57	0.57	6.37	6.37	6.37						
		2500	8	17.25	0.44	0.44	0.44	5.10	5.10	5.10						
		2000	10	15.40	0.62	0.62	0.62	7.98	7.98	7.98						
		2500	10	18.60	0.48	0.48	0.48	6.38	6.38	6.38						

低压母线单位长度阻抗值（单位：mΩ/m） 表 1.3-22

母线规格①(mm)	R'③	$R^{③}_{ph\cdot p}=R'+R'_{p}$	X'		$X'_{ph\cdot p}$	
			D②(mm)		D_{n}②=200mm,D(mm)	
			250	350	250	350
3[2(125×10)]+125×10	0.014	0.042	0.147	0.170	0.317	0.344
3[2(125×10)]+80×10	0.014	0.054	0.147	0.170	0.340	0.367
4(125×10)	0.028	0.056	0.147	0.170	0.317	0.344
3(125×10)+80×8	0.028	0.078	0.147	0.170	0.341	0.369
3(125×10)+80×6.3	0.028	0.088	0.147	0.170	0.343	0.370
4[2(100×10)]	0.016	0.032	0.156	0.181	0.336	0.366
3[2(100×10)]+ 100×10	0.016	0.048	0.156	0.181	0.336	0.366
铜 3[2(125×10)]+125×10	0.009	0.027	0.147	0.170	0.317	0.344
铜 3[2(100×10)]+100×10	0.0125	0.038	0.156	0.181	0.336	0.366
3[(2(100×10)]+80×8	0.016	0.066	0.156	0.181	0.350	0.380
4(100×10)	0.033	0.066	0.156	0.181	0.336	0.366
3(100×10)+80×10	0.033	0.073	0.156	0.181	0.349	0.378
4(80×10)	0.040	0.080	0.168	0.193	0.361	0.390
3(80×10)+63×6.3	0.040	0.116	0.168	0.193	0.380	0.410
铜 4(100×10)	0.025	0.050	0.156	0.181	0.336	0.366
铜 3(100×10)+80×8	0.025	0.056	0.156	0.181	0.350	0.380
铜 4(80×8)	0.031	0.062	0.170	0.195	0.364	0.394
铜 3(80×8)+63×6.3	0.031	0.078	0.170	0.195	0.382	0.412
铜 3(80×8)+50×5	0.031	0.104	0.170	0.195	0.394	0.423

续表

母线规格[①](mm)	R'[③]	$R^{③}_{ph\cdot p}=R'+R'_p$	X'		$X'_{ph\cdot p}$	
			D[②](mm)		D_n[②]=200mm, D(mm)	
			250	350	250	350
4(100×8)	0.040	0.080	0.158	0.182	0.340	0.368
3(100×8)+80×8	0.040	0.090	0.158	0.182	0.352	0.381
3(100×8)+63×6.3	0.040	0.116	0.158	0.182	0.370	0.399
4(80×8)	0.050	0.100	0.170		0.364	
3(80×8)+63×6.3	0.050	0.126	0.170		0.382	
3(80×8)+50×5	0.050	0.169	0.170		0.394	
4(80×6.3)	0.060	0.120	0.172		0.368	
3(80×6.3)+ 63×6.3	0.060	0.136	0.172		0.384	
3(80×6.3)+ 50×5	0.060	0.179	0.172		0.396	
4(63×6.3)	0.076	0.152	0.188		0.400	
3(63×6.3)+ 40×4	0.076	0.262	0.188		0.426	
4(50×5)	0.119	0.238	0.199		0.423	
3(50×5)+ 40×4	0.119	0.305	0.199		0.437	
4(40×4)	0.186	0.372	0.212		0.451	

注：① 母线规格一栏除注明铜以外，均为铝母线；母线规格建议优先采用100×10、80×8、63×6.3、50×5及40×4。

② 本表所列数据对于母线平放或竖放均适用，PEN线在边位，D为相线间距，D_n为PEN线与邻近相线中心间距。当变压器容量≤630kVA时，D为250mm，当变压器容量大于630kVA时，D为350mm。

③ R'、$R'_{ph\cdot p}$为20℃时导线单位长度电阻值。

线路单位长度阻抗值（单位：mΩ/m） 表 1.3-23

R'①															
S（mm²）②		185	150	120	95	70	50	35	25	16	10	6	4	2.5	1.5
铝		0.156	0.192	0.240	0.303	0.411	0.575	0.822	1.151	1.798	2.876	4.700	7.050	11.280	
铜		0.095	0.117	0.146	0.185	0.251	0.351	0.501	0.702	1.097	1.754	2.867	4.300	6.880	11.467
$R'_{ph\cdot p}=1.5(R'_{ph}+R'_p)$③															
$S_p=S$/mm²②	4×	185	150	120	95	70	50	35	25	16	10	6	4	2.5	1.5
铝		0.468	0.576	0.720	0.909	1.233	1.725	2.466	3.453	5.394	8.628	14.100	21.150	33.840	
铜		0.285	0.351	0.438	0.555	0.753	1.053	1.503	2.106	3.291	5.262	8.601	12.900	20.640	34.401
$S_p\approx S/2$ (mm)²	3×	185	150	120	95	70	50	35	25	16	10	6	4		
	+1×	95	70	70	50	35	25	16	16	10	6	4	2.5		
铝		0.689	0.905	0.977	1.317	1.850	2.589	3.930	4.424	7.011	11.364	17.625	27.495		
铜 $R'_{(0)p}$		0.420	0.552	0.596	0.804	1.128	1.580	2.397	2.699	4.277	6.392	10.751	16.770		
X'															
线芯 S(mm²)		185	150	120	95	70	50	35	25	16	10	6	4	2.5	1.5
架空线④		0.30	0.31	0.32	0.33	0.34	0.35	0.36	0.37	0.38	0.40				
绝缘子布线⑤	D=150mm	0.208	0.216	0.223	0.231	0.242	0.251	0.266	0.277	0.290	0.306	0.325	0.338	0.353	0.368
	D=100mm	0.184						0.241	0.251	0.265	0.280	0.300	0.312	0.327	0.342
	D=70mm	0.162										0.277	0.290	0.305	0.321
全塑电缆	四芯		0.076		0.079	0.078	0.079	0.080	0.082	0.087	0.094	0.1000			

续表

X'															
交联电缆(四等芯)			0.077	0.076	0.077	0.078	0.079	0.080		0.082	0.085	0.092	0.097		
钢管布线			0.08		0.09			0.10			0.11		0.12	0.13	0.14
$X'_{ph\cdot p}$															
$S(mm^2)$		185	150	120	95	70	50	35	25	16	10	6	4	2.5	1.5
架空线	$S_p=S$	0.57	0.59	0.61	0.63	0.65	0.67	0.69	0.71	0.75	0.77				
架空线	$S_p\approx S/2$	0.60	0.62	0.63	0.65	0.67	0.69	0.72	0.73	0.767					
绝缘子布线 $D=150mm$	$S_p=S$	0.448	0.464	0.478	0.493	0.517	0.537	0.563	0.583	0.611	0.643	0.681	0.707	0.737	0.767
绝缘子布线 $D=150mm$	$S_p\approx S/2$	0.470	0.491	0.498	0.516	0.539	0.559	0.587	0.597	0.627					
绝缘子布线 $D=100mm$	$S_p=S$							0.513	0.533	0.561	0.591	0.631	0.655	0.685	0.716
绝缘子布线 $D=100mm$	$S_p\approx S/2$							0.537	0.547	0.576					
绝缘子布线 $D=70mm$	$S_p=S$											0.585	0.611	0.645	0.673
全塑电缆	$S_p=S$	0.152	0.152	0.152	0.158	0.156	0.158	0.160	0.164	0.174	0.188	0.200	0.200		
全塑电缆	$S_p\approx S/2$	0.179	0.161	0.161	0.186	0.178	0.187	0.191	0.192	0.201	0.224	0.211	0.234		
钢管布线	$S_p=S$		0.20	0.21	0.23	0.22	0.21	0.24	0.23	0.25	0.26	0.26	0.28	0.29	0.32
钢管布线	$S_p\approx S/2$		0.21	0.21	0.21	0.23	0.22	0.25	0.25	0.25					

注：① R'为导线 20℃时单位长度电阻值，$R'=(C_j\rho_{20}/S)\times10^3$（mΩ），铝 $\rho_{20}=0.0282\Omega\cdot mm^2/m(2.82\times10^{-6}\Omega\cdot cm)$，铜 $\rho_{20}=0.0172\Omega\cdot mm^2/m(1.72\times10^{-6}\Omega\cdot cm)$。$C_j$为绞入系数，导线截面积小于或等于 6mm² 时，$C_j$取为 1.0；导线截面积大于 6mm² 时，$C_j$取为 1.02。

② S 为相线线芯截面积，S_p为 PEN 线芯截面积。

③ $R'_{Ph\cdot p}$为计算单相对地短路电流用，其值取导线 20℃时电阻的 1.5 倍。

④ 架空线水平排列，PEN 线在中间，线间距离依次为 400mm、600mm、400mm。

⑤ 绝缘子布线水平排列，PEN 线在边位，D(mm) 为线间距离。

6 低压网络短路电流的计算

6.1 计算条件

高压系统短路电流的计算条件也适用于低压网络短路电流的计算，此外低压网络短路电流的计算还有如下特点：

1）用电单位的电源来自地区电力网，配电用的电力变压器容量远小于系统的容量，因此短路电流可按无限大电源容量的网络短路进行计算，短路电流周期分量不衰减。

2）计入短路电路各元件的有效电阻，但短路点的电弧电阻及导线连接点、开关设备和电器的接触电阻可忽略不计。

3）当电路电阻较大，短路电流非周期分量衰减较快，一般可不考虑非周期分量。只有在离配电变压器低压侧很近处，如低压侧 20m 以内大截面线路上或低压配电屏内部发生短路时，才需要计算非周期分量。

4）单位线路长度有效电阻的计算温度不同，在计算三相最大短路电流时，导体计算温度取为 20℃；在计算单相短路（包括单相接地故障）电流时，假设的计算温度升高，电阻值增大，其值一般取 20℃时电阻的 1.5 倍。

5）计算过程采用有名单位制，电压（V）、电流（kA）、容量（kVA）、阻抗（mΩ）。

6）计算 220/380V 网络三相短路电流时，计算电压 CU_n 取电压系数 C 为 1.05，计算单相接地故障电流时，C 取 1.0，U_n 为系统标称电压（线电压）380V。

6.2 三相和两相不接地短路电流的计算

在 220/380V 网络中，一般以三相短路电流为最大。一台变压器供电的低压网络三相短路电流计算电路，如图 1.3-19 所示。

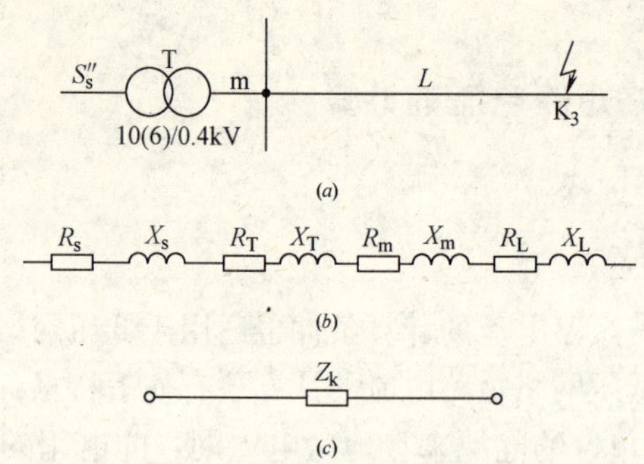

图 1.3-19 低压网络三相短路电流计算电路

(*a*) 系统图；(*b*) 等效电路；(*c*) 用短路阻抗 Z_k 表示的等效电路

低压网络三相起始短路电流周期分量有效值按下式计算

$$I''=CU_n/(\sqrt{3}Z_K)=1.05U_n/(\sqrt{3}\sqrt{R_K^2+X_K^2})$$
$$=230/\sqrt{R_K^2+X_K^2} \quad (1.3\text{-}52)$$
$$R_K=R_S+R_T+R_M+R_L$$
$$X_K=X_S+X_T+X_M+X_L$$

式中，U_n为网络标称电压（线电压），V，220/380V 网络为 380V；C 为电压系数，计算三相短路电流时取 1.05；Z_K、R_K、X_K为短路电路总阻抗、总电阻、总电抗，mΩ；R_S、X_S为变压器高压侧系统的电阻、电抗（归算到 400V 侧），mΩ；R_T、X_T为变压器的电阻、电抗，mΩ；R_m、X_m为变压器低压侧母线段的电阻、电抗，mΩ；R_L、X_L为配电线路的电阻、电抗，mΩ；I''为三相短路电流的起始值、稳态值。

当$\sqrt{R_T^2+X_T^2}/\sqrt{R_S^2+X_S^2}\geqslant 2$ 时，变压器低压侧短路时的短路电流周期分量不衰减，即 $I''=I_k$。

三相短路冲击电流的计算与高压系统相同，见式（1.3-27）。电动机反馈对短路冲击电流的影响，仅当短路点附近所接用电动机额定电流之和大于短路电流的 1%（$\sum I_{r\cdot m}>0.01I''$）时，才考虑其影响。异步电动机启动电流倍数可取 6～7，异步电动机的短路电流冲击系数可取 1.3。由异步电动机馈送的短路冲击电流的计算见高压系统计算式（1.3-28）。

低压网络两相短路电流 I''_{k2} 与三相短路电流 I''_{k3} 的关系也和高压系统相同，即 $I''_{k2}=0.866I''_{k3}$。

两相短路稳态电流 I_{k2} 与三相短路稳态电流 I_{k3} 的比值也和高压系统相同。在远离发电机短路时，$I_{k2}=0.866I_{k3}$；在发电机出口处短路时，$I_{k2}=1.5I_{k3}$。

6.3 单相短路（包括单相接地故障）电流的计算

1）单相接地故障电流的计算，TN 接地系统的低压网络单相接地故障电流 I''_{k1} 可由下式计算

$$\left.\begin{aligned}I''_{k1}&=(CU_n/\sqrt{3})/[(Z_{(1)}+Z_{(2)}+Z_{(0)})/3]\\&=(1.0U_n/\sqrt{3})/\sqrt{[(R_{(1)}+R_{(2)}+R_{(0)})/3]^2+[(X_{(1)}+X_{(2)}+X_{(0)})/3]^2}\\&=(U_n/\sqrt{3})/\sqrt{R^2_{ph\cdot p}+X^2_{ph\cdot p}}=220/\sqrt{R^2_{ph\cdot p}+X^2_{ph\cdot p}}\\&=220/Z_{ph\cdot p}\ (kA)\end{aligned}\right\}\tag{1.3-53}$$

$$\left.\begin{aligned}R_{ph\cdot p}&=(R_{(1)}+R_{(2)}+R_{(0)})/3\\&=R_{ph\cdot p\cdot s}+R_{ph\cdot p\cdot T}+R_{ph\cdot p\cdot m}+R_{ph\cdot p\cdot L}\\X_{ph\cdot p}&=(X_{(1)}+X_{(2)}+X_{(0)})/3\\&=X_{ph\cdot p\cdot s}+X_{ph\cdot p\cdot T}+X_{ph\cdot p\cdot m}+X_{ph\cdot p\cdot L}\end{aligned}\right\}\tag{1.3-54}$$

$$Z_{ph\cdot p}=\sqrt{R^2_{ph\cdot p}+X^2_{ph\cdot p}}$$

$$R_{(1)}=R_{(1)\cdot s}+R_{(1)\cdot T}+R_{(1)\cdot m}+R_{(1)\cdot L}$$

$$X_{(1)}=X_{(1)\cdot s}+X_{(1)\cdot T}+X_{(1)\cdot m}+X_{(1)\cdot L}$$

$$R_{(2)}=R_{(2)\cdot s}+R_{(2)\cdot T}+R_{(2)\cdot m}+R_{(2)\cdot L}$$

$$X_{(2)}=X_{(2)\cdot s}+X_{(2)\cdot T}+X_{(2)\cdot m}+X_{(2)\cdot L}$$

$$R_{(0)}=R_{(0)\cdot s}+R_{(0)\cdot T}+R_{(0)\cdot m}+R_{(0)\cdot L}$$

$$X_{(0)}=X_{(0)\cdot s}+X_{(0)\cdot T}+X_{(0)\cdot m}+X_{(0)\cdot L}$$

式中，U_n 为 220、380V 网络标称线电压，即 380V，$U_n/\sqrt{3}=380V/\sqrt{3}=220V$；$C$ 为电压系数，计算单相接地故障电流时取 1；$R_{(1)}$、$R_{(2)}$、$R_{(0)}$ 为短路电路正序、负序、零序电阻，mΩ；$X_{(1)}$、$X_{(2)}$、$X_{(0)}$ 为短路电路正序、负序、零序电抗，mΩ；$Z_{(1)}$、$Z_{(2)}$、$Z_{(0)}$ 为短路电路正序、负序、零序阻抗，mΩ；$R_{ph \cdot p}$、$X_{ph \cdot p}$、$Z_{ph \cdot p}$ 为短路电路的相线—保护线回路（以下简称相保，保护线包括 PE 线和 PEN 线）相保电阻、相保电抗、相保阻抗，mΩ。

2）相线与中性线之间短路的单相短路电流 I''_{k1} 的计算，与上述单相接地故障电流计算相似，仅将配电线路的相保电阻 $R_{ph \cdot p \cdot L}$、相保电抗 $X_{ph \cdot p \cdot L}$ 改用相线—中性线回路的电阻、电抗。

6.4　10(6)/0.4kV 电力变压器低压侧短路电流值

10(6)/0.4kV 电力变压器低压侧短路电流值见表 1.3-24～表 1.3-27。

7　短路电流计算（7～13 国标 GB/T 15544 计算方法）

7.1　计算前提条件

在计算短路电流时，根据不同用途需要计算最大和最小短路电流，用于选设备容量或额定值需要计算最大短路电流和作为选择熔断器、整定继电保护及校核电动机启动所需要的最小短路电流，它们都是以下面条件为基础的：

1）在短路持续时间内，短路相数不变，如三相短路保持三相短路，单相接地短路保持单相接地短路；

2）具有分接开关的变压器，其开关位置均视为在主分接位置；

3）不计弧电阻。

SC(B)9系列10(6)kV、0.4kV变压器低压侧短路电流值（Dyn11联结） 表1.3-24

高压侧系统短路容量(MVA)	变压器容量(kVA)	160		200		250		315		400		500		630	
	变压器阻抗电压(%)	4													
	低压母线段规格/WLA(mm)	4×(40×4)						3×(50×5)+40×4		3×(63×6.3)+40×4		3×(80×6.3)+50×5		3×(80×8)+50×5	
	短路种类及电路阻抗	三相正、负序	单相接地相保	三相正、负序	单相接地相保	三相正、负序	单相接地相保	三相正、负序	单相接地相保	三相正、负序	单相接地相保	三相正、负序	单相接地相保	三相正、负序	单相接地相保
10	计算电阻(mΩ)	14.9	15.3	11.48	11.88	8.69	9.09	7.19	7.59	5.57	5.97	4.64	4.71	4.02	4.09
	计算电抗(mΩ)	55	50.91	46.91	42.80	41.83	37.72	36.62	32.50	32.45	28.33	29.28	25.09	26.69	22.50
	短路电流(kA)	4.04	4.14	4.76	4.95	5.38	5.67	6.16	6.59	6.99	7.60	7.76	8.62	8.52	9.62
20	计算电阻(mΩ)	14.11	14.77	10.69	11.35	7.90	8.56	6.40	7.06	4.78	5.44	3.85	4.18	3.23	3.56
	计算电抗(mΩ)	47.06	45.61	38.95	37.50	33.87	32.42	28.66	27.20	24.49	23.03	21.32	19.79	18.73	17.20
	短路电流(kA)	4.68	4.59	5.69	5.62	6.61	6.56	7.83	7.83	9.22	9.30	10.62	10.87	12.10	12.53
30	计算电阻(mΩ)	13.84	14.59	10.42	11.17	7.63	8.38	6.13	6.88	4.51	5.26	3.58	4.00	2.96	3.38
	计算电抗(mΩ)	44.4	43.83	36.29	35.72	31.21	30.64	26.0	25.42	21.83	21.25	18.66	18.01	16.07	15.42
	短路电流(kA)	4.95	4.76	6.09	5.88	7.16	6.92	8.61	8.36	10.32	10.05	12.11	11.92	14.08	13.93
50	计算电阻(mΩ)	13.63	14.45	10.21	11.03	7.42	8.24	5.92	6.74	4.30	5.12	3.37	3.86	2.75	3.24
	计算电抗(mΩ)	42.28	42.42	34.17	34.31	29.09	29.23	23.88	24.01	19.71	19.84	16.54	16.60	13.95	14.01
	短路电流(kA)	5.18	4.91	6.45	6.10	7.66	7.24	9.35	8.82	11.40	10.74	13.63	12.91	16.17	15.30
75	计算电阻(mΩ)	13.52	14.38	10.10	10.96	7.31	8.17	5.81	6.67	4.19	5.05	3.26	3.79	2.64	3.17
	计算电抗(mΩ)	41.22	41.71	33.11	33.60	28.03	28.52	22.82	23.30	18.65	19.13	15.48	15.89	12.89	13.30
	短路电流(kA)	5.30	4.99	6.64	6.23	7.94	7.41	9.77	9.08	12.04	11.12	14.54	13.46	17.48	16.09

续表

高压侧系统短路容量(MVA)	变压器容量(kVA)	160		200		250		315		400		500		630	
	变压器阻抗电压(%)	4													
	低压母线段规格/WLA(mm)	4×(40×4)						3×(50×5)+40×4		3×(63×6.3)+40×4		3×(80×6.3)+50×5		3×(80×8)+50×5	
	短路种类及电路阻抗	三相正、负序	单相接地相保	三相正、负序	单相接地相保	三相正、负序	单相接地相保	三相正、负序	单相接地相保	三相正、负序	单相接地相保	三相正、负序	单相接地相保	三相正、负序	单相接地相保
100	计算电阻(mΩ)	13.47	14.35	10.05	10.93	7.26	8.14	5.76	6.64	4.14	5.02	3.21	3.76	2.59	3.14
	计算电抗(mΩ)	40.69	41.36	32.58	33.25	27.50	28.17	22.29	22.95	18.12	18.78	14.95	15.54	12.36	12.95
	短路电流(kA)	5.37	5.03	6.75	6.29	8.09	7.50	9.99	9.21	12.37	11.32	15.04	13.76	18.21	16.50
200	计算电阻(mΩ)	13.39	14.29	9.97	10.87	7.18	8.08	5.68	6.58	4.06	4.96	3.13	3.70	2.51	3.08
	计算电抗(mΩ)	39.9	40.83	31.79	32.72	26.71	27.64	21.50	22.42	17.33	18.25	14.16	15.01	11.57	12.42
	短路电流(kA)	5.46	5.09	6.90	6.38	8.32	7.64	10.34	9.41	12.92	11.63	15.86	14.23	19.43	17.19
300	计算电阻(mΩ)	13.36	14.27	9.94	10.85	7.15	8.06	5.56	6.56	4.03	4.94	3.10	3.68	2.48	3.06
	计算电抗(mΩ)	39.63	40.65	31.52	32.54	26.44	27.46	21.23	22.24	17.06	18.07	13.89	14.83	11.30	12.24
	短路电流(kA)	5.50	5.11	6.96	6.41	8.40	7.69	10.47	9.49	13.12	11.75	16.16	14.40	19.88	17.43
∞	计算电阻(mΩ)	13.31	14.24	9.89	10.82	7.10	8.03	5.60	6.53	3.98	4.91	3.05	3.65	2.43	3.03
	计算电抗(mΩ)	39.10	40.30	30.99	32.19	25.91	27.11	20.70	21.89	16.53	17.72	13.36	14.48	10.77	11.89
	短路电流(kA)	5.57	5.15	7.06	6.48	8.56	7.78	10.73	9.63	13.53	11.96	16.79	14.74	20.83	17.93

注：1. 由于SC(B) 9与SC(B) 10阻抗平均值相近，故该表也可用于SC(B)10。
2. 表中母线规格用于TN-C系统，若为TN-S系统，再增加一条相母线。

续表

高压侧系统短路容量(MVA)	变压器容量(kVA)	630		800		1000		1250		1600		2000		2500	
	变压器阻抗电压(%)	6													
	低压母线段规格/WLA(mm)	3×(80×8)+50×5		3×(100×8)+63×6.3		3×(125×10)+80×6.3		3×[2×(100×10)]+100×10		3×[2×(125×10)]+125×10		3×[2×(100×10)]+100×10Wcu		3×[2×(125×10)]+125×10Wcu	
	短路种类及电路阻抗	三相正、负序	单相接地相保	三相正、负序	单相接地相保	三相正、负序	单相接地相保	三相正、负序	单相接地相保	三相正、负序	单相接地相保	三相正、负序	单相接地相保	三相正、负序	单相接地相保
10	计算电阻(mΩ)	4.10	4.17	3.44	3.29	2.95	2.72	2.60	2.23	2.35	1.96	2.18	1.78	2.04	1.60
	计算电抗(mΩ)	31.84	27.65	28.66	24.50	26.29	21.98	24.45	20.06	22.73	18.29	21.60	17.21	20.59	16.15
	短路电流(mΩ)	7.17	7.87	7.97	8.90	8.70	9.93	9.35	10.90	10.07	11.96	10.59	12.72	11.12	13.56
20	计算电阻(mΩ)	3.31	3.64	2.65	2.76	2.16	2.19	1.81	1.70	1.56	1.43	1.39	1.25	1.25	1.07
	计算电抗(mΩ)	23.88	22.35	20.70	19.19	18.33	16.68	16.49	14.76	14.77	12.99	13.64	11.91	12.63	10.85
	短路电流(mΩ)	9.54	9.72	11.02	11.35	12.46	13.08	13.86	14.80	15.49	16.83	16.78	18.36	18.12	20.18
30	计算电阻(mΩ)	3.04	3.46	2.38	2.58	1.89	2.01	1.54	1.52	1.29	1.25	1.12	1.07	0.98	0.89
	计算电抗(mΩ)	21.22	20.57	18.04	17.41	15.67	14.90	13.83	12.98	12.11	11.21	10.98	10.13	9.97	9.07
	短路电流(mΩ)	10.73	10.55	12.64	12.50	14.58	14.64	16.52	16.83	18.88	19.50	20.83	21.59	22.95	24.15
50	计算电阻(mΩ)	2.83	3.32	2.17	2.44	1.68	1.87	1.33	1.38	1.08	1.11	0.91	0.93	0.77	0.75
	计算电抗(mΩ)	19.10	19.16	15.92	16.00	13.55	13.49	11.71	11.57	9.99	9.80	8.86	8.72	7.85	7.66
	短路电流(mΩ)	11.91	11.31	14.31	13.60	16.85	16.15	19.51	18.88	22.89	22.31	25.81	25.09	29.15	28.57
75	计算电阻(mΩ)	2.72	3.25	2.06	2.37	1.57	1.80	1.22	1.31	0.97	1.04	0.80	0.86	0.66	0.68
	计算电抗(mΩ)	18.04	18.45	14.86	15.29	12.49	12.78	10.65	10.86	8.93	9.09	7.80	8.01	6.79	6.95
	短路电流(mΩ)	12.61	11.75	15.33	14.22	18.27	17.04	21.46	20.11	25.61	24.04	29.34	27.30	33.72	31.52

续表

高压侧系统短路容量(MVA)	变压器容量(kVA)	630		800		1000		1250		1600		2000		2500	
	变压器阻抗电压(%)	6													
	低压母线段规格/WLA(mm)	3×(80×8)+50×5		3×(100×8)+63×6.3		3×(125×10)+80×6.3		3×[2×(100×10)]+100×10		3×[2×(125×10)]+125×10		3×[2×(100×10)]+100×10Wcu		3×[2×(125×10)]+125×10Wcu	
	短路种类及电路阻抗	三相正、负序	单相接地相保	三相正、负序	单相接地相保	三相正、负序	单相接地相保	三相正、负序	单相接地相保	三相正、负序	单相接地相保	三相正、负序	单相接地相保	三相正、负序	单相接地相保
100	计算电阻(mΩ)	2.67	3.22	2.01	2.34	1.52	1.77	1.17	1.28	0.92	1.01	0.75	0.83	0.61	0.65
	计算电抗(mΩ)	17.51	18.10	14.33	14.94	11.96	12.43	10.12	10.51	8.40	8.74	7.27	7.66	6.26	6.60
	短路电流(mΩ)	12.99	11.97	15.89	14.55	19.07	17.52	22.57	20.77	27.22	25.00	31.46	28.57	36.57	33.18
200	计算电阻(mΩ)	2.59	3.16	1.93	2.28	1.44	1.71	1.09	1.22	0.84	0.95	0.67	0.77	0.53	0.59
	计算电抗(mΩ)	16.72	17.57	13.54	14.41	11.17	11.90	9.33	9.98	7.61	8.21	6.48	7.13	5.47	6.07
	短路电流(mΩ)	13.59	12.32	16.81	15.08	20.43	18.30	24.49	21.89	30.03	26.63	35.33	30.68	41.82	36.07
300	计算电阻(mΩ)	2.56	3.14	1.90	2.26	1.41	1.69	1.06	1.20	0.81	0.93	0.64	0.75	0.50	0.57
	计算电抗(mΩ)	16.45	17.39	13.27	14.23	10.90	11.72	9.06	9.80	7.34	8.03	6.21	6.95	5.20	5.89
	短路电流(mΩ)	13.81	12.45	17.15	15.26	20.93	18.58	25.22	22.29	31.17	27.23	36.86	31.47	44.06	37.16
∞	计算电阻(mΩ)	2.51	3.11	1.85	2.23	1.36	1.66	1.01	1.17	0.76	0.90	0.59	0.72	0.45	0.54
	计算电抗(mΩ)	15.92	17.04	12.74	13.88	10.37	11.37	8.53	9.45	6.81	7.68	5.68	6.60	4.67	5.54
	短路电流(mΩ)	14.27	12.70	17.87	15.65	21.99	19.15	26.78	23.11	33.58	28.46	40.28	33.13	49.04	39.50

注：1. 由于 SC(B) 9 与 SC(B) 10 阻抗平均值相近，故该表也可用于 SC(B)10。
2. 表中母线规格用于 TN-C 系统，若为 TN-S 系统，再增加一条相母线。

SC(B)9 系列 10(6)kV、0.4kV 变压器低压侧短路电流值（Yyn0 联结）　　表 1.3-25

高压侧系统短路容量(MVA)	变压器容量(kVA)	160		200		250		315		400		500		630	
	变压器阻抗电压(%)	4													
	低压母线段规格/WLA(mm)	4×(40×4)						3×(50×5)+40×4		3×(63×6.3)+40×4		3×(80×6.3)+50×5		3×(80×8)+50×5	
	短路种类及电路阻抗	三相正、负序	单相接地相保	三相正、负序	单相接地相保	三相正、负序	单相接地相保	三相正、负序	单相接地相保	三相正、负序	单相接地相保	三相正、负序	单相接地相保	三相正、负序	单相接地相保
10	计算电阻(mΩ)	14.9	23.64	11.48	20.71	8.69	18.04	7.19	15.88	5.57	10.40	4.64	8.09	4.02	6.76
	计算电抗(mΩ)	55	173.23	46.91	152.76	41.83	130.57	36.62	102.60	32.45	94.73	29.28	80.16	26.69	69.23
	短路电流(kA)	4.04	1.26	4.76	1.43	5.38	1.67	6.16	2.12	6.99	2.31	7.76	2.73	8.52	3.16
20	计算电阻(mΩ)	14.11	23.11	10.69	20.18	7.90	17.51	6.40	15.35	4.78	9.87	3.85	7.56	3.23	6.23
	计算电抗(mΩ)	47.06	167.93	38.95	147.46	33.87	125.27	28.66	97.30	24.49	89.43	21.32	74.86	18.73	63.93
	短路电流(kA)	4.68	1.30	5.69	1.48	6.61	1.74	7.83	2.23	9.22	2.45	10.62	2.92	12.10	3.43
30	计算电阻(mΩ)	13.84	22.93	10.42	20.00	7.63	17.33	6.13	15.17	4.51	9.69	3.58	7.38	2.96	6.05
	计算电抗(mΩ)	44.4	166.15	36.29	145.68	31.21	123.49	26.0	95.52	21.83	87.65	18.66	73.08	16.07	62.15
	短路电流(kA)	4.95	1.3	6.09	1.50	7.16	1.76	8.61	2.27	10.32	2.49	12.11	3.00	14.08	3.52
50	计算电阻(mΩ)	13.63	22.79	10.21	19.86	7.42	17.19	5.92	15.03	4.30	9.55	3.37	7.24	2.75	5.91
	计算电抗(mΩ)	42.28	164.74	34.17	144.27	29.09	122.08	23.88	94.11	19.71	86.24	16.54	71.67	13.95	60.74
	短路电流(kA)	5.18	1.32	6.45	1.51	7.66	1.78	9.35	2.31	11.40	2.54	13.63	3.05	16.17	3.60
75	计算电阻(mΩ)	13.52	22.72	10.10	19.79	7.31	17.12	5.81	14.96	4.19	9.48	3.26	7.17	2.64	5.84
	计算电抗(mΩ)	41.22	164.03	33.11	143.56	28.03	121.37	22.82	93.40	18.65	85.53	15.48	70.96	12.89	60.03
	短路电流(kA)	5.30	1.33	6.64	1.52	7.94	1.79	9.77	2.33	12.04	2.56	14.54	3.08	17.48	3.65

续表

高压侧系统短路容量(MVA)	变压器容量(kVA)	160		200		250		315		400		500		630	
	变压器阻抗电压(%)	4													
	低压母线段规格/WLA(mm)	4×(40×4)						3×(50×5)+40×4		3×(63×6.3)+40×4		3×(80×6.3)+50×5		3×(80×8)+50×5	
	短路种类及电路阻抗	三相正、负序	单相接地相保	三相正、负序	单相接地相保	三相正、负序	单相接地相保	三相正、负序	单相接地相保	三相正、负序	单相接地相保	三相正、负序	单相接地相保	三相正、负序	单相接地相保
100	计算电阻(mΩ)	13.47	22.69	10.05	19.76	7.26	17.09	5.67	14.93	4.14	9.45	3.21	7.14	2.59	5.81
	计算电抗(mΩ)	40.69	163.68	32.58	143.21	27.50	121.02	22.29	93.05	18.12	85.18	14.95	70.61	12.36	59.68
	短路电流(kA)	5.37	1.33	6.75	1.52	8.09	1.8	9.99	2.33	12.37	2.57	15.04	3.10	18.21	3.67
200	计算电阻(mΩ)	13.39	22.63	9.97	19.70	7.18	17.03	5.68	14.87	4.06	9.39	3.13	7.08	2.51	5.75
	计算电抗(mΩ)	39.9	163.15	31.79	142.68	26.71	120.49	21.50	92.52	17.33	84.65	14.16	70.08	11.57	59.15
	短路电流(kA)	5.46	1.34	6.90	1.53	8.32	1.81	10.34	2.35	12.92	2.58	15.86	3.12	19.43	3.70
300	计算电阻(mΩ)	13.36	22.61	9.94	19.68	7.15	17.01	5.65	14.85	4.03	9.37	3.10	7.06	2.48	5.73
	计算电抗(mΩ)	39.63	162.97	31.52	142.50	26.44	120.31	21.23	92.34	17.06	84.47	13.89	69.90	11.30	58.97
	短路电流(kA)	5.50	1.34	6.96	1.53	8.40	1.81	10.47	2.35	13.12	2.59	16.16	3.13	19.88	3.71
∞	计算电阻(mΩ)	13.31	22.58	9.89	19.65	7.10	16.98	5.60	14.82	3.98	9.34	3.05	7.03	2.43	5.70
	计算电抗(mΩ)	39.10	162.62	30.99	142.15	25.91	119.96	20.70	91.99	16.53	84.12	13.36	69.55	10.77	58.62
	短路电流(kA)	5.57	1.34	7.06	1.53	8.56	1.82	10.73	2.36	13.53	2.60	16.79	3.15	20.83	3.74

注：1. 由于 SC(B)9 与 SC(B)10 阻抗平均值相近，故该表也可用于 SC(B)10。

2. 表中母线规格用于 TN-C 系统，若为 TN-S 系统，再增加一条相母线。

续表

高压侧系统短路容量(MVA)	变压器容量(kVA)	630		800		1000		1250		1600		2000		2500	
	变压器阻抗电压(%)	6													
	低压母线段规格/WLA(mm)	3×(80×8)+50×5		3×(100×8)+63×6.3		3×(125×10)+80×6.3		3×[2×(100×10)]+100×10		3×[2×(125×10)]+125×10		3×[2×(100×10)]+100×10Wcu		3×[2×(125×10)]+125×10Wcu	
	短路种类及电路阻抗	三相正、负序	单相接地相保	三相正、负序	单相接地相保	三相正、负序	单相接地相保	三相正、负序	单相接地相保	三相正、负序	单相接地相保	三相正、负序	单相接地相保	三相正、负序	单相接地相保
10	计算电阻(mΩ)	4.10	7.23	3.44	5.39	2.95	4.89	2.60	4.08	2.35	3.21	2.18	2.57	2.04	2.14
	计算电抗(mΩ)	31.84	88.56	28.66	70.10	26.29	55.17	24.45	43.85	22.73	35.64	21.60	31.05	20.59	27.11
	短路电流(kA)	7.17	2.48	7.97	3.13	8.70	3.97	9.35	5.00	10.07	6.15	10.59	7.06	11.12	8.09
20	计算电阻(mΩ)	3.31	6.70	2.65	4.86	2.16	4.36	1.81	3.55	1.56	2.68	1.39	2.04	1.25	1.66
	计算电抗(mΩ)	23.88	83.26	20.70	64.80	18.33	49.87	16.49	38.55	14.77	30.34	13.64	25.75	12.63	21.81
	短路电流(kA)	9.54	2.63	11.02	3.39	12.46	4.39	13.86	5.68	15.49	7.22	16.78	8.52	18.12	10.06
30	计算电阻(mΩ)	3.04	6.52	2.38	4.68	1.89	4.18	1.54	3.37	1.29	2.50	1.12	1.86	0.98	1.48
	计算电抗(mΩ)	21.22	81.48	18.04	63.02	15.67	48.09	13.83	36.77	12.11	28.56	10.98	23.97	9.97	20.03
	短路电流(kA)	10.73	2.69	12.64	3.48	14.58	4.56	16.52	5.96	18.88	7.67	20.83	9.15	22.95	10.96
50	计算电阻(mΩ)	2.83	6.38	2.17	4.54	1.68	4.04	1.33	3.23	1.08	2.36	0.91	1.72	0.77	1.34
	计算电抗(mΩ)	19.10	80.07	15.92	61.61	13.55	46.68	11.71	35.36	9.99	27.15	8.86	22.56	7.85	18.62
	短路电流(kA)	11.91	2.74	14.31	3.56	16.85	4.70	19.51	6.20	22.89	8.07	25.81	9.73	29.15	11.78
75	计算电阻(mΩ)	2.72	6.31	2.06	4.47	1.57	3.97	1.22	3.16	0.97	2.29	0.80	1.65	0.66	1.27
	计算电抗(mΩ)	18.04	79.36	14.86	60.90	12.49	45.97	10.65	34.65	8.93	26.44	7.80	21.85	6.79	17.91
	短路电流(kA)	12.61	2.76	15.33	3.60	18.27	4.77	21.46	6.32	25.61	8.29	29.34	10.04	33.72	12.26

续表

高压侧系统短路容量(MVA)	变压器容量(kVA)	630		800		1000		1250		1600		2000		2500	
	变压器阻抗电压(%)	6													
	低压母线段规格/WLA(mm)	3×(80×8)+50×5		3×(100×8)+63×6.3		3×(125×10)+80×6.3		3×[2×(100×10)]+100×10		3×[2×(125×10)]+125×10		3×[2×(100×10)]+100×10Wcu		3×[2×(125×10)]+125×10Wcu	
	短路种类及电路阻抗	三相正、负序	单相接地相保	三相正、负序	单相接地相保	三相正、负序	单相接地相保	三相正、负序	单相接地相保	三相正、负序	单相接地相保	三相正、负序	单相接地相保	三相正、负序	单相接地相保
100	计算电阻(mΩ)	2.67	6.28	2.01	4.44	1.52	3.94	1.17	3.13	0.92	2.26	0.75	1.62	0.61	1.24
	计算电抗(mΩ)	17.51	79.01	14.33	60.55	11.96	45.62	10.12	34.30	8.40	26.09	7.27	21.50	6.26	17.56
	短路电流(kA)	12.99	2.78	15.89	3.62	19.07	4.80	22.57	6.39	27.22	8.40	31.46	10.20	36.57	12.50
200	计算电阻(mΩ)	2.59	6.22	1.93	4.38	1.44	3.88	1.09	3.07	0.84	2.20	0.67	1.56	0.53	1.18
	计算电抗(mΩ)	16.72	78.48	13.54	60.02	11.17	45.09	9.33	33.77	7.61	25.56	6.48	20.97	5.47	17.03
	短路电流(kA)	13.59	2.79	16.81	3.66	20.43	4.86	24.49	6.49	30.03	8.58	35.33	10.46	41.82	12.89
300	计算电阻(mΩ)	2.56	6.20	1.90	4.36	1.41	3.86	1.06	3.05	0.81	2.18	0.64	1.54	0.50	1.16
	计算电抗(mΩ)	16.45	78.30	13.27	59.84	10.90	44.91	9.06	33.59	7.34	25.38	6.21	20.79	5.20	16.85
	短路电流(kA)	13.81	2.80	17.15	3.67	20.93	4.88	25.22	6.52	31.17	8.64	36.86	10.55	44.06	13.03
∞	计算电阻(mΩ)	2.51	6.17	1.85	4.33	1.36	3.83	1.01	3.02	0.76	2.15	0.59	1.51	0.45	1.13
	计算电抗(mΩ)	15.92	77.95	12.74	59.49	10.37	44.56	8.53	33.24	6.81	25.03	5.68	20.44	4.67	16.50
	短路电流(kA)	14.27	2.81	17.87	3.69	21.99	4.92	26.78	6.59	33.58	8.76	40.28	10.73	49.04	13.30

注：1. 由于 SC(B)9 与 SC(B)10 阻抗平均值相近，故该表也可用于 SC(B)10。

2. 表中母线规格用于 TN-C 系统，若为 TN-S 系统，再增加一条相母线。

S9、S9—M 系列 10(6)kV、0.4kV 变压器低压侧短路电流值（Dyn11 联结）　　表 1.3-26

高压侧系统短路容量(MVA)	变压器容量(kVA)	200		250		315		400		500	
	变压器阻抗电压(%)	4									
	低压母线段规格/WLA(mm)	4×(40×4)				3×(50×5)+40×4		3×(63×6.3)+40×4		3×(80×6.3)+50×5	
	短路种类及电路阻抗	三相正、负序	单相接地相保	三相正、负序	单相接地相保	三相正、负序	单相接地相保	三相正、负序	单相接地相保	三相正、负序	单相接地相保
10	计算电阻(mΩ)	12.52	12.92	10.33	10.73	8.08	8.48	6.27	6.67	5.15	5.22
	计算电抗(mΩ)	47.38	43.27	40.73	36.62	36.55	32.23	32.27	28.15	29.16	24.97
	短路电流(kA)	4.69	4.87	5.47	5.77	6.18	6.60	7.00	7.60	7.77	8.62
20	计算电阻(mΩ)	11.73	12.39	9.54	10.20	7.29	7.95	5.48	6.14	4.36	4.69
	计算电抗(mΩ)	39.42	37.97	32.77	31.32	28.39	26.93	24.31	22.85	21.20	19.67
	短路电流(kA)	5.59	5.51	6.74	6.68	7.85	7.83	9.23	9.30	10.63	10.88
30	计算电阻(mΩ)	11.46	12.21	9.27	10.02	7.02	7.77	5.21	5.96	4.09	4.51
	计算电抗(mΩ)	36.76	36.19	30.11	29.54	25.73	25.15	21.65	21.07	18.54	17.89
	短路电流(kA)	5.97	5.76	7.30	7.05	8.62	8.36	10.33	10.05	12.11	11.92
50	计算电阻(mΩ)	11.25	12.07	9.06	9.88	6.81	7.63	5.00	5.82	3.88	4.37
	计算电抗(mΩ)	34.64	34.78	27.99	28.13	23.61	23.74	19.53	19.66	16.42	16.48
	短路电流(kA)	6.32	5.98	7.82	7.38	9.36	8.82	11.41	10.73	13.63	12.90
75	计算电阻(mΩ)	11.14	12.00	8.95	9.81	6.70	7.56	4.89	5.75	3.77	4.30
	计算电抗(mΩ)	33.58	34.07	26.93	27.42	22.55	23.03	18.47	18.95	15.36	15.77
	短路电流(kA)	6.50	6.09	8.10	7.55	9.78	9.08	12.04	11.11	14.54	13.46

续表

高压侧系统短路容量(MVA)	变压器容量(kVA)	200		250		315		400		500	
	变压器阻抗电压(%)	4									
	低压母线段规格/WLA(mm)	4×(40×4)				3×(50×5)+40×4		3×(63×6.3)+40×4		3×(80×6.3)+50×5	
	短路种类及电路阻抗	三相正、负序	单相接地相保	三相正、负序	单相接地相保	三相正、负序	单相接地相保	三相正、负序	单相接地相保	三相正、负序	单相接地相保
100	计算电阻(mΩ)	11.09	11.97	8.90	9.78	6.65	7.53	4.84	5.72	3.72	4.27
	计算电抗(mΩ)	33.05	33.72	26.40	27.07	22.02	22.68	17.94	18.60	14.83	15.42
	短路电流(kA)	6.60	6.15	8.26	7.64	10.00	9.21	12.38	11.30	15.04	13.75
200	计算电阻(mΩ)	11.01	11.91	8.82	9.72	6.57	7.47	4.76	5.66	3.64	4.21
	计算电抗(mΩ)	32.26	33.19	25.61	26.54	21.23	22.15	17.15	18.07	14.04	14.89
	短路电流(kA)	6.75	6.24	8.49	7.78	10.35	9.41	12.92	11.62	15.86	14.22
300	计算电阻(mΩ)	10.98	11.89	8.79	9.70	6.54	7.45	4.73	5.64	3.61	4.19
	计算电抗(mΩ)	31.99	33.01	25.34	26.36	20.96	21.97	16.88	17.89	13.77	14.71
	短路电流(kA)	6.80	6.27	8.58	7.83	10.47	9.48	13.12	11.73	16.15	14.38
∞	计算电阻(mΩ)	10.93	11.86	8.74	9.76	6.49	7.42	4.68	5.61	3.56	4.16
	计算电抗(mΩ)	31.46	32.66	24.81	26.01	20.43	21.62	16.35	17.54	13.24	14.36
	短路电流(kA)	6.91	6.33	8.75	7.93	10.73	9.62	13.52	11.94	16.78	14.72

注：表中母线规格用于 TN-C 系统，若为 TN-S 系统，再增加一条相母线。

续表

高压侧系统短路容量(MVA)	变压器容量(kVA)	630		800		1000		1250		1600	
	变压器阻抗电压(%)	4.5									
	低压母线段规格/WLA(mm)	3×(80×8)+50×5		3×(100×8)+63×6.3		3×(125×10)+80×6.3		3×[2×(100×10)]+80×8		3×[2×(125×10)]+80×10	
	短路种类及电路阻抗	三相正、负序	单相接地相保	三相正、负序	单相接地相保	三相正、负序	单相接地相保	三相正、负序	单相接地相保	三相正、负序	单相接地相保
10	计算电阻(mΩ)	4.34	4.41	3.67	3.52	3.38	3.15	2.90	2.62	2.91	2.58
	计算电抗(mΩ)	27.92	23.73	25.63	21.41	23.77	19.46	22.46	18.14	21.09	16.77
	短路电流(kA)	8.14	9.13	8.88	10.14	9.58	11.16	10.15	12.00	10.80	12.96
20	计算电阻(mΩ)	3.55	3.88	2.88	2.99	2.59	2.62	2.11	2.09	2.12	2.05
	计算电抗(mΩ)	19.96	18.43	17.67	16.11	15.81	14.16	14.50	12.84	13.13	11.47
	短路电流(kA)	11.35	11.68	12.85	13.42	14.36	15.28	15.70	16.91	17.29	18.88
30	计算电阻(mΩ)	3.28	3.70	2.61	2.81	2.32	2.44	1.84	1.91	1.85	1.87
	计算电抗(mΩ)	17.30	16.65	15.01	14.33	13.15	12.38	11.84	11.06	10.47	9.69
	短路电流(kA)	13.06	12.90	15.09	15.07	17.23	17.63	19.20	19.61	21.64	22.29
50	计算电阻(mΩ)	3.07	3.56	2.40	2.67	2.11	2.30	1.63	1.77	1.64	1.73
	计算电抗(mΩ)	15.18	15.24	12.89	12.92	11.03	10.97	9.72	9.65	8.35	8.28
	短路电流(kA)	14.85	14.06	17.54	16.88	20.48	19.63	23.33	22.43	27.03	26.00
75	计算电阻(mΩ)	2.96	3.49	2.29	2.60	2.00	2.23	1.52	1.70	1.53	1.66
	计算电抗(mΩ)	14.12	14.53	11.83	12.21	9.97	10.26	8.66	8.94	7.29	7.57
	短路电流(kA)	15.94	14.73	19.09	17.63	22.62	20.95	26.17	24.18	30.87	28.39

续表

高压侧系统短路容量(MVA)	变压器容量(kVA)	630		800		1000		1250		1600	
	变压器阻抗电压(%)	4.5									
	低压母线段规格/WLA(mm)	3×(80×8)+50×5		3×(100×8)+63×6.3		3×(125×10)+80×6.3		3×[2×(100×10)]+80×8		3×[2×(125×10)]+80×10	
	短路种类及电路阻抗	三相正、负序	单相接地相保	三相正、负序	单相接地相保	三相正、负序	单相接地相保	三相正、负序	单相接地相保	三相正、负序	单相接地相保
100	计算电阻(mΩ)	2.91	3.46	2.24	2.57	1.95	2.20	1.47	1.67	1.48	1.63
	计算电抗(mΩ)	13.59	14.18	11.30	11.86	9.44	9.91	8.13	8.59	6.76	7.22
	短路电流(kA)	16.55	15.07	19.97	18.12	23.86	21.67	27.85	25.14	33.24	29.73
200	计算电阻(mΩ)	2.83	3.40	2.16	2.51	1.87	2.14	1.39	1.61	1.40	1.57
	计算电抗(mΩ)	12.80	13.65	10.51	11.33	8.65	9.38	7.34	8.16	5.97	6.69
	短路电流(kA)	17.54	15.64	21.44	18.97	25.99	22.87	30.79	26.76	37.52	32.02
300	计算电阻(mΩ)	2.80	3.38	2.13	2.49	1.84	2.12	1.36	1.59	1.37	1.55
	计算电抗(mΩ)	12.53	13.47	10.24	11.15	8.38	9.20	7.07	7.88	5.70	6.51
	短路电流(kA)	17.91	15.84	21.99	19.26	26.81	23.30	31.94	27.36	39.25	32.88
∞	计算电阻(mΩ)	2.75	3.35	2.08	2.46	1.79	2.09	1.31	1.56	1.32	1.52
	计算电抗(mΩ)	12.00	13.12	9.71	10.80	7.85	8.85	6.54	7.53	5.17	6.16
	短路电流(kA)	18.68	16.25	23.16	19.86	28.57	24.20	34.48	28.61	43.07	34.07

注：表中母线规格用于 TN-C 系统，若为 TN-S 系统，再增加一条相母线。

S9、S9—M 系列 10(6)kV、0.4kV 变压器低压侧短路电流值（Yyn01 联结） 表 1.3-27

高压侧系统短路容量(MVA)	变压器容量(kVA)	200		250		315		400		500	
	变压器阻抗电压(%)	4									
	低压母线段规格/WLA(mm)	4×(40×4)				3×(50×5)+40×4		3×(63×6.3)+40×4		3×(80×6.3)+50×5	
	短路种类及电路阻抗	三相正、负序	单相接地相保	三相正、负序	单相接地相保	三相正、负序	单相接地相保	三相正、负序	单相接地相保	三相正、负序	单相接地相保
10	计算电阻(mΩ)	12.52	21.59	10.33	17.86	8.08	13.28	6.27	10.27	5.15	8.29
	计算电抗(mΩ)	47.38	71.80	40.73	62.10	36.35	52.32	32.27	44.01	29.16	38.54
	短路电流(kA)	4.69	2.93	5.47	3.40	6.18	4.08	7.00	4.87	7.77	5.58
20	计算电阻(mΩ)	11.73	21.06	9.54	17.33	7.29	12.75	5.48	9.74	4.36	7.76
	计算电抗(mΩ)	39.42	66.50	32.77	56.8	28.39	47.02	24.31	38.71	21.20	33.24
	短路电流(kA)	5.59	3.15	6.74	3.70	7.85	4.52	9.23	5.51	10.63	6.45
30	计算电阻(mΩ)	11.46	20.88	9.27	17.15	7.02	12.57	5.21	9.56	4.09	7.58
	计算电抗(mΩ)	36.76	64.72	30.11	55.02	25.73	45.24	21.65	36.93	18.54	31.46
	短路电流(kA)	5.97	3.24	7.3	3.82	8.62	4.69	10.33	5.76	12.11	6.80
50	计算电阻(mΩ)	11.25	20.74	9.06	17.01	6.81	12.43	5.00	9.42	3.88	7.44
	计算电抗(mΩ)	14.64	63.31	27.99	53.61	23.61	43.83	19.53	35.52	16.42	30.05
	短路电流(kA)	6.32	3.30	7.82	3.91	9.36	4.83	11.47	5.99	13.63	7.11
75	计算电阻(mΩ)	11.14	20.67	8.95	16.64	6.70	12.36	4.89	9.35	3.77	7.37
	计算电抗(mΩ)	33.58	62.60	26.93	52.90	22.55	43.12	18.47	34.81	15.36	29.34
	短路电流(kA)	6.50	3.34	8.10	3.96	9.78	4.90	12.04	6.10	14.54	7.27

续表

高压侧系统短路容量(MVA)	变压器容量(kVA)	200		250		315		400		500	
	变压器阻抗电压(%)	4									
	低压母线段规格/WLA(mm)	4×(40×4)				3×(50×5)+40×4		3×(63×6.3)+40×4		3×(80×6.3)+50×5	
	短路种类及电路阻抗	三相正、负序	单相接地相保	三相正、负序	单相接地相保	三相正、负序	单相接地相保	三相正、负序	单相接地相保	三相正、负序	单相接地相保
100	计算电阻(mΩ)	11.09	20.64	8.90	16.91	6.65	12.33	4.84	9.32	3.72	7.34
	计算电抗(mΩ)	33.05	62.25	26.40	52.55	22.02	42.77	17.94	34.46	14.83	28.99
	短路电流(kA)	6.60	3.35	8.26	3.99	10.00	4.94	12.38	6.16	15.04	7.36
200	计算电阻(mΩ)	11.01	20.58	8.82	16.85	6.57	12.27	4.76	9.26	3.64	7.28
	计算电抗(mΩ)	32.26	61.72	25.61	52.02	21.23	42.24	17.15	33.93	14.04	28.46
	短路电流(kA)	6.75	3.38	8.49	4.02	10.35	5.00	12.92	6.26	15.86	7.49
300	计算电阻(mΩ)	10.98	20.56	8.79	16.83	6.54	12.25	4.73	9.24	3.61	7.26
	计算电抗(mΩ)	31.99	61.54	25.34	51.49	20.96	42.06	16.88	33.75	13.77	28.28
	短路电流(kA)	6.80	3.39	8.58	4.06	10.47	5.02	13.12	6.29	16.15	7.53
∞	计算电阻(mΩ)	10.93	20.53	8.74	16.80	6.49	12.22	4.68	9.21	3.56	7.23
	计算电抗(mΩ)	31.46	61.19	24.81	51.49	20.43	41.71	16.35	33.40	13.24	27.93
	短路电流(kA)	6.91	3.41	8.75	4.06	10.73	5.06	13.52	6.35	16.78	7.63

注：表中母线规格用于 TN-C 系统，若为 TN-S 系统，再增加一条相母线。

续表

高压侧系统短路容量(MVA)	变压器容量(kVA)	630		800		1000		1250		1600	
	变压器阻抗电压(%)	4.5									
	低压母线段规格/WLA(mm)	3×(80×8)+50×5		3×(100×8)+63×6.3		3×(125×10)+80×6.3		3×[2×(100×10)]+80×8		3×[2×(125×10)]+80×10	
	短路种类及电路阻抗	三相正、负序	单相接地相保	三相正、负序	单相接地相保	三相正、负序	单相接地相保	三相正、负序	单相接地相保	三相正、负序	单相接地相保
10	计算电阻(mΩ)	4.34	10.61	3.67	5.06	3.38	4.53	2.90	3.68	2.91	3.23
	计算电抗(mΩ)	27.92	33.43	25.03	29.08	23.77	26.53	22.46	23.80	21.09	21.03
	短路电流(kA)	8.14	6.27	8.88	7.45	9.58	8.18	10.15	9.03	10.80	10.34
20	计算电阻(mΩ)	3.55	10.08	2.88	4.53	2.59	4.00	2.11	3.15	2.12	2.70
	计算电抗(mΩ)	19.96	28.13	17.67	23.78	15.81	21.23	14.50	18.50	13.13	15.73
	短路电流(kA)	11.35	7.36	12.85	8.59	14.36	10.19	15.70	11.72	17.29	13.78
30	计算电阻(mΩ)	3.28	9.90	2.61	4.35	3.23	3.82	1.84	2.97	1.85	2.52
	计算电抗(mΩ)	17.30	26.35	15.01	22.00	13.15	19.45	11.84	16.72	10.47	13.95
	短路电流(kA)	13.06	7.82	15.09	9.81	17.23	11.10	19.20	12.96	21.64	15.51
50	计算电阻(mΩ)	3.07	9.76	2.40	4.21	2.11	3.68	1.63	2.83	1.64	2.38
	计算电抗(mΩ)	15.18	24.94	12.89	20.59	11.03	18.04	9.72	15.31	8.35	12.54
	短路电流(kA)	14.85	8.22	17.54	10.47	20.48	11.95	23.33	14.13	27.03	17.24
75	计算电阻(mΩ)	2.96	9.69	2.29	4.14	2.00	3.61	1.52	2.76	1.53	2.31
	计算电抗(mΩ)	14.12	24.23	11.83	19.88	9.97	17.33	8.66	14.60	7.29	11.83
	短路电流(kA)	15.94	8.43	19.09	10.83	22.62	12.43	26.17	14.80	30.87	18.26

续表

高压侧系统短路容量(MVA)	变压器容量(kVA)	630		800		1000		1250		1600	
	变压器阻抗电压(%)	4.5									
	低压母线段规格/WLA(mm)	3×(80×8)+50×5		3×(100×8)+63×6.3		3×(125×10)+80×6.3		3×[2×(100×10)]+80×8		3×[2×(125×10)]+80×10	
	短路种类及电路阻抗	三相正、负序	单相接地相保	三相正、负序	单相接地相保	三相正、负序	单相接地相保	三相正、负序	单相接地相保	三相正、负序	单相接地相保
100	计算电阻(mΩ)	2.91	9.66	2.24	4.11	1.95	3.58	1.47	2.73	1.48	2.28
	计算电抗(mΩ)	13.59	23.88	11.30	19.53	9.44	16.98	8.13	14.25	6.76	11.48
	短路电流(kA)	16.55	8.54	19.97	11.02	23.86	12.68	27.85	14.51	33.24	18.80
200	计算电阻(mΩ)	2.83	9.60	2.16	4.05	1.87	3.52	1.39	2.67	1.40	2.22
	计算电抗(mΩ)	12.80	23.35	10.51	19.00	8.65	16.45	7.34	13.72	5.97	10.95
	短路电流(kA)	17.54	8.71	21.44	11.32	25.99	13.08	30.79	15.74	37.52	19.70
300	计算电阻(mΩ)	2.80	9.58	2.13	4.03	1.84	3.50	1.36	2.65	1.37	2.2
	计算电抗(mΩ)	12.53	23.17	10.24	18.82	8.38	16.27	7.07	13.54	5.70	10.77
	短路电流(kA)	17.91	8.78	21.99	11.43	26.81	13.22	31.49	15.94	39.25	20.02
∞	计算电阻(mΩ)	2.75	9.55	2.08	4.00	1.79	3.47	1.31	2.62	1.32	2.17
	计算电抗(mΩ)	12.00	22.82	9.71	18.47	7.85	15.92	6.54	13.19	5.17	10.42
	短路电流(kA)	18.68	8.89	23.16	11.64	28.57	13.50	34.48	16.36	43.07	21.59

注：同 P94 页注内容

7.2 短路点的等效电压源

对于远端和近端短路都可用一等效电压源计算短路电流。

用等效电压源计算短路电流时，短路点用等效电压源 $cU_n/\sqrt{3}$代替，该电压源为网络的唯一的电压源，其他电源，如同步发电机、同步电动机、异步电动机和馈电网络的电势都视为零并用自身内阻抗代替。

用等效电压源计算短路电流时，可不考虑非旋转负载的运行数据和发电机励磁方式。

用等效电压源时，除零序网络外，线路电容和非旋转负载的并联导纳都可忽略。

计算近端短路时，对于发电机及发电机-变压器组的发电机和变压器的阻抗应用修正后的值（见第 10.3.2.6、10.3.2.7 和 10.3.2.8 条）。同步电机用超瞬态阻抗，异步电动机用堵转电流算出的阻抗。在计算稳态短路电流时，才需考虑同步机同步电抗和其励磁顶值。

除等效电压源法外，如果能得到同样的计算精度，不排除在特殊情况下，用特殊计算方法，如叠加法，或其他精确计算方法。

图 1.3-20 为一单侧电源馈电并用等效电压源计算短路网络的一个算例。各阻抗按第 8.1.2 条计算。等效电压源 $cU_n/\sqrt{3}$中的电压系数 c 根据表 1.3-28 选用，计算最大值用最大电压系数（c_{max}），最小值用最小电压系数（c_{min}）。

电压系数 c **表 1.3-28**

标称电压 U_n	计算最大短路电流的电压系数 c_{max}	计算最小短路电流的电压系数 c_{min}
220/380V	1.00	0.95
380/660V 和 1140V	1.05	1.00
3～35kV	1.10	1.00
35～220kV	1.10	1.00

注：电压系数 c 与标称电压 U_n 的积应不超过设备最高电压 U_m。

7.3 短路电流非周期分量 i_{DC}

在计算短路电流时，不仅要计算短路电流的对称交流分量，还要计算短路后瞬间出现的短路电流峰值 i_p，它的值与频率 f 和 X/R 有关。

在计算不对称开断电流 I_{basym} 时，应算非周期分量 i_{DC}（见图 1.3-1）。i_{DC} 的计算公式如下：

$$i_{DC}=\sqrt{2}I''_k e^{-2\pi ftR/X} \tag{1.3-55}$$

式中：I''_k——对称短路电流初始值；

f——电力系统标称频率，50Hz；

t——时间；

R/X——短路阻抗的电阻与电抗之比。

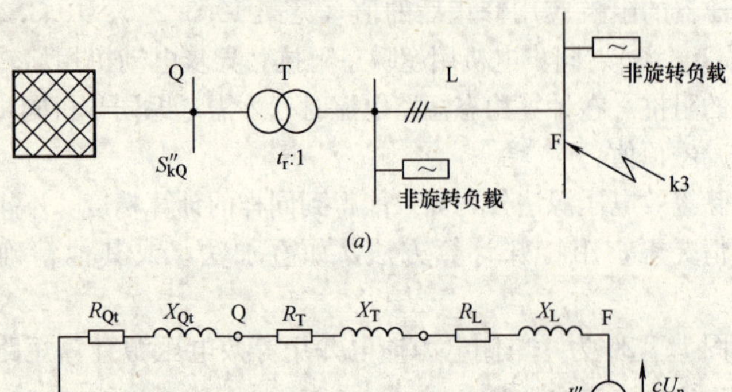

图 1.3-20 用等效电压源计算 I''_k 的示意图

（a）原理结线；（b）等值电路（正序网络）

8 远端短路

远端短路的短路电流波形如图 1.3-1 所示。对于远端短路，可以认为短路电流的交流分量是不衰减的，即预期短路电流是由不衰减的交流分量和以初始值 A 衰减到零的非周期分量组成。因此，可以认为远端短路的对称电流初始值 I''_k和稳态短路电流 I_k（有效值）是相等的，计算远端短路，认为 $I''_k=I_b=I_k$，三者相等，只需对 I''_k和 i_p 进行计算。对一电网经变压器馈电的短路，当馈电网络电抗 X_{Qt}与变压器低压侧电抗 X_{TLV}满足关系式 $X_{TLV}\geqslant 2X_{Qt}$时，可视为远端短路（如图 1.3-20）。

通常，三相短路时的电流最大，但在靠近中性点接地的变压器或接地变压器附近发生单相接地短路时，其短路电流可能大于三相短路电流。具有 Yz、Dy 和 Dz 向量组结线的变压器，其低压绕组 Y 或 Z 接地时，更是如此。

用对称分量法时，将不对称短路的系统分解为三个独立的对称系统，各相电流由以下三个对称分量系统的电流叠加。

$$\underline{I}_{La}=\underline{I}_{(1)}+\underline{I}_{(2)}+\underline{I}_{(0)} \quad (1.3\text{-}56a)$$

$$\underline{I}_{Lb}=\underline{a}^2\underline{I}_{(1)}+\underline{a}\,\underline{I}_{(2)}+\underline{I}_{(0)} \quad (1.3\text{-}56b)$$

$$\underline{I}_{Lc}=\underline{a}\,\underline{I}_{(1)}+\underline{a}^2\underline{I}_{(2)}+\underline{I}_{(0)} \quad (1.3\text{-}56c)$$

$$\underline{a}=-\frac{1}{2}+j\,\frac{1}{2}\sqrt{3}\text{；}\underline{a}^2=-\frac{1}{2}-j\,\frac{1}{2}\sqrt{3} \quad (1.3\text{-}57)$$

用对称分量法求解时，假定系统阻抗平衡，对不换位线路，短路电流计算的结果也具有可接受的精度。

8.1 短路阻抗

在应用此标准时，应区分短路点 F 的短路阻抗和电气设备的短路阻抗。用对称分量法时还应考虑序网阻抗。

8.1.1 短路点 F 的短路阻抗

研究短路点 F 的正序或负序阻抗时，电网内的所有同步电机和异步电动机都用自身的相应序阻抗代替，根据图 1.3-21*a* 或图 1.3-21*b* 即可确定 F 点的正序或负序短路阻抗 $\underline{Z}_{(1)}$或 $\underline{Z}_{(2)}$，按第 9 节计算短路电流时，线电路电容和非旋转负载的并联导纳均可忽略。

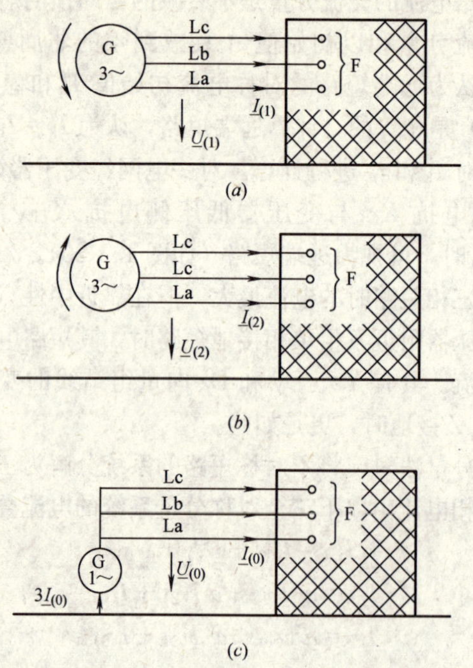

图 1.3-21 三相交流系统 F 点短路时的短路阻抗

(a) 正序短路阻抗 $\underline{Z}_{(1)}=\underline{U}_{(1)}\underline{I}_{(1)}$；(b) 负序短路阻抗 $\underline{Z}_{(2)}=\underline{U}_{(2)}/I_{(2)}$；
(c) 零序短路阻抗 $\underline{Z}_{(0)}=\underline{U}_{(0)}/\underline{I}_{(0)}$

对于三相对称短路，正序阻抗是唯一需用的阻抗，在这种条件下，$\underline{Z}_{k}=\underline{Z}_{(1)}$。

旋转电机的正序和负序阻抗可能不相等。在本节“远端短路”的计算中，通常取 $\underline{Z}_{(2)}=\underline{Z}_{(1)}$。

在短路线和共用回线（如接地系统、中性线、地线、电缆外壳和电缆铠装）间加一交流电压，根据图 1.3-21c 即可确定 F 点的零序短路阻抗 $\underline{Z}_{(0)}$。

在计算中性点不接地或经消弧线圈接地的中、高压电力系统中不对称短路电流时，线路零序电容和非旋转负载的零序并联导纳不能忽略。

对于中性点接地的电力系统，在不计线路零序电容情况下，短路电流计算值要比实际值大。其差值与系统中某些数据有关，如中性点接地变压器间的线路长度。

在计算低压系统中的短路电流时，可忽略线路电容和非旋转负载的并联导纳。

除特殊情况下，零序短路阻抗与正序短路阻抗不等。

8.1.2 电气设备短路阻抗

对于馈电网络、变压器、架空线路、电缆线路、电抗器和其他类似电气设备，它们的正序和负序短路阻抗相等，即 $\underline{Z}_{(1)}=\underline{Z}_{(2)}$。计算线路零序阻抗时，在零序网络中，假设在三条平行导线和返回的共用线间有一交流电压，共用线流过三位零序电流，如图 1.3-22d 所示。一般情况下，零序短路阻抗与正序短路阻抗不相等。$\underline{Z}_{(0)}$ 可以小于、等于和大于 $\underline{Z}_{(1)}$。

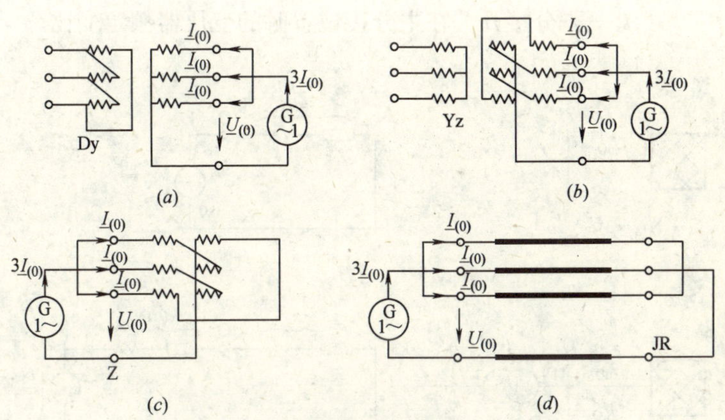

图 1.3-22 测量零序短路阻抗接线图

（a）矢量组 Dy 变压器；（b）矢量组 Yz 变压器；

（c）Z 接线的中性点接地的变压器；（d）架空线路或电缆；JR 为返回线

8.1.2.1 馈电网络阻抗

如图 1.3-23a 所示，由电网向短路点馈电的网络，仅短节点 Q 的对称短路功率初始值 S''_{kQ} 或对称短路电流初始值 I''_{kQ}，在 Q 点的网络阻抗 Z_Q 按下式计算。

$$Z_{Q}=\frac{cU_{nQ}^{2}}{S''_{kQ}}=\frac{cU_{nQ}}{\sqrt{3}I''_{kQ}} \tag{1.3-58a}$$

如果由中压或高压电网经变压器向短路点馈电，仅知节点Q的对称短路功率初始值 S''_{kQ} 或对称短路电流初始值 I''_{kQ}，如图1.3-23*b* 所示，应归算到变压器低压侧的阻抗 Z_{Qt} 按下式计算：

$$Z_{Qt}=\frac{cU_{nQ}^{2}}{S''_{kQ}}\cdot\frac{1}{t_{r}^{2}}=\frac{cU_{nQ}}{\sqrt{3}I''_{kQ}}\cdot\frac{1}{t_{r}^{2}} \tag{1.3-58b}$$

式中 Z_{Qt}——归算到变压器低压侧的阻抗；

U_{nQ}——Q点的系统标称电压；

S''_{kQ}——馈电网络在节点Q的对称短路功率初始值（视在功率）；

I''_{kQ}——流过Q点的对称短路电流初始值；

c——电压系数，见表1.3-28；

t_{r}——分接开关在主分接位置时的变压器额定变比。

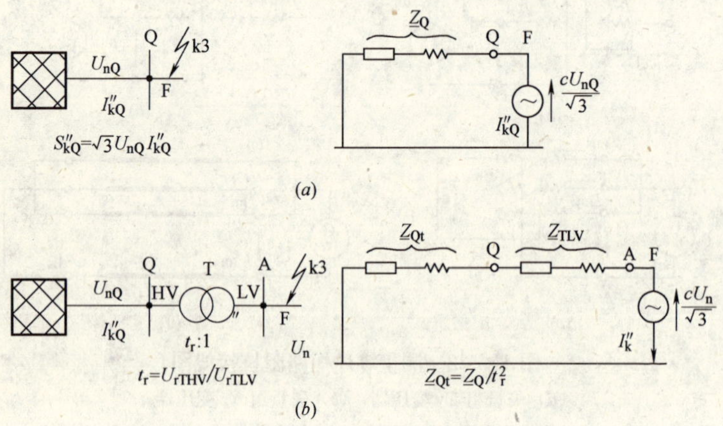

图1.3-23 电网馈电短路的系统图和等值电路

（*a*）不经变压器短路；（*b*）经变压器短路

若电网电压在35kV以上时，网络阻抗可视为纯电抗（略去电阻），即 $Z_{Q}=0+jX_{Q}$

计算中若计及电阻但具体数值不知道，可按式 $R_Q=0.1X_Q$ 和 $X_Q=0.995Z_Q$ 计算。

可以不计算馈电网络的零序阻抗，仅在特殊场合才计算此值。

8.1.2.2 变压器的阻抗

双绕组变压器的正序短路阻抗 $\underline{Z}_T$ 按下式计算。

$$Z_T=\frac{u_{kr}}{100\%}\cdot\frac{U_{rT}^2}{S_{rT}} \tag{1.3-59}$$

$$R_T=\frac{u_{Rr}}{100\%}\cdot\frac{U_{rT}^2}{S_{rT}}=\frac{P_{krT}}{3I_{rT}^2} \tag{1.3-60}$$

$$X_T=\sqrt{Z_T^2-R_T^2} \tag{1.3-61}$$

式中 U_{rT}——变压器高压侧或低压侧的额定电压，V；

I_{rT}——变压器高压侧或低压侧的额定电流，A；

S_{rT}——变压器额定容量；

P_{krT}——变压器的负载损耗；

u_{kr}——阻抗电压，%；

u_{Rr}——电阻电压，%。

计算大容量变压器短路电流时，可略去绕组中的电阻，只计电抗，只是在计算短路电流峰值 i_p 或非周期分量 i_{DC} 时才计及电阻。

双绕组或多绕组变压器的零序短路阻抗 $\underline{Z}_{(0)T}$，由制造厂给出。

注：对于有分接开关的变压器，按式（1.3-59）算出的阻抗是对应主分接时的值。对电流、电压和阻抗进行换算时，用主分接位置的变比。

仅以下情况需特殊考虑：

1）计算单侧电源馈电的短路电流且短路电流方向与短路前电流方向一致时（如图 1.3-20 或图 1.3-23*b* 所示的有分接开关的单台或多台并联变压器低压侧的短路）。

2）有分接开关变压器，其变比变化范围可能较大时，即：

$$U_{THV}=U_{rTHV}(1\pm P_T)\ 而\ P_T>0.05$$

3）变压器最小短路电压 u_{kmin} 比对应主分接的额定短路电压 u_{kr} 小（$u_{kmin}<u_{kr}$）时；

4）变压器运行时的实际电压高于系统标称电压 U_n（$U\geqslant 1.05U_n$）时。

图 1.3-24 所示三绕组变压器的正序短路阻抗 $\underline{Z}_H$、$\underline{Z}_M$、$\underline{Z}_L$ 按下式计算（换算到 H 侧）

$$Z_{HM}=\frac{u_{krHM}}{100\%}\cdot\frac{U_{rTH}^2}{S_{rTHM}}\text{（L 侧开路）}\tag{1.3-62a}$$

$$Z_{HL}=\frac{u_{krHL}}{100\%}\cdot\frac{U_{rTH}^2}{S_{rTHL}}\text{（M 侧开路）}\tag{1.3-62b}$$

$$Z_{ML}=\frac{u_{krML}}{100\%}\cdot\frac{U_{rTH}^2}{S_{rTML}}\text{（H 侧开路）}\tag{1.3-62c}$$

代入下式可得：

$$\underline{Z}_H=\frac{1}{2}(\underline{Z}_{HM}+\underline{Z}_{HL}-\underline{Z}_{ML})\tag{1.3-63a}$$

$$\underline{Z}_M=\frac{1}{2}(\underline{Z}_{ML}+\underline{Z}_{HM}-\underline{Z}_{HL})\tag{1.3-63b}$$

$$\underline{Z}_L=\frac{1}{2}(\underline{Z}_{HL}+\underline{Z}_{ML}-\underline{Z}_{HM})\tag{1.3-63c}$$

式中 U_{rTH}——变压器额定电压，V；

S_{rTHM}——H、M 间的额定容量，kVA；

S_{rTHL}——H、L 间的额定容量；

S_{rTML}——M、L 间的额定容量；

u_{krHM}——H、M 间的阻抗电压，%；

u_{krHL}——H、L 间的阻抗电压，%；

u_{krML}——M、L 间的阻抗电压，%。

8.1.2.3 架空线和电缆的阻抗

架空线和电缆的正序短路阻抗 $\underline{Z}_L=R_L+jX_L$ 可按导线有关参数计算。其零序短路阻抗 $\underline{Z}_{(0)}=R_{(0)}+jX_{(0)}$ 可通过测量或按

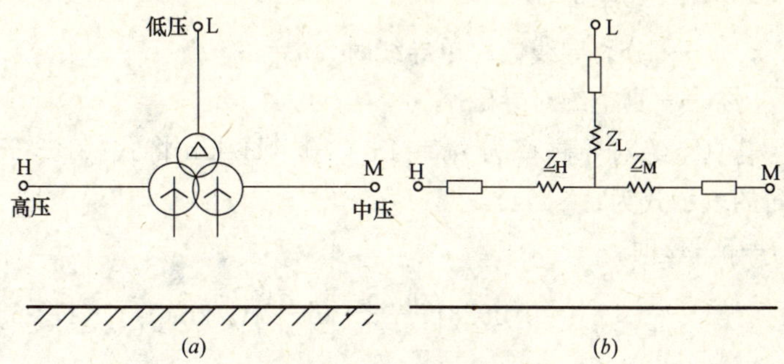

图 1.3-24　三绕组变压器

(a) 绕组名称；(b) 等值电路图正序系统

$R_{(0)L}/R_L$ 和 $X_{(0)L}/X_L$ 计算。

高、低压电缆的正序和零序阻抗 $\underline{Z}_{(1)}$、$\underline{Z}_{(0)}$ 的大小与国家的制造工艺水平和标准有关，具体数值可从手册或制造厂给出的数据中得到。

导线平均温度 20℃时的架空线单位长度有效电阻 R_L 可根据电阻率 ρ 和标称截面 q_n，用下式计算：

$$R_L' = \frac{\rho}{q_n} \tag{1.3-64}$$

式中：ρ——材料电阻率。铜：$\rho=1/54\Omega\cdot mm^2/m$，铝：$\rho=1/34\Omega\cdot mm^2/m$，铝合金：$\rho=1/31\Omega\cdot mm^2/m$；

q_n——导线标称截面。

对于换位架空线，单位长度的电抗 X_L'，按下式计算：

$$X_L' = 2\pi f \frac{\mu_0}{2\pi}\left(\frac{0.25}{n} + \ln\frac{d}{r}\right) = f\mu_0\left(\frac{0.25}{n} + \ln\frac{d}{r}\right) \tag{1.3-65a}$$

式中：d——导线间的几何均距或相应的导线的中心距离，其值为：$d=\sqrt[3]{d_{La\,Lb}d_{Lb\,Lc}d_{Lc\,La}}$

r——单导线时，指导线的半径；分裂导线时，$r=\sqrt[n]{nr_0R^{n-1}}$，其中 R 为分裂导线半径，r_0 为每根导线半径；

n——分裂导线数，单导线时，$n=1$；

μ_0——真空绝对导磁率。

若真空绝对导磁率为 $\mu_0=4\pi\cdot10^{-4}$ H/km 将式（1.3-65a）化简的表示式为：

在 $f=50$Hz 时，

$$X_L'=0.0628\left(\frac{0.25}{n}+\ln\frac{d}{r}\right)\Omega/\text{km} \quad (1.3\text{-}65\text{b})$$

8.1.2.4 限流电抗器阻抗

假设电抗器为几何对称，它们的正序、负序和零序阻抗相等。

8.1.2.5 电动机阻抗

对于同步电动机和同步调相机，在短路计算中均按同步发电机处理。

电网发生短路时，网内连接的异步电动机将向短路点反馈短路电流，在三相对称短路中反馈电流衰减很快，在电动机（组）的额定电流之和小于等于不计电动机算出的对称短路电流初始值 I_k''的 1%时，即下式成立时，不考虑其影响：

$$\sum I_{rM}\leqslant 0.01I_k'' \quad (1.3\text{-}66)$$

式中 $\sum I_{rM}$——短路点近区的电动机（组）的额定电流之和；

I_k''——短路点近区无电动机（切断电动机）时的对称短路电流初始值。

有关异步电动机阻抗计算见第 10 节。

8.2 阻抗、电流和电压的换算

若计算不同电压等级的短路电流时，需将某一级电压下阻抗、电流和电压值换算到另一级电压下的值，在换算时，若不知实际分接头位置，可用主分接对应的变比，即，额定变化 t_r。

9 短路电流计算

9.1 对称短路

9.1.1 单电源馈电的三相短路

9.1.1.1 对称短路电流初始值 I''_k

按图 1.3-20 结线计算 I''_k，即

$$I''_k=\frac{cU_n}{\sqrt{3}\sqrt{R_k^2+X_k^2}}=\frac{cU_n}{\sqrt{3}Z_k} \quad (1.3\text{-}67)$$

式中 $cU_n/\sqrt{3}$——等效电压源；

R_k——短路电阻，等于馈电网络电阻、变压器绕组电阻和线路电阻之和（见第 8.1.2 条），$R_k=R_{Qt}+R_T+R_L$；

X_k——短路电抗，等于馈电网络电抗、变压器电抗和线路电抗之和，$X_k=X_{Qt}+X_T+X_L$；

Z_k——短路阻抗（见第 8.1.2 条），$Z_k=\sqrt{R_k^2+X_k^2}$。

若短路阻抗中的电阻 $R_k<0.3X_k$ 时，可以忽略电阻，用 X_k 代替 Z_k。

对于第 8 节“远端短路”，即短路电流中交流分量不衰减的系统，其对称短路电流初始值 I''_k稳态短路电流 I_k 和开断电流 I_b 三者相等，即：

$$I_k=I_b=I''_k \quad (1.3\text{-}68)$$

9.1.1.2 短路电流峰值

单电源馈电的短路是串联供电电路，短路电流峰值 i_p 可按下式计算。

$$i_p=\kappa\sqrt{2}I''_k \quad (1.3\text{-}69)$$

式中 κ——峰值系数；

I''_k——对称短路电流初始值；

系数 κ 可按下式做近似计算：

$$\kappa \approx 1.02 + 0.98e^{-3R/X}$$

也可按图 1.3-25 的 R/X（或 X/R）-κ 曲线查出。

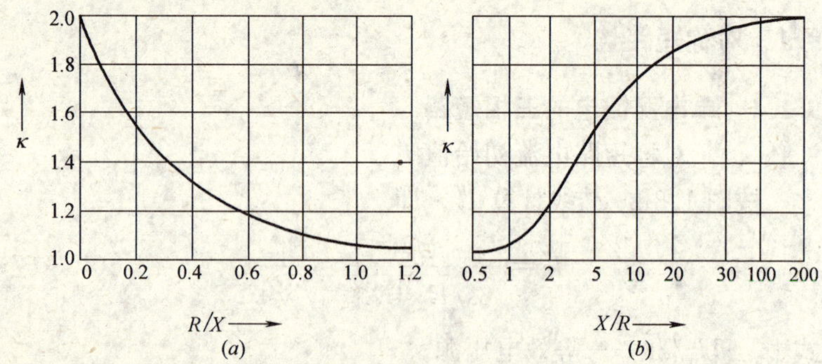

图 1.3-25　单电源馈电短路的峰值系数 κ 与阻抗比的关系

（a）κ-R/X；（b）κ-X/R

9.1.2　非网状电网馈电的三相短路

9.1.2.1　对称短路电流初始值 I''_k

由多条并联支路电源馈电的三相短路，在短路点的对称短路电流初始值 I''_k，开断电流 I_b 和稳态短路电流 I_k，均由各支路的 I''_k、I_b 和 I_k 叠加而成。图 1.3-26 的电路，有

$$I''_k = I''_{kt1} + I''_{kt2} \tag{1.3-70}$$

$$I_k = I_b = I''_k \tag{1.3-71}$$

支路电流 I''_{kt1}，I''_{kt2}……按式（1.3-67）计算。

注：大多数情况下，短路时各支路短路电流的相角很接近，可用代数和代替其向量和如图 1.3-26 所示，在母线 B 和短路点 F 之间的阻抗 $Z_{BF} < 0.05U_n/(\sqrt{3}I''_{kB})$ 时，可以忽略 Z_{BF}，其中 I''_{kB} 是在母线上发生三相短路时由式（1.3-70）确定的母线上的对称短路电流的初始值。

9.1.2.2　短路电流峰值 i_p

由多电源并联向短路点馈电时，电流 i_p 由各支路电流 i_p 组成。图 1.3-26 所示电路中，有：

$$i_p = i_{PT1} + i_{PT2} \tag{1.3-72}$$

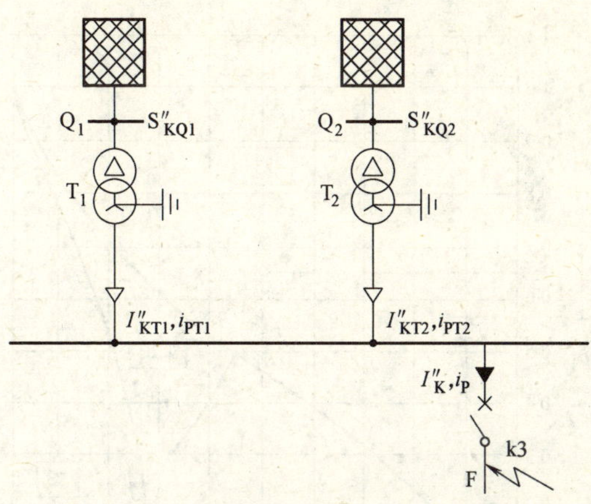

图 1.3-26 多支路电源并联供电示意图
（在某些情况下母线 B 至点 F 间的阻抗可以忽略）

9.2 二相短路和单相接地短路

二相和单相接地短路的方式有三种

如短路电流中交流分量是衰减的，即 $Z_{(2)}/Z_{(1)}<1$（第 10 节近端短路），根据图 1.3-27 可确定最大短路电流的短路形式。

对于本节远端短路，$Z_{(2)}/Z_{(1)}=1$

若：$Z_{(2)}/Z_{(1)}=0.5$

$Z_{(2)}/Z_{(0)}=0.65$

线对地短路导致最大短路电流。

9.2.1 二相不接地短路

9.2.1.1 短路电流初始值 I''_{k2}

$$I''_{k2}=\frac{cU_n}{|\underline{Z}_{(1)}+\underline{Z}_{(2)}|}=\frac{cU_n}{2|\underline{Z}_{(1)}|} \tag{1.3-73}$$

远端短路时 $\underline{Z}_{(1)}=\underline{Z}_{(2)}$，

$$\frac{I''_{k2}}{I''_{k}}=\frac{\sqrt{3}}{2} \tag{1.3-74}$$

对称短路电流 I''_{k2}、稳态短路电流 I_{k2} 和开断电流 I_{b2} 三者相

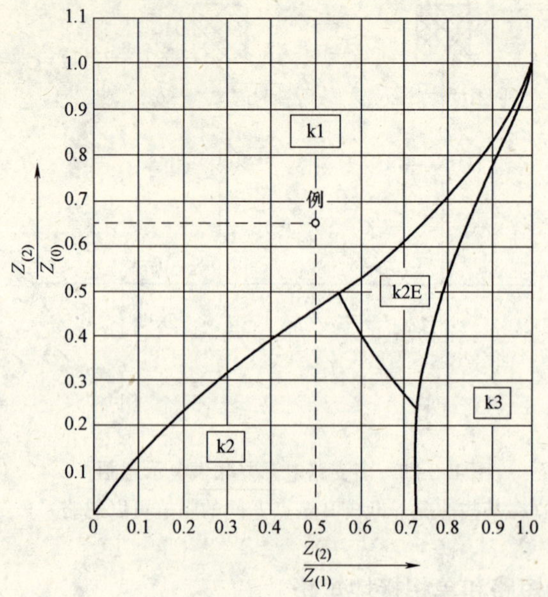

图 1.3-27 确定最大短路电流的短路形式

等，即：

$$I_{k2}=I_{b2}=I''_{k2} \tag{1.3-75}$$

9.2.1.2 短路电流峰值 i_{p2}

$$i_{p2}=\kappa\sqrt{2}I''_{k2} \tag{1.3-76}$$

式中系数 κ 与电网结构有关，按第 9.1.1.2 条计算，其值可采用三相短路时计算出的 κ 值。

9.2.2 二相接地短路

9.2.2.1 短路电流初始值 I''_{k2E} 和 I''_{kE2E}

$$I''_{k2E\ Lb}=cU_n\frac{\left|1+\underline{a}^2+\underline{Z}_{(0)}/\underline{Z}_{(1)}\right|}{\left|\underline{Z}_{(1)}+2\underline{Z}_{(0)}\right|} \tag{1.3-77a}$$

$$I''_{k2E\ Lc}=cU_n\frac{\left|1+\underline{a}+\underline{Z}_{(0)}/\underline{Z}_{(1)}\right|}{\left|\underline{Z}_{(1)}+2\underline{Z}_{(0)}\right|} \tag{1.3-77b}$$

其中 $\underline{Z}_{(1)}=\underline{Z}_{(2)}$，$\underline{a}$ 和 $\underline{a}^2$ 计算见式（1.3-57）。

流入大地或地线中的电流 I_{kE2E}，按下式计算：

$$I''_{kE2E}=\frac{\sqrt{3}cU_n}{|\underline{Z}_{(1)}+2\underline{Z}_{(0)}|} \tag{1.3-78}$$

9.2.2.2 短路电流峰值 i_{p2E}

由于 $i_{p3}\geqslant i_{p2E}$，或 $i_{p1}\geqslant i_{p2E}$，因此，不再计算 i_{p2E}。

9.2.3 单相接地短路

9.2.3.1 短路电流初始值 I''_{k1}

线对地短路电流初始值 I''_{k1} 用下式计算：

$$I''_{k1}=\frac{\sqrt{3}cU_n}{|\underline{Z}_{(1)}+\underline{Z}_{(2)}+\underline{Z}_{(0)}|}=\frac{\sqrt{3}cU_n}{|2\underline{Z}_{(1)}+\underline{Z}_{(0)}|} \tag{1.3-79}$$

对于远端短路，稳态短路电流 I_{k1}、开断电流 I_{b1} 和短路电流初始值 I''_{k1} 三者数值相等［见式（1.3-68）和式（1.3-75）］：

$$I_{k1}=I_{b1}=I''_{k1} \tag{1.3-80}$$

9.2.3.2 短路电流峰值 i_{p1}

短路电流峰值 i_{p1} 的表达式为：

$$i_{p1}=\kappa\sqrt{2}I''_{k1} \tag{1.3-81}$$

系数 κ 与电网结构有关，按第 9.1.1.2 条计算。为简便起见，可用三相短路计算 κ 值。

9.3 最小短路电流

9.3.1 前提条件

计算最小短路电流时的前提条件是：

a. 选用最小短路电流电压系数 c（见表 1.3-28）；

b. 选择电网结构及从电源和电网供给短路点的短路电流为最小时的供电方式；

c. 不计异步电动机影响；

d. 计算线路阻抗时用较高温度时的电阻 R_L，计算式为：

$$R_L=\left[1+\frac{0.004}{℃}(\theta_e-20℃)\right]\cdot R_{L20} \tag{1.3-82}$$

式中：R_{L20}——导线在 20℃时的阻值；

θ_e——短路结束时的导线温度，℃；

0.004/℃——铜、铝和铝合金的温度系数。

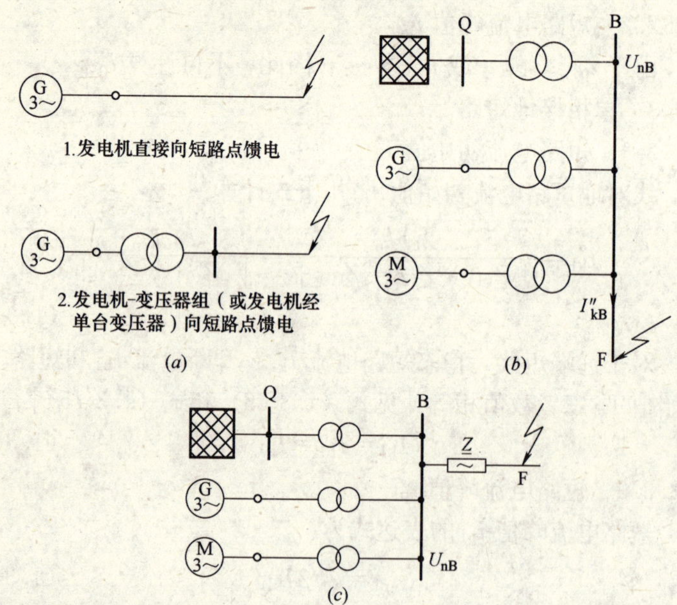

如果 $\underline{Z}$ 可以忽略

$Z<0.05\dfrac{U_{nB}}{3I''_{kB}}$

I''_{kB}可根据图 1.3-28b 计算

图 1.3-28　不同电源的接线

(a) 单电源馈电短路；(b) 非网状电网（多电源并联）向短路点馈电；(c) 多电源并联并经共用阻抗向短路点馈电

9.3.2　对称短路电流初始值 I''_k

对称短路电流初始值 I''_k的最小值按下式计算：

$$I''_{kmin}=\frac{cU_n}{\sqrt{3}Z_k} \tag{1.3-83}$$

式中：$\underline{Z}_k=\underline{Z}_{(1)}$，$c$ 从表 1.3-28 中选 c 的最小值。

计算不对称短路时，应考虑第 9.3.1 条的前提条件。

10 近端短路

近端短路的短路电流波形如图 1.3-1 所示。

通常，近端短路时，对称短路开断电流 I_b 小于 I''_k，稳态短路电流 I_k 小于 I_b。预期短路电流由幅值衰减的交流分量和以初始值 A 开始衰减到零的非周期分量组成。

非周期分量 i_{DC}按式（1.3-55）计算。

近端短路时，在某些特殊情况下，有可能在短路后过几个周波衰减的短路电流才第一次达到零，这种现象有可能发生在电机直流时间常数大于超瞬态时间常数的情况下，对此，本标准不做详细的说明。

10.1 对称短路

三相短路时，只考虑正序短路阻抗。

10.2 不对称短路

见第 8.2 条。

10.3 短路阻抗

除第 8.1.2 条外，还需引入发电机和电动机的阻抗，对于发电机-变压器组结线，其阻抗计算应按第 10.3.2.7 条和 10.3.2.8 条计算。

10.3.1 短路点 F 的短路阻抗

见第 8.1.1 条和图 1.3-21。

10.3.2 电气设备短路阻抗

除按第 8.1.2 条考虑，对电动机和发电机还应按第 10.3.2.5 条到第 10.3.2.8 条考虑。

10.3.2.1 馈电网络

计算馈电网络阻抗时，仍应按第 8.1.2 条计算。

10.3.2.2 变压器阻抗

发电机-变压器组结线中的变压器除按第 8.1.2.2 条还应按第 10.3.2.7 条和第 10.3.2.8 条计算。

10.3.2.3 架空线和电缆阻抗

按第 8.1.2.3 条计算。

10.3.2.4 限流电抗器阻抗

按第 8.1.2.4 条计算。

10.3.2.5 电动机阻抗

计算三相对称短路电流初始值 I''_k 时，同步电动机和同步调相机均按同步发电机处理（见第 10.3.2.6、10.3.2.7、10.3.2.8 和 12.1 条）。

在正序、负序网络中，异步电动机阻抗用下式计算：

$$Z_M=\frac{1}{I_{LR}/I_{rM}}\cdot\frac{U_{rM}}{\sqrt{3}I_{rM}}=\frac{1}{I_{LR}/I_{rM}}\cdot\frac{U_{rM}^2}{S_{rM}} \quad (1.3\text{-}84)$$

式中 U_{rM}——电动机额定电压；

I_{rM}——电动机额定电流；

S_{rM}——电动机额定视在功率，$S_{rM}=P_{rM}/(\eta_r\cos\varphi_r)$；

I_{LR}/I_{rM}——电动机堵转电流与额定电流之比。

也可以用下式对阻抗 Z_M 进行估算，其值也满足工程要求。

对于极功率 $P_{rM}\geqslant$1MW 的高压电动机：

$X_M=0.995Z_M$ 时，$R_M/X_M=0.10$；

对于极功率 $P_{rM}<$1MW 的高压电动机：

$X_M=0.989Z_M$ 时，$R_M/X_M=0.15$；

有连接电缆的低压电动机组：

$X_M=0.922Z_M$ 时，$R_M/X_M=0.42$。

静止变频器驱动的电动机按异步电动机处理，它的阻抗仍按式（1.3-84）计算，式中各符号的意义是：

Z_M——按式（1.3-84）算出的阻抗；

U_{rM}——静止变频变压器电网侧额定电压或无变压器时的静止变频器的额定电压；

I_{rM}——静止变频变压器电网侧额定电流，或无变压器时静止变频器的额定电流；

I_{LR}/I_{rM}——堵转电流与额定电流之比，其值等于“3”，$X_M=0.995Z_M$ 时，$R_M/X_M=0.10$。

10.3.2.6　直接与系统连接的发电机阻抗

发电机不经变压器直接与电网相连，在计算三相对称短路电流初始值时，应按式（1.3-85）计算发电机的正序阻抗：

$$\underline{Z}_{GK}=K_G\underline{Z}_G=K_G(R_G+jX''_d) \quad (1.3\text{-}85)$$

式中：K_G 为校正系数，按式（1.3-86）计算如下：

$$K_G=\frac{U_n}{U_{rG}}\cdot\frac{c_{max}}{1+x''_d\sin\varphi_{rG}} \quad (1.3\text{-}86)$$

式中　c_{max}——电压系数（见表 1.3-28）；

U_n——系统标称电压；

U_{rG}——发电机额定电压；

$\underline{Z}_{GK}$——发电机校正阻抗；

$\underline{Z}_G$——发电机阻抗（$\underline{Z}_G=R_G+jX''_d$）；

x''_d——归算到额定阻抗时的发电机超瞬态电抗，$x''_d=X''_d/Z_{rG}$

φ_{rG}——发电机额定电流 $\underline{I}_{rG}$ 与额定电压 $\underline{U}_{rG}/\sqrt{3}$ 间的相角。

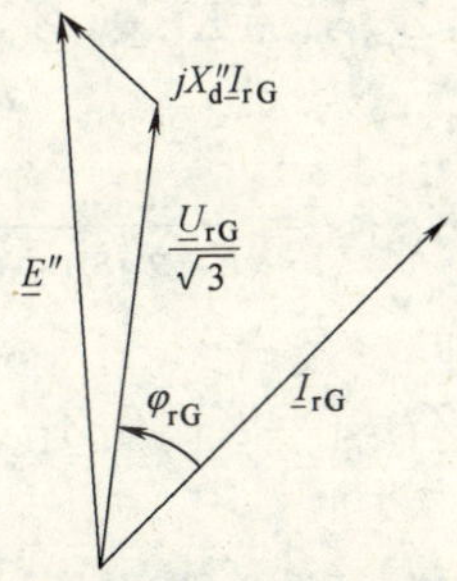

图 1.3-29　同步发电机在额定工况下的相量图

在计算单台发电机馈电的短路电流时，由于用等效电压源 $cU_n/\sqrt{3}$ 代替同步发电机的超瞬态电势 E''，因此发电机的阻抗应

用校正阻抗 $\underline{Z}_{GK}$。

电阻 R_G 和超瞬态电抗 X''_d 的关系式可根据发电机额定电压和视在功率按以下范围选用：

对 $U_{rG}>1kV$，$S_{rG}\geqslant 100MVA$ 的发电机：$R_G=0.05X''_d$

对 $U_{rG}>1kV$，$S_{rG}<100MVA$ 的发电机：$R_G=0.07X''_d$

对 $U_{rG}\leqslant 1000V$ 的发动机：$R_G=0.15X''_d$

除直流分量衰减外，系数 0.05、0.07 和 0.15 还考虑了交流分量在发生短路后的头半个周期内的衰减。没有考虑不同绕组温度对 R_G 的影响。

注：同步电机定子有效电阻一般远低于上面给出的 R_G 值。

在负序和零序网络中，同步发电机阻抗计算如下：

$$\underline{Z}_{(2)G}=\underline{Z}_{GK}=K_G\underline{Z}_G \tag{1.3-87}$$

其中对于凸极机，$X_{(2)G}=\frac{1}{2}(X''_d+X''_q)$

零序阻抗： $$\underline{Z}_{(0)G}=K_G(R_{(0)G}+jX_{(0)G}) \tag{1.3-88}$$

计算二相短路和单相接地短路时也应按式（1.3-86）考虑阻抗校正系数。

10.3.2.7 发电机-变压器组中的发电机和变压器阻抗

发电机的校正阻抗：

$$\underline{Z}_{G,PSU}=K_{G,PSU}\underline{Z}_G \tag{1.3-89}$$

校正系数：

$$K_{G,PSU}=\frac{c_{max}}{1+x''_d\sin\varphi_{rG}} \tag{1.3-90}$$

变压器的校正阻抗：

$$\underline{Z}_{T,PSU}=K_{T,PSU}\underline{Z}_{TLV} \tag{1.3-91}$$

校正系数：

$$K_{T,PSU}=c_{max} \tag{1.3-92}$$

式中：$\underline{Z}_{G,PSU}$——发电机的校正阻抗；

$\underline{Z}_{T,PSU}$——变压器的校正阻抗；

$\underline{Z}_G$——发电机阻抗，$\underline{Z}_G=R_G+jX''_d$；

$\underline{Z}_{TLV}$——归算到低压侧的变压器阻抗；

x''_d——归算到发电机额定阻抗时的发电机超瞬态电抗；

φ_{rG}——发电机额定电流 I_{rG} 与电压 U_{rG} 间的相角。

若需将阻抗 $\underline{Z}_{G,PSU}$ 和 $\underline{Z}_{T,PSU}$ 归算到高压侧，可用假想变化 t_f 换算。

短路点位于发电机-变压器组中的发电机与变压器之间时，当发电机机端标称电压不能确定时，$cU_n/\sqrt{3}$ 中的 U_n 用发电机额定电压 U_{rG}，即 $cU_{rG}/\sqrt{3}$，否则，仍取为系统标称电压。

注：1. 式（1.3-90）和（1.3-92）的条件是 $U_Q=U_{nQ}$ 及 $U_G=U_{rG}$ 但对于以下两种情况，对校正系数应给予专门考虑：a. 发电机-变压器组中的变压器带有分接开关时与电网连接点 Q 的电压 U_{Qmin} 始终大于该点的标称电压 U_{nQ}（即 $U_{Qmin}>U_{nQ}$）和（或）发电机电压大于它的额定电压（$U_G>U_{rG}$）时；b. 或发电机-变压器组中的变压器不带分接开关，U_G 始终大于 U_{rG}（即 $U_G>U_{rG}$）时。

2. 不对称短路时，计算负序、零序阻抗用的校正系数正在考虑之中。

10.3.2.8 发电机-变压器组的阻抗

在发电机-变压器组结线中，短路点位于变压器高压侧时，发电机-变压器组的阻抗，应是经校正后的阻抗，即：

$$\underline{Z}_{PSU}=K_{PSU}(t_r^2\underline{Z}_G+\underline{Z}_{THV}) \tag{1.3-93}$$

K_{PSU} 为校正系数，其值为：

$$\begin{aligned}K_{PSU}&=\left(\frac{t_f}{t_r}\right)^2\cdot\frac{c_{max}}{1+(x''_d-x_T)\sin\varphi_{rG}}\\&=\frac{U_{nQ}^2}{U_{rG}^2}\cdot\frac{U_{rTLV}^2}{U_{rTHV}^2}\cdot\frac{c_{max}}{1+(x''_d-x_T)\sin\varphi_{rG}}\end{aligned} \tag{1.3-94}$$

式中 $\underline{Z}_{PSU}$——校正后的发电机-变压器组阻抗；

$\underline{Z}_G$——发电机阻抗，$\underline{Z}_G=R_G+jX''_d$；

$\underline{Z}_{THV}$——归算到高压侧时的变压器阻抗；

U_{nQ}——发电机-变压器组连接点 Q 的系统标称电压；

t_r——在主分接时的变压器额定变比；

t_f——变压器的假想变比，$t_f = U_n/U_{rG} = U_{nQ}/U_{rG}$；

x''_d——归算到额定阻抗时的发电机超瞬态电抗，$x''_d = X''_d/Z_{rG}$；

φ_{rG}——发电机额定电流 I_{rG} 与电压 U_{rG} 间的相角；

x_T——归算到发电机额定阻抗时的变压器电抗。

注：1. 式（1.3-94）的条件是 $U_Q = U_{nQ}$ 及 $U_G = U_{rG}$。但对于以下两种情况，其校正系数应给予专门考虑：a. 发电机-变压器组中的变压器带有分接开关时，与电网连接点 Q 的电压 U_{Qmin} 始终大于该点的标称电压 U_{nQ}（$U_{Qmin} > U_{nQ}$）和（或）发电机电压大于它的额定电压（$U_G > U_{rG}$）时；b. 或发电机-变压器组中的变压器不带分接开关时，U_G 始终大于 U_{rG}（即 $U_G > U_{rG}$）时。

2. 不对称短路时，计算负序、零序阻抗用的校正系数正在考虑之中。

10.4　阻抗、电流和电压的换算

将阻抗、电流和电压从一个电压级换算到另一电压级时，除按第 11.1.2.1 和第 11.1.3 条还应按第 8.2 条。

11　短路电流计算

为了计算短路点的对称短路电流初始值 I''_k、开断电流 I_b 和稳态短路电流 I_k，可用适当的变换将系统化简成一等效短路阻抗。在计算短路电流峰值 i_p 时，需区别电路有无并联支路，因此上述电路化简方法不适用。

11.1　对称短路

11.1.1　一台发电机馈电的短路

11.1.1.1　对称短路电流初始值 I''_k

在图 1.3-28a.1 和图 1.3-30 中，用等效电压源 $cU_n/\sqrt{3}$ 和短路阻抗 $\underline{Z}_k = R_k + jX_k$ 计算 I''_k。

$$I''_k = \frac{cU_n}{\sqrt{3}Z_k} = \frac{cU_n}{\sqrt{3}\sqrt{R_k^2 + X_k^2}} \qquad (1.3\text{-}95)$$

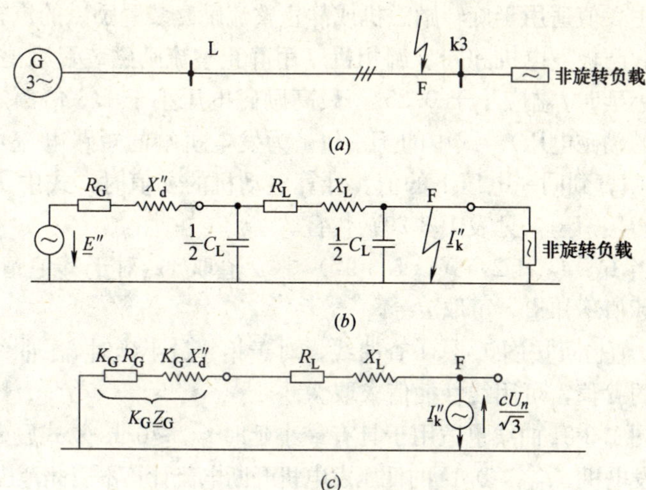

图 1.3-30 一台发电机馈电短路示意图

(a) 结线图；(b) 用发电机的超瞬态电势 E'' 表示的等值电路；

(c) 用等效电压源和按第 10.3.2 和第 10.3.2.6 算出的阻抗表示的等值电路

计算最大短路电流时的 c 选用表 1.3-28 中的 c_{max}

注：通常，发电机的额定电压较系统标称电压 U_n 高出 5%。

11.1.1.2 短路电流峰值 i_p

短路电流峰值 i_p 的计算见第 9.1.1.2 条，发电机的电阻和电抗应用校正后的值，即 $K_G R_G$ 和 $K_G X''_d$。

11.1.1.3 对称开断电流 I_b

对称开断电流 I_b 是电流 I''_k 在经一短暂时间衰减后达到的值，用系数 μ 表示衰减常数，即

$$I_b = \mu I''_k \tag{1.3-96}$$

μ 与 t_{min} 和 I''_k/I_{rG} 比值有关，可根据 I''_k/I_{rG} 比值和选择的 t_{min} 计算，推荐算式如下：

$$\begin{aligned}
&对\ t_{min}=0.02s, \mu=0.84+0.26e^{-0.26I''_{kG}/I_{rG}};\\
&对\ t_{min}=0.05s, \mu=0.71+0.51e^{-0.30I''_{kG}/I_{rG}};\\
&对\ t_{min}=0.10s, \mu=0.62+0.72e^{-0.32I''_{kG}/I_{rG}};\\
&对\ t_{min}\geqslant 0.25s, \mu=0.56+0.94e^{-0.38I''_{kG}/I_{rG}};
\end{aligned} \tag{1.3-97}$$

上式中 μ 值适用于旋转励磁机或静止整流励磁装置励磁的汽轮发电机、凸极发电机和同步调相机（用静止整流励磁装置励磁时，其最小延时 t_{min}应小于 0.25s，最高励磁电压小于 1.6 倍额定负载下的励磁电压）。式中的 I''_{kG}（I''_{kG}为发电机端的短路电流）和 I_{rG}应归算到同一电压下的值。计算电动机的 μ 值时，式中 I''_{kG}/I_{rG}用 I''_{kM}/I_{rM}（见表 1.3-29）代替。

当 $I''_{kG}/I_{rG}\leqslant 2$，式（1.3-97）中 μ 值取 1。对于其他情况，若实际值不知道，可取 $\mu=1$。

μ 值也可按图 1.3-31 查曲线，对于相邻最小延时 t_{min} 曲线间对应的 μ 值，可用线性插值求取。

图 1.3-31 曲线也适用于具有最小延时 $t_{min}\leqslant 0.1$s 复式励磁的低压发电机。$t_{min}>0.1$s 的低压发电机开断电流计算不属此范围。

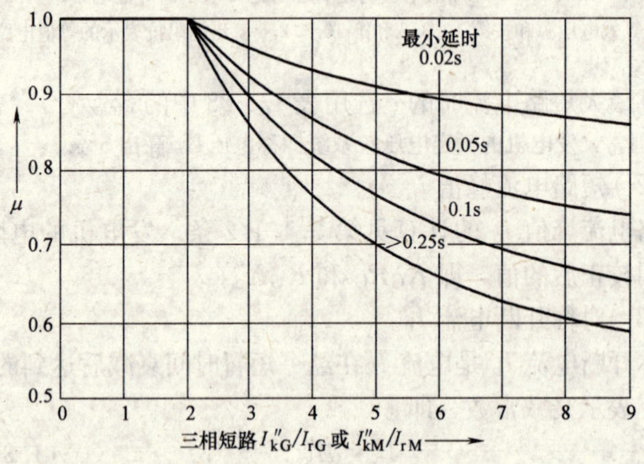

图 1.3-31　计算开断电流 I_b 用系数

11.1.1.4　稳态短路电流 I_k

稳态短路电流 I_k 与铁芯饱和度和电网中开关状态有关，因此对 I_k 的计算精度比对称短路电流初始值 I''_k计算精度要低。这里给出的方法是足以估算由一台发电机或同步电机分别供电的短路电流的上、下限值。

(1) 稳态短路电流的最大值（上限）I_{kmax}

$$I_{kmax}=\lambda_{max}I_{rG} \tag{1.3-98}$$

式中 I_{rG} 为发电机额定电流，系数 λ_{max} 根据图 1.3-32 或图 1.3-33求得，x_{dsat}（饱和电抗）为短路比的倒数。

(2) 稳态短路电流的最小值 I_{kmin}

$$I_{kmin}=\lambda_{min}I_{rG} \tag{1.3-99}$$

λ_{min} 根据图 1.3-32 或图 1.3-33 求得。为计算稳态短路电流最小值，假设同步发电机为恒定的空载励磁。

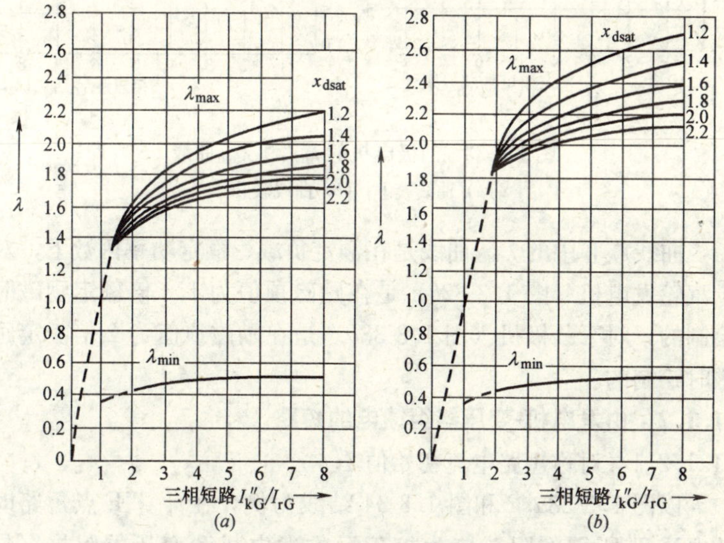

图 1.3-32 汽轮发电机的 λ_{max} 和 λ_{min} 曲线

(*a*) 曲线簇Ⅰ；(*b*) 曲线簇Ⅱ

注：对于没有电流串励的静止励磁装置励磁的发电机，机端母线三相短路电流的最小稳态值为零。

曲线簇Ⅰ中的 λ_{max} 曲线是在额定负载、额定功率因数下，对于汽轮发电机（图 1.3-32*a*）是在励磁顶值为 1.3 倍额定励磁时绘制的，对于凸极电机（图 1.3-33*a*）是在励磁顶值为 1.6 倍额定励磁时绘制的。

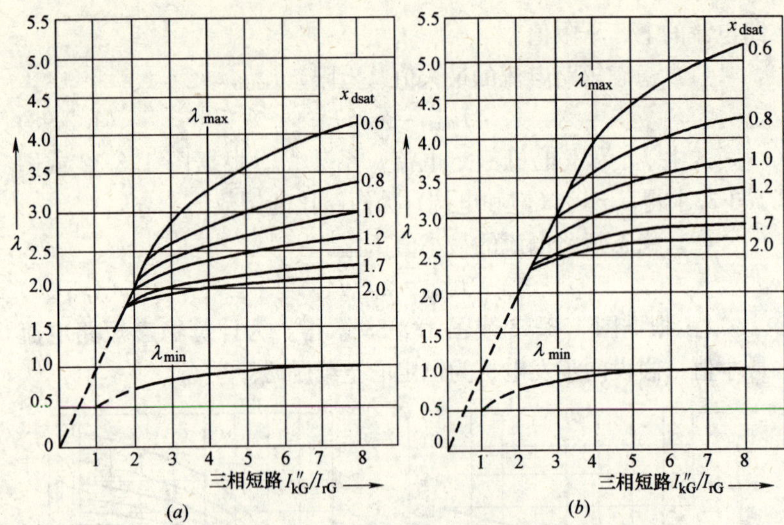

图 1.3-33　凸极电机的 λ_{max} 和 λ_{min} 曲线

(*a*) 曲线簇Ⅰ；(*b*) 曲线簇Ⅱ

曲线族Ⅱ中的 λ_{max} 曲线是在额定负载、额定功率因数下，对于汽轮发电机（图 1.3-32*b*）是在励磁顶值为 1.6 倍额定励磁时绘制的，对于凸极机（图 1.3-33*b*）是在励磁顶值为 2 倍额定励磁时绘制的。

11.1.2　由发电机-变压器组馈电的短路

11.1.2.1　对称短路电流初始值 I''_k

以图 1.3-28*a*.2 和图 1.3-34 结线为例，在计算 F 点短路时的电流 I''_k 所用的阻抗应为校正后的发电机和变压器阻抗（见 10.3.2.7 条）与线路阻抗之和，即：

$$\underline{Z}_k = R_k + jX_k = t_f^2 \underline{Z}_{G,PSU} + t_f^2 \underline{Z}_{T,PSU} + \underline{Z}_L \quad (1.3\text{-}100)$$

按第 10.3.2.8 条计算发电机-变压器组阻抗时，$\underline{Z}_k$ 为：

$$\underline{Z}_k = R_k + jX_k = \underline{Z}_{PSU} + \underline{Z}_L \quad (1.3\text{-}101)$$

11.1.2.2　短路电流峰值 i_p

按第 9.1.1.2 条计算短路电流峰值 i_p 时，对于发电机和变压器的阻抗应用校正后的值（见第 10.3.2.7 和 10.3.2.8 条）。

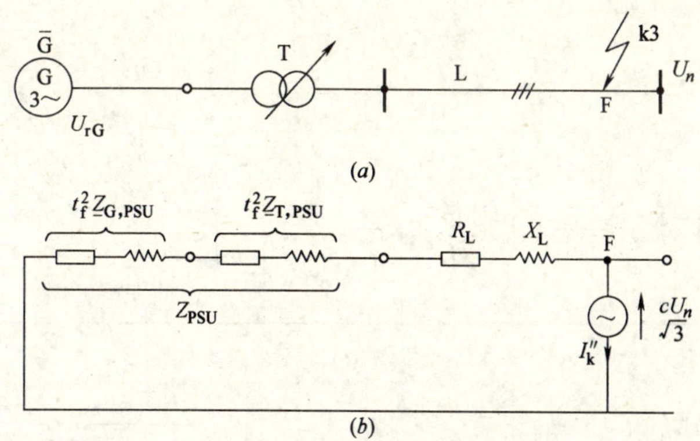

图 1.3-34 发电机-变压器组馈电的短路

(*a*) 系统图；(*b*) 用短路点的等效电压源和发电机变压器组的发电机与变压器的校正阻抗，在正序网络中进行计算的等效电路图

11.1.2.3 对称开断电流 I_b

按第 11.1.1.3 条计算 I_b 时，其中的系数 μ 按式（1.3-97）或图 1.3-31 计算或求取，I''_{kG}用 $I''_{kPSUt}=t_r I''_{kPSU}$代替。

11.1.2.4 稳态短路电流 I_k

短路由发电机-变压器组馈电时，按第 11.1.1.4 条计算 I_k，此时，I''_{kG}用 $I''_{kPSU}=t_r I''_{kPSU}$代替。

11.1.3 非网状电源馈电的三相短路

对于图 1.3-28*b* 非网状源馈电及虽经一共用阻抗 Z 但 $Z<0.05U_{nB}/(\sqrt{3}I''_{kB})$（如图 1.3-28*c*）馈电的短路均按本条计算。

用等效电压源计算短路时，U_n 为短路系统的标称电压，不经变压器直接向短路网络馈电的发电机阻抗应用校正后的阻抗（见第 10.3.2.6 条），发电机-变压器组结线的发电机和变压器阻抗应用校正后的阻抗（见第 10.3.2.7 或 10.3.2.8 条）。有电动机接入时，除同步电动机和同步调相机的阻抗按发电机处理外，异步电动机的阻抗按第 10.3.2.5 条处理。

非网状电源馈电时用等效电压源计算 I''_k的典型例子，见图 1.3-35。

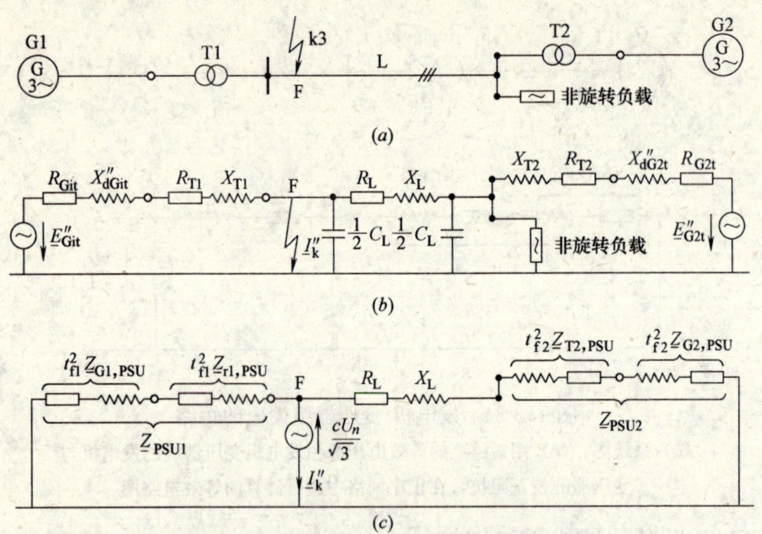

图 1.3-35 非网状电源馈电的 I''_k 算例

(*a*) 线路图；(*b*) 用超瞬态电势 E'' 表示的正序等值电路；

(*c*) 在短路点用等效电压源 $cU_n/\sqrt{3}$ 表示的正序等值电路

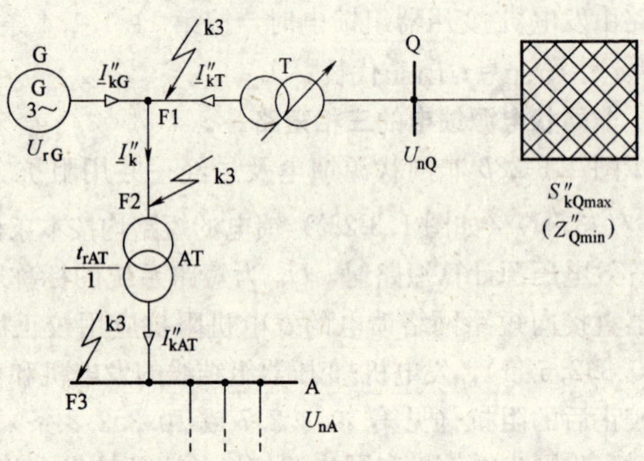

图 1.3-36 在发电机和变压器间及厂用母线 A 上短路的短路电流

在图 1.3-36 中点 F1 短路时，发电机和变压器供给的短路电流按下式计算：

$$I''_{kG}=\frac{cU_{rG}}{\sqrt{3}\,|\underline{Z}_{G,PSU}|}=\frac{cU_{rG}}{\sqrt{3}K_{G,PSU}\,|\underline{Z}_{G}|} \tag{1.3-102}$$

$$I''_{kT}=\frac{cU_{rG}}{\sqrt{3}\left|\underline{Z}_{T,PSU}+\frac{1}{t_f^2}\underline{Z}_{Qmin}\right|} \tag{1.3-103}$$

式中 I''_{kG}——发电机供给的对称短路电流初始值；

I''_{kT}——变压器供给的对称短路电流初始值；

$\underline{Z}_{G,PSU}$——发电机校正阻抗，按式（1.3-89）计算；

$\underline{Z}_{T,PSU}$——变压器校正阻抗，按式（1.3-91）计算；

t_f——假想变比，$t_f=U_{nQ}/U_{rG}$；

$\underline{Z}_{Qmin}$——在节点 Q 为最大短路功率 S''_{kQmax}时的最小阻抗，S''_{kQmax}为系统内电站在有效期内的最大可能值。

点 F2 短路时，厂变高压侧的短路电流 I''_k为：

$$I''_k=c\frac{U_{rG}}{\sqrt{3}}\left|\frac{1}{\underline{Z}_{G,PSU}}+\frac{1}{\underline{Z}_{T,PSU}+\frac{1}{t_f^2\underline{Z}_{Qmin}}}\right|=c\frac{U_{rG}}{\sqrt{3}}\frac{1}{|\underline{Z}_{rsl}|} \tag{1.3-104}$$

点 F3 短路，厂用变压器供给的短路电流为 I''_{kAT}时用变比 t_{kAT}^2将阻抗（见式（4.3-104））Z_{rsl}换算到低压侧。

11.1.3.1 对称短路电流初始值 I''_k

在计算如图 1.3-37 所示的非网状电源馈电的短路电流 I''_k时，总的短路电流 I''_k等于各支路电流的代数和，即：

$$\underline{I}''_k=\underline{I}''_{kPSU}+\underline{I}''_{kT}+\underline{I}''_{kM}+\cdots \tag{1.3-105}$$

电动机供给的短路电流 I''_{kM}按第 12 节计算。

11.1.3.2 短路电流峰值 i_p、对称开断电流 I_b 和稳态短路电流 I_k

如若干电源向短路点馈电时，三相短路的短路电流峰值 i_p 和开断电流 I_b 分别等于各支路的电流 i_p 和 I_b 之和。

图 1.3-37 中点 F 短路，有：

$$i_p=i_{pPSU}+i_{pT}+i_{pM}+\cdots \tag{1.3-106}$$

$$I_b=I_{bPSU}+I''_{kT}+I_{bM}+\cdots \tag{1.3-107}$$

$$I_k=I_{bPSU}+I''_{kT}+\cdots \tag{1.3-108}$$

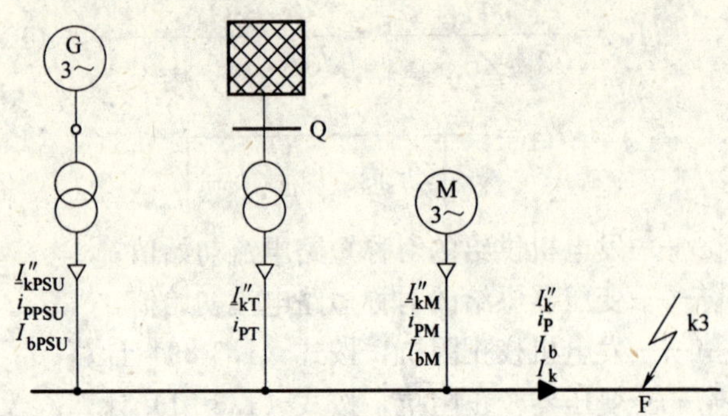

图 1.3-37 按式（1.3-105）~式（1.3-108）计算非网状电源馈电的三相短路电流 I''_k、i_p、I_b 和 I_k

电动机不向短路点馈送稳态短路电流，即 $I_{kM}=0$（见表 1.3-29）。

各支路电流按以下有关条款计算：

电网馈电支路的短路电流按第 8.3.2.1 条计算；

不经变压器直接向短路点馈电的发电机支路中的短路电流按第 11.1.1 条计算；

发电机-变压器组支路中的短路电流按 11.1.2 条计算；

电动机支路中的短路电流按第 10.3.2.5 和 12 节计算。

在短路时假设发电机失步，产生稳态短路电流 $I_{kG}\approx I_{bG}$ 或 $I_{kPSU}\approx I_{bPSU}$，对于电网馈电支路有 $I_k=I_b=I''_k$。

11.2 两相短路和单相接地短路

见第 9.2 条不对称短路计算。

11.3 最小短路电流

计算最小短路电流除按第 9.3 条计算还要按本条有关条款。

在用阻抗校正公式（1.3-86）、式（1.3-90）、式（1.3-92）和式（1.3-94）时需仔细考虑，对于欠励磁运行的发电机尤其如此。

11.3.1 对称短路电流初始值 I''_k

根据第 11.1.1 条计算对称短路电流初始值 I''_k时，其中的系数 c 从表 1.3-28 选计算最小短路电流的 c 值。

对于相近的多台发电机并联馈电的短路，也可用本条计算。

11.3.2 复式励磁发电机馈电的稳态短路电流 I_{kmin}

由一台或多台相近的复式励磁发电机并联馈电的近端短路，其最小稳态短路电流根据下式计算：

$$I_{kmin}=\frac{c_{min}U_n}{\sqrt{3}\sqrt{R_k^2+X_k^2}} \tag{1.3-109}$$

发电机的计算电抗为：

$$X_{dp}=\frac{U_{rG}}{\sqrt{3}I_{kP}} \tag{1.3-110}$$

式中 I_{kP}为复式励磁发电机端三相短路时的稳态短路电流，该值可从制造厂取得。

11.3.3 不对称短路时的短路电流初始值

不对称短路时的短路电流按第 9.2 和第 11.2 条计算。

系数 c 从表 1.3-28 中选用计算最小短路电流的 c 值。

12 电动机影响

12.1 同步电动机和同步调相机

计算同步电动机和同步调相机供给的短路电流 I''_k、i_p、I_b 和 I_k 的方法与同步发电机相同。下列情况例外：内电势不改变；电动机磁场电压为恒定且无调节器。具有自并激的静止励磁的电动机和调相机对短路点不反馈稳态短路电流 I_k。

12.2 异步电动机

高压电动机和低压电动机对对称短路电流初始值 I''_k、短路电流峰值 i_p 和开断电流 I_b 有影响。在不对称短路时，还对稳态

短路电流 I_k 有影响。

短路计算中必须考虑高压电动机影响，对于发电厂的厂用电和工业设备或与此类似的设备，如化工、钢铁工业自用电网和泵站中的低压电动机也应考虑其影响。

对于城市公用事业用低压电动机可以忽略不计。

计算短路电流时，根据电路图（连锁）或工作过程（可逆运行），可以略去不同时接入的那些高、低压电动机。

在图 1.3-38 结线中，若短路点位于变压器高压侧 Q 处，在满足下列式时，电动机的反馈电流可以忽略。

$$\frac{\sum P_{rM}}{\sum S_{rT}} \leqslant \frac{0.8}{\left|\frac{c100\sum S_{rT}}{S''_{kQ}} - 0.3\right|} \tag{1.3-111}$$

式中 $\sum P_{rM}$——电网内连接的高低压电动机的额定有功功率之和；

$\sum S_{rT}$——向电动机馈电的所有变压器的额定视在功率之和；

S''_{kQ}——结点 Q 处无电动机反馈电流时的对称短路功率初始值。

式（1.3-111）不适用于三绕组变压器。

可以把计算异步电动机对称开断电流系数 q 规定为最小延时 t_{min} 的函数：

$$\left.\begin{aligned} q&=1.03+0.121\ln m & t_{min}&=0.02s \\ q&=0.79+0.121\ln m & t_{min}&=0.05s \\ q&=0.57+0.121\ln m & t_{min}&=0.10s \\ q&=0.26+0.101\ln m & t_{min}&=0.25s \end{aligned}\right\} \tag{1.3.112}$$

式中：m 为电动机每对极的额定有功功率（MW）。

按式（1.3-112）算出的 q 值大于 1 时，取 $q=1$。系数 q 还可按照图 1.3-39，根据电动机每对极功率 m 和最小延时 t_{min} 求取。

为使计算简便，常常将图 1.3.38 中的低压电动机用一等效电动机代替（包括连接的电源电缆）。对于等效电动机的有关数据作如下处理：

Z_M——根据式（1.3-84）计算；

I_{rM}——等效电动机额定电流，等于各电动机额定电流之和；

I_{LR}/I_{rM}——即 $I_{LR}/I_{rM}=5$；

R_M/X_m——即 $R_M/X_M=0.42$ 相应的峰值电流系数 $\kappa_M=1.3$；

m——电动机每对极的额定有功功率（MW），不知道具体值时可用 0.05MW。

如短路点位于低压电动机母线 B 上（图 1.3-38），在满足下列关系时，母线 B 上连接的电动机可以忽略。

$$I_{rM4}<0.01I''_{kM4} \tag{1.3-113}$$

式中：I_{rM4}——等效电动机的额定电流；

I''_{kM4}——母线 B 上不计电动机反馈电流时在该点的对称短路电流初始值

若短路点位于图 1.3-38 中的 Q 点或母线 A 上，计算中可用变压器 T3 的额定电流代替等效电动机的额定电流 I_{rM4}。

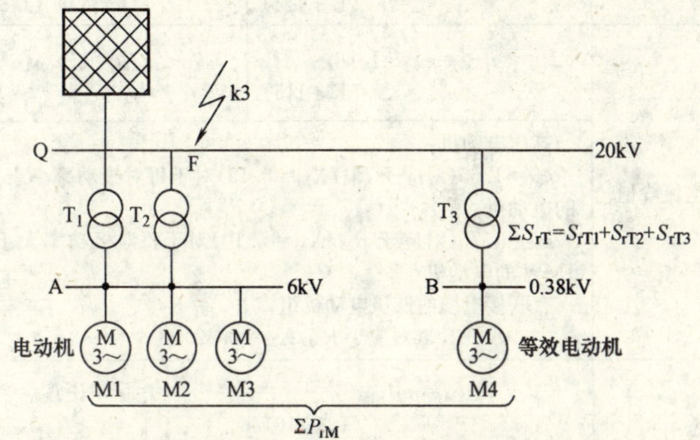

图 1.3-38 异步电动机向短路点反馈电流的估算实例

12.2.1 异步电动机机端短路

对于异步电动机机端对称短路和两相短路，其电流 I''_k、i_p、I_b 和 I_k 可按表 1.3-29 公式计算。

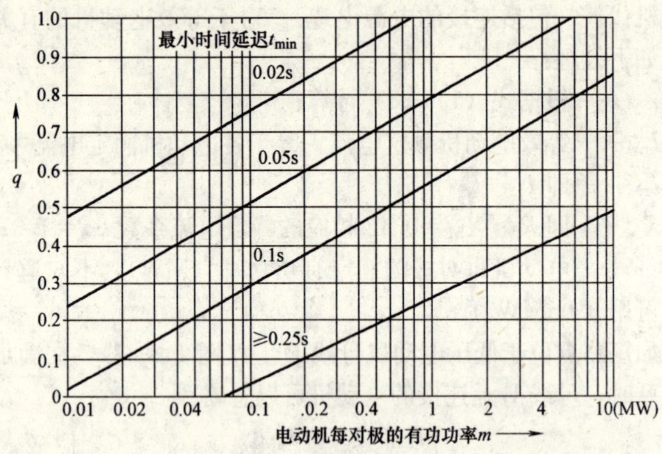

图 1.3-39 异步电动机对称开断电流的计算用系数 q

异步电动机机端短路时的短路电流计算式　表 1.3-29

<table>
<tr><th>短路</th><th>对 称 短 路</th><th>两 相 短 路</th></tr>
<tr><td>对称短路电流初始值</td><td>$I''_{k3M}=\dfrac{cU_n}{\sqrt{3}Z_M}$ (1.3-114)</td><td>$I''_{k2M}=\dfrac{\sqrt{3}}{2}I''_{k3M}$ (1.3-118)</td></tr>
<tr><td rowspan="2">短路电流峰值</td><td>$i_{p3M}=\kappa_M\sqrt{2}I_{k3M}$ (1.3-115)</td><td>$i_{p2M}=\dfrac{\sqrt{3}}{2}i_{p3M}$ (1.3-119)</td></tr>
<tr><td colspan="2">高压电动机：
$\kappa_M=1.65$(对应于 $R_M/X_M=0.15$)对于每对极功率小于 1MW 的电动机
$\kappa_M=1.75$(对应于 $R_M/X_M=0.10$)对于每对极功率大于等于 1MW 的电动机
有联接电缆的低压电动机组：
$\kappa_M=1.3$(对应于 $R_M/X_M=0.42$)</td></tr>
<tr><td rowspan="2">对称开断电流</td><td>$I_{b3M}=\mu qI_{k3M}$ (1.3-116)</td><td>$I_{b2M}\approx\dfrac{3}{2}I''_{k3M}$ (1.3-120)</td></tr>
<tr><td colspan="2">μ 根据方程式(1.3-97)或图(1.3-31)用 I''_{kM}/I_{rM} 求出，q 根据方程式(1.3-112)或图(1.3-39)求出</td></tr>
<tr><td>稳态短路电流</td><td>$I_{k3M}=0$ (1.3-117)</td><td>$I_{k2M}\approx\dfrac{1}{2}I''_{k3M}$ (1.3-121)</td></tr>
</table>

对于中性点接地的电网，电动机机端单相接地短路电流不能忽略。

12.2.2　异步电动机经一阻抗后短路

根据 11.1.3 条计算对称短路电流初始值。在正序和负序网络中的异步电动机、其阻抗按式（1.3-84）计算。

12.3　静止变频器驱动电动机

只有在发生三相短路，且短路瞬间利用电动机的转动惯量和静止变频器进行反馈制动（短暂的逆变运行）时，才计及静止变频器驱动的电动机（如轧钢机的驱动电动机）对对称短路电流初始值 I''_k 和短路电流峰值 i_p 的反馈影响。不计对开断电流 I_b 的影响。

驱动电动机的等效电动机阻抗按第 10.3.2.5 条计算。

13　非旋转负载和电容器

在短路计算中不计线路电容和非旋转负载的并联导纳。

13.1　并联电容器

在计算短路电流峰值时可以不计电容器的放电电流。

13.2　串联电容器

如果串联电容器并联有短路限压器时，可以不计串联电容器的影响。

第4章 继电保护

1 一般要求

继电保护的设计应以合理的运行方式和可能的故障类型为依据，并应满足可靠性、选择性、灵敏性和速动性四项基本要求。

（1）可靠性是指保护该动作时应动作，不该动作时不动作。为保证可靠性，宜选用可能的最简单的保护方式，应采用由可靠的元件和尽可能简单的回路构成的良好的装置，并应具有必要的检测、闭锁和双重化等措施。保护装置应便于整定、调试和运行维护。数字式保护装置应具有可靠的硬件和软件。

（2）选择性是指首先由故障设备或线路本身的保护切除故障。当故障设备或线路本身的保护或断路器拒动时，才允许由相邻设备、线路的保护或断路器失灵保护切除故障。为保证选择性，对相邻设备和线路有配合要求的保护和同一保护内有配合要求的两元件（如启动与跳闸元件或闭锁与动作元件），其灵敏系数及动作时间，在一般情况下应配合。

在某些条件下必须加速切除短路时，可使保护无选择性动作，但必须采取补救措施，例如采用自动重合闸或备用电源自动投入来补救。

（3）灵敏性是指在设备或线路的被保护范围内发生金属性短路时，保护装置应具有必要的灵敏系数。灵敏系数应根据不利的正常（含正常检修）运行方式和不利的故障类型计算，但可不考虑可能性很小的情况。

灵敏系数 K_m 为被保护区发生短路时，流过保护安装处的最小短路电流 $I_{k\cdot min}$ 与保护装置一次动作电流 I_{dz} 的比值，即

$$K_m = \frac{I_{k\cdot min}}{I_{dz}} \tag{1.4-1}$$

对多相短路保护，$I_{k\cdot min}$取两相短路电流最小值$I_{k2\cdot min}$；对35kV、6～10kV中性点不接地系统的单相短路保护，取单相接地容电流最小值$I_{c\cdot min}$；对220/380V中性点接地系统的单相短路保护，取单相接地电流最小值$I_{k1\cdot min}$。

各类短路保护的最小灵敏系数列于表1.4-1。

短路保护的最小灵敏系数 **表1.4-1**

<table>
<tr><th>保护分类</th><th>保护类型</th><th>组成元件</th><th>灵敏系数</th><th>备 注</th></tr>
<tr><td rowspan="6">主保护</td><td rowspan="2">带方向和不带方向的电流保护或电压保护</td><td>电流元件和电压元件</td><td>1.3～1.5</td><td>200km以上线路，不小于1.3；(50～200)km线路，不小于1.4；50km以下线路不小于1.5</td></tr>
<tr><td>零序或负序方向元件</td><td>1.5</td><td></td></tr>
<tr><td rowspan="2">线路纵联保护</td><td>跳闸元件</td><td>2.0</td><td></td></tr>
<tr><td>对高阻接地故障的测量元件</td><td>1.5</td><td>个别情况下，为1.3</td></tr>
<tr><td>变压器、电动机纵差保护</td><td>差电流元件的启动电流</td><td>1.5</td><td rowspan="2">按保护安装处短路计算</td></tr>
<tr><td>变压器、线路和电动机的电流速断保护</td><td>电流元件</td><td>1.5</td></tr>
<tr><td rowspan="4">后备保护</td><td rowspan="2">远后备保护</td><td>电流、电压和阻抗元件</td><td>1.2</td><td rowspan="2">按相邻电力设备和线路末端短路计算(短路电流应为阻抗元件精确工作电流1.5倍以上)，可考虑相继动作</td></tr>
<tr><td>零序或负序方向元件</td><td>1.5</td></tr>
<tr><td rowspan="2">近后备保护</td><td>电流、电压和阻抗元件</td><td>1.3</td><td rowspan="2">按线路末端短路计算</td></tr>
<tr><td>负序或零序方向元件</td><td>2.0</td></tr>
<tr><td>辅助保护</td><td>电流速断保护</td><td></td><td>1.2</td><td>按正常运行方式保护安装处短路计算</td></tr>
</table>

注：1. 主保护的灵敏系数除表中注出者外，均按被保护线路（设备）末端短路计算；
2. 保护装置如反应故障时增长的量，其灵敏系数为金属性短路计算值与保护整定值之比；如反应故障时减少的量，则为保护整定值与金属性短路计算值之比；
3. 各种类型的保护中，接于全电流和全电压的方向元件的灵敏系数不作规定；
4. 本表内未包括的其他类型的保护，其灵敏系数另作规定。

(4) 速动性是指保护装置应能尽快地切除短路故障，其目的是提高系统稳定性，减轻故障设备和线路的损坏程度，缩小故障波及范围，提高自动重合闸和备用电源或备用设备自动投入的效果等。

(5) 配电系统中的电力设备和线路应装设短路故障保护，短路故障保护有主保护和后备保护，必要时可再增设辅助保护。

主保护是满足系统稳定和设备安全要求，能以最快速度有选择地切除被保护设备和线路故障的保护。

后备保护是主保护或断路器拒动时，用以切除故障的保护。后备保护可分为远后备和近后备两种方式。

远后备是当主保护或断路器拒动时，由相邻电力设备或线路的保护来实现的后备。近后备是由本电力设备或线路的另一套保护实现后备的保护。

辅助保护是为补充主保护和后备保护的性能或当主保护和后备保护退出运行而增设的简单保护。

(6) 如果为了满足相邻保护区末端短路时的灵敏性要求，将使保护过分复杂或在技术上难以实现时，可按下列原则处理：

1) 在变压器后短路的情况下，可缩短后备保护作用的范围；

2) 后备保护灵敏系数可仅按常见的运行方式和故障类型进行验算；

3) 后备保护可无选择地动作，但应尽量采用自动重合闸或备用电源自动投入装置来补救。

(7) 保护装置用电流互感器带实际二次负荷在稳态短路电流下的准确限值系数或励磁特性（含饱和拐点）应能满足所接保护装置动作可靠性的要求。

(8) 在配电系统正常运行情况下，当电压互感器的二次回路断线或其他故障能使保护装置误动作时，应装设自动闭锁装置，将保护解除动作并发出信号。当保护装置不致误动作时，一般只装设电压回路断线信号装置。

(9) 在确定继电保护的配置方案时，应优先选用具有成熟运行经验的数字式装置。

2 数字式（微机）继电保护装置的特点

2.1 可靠性高

微机保护的软件设计，考虑到电力系统中各种复杂的故障，具有很强的综合分析能力和判断能力，因此可靠性较高。此外微机保护装置的自检和巡检功能也提高了可靠性。

2.2 动作正确率高

由于微机软件计算的实时性特点，微机保护装置能保证在任何时刻均不断迅速地采样计算，反复准确地校核。在电力系统发生故障的暂态时期内，就能正确判断故障，当故障发生了变化或进一步发展，也能及时做出判断和自纠。因此微机保护的动作正确率高，在运行中已得到证实。

2.3 保护性能容易得到改善

由于微机软件可方便改写的特点，所以保护的性能可通过研究新的保护原理来得到改善，且现代新原理的算法无法用硬件来实现。

2.4 易于获得各种附加功能

由于微机软件的特点，使得微机保护可以做到硬件和软件资源共享，在不增加任何硬件的情况下，只需增加一些软件即可获得各种附加功能。例如在微机保护装置中，可很方便地附加低频减载和自动重合闸功能，故障录波、故障测距等自动装置功能。

2.5 使用灵活、方便

目前微机保护装置的人机界面做得很好，也很简单方便。例如汉化界面、微机保护的查询、运行方式变化及整定更改等都十分灵活方便。

2.6 维护、调试方便

微机保护除输入量的采集外，所有计算、逻辑判断都是由软件完成。成熟的软件一次性设计测试完好后，就不必在投产前再逐项试验。微机保护对硬件和软件都有自检功能，装置通电后硬件、软件有故障就会立即报警。因此对微机保护装置几乎不用调试，需要调试的主要项目也在制造厂完成，投运前做一次静态和动态试验即可运行。

2.7 具有远方监控特性

微机保护装置都具有串行通信功能，与变电所微机监控系统的通信联络使微机保护具有远方监控的特点，并将微机保护纳入变电站综合自动化系统。

3 电力变压器的保护

3.1 设计规范对保护配置要求

（1）对电力变压器的下列故障及异常运行方式，应装设相应的保护装置：

1）绕组及其引出线的相间短路和在中性点直接接地侧的单相接地短路。

2）绕组的匝间短路。

3）外部相间短路引起的过电流。

4）中性点直接接地电力网中外部接地短路引起的过电流及中性点过电压。

5）过负荷。

6）油面降低。

7）变压器温度升高或油箱压力升高或冷却系统故障。

(2) 0.8MVA及以上的油浸式变压器和0.4MVA及以上的车间内油浸式变压器，均应装设瓦斯保护。当壳内故障产生轻微瓦斯油面下降时，应瞬时动作于信号。当产生大量瓦斯时，应动作于断开变压器各侧断路器。当变压器安装处电源侧无断路器或短路开关时，可作用于信号。

(3) 对变压器引出线、套管及内部的短路故障，应装设相应的保护装置并应符合下列规定：

1）10MVA及以上的单独运行变压器和6.3MVA及以上的并列运行变压器，应装设纵联差动保护。6.3MVA及以下单独运行的变压器，亦可装设纵联差动保护。

2）10MVA以下的变压器可装设电流速断保护和过电流保护。2MVA以上的变压器，当电流速断灵敏系数不符合要求时，宜装设纵联差动保护。

3）0.4MVA及以上，一次电压为10kV及以上，线圈为三角星形联结的变压器，可采用两相三继电器式的过流保护。

4）本条规定的各项保护装置，应动作于断开变压器的各侧断路器。

(4) 变压器的纵联差动保护应符合下列要求：

1）应能躲过励磁涌流和外部短路产生的不平衡电流。

2）差动保护范围应包括变压器套管及其引出线。如不能包括引出线时，应采取快速切除故障的辅助措施。但在63kV电压等级的终端变电所和分支变电所，以及具有旁路母线的电气主接线在变压器断路器退出工作由旁路断路器代替时，纵联差动可利用变压器套管内的电流互感器，引出线可不再采取快速切除故障的辅助措施。

(5) 对由外部相间短路引起的变压器过电流，应装设相应的保护装置。保护装置动作后，应带时限动作于跳闸，并应符合下列规定：

1）过电流保护宜用于降压变压器。

2）复合电压启动的过电流保护或低电压闭锁的过电流保护，宜用于升压变压器、系统联络变压器和过电流不符合灵敏性要求的降压变压器。

（6）外部相间短路保护应符合下列规定：

1）双绕组变压器，应装于主电源侧。根据主接线情况，保护装置可带一段或两段时限，以较短的时限动作于缩小故障影响范围，以较长的时限动作于断开变压器各侧断路器。

2）三绕组变压器，宜装于主电源侧及主负荷侧。主电源侧的保护应带两段时限，以较短的时限断开未装保护侧的断路器。当不符合灵敏性要求时，可在所有各侧装设保护装置。各侧保护装置应根据选择性的要求装设方向元件。

（7）三绕组变压器的外部相间短路保护，可按下列原则进行简化：

1）除主电源侧外，其他各侧保护可仅作本侧相邻电力设备和线路的后备保护；

2）保护装置作为本侧相邻电力设备和线路保护的后备时，灵敏系数可适当降低，但对本侧母线上的各类短路应符合灵敏性要求。

（8）高压侧为单电源，低压侧无电源的降压变压器，不宜装设专门的零序保护。

（9）0.4MVA及以上，绕组为星形－星形联结低压侧中性点直接接地的变压器，对低压侧单相接地短路应选择下列保护方式，保护装置应带时限动作于跳闸。

1）利用高压侧的过电流保护时，保护装置宜采用三相式。

2）接于低压侧中性线上的零序电流保护。

3）接于低压侧的三相电流保护。

（10）0.4MVA及以上，一次电压为10kV及以下，绕组为三角－星形联结，低压侧中性点直接接地的变压器，对低压侧单相接地短路，当灵敏性符合要求时，可利用高压侧的过电流保护。

保护装置带时限动作于跳闸。

(11) 0.4MVA 及以上变压器，当数台并列运行或单独运行并作为其他负荷的备用电源时，应根据可能过负荷的情况装设过负荷保护。对三绕组变压器，保护装置应能反应各侧过负荷的情况。

过负荷保护采用单相式，带时限动作于信号。在无经常值班人员的变电所，过负荷保护可动作于跳闸或断开部分负荷。

(12) 对变压器温度升高和冷却系统故障，应按现行电力变压器标准的要求，装设可作用于信号或动作于跳闸的装置。

3.2 保护配置

电力变压器的继电保护配置见表 1.4-2。

3.3 整定计算

电力变压器的各种整定计算见表 1.4-3。

3.4 变压器纵差保护的特点

变压器的纵差保护需要解决躲开流过差动回路中的不平衡电流问题。

(1) 由变压器励磁涌流所产生的不平衡电流。

1) 鉴别短路电流和励磁涌流波形的差别（涌流具有间断角）。

2) 利用二次谐波制动（涌流中的高次谐波以二次谐波为主）。

(2) 由变压器两侧电流相位不同而产生的不平衡电流。

(3) 由电流互感器计算变比与实际变比不同而产生的不平衡电流。

电力变压器的继电保护配置 **表 1.4-2**

变压器容量（kVA）	保护装置名称							备注
	带时限的①过电流保护	电流速断保护	纵联差动保护	单相低压侧接地保护②	过负荷保护	瓦斯保护④	温度保护	
<400	—	—	—	—	—	≥315kVA的车间内油浸变压器装设	—	一般用高压熔断器保护
400～630	高压侧采用断路器时装设	高压侧采用断路器且过电流保护时限>0.5s时装设	—	装设	并联运行的变压器装设，作为其他备用电源的变压器根据过负荷的可能性装设③	车间内油浸变压器装设	—	
800			—			装设	—	
1000～1600	装设	过电流保护时限>0.5s时装设	—				装设	
2000～5000			当电流速断保护不能满足灵敏性要求时装设	—				≥5000kVA的单相变压器宜装设远距离测温装置 ≥8000kVA的变压器宜装设远距离测温装置
6300～8000		单独运行的变压器或负荷不太重要的变压器装设	并列运行的变压器或重要变压器或当电流速断保护不能满足灵敏性要求时装设	—				
≥10000	装设	—	装设	—		装设	装设	

注：① 当带时限的过电流保护不能满足灵敏性要求时，应采用低电压闭锁的带时限过电流保护。
② 当利用高压侧过电流保护及低压侧出线断路器保护不能满足灵敏性要求时，应装设变压器中性线上的零序过电流保护。
③ 低压电压为230/400V的变压器，当低压侧出线断路器带有过负荷保护时，可不装设专用的过负荷保护。
④ 干式变压器非电量保护仅有温度保护，10/0.4kV配电变压器容量至2500kVA。

电力变压器的电流保护整定计算 **表 1.4-3**

保护名称	计算项目和公式	符号说明
过电流保护	保护装置的动作电流（应躲过可能出现的过负荷电流） $I_{dz\cdot j}=K_k K_{jx}\frac{K_{gh}I_{1rT}}{K_h n_l}$ (A) 保护装置的灵敏系数[按电力系统最小运行方式下，低压侧两相短路时流过高压侧（保护安装处）的短路电流校验] $K_m=\frac{I_{2k2\cdot min}}{I_{dz}}\geqslant 1.3$ 保护装置的动作时限（应与下一级保护动作时限相配合），一般取 0.3～0.5s	K_k—可靠系数，对微机保护用于过电流保护及用于电流速保护时取 1.1，用于低压侧单相接地保护时（在变压器中性线上装设的）取 1.1，用于过负荷保护时取 1.05～1.1 K_{jx}—接线系数，接于相电流时取 1，接于相电流差时取$\sqrt{3}$ K_h—继电器返回系数，对微机保护取 0.9 K_{gh}—过负荷系数[①]，包括电动机自启动引起的过电流倍数，一般取 2～3，当无自启动电动机时取 1.3～1.5 n_l—电流互感器电流比 I_{1rT}—变压器高压侧额定电流，A $I_{2k2\cdot min}$—最小运行方式下变压器低压侧两相短路时，流过高压侧（保护安装处）的稳态电流，A $I_{2k2\cdot min}=I_{22k2\cdot min}/n_T$ (Yyn0) $I_{2k2\cdot min}=\frac{2}{\sqrt{3}}I_{22k2\cdot min}/n_T$ (Dyn11) I_{dz}—保护装置一次动作电流，A，其值为 $I_{dz}=I_{dz\cdot j}n_l/K_{jx}$ $I''_{2k3\cdot max}$—最大运行方式下变压器低压侧三相短路时，流过高压侧（保护安装处）的超瞬态电流，A $I''_{1k2\cdot min}$—最小运行方式下保护安装处两相短路超瞬态电流[②]，A $I_{2k1\cdot min}$—最小运行方式下变压器低压侧母线或母干线末端单相接地短路时，流过高压侧（保护安装处）的稳态电流，A
电流速断保护	保护装置的动作电流（应躲过低压侧短路时，流过保护装置的最大短路电流） $I_{dz\cdot j}=K_k K_{jx}\frac{I''_{2k3\cdot max}}{n_l}$ (A) 保护装置的灵敏系数（按系统最小运行方式下，保护装置安装处两相短路电流校验） $K_m=\frac{I''_{1k2\cdot min}}{I_{dz}}\geqslant 1.5$	
低压侧单相接地保护（利用高压侧三相式过流保护）	保护装置的动作电流和动作时限与过电流保护相同 保护装置的灵敏系数[按最小运行方式下，低压侧母线或母干线末端单相接地时，流过高压侧（保护安装处）的短路电流校验] $K_m=\frac{I_{2k1\cdot min}}{I_{dz}}\geqslant 1.3$	
低压侧单相接地保护[③]（采用在低压侧中性线上装设专用的零序保护）	保护装置的动作电流（应躲过正常运行时，变压器中性线上流过的最大不平衡电流，其值按国家标准 GB 1094.1～5《电力变压器》规定，不超过额定电流的 25%） $I_{dz\cdot j}=K_k 0.25 I_{2rT}/n_l$ (A) 保护装置的动作电流尚应与低压出线上的零序保护相配合 $I_{dz\cdot j}=K_{ph}I_{dz\cdot fz}/n_l$ (A)	

续表

保护名称	计算项目和公式	符 号 说 明
低压侧单相接地保护[3]（采用在低压侧中性线上装设专用的零序保护）	保护装置的灵敏系数（按最小运行方式下，低压侧母线或母干线末端单相接地稳态短路电流校验） $K_m=\frac{I_{22k1\cdot min}}{I_{dz}}\geqslant1.3$ 保护装置的动作时限一般取 0.3～0.5s	$I_{2k1\cdot min}=\frac{2}{3}I_{22k1\cdot min}/n_T$ （Yyn0） $I_{2k1\cdot min}=\frac{3}{\sqrt{3}}I_{22k1\cdot min}/n_T$ （Dyn11） $I_{22k1\cdot min}$—最小运行方式下变压器低压侧母线或母干线末端单相接地稳态短路电流，A n_T—变压器电压比 K_{ph}—配合系数，取 1.1 $I_{dz\cdot fz}$—低压分支线上零序保护的动作电流，A I_{2rT}—变压器低压侧额定电流 K_h—电压继电器返回系数，取 1.1 n_y—电压互感器变比 U_{min}—运行中可能出现的最低工作电压（如电力系统电压降低，大容量电动机启动及电动机自启动时引起的电压降低），一般取 0.5～0.7U_{rT}（变压器高压侧母线额定电压） $U_{sh\cdot max}$—保护安装处的最大剩余电压，V
过负荷保护	保护装置的动作电流（应躲过变压器额定电流） $I_{dz\cdot j}=K_kK_{jx}\frac{I_{1rT}}{K_hn_l}$ （A） 保护装置的动作时限（应躲过允许的短时工作过负荷时间，如电动机启动或自启动的时间）一般定时限取 9～15s	
低电压启动的带时限过电流保护	保护装置的动作电流（应躲过变压器额定电流） $I_{dz\cdot j}=K_kK_{jx}\frac{I_{1rT}}{K_h\cdot n_l}$ （A） 保护装置的动作电压 $U_{dz\cdot j}=\frac{U_{min}}{K_kK_hn_y}$ （V） 保护装置的灵敏系数（电流部分）与过电流保护相同 保护装置的灵敏系数（电压部分） $K_m=\frac{U_{dz\cdot 1}}{U_{sh\cdot max}}=\frac{U_{dz\cdot j}n_y}{U_{sh\cdot max}}\geqslant1.3$ 保护装置动作时限与过电流保护相同	

注：① 带有自启动电动机的变压器，其过负荷系数按电动机的自启动电流确定。当电源侧装设自动重合闸或备用电源自动投入装置时，可近似地用下式计算

$$K_{gh}=\frac{1}{u_k+\frac{S_{rT}}{K_qS_{M\Sigma}}\times\left(\frac{380}{400}\right)^2}$$

式中，u_k为变压器的阻抗电压相对值；S_{rT}为变压器的额定容量，kVA；$S_{M\Sigma}$为需要自启动的全部电动机的总容量，kVA；K_q为电动机的启动电流倍数，一般取 5。

② 两相短路超瞬态电流 I''_{k2}等于三相短路超瞬态电流 I''_{k3}的 0.866 倍。

③ Yyn0 接线变压器采用在低压侧中性线上装设专用零序互感器的低压侧单相接地保护，而 Dyn11 接线变压器可不装设。

(4) 由两侧电流互感器型号不同而产生的不平衡电流。两侧电流互感器型号不同，但其伏安特性曲线应相似和拐点电压应相同。

(5) 由变压器带负荷调整分接头而产生的不平衡电流。变压器带负荷调整分接头经常在改变，而差动保护的电流回路在带电的情况下是不能操动的，由此而产生不平衡电流应在纵差动保护整定值中予以考虑。

3.5 变压器差动保护的性能特征

(1) 差动速断及比率差动保护性能。

1) 差动速断保护实质上为反应差动电流的过电流继电器，用以保证在变压器内部发生严重故障时快速动作跳闸，典型出口动作时间小于 15ms。

2) 比率差动保护的动作特性如图 1.4-1 所示，能可靠躲过外部故障时的不平衡电流。

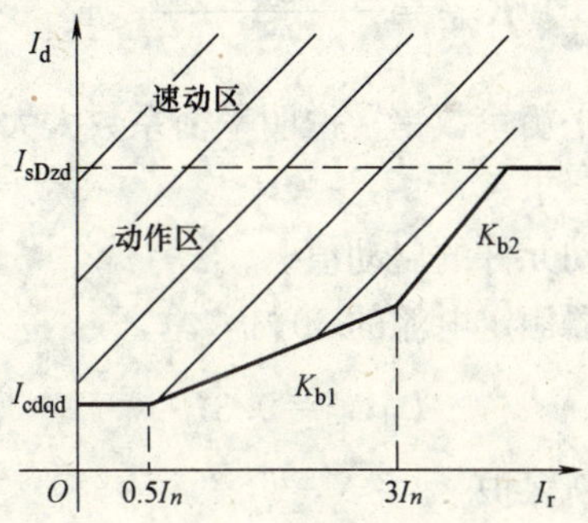

图 1.4-1 比率差动保护动作特性

图 1.4-1 中：I_d为动作电流，I_r为制动电流，I_{cdqd}为差动电流启动值，K_{b1}为比率差动制动系数，I_n为变压器的基本侧二次额定电流，图中阴影部分为保护动作区。

(2) 采用软件调整变压器各侧电流的平衡系数方法，把各侧的额定电流都调整到保护装置的额定工作电流（5A 或 1A）。

(3) 采用可靠的电流互感器断线报警闭锁功能，保证装置在电流互感器断线及交流回路故障时不误动。

(4) 采用变压器接线方式整定的方法，使软件适用于变压器的任一接线方式。

(5) 该装置算法的突出特点是在较高采样率的前提下，保证了在故障全过程对所有继电器的并行实时计算，装置有很高的固有可靠性及动作速度。

3.6 整定计算

(1) 平衡系数。

对于变压器Y联结侧

$$K_{ph1}=\frac{U_{1n}\times n_{TA1}}{S}\leqslant 2.3 \tag{1.4-2}$$

对于变压器△联结侧

$$K_{ph2}=\frac{\sqrt{3}U_{2n}\times n_{TA2}}{S}\leqslant 4 \tag{1.4-3}$$

若装置报“平衡系数错”说明平衡系数太大应改变电流互感器变比，以满足要求。

(2) 比率差动元件的启动值。

一般取变压器额定电流的30%

$$I_{ed\cdot qd}=0.3I_n \tag{1.4-4}$$

(3) 差动速断保护

$$I_{cd\cdot sd}=6I_n \tag{1.4-5}$$

(4) 比率差动制动系数

$$K_{b1}=0.3, K_{b2}=1 \tag{1.4-6}$$

(5) 二次谐波制动系数

$$K_{xb}=\frac{I_{d2\phi}}{I_{d\phi}}=0.15\sim 0.2 \tag{1.4-7}$$

式中，$I_{d\phi}$为三相差动电流的基波电流。

(6) 灵敏系数

$$K_m = \frac{I_{k2min}}{n_l I_{dz \cdot j}} \geqslant 1.5 \tag{1.4-8}$$

式中，I_{k2min}为最小运行方式下保护区内两相短路最小短路电流；n_l为电流互感器变比；$I_{dz \cdot j}$为差动继电器动作电流，根据制动电流的大小在相应制动动特性曲线上求得相应的动作电流。

(7) 后备保护整定计算

后备保护整定计算见表 1.4-3。

3.7 主变压器保护测控装置

66kV 或 35kV 变压器保护装置有主保护（差动保护）、后备保护、非电量保护，有分别设置的装置，也有设置为一套装置的。对仅配置一套主保护的设备应采用主保护与后备保护相互独立的装置。

(1) 主变器保护功能

1) 差动速断保护。

2) 比率差动（二次谐波制动）保护。

3) 高压侧复合电压闭锁过流保护（Ⅰ、Ⅱ、Ⅲ段）。

4) 低压侧复合电压闭锁过流保护（Ⅰ、Ⅱ、Ⅲ段）。

5) 带延时的非电量保护（跳闸与信号）。

6) 过负荷保护，启动风机、闭锁调压信号报警。

7) 电流互感器断线报警及闭锁比率差动保护。

8) 电压互感器断线报警。

注：不需要的功能可通过软压板解除。如过电流保护可解除复合电压闭锁。

(2) 该装置闭锁和装置告警

1) 装置本身硬件故障时发出装置闭锁信号，闭锁整套保护（只闭锁差动，过电流保护，不闭锁非电量保护）。

硬件故障包括 RAM、EPROM、定值出错和出口三极管长期导通，另外平衡系数错，接线方式错也将闭锁整套保护。

2）当检测到下列故障时，发出运行异常报警：电流互感器告警。电流互感器断线（可经控制字选择是否闭锁比率差动保护）。过负荷。电压互感器断线。低压侧零序过电压。

（3）主变压器各保护环节逻辑框图

各保护环节逻辑框图如图1.4-2～图1.4-5所示。

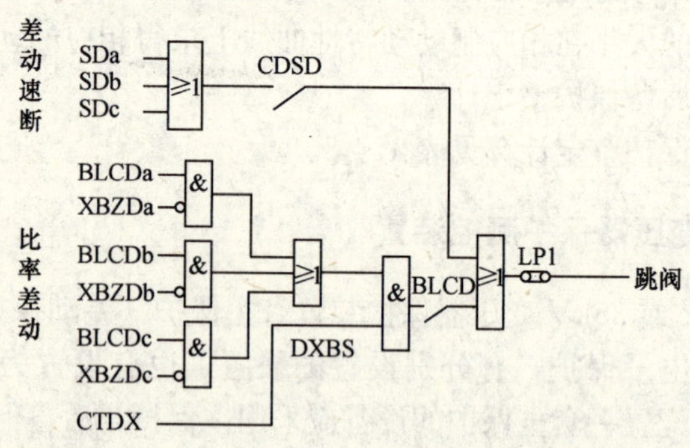

图1.4-2 比率差动和差动速断保护逻辑框图

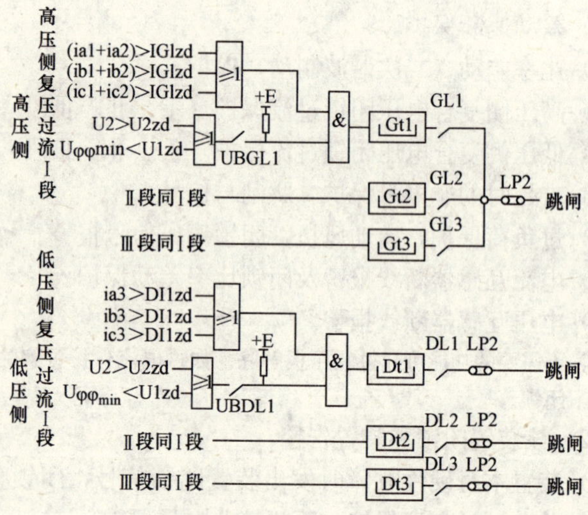

图1.4-3 复合电压闭锁过流保护逻辑框图

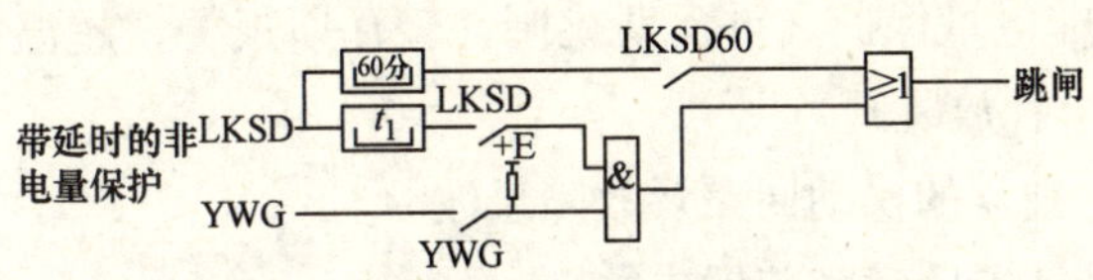

图 1.4-4 变压器非电量保护逻辑图

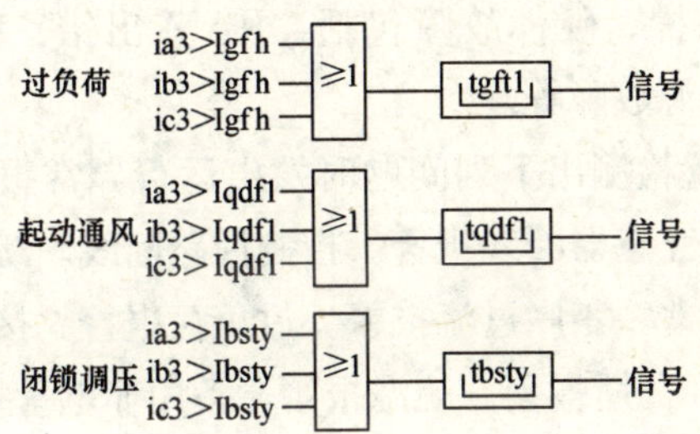

图 1.4-5 过负荷、启动通风、闭锁调压保护逻辑框图

典型的变压器保护装置逻辑框图如图 1.4-6 所示。

3.8 3～10kV 配电变压器保护测控装置

(1) 配电变压器保护功能

1) 复合电压闭锁过流保护（Ⅰ、Ⅱ、Ⅲ段）。

2) 高压侧正序反时限过流保护。

3) 定时限过电流保护（Ⅰ、Ⅱ段）。

4) 过负荷报警。

5) 定时限负序过流保护（Ⅰ段用作断相保护Ⅱ段用作不平衡保护）。

6) 高压侧接地保护（三段定时限零序过流保护Ⅰ段两个时限，Ⅲ段可整定为报警或跳闸；零序过压保护支持网络小电流接地选线。

7) 低压侧接地保护（三段定时限零序过流保护，零序反时限过流保护）。

8) 低电压保护。

9）非电量保护（重瓦斯跳闸，轻瓦斯报警；超温报警或跳闸；压力 释放跳闸）。

10）独立的操动回路及故障录波。

（2）装置闭锁和装置告警

1）当装置检测到本身硬件故障时，发出装置报警信号，同时闭锁整套保护。硬件故障包括：RAM 出错、EPROM 出错、定值出错、电源故障等。

2）当装置检测出下列问题时发出运行异常报警信号：弹簧未储能。电压互感器断线报警。控制回路断线。跳闸位置继电器异常。频率异常。零序过流报警。过负荷报警。接地报警（零序过压报警）。轻瓦斯报警。超温报警。备用非电量报警。

（3）配电变压器测控功能

1）遥控功能：正常遥控跳闸操动，正常遥控合闸操动，接地选线遥控跳闸。

2）遥测功能：电流和零序电流、电压、有功、无功功率和功率因数、频率和有功、无功电度遥测。这些量都在当地实时计算，实时累加，计算不依赖于网络。

3）遥信功能：开关位置，弹簧未储能接点、重瓦斯、轻瓦斯、油温高、压力释放等非电量遥信开入，装置遥信变位以及事故遥信，并做事件顺序记录。

（4）配电变压器各保护环节逻辑框图

各保护环节逻辑框图如图 1.4-7～图 1.4-16 所示。

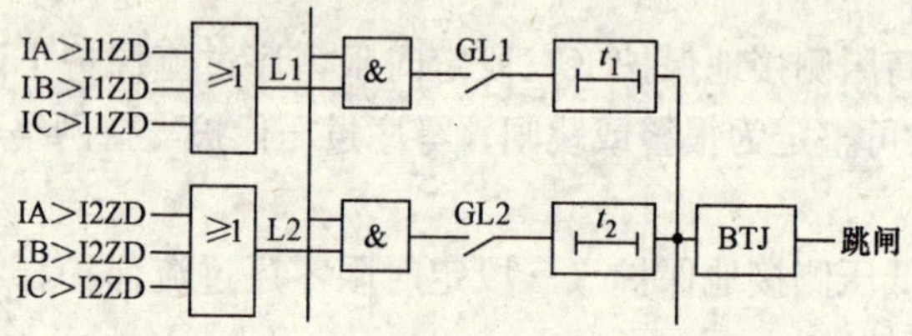

图 1.4-7　变压器过流保护逻辑框图

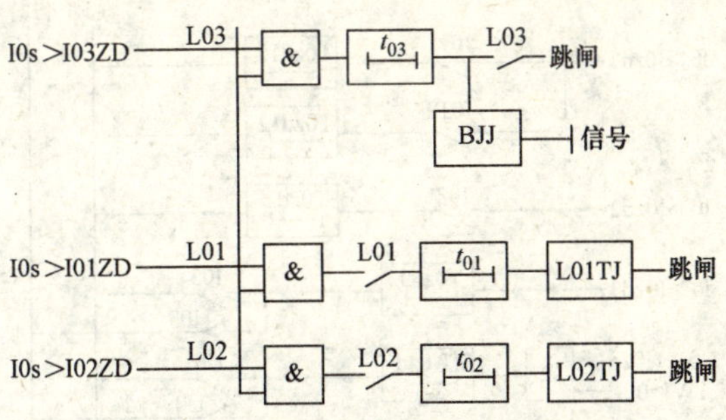

图 1.4-8 变压器零序保护逻辑框图

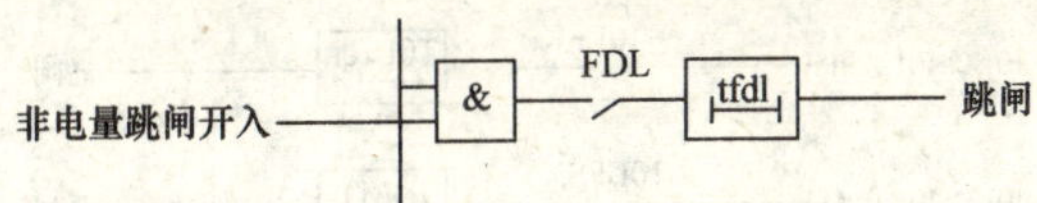

图 1.4-9 变压器非电量保护逻辑框图

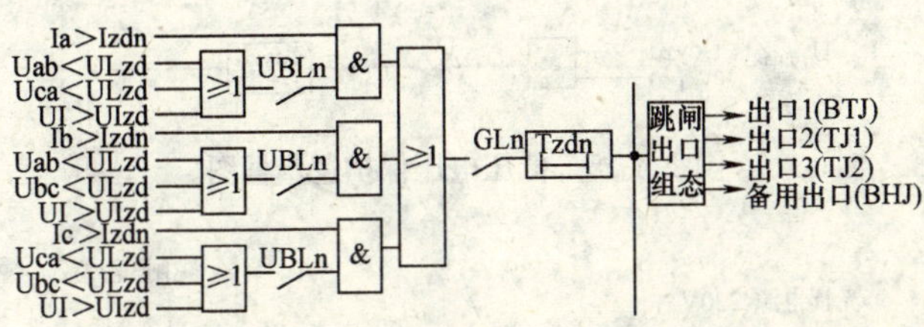

图 1.4-10 变压器三段式复合电压过流保护逻辑框图

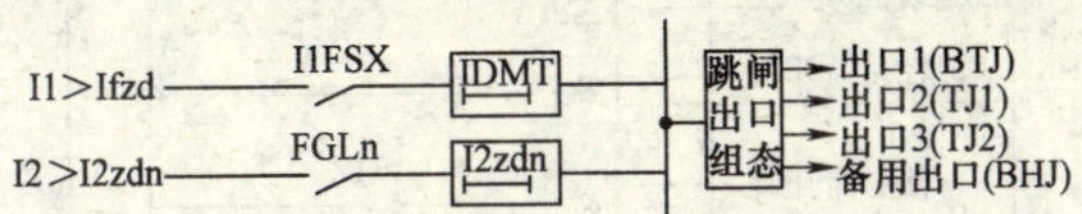

图 1.4-11 反时限过流、负序过流保护逻辑框图

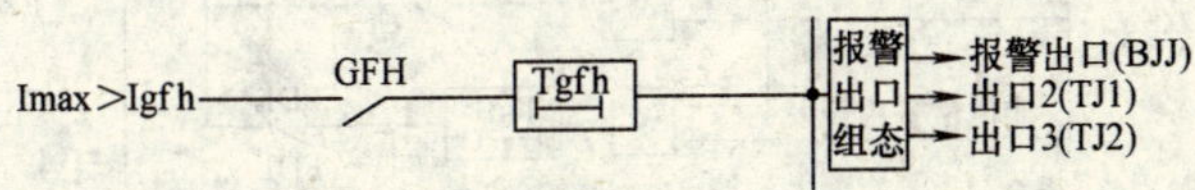

图 1.4-12 过负荷保护逻辑框图

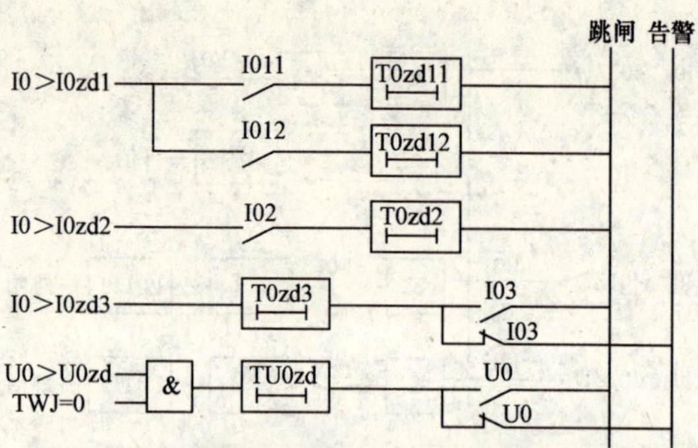

图 1.4-13 零序过流保护、过电压保护逻辑框图

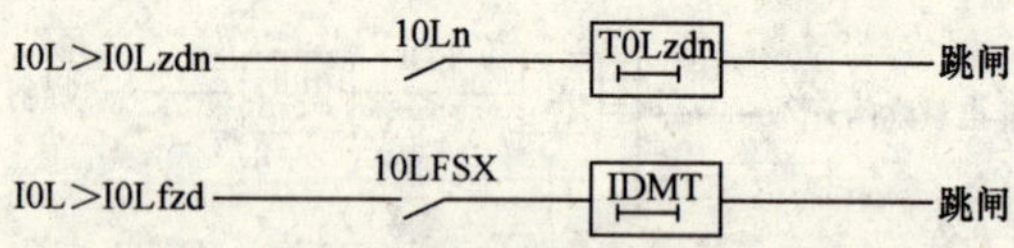

图 1.4-14 变压器低压零序过流保护逻辑框图

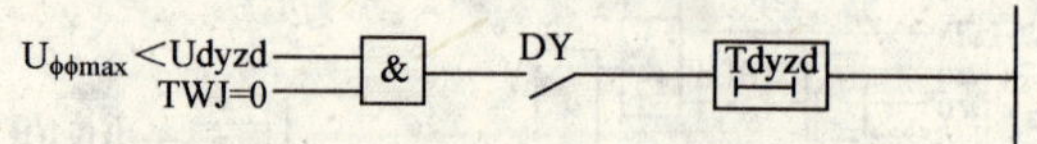

图 1.4-15 低压电压保护逻辑框图

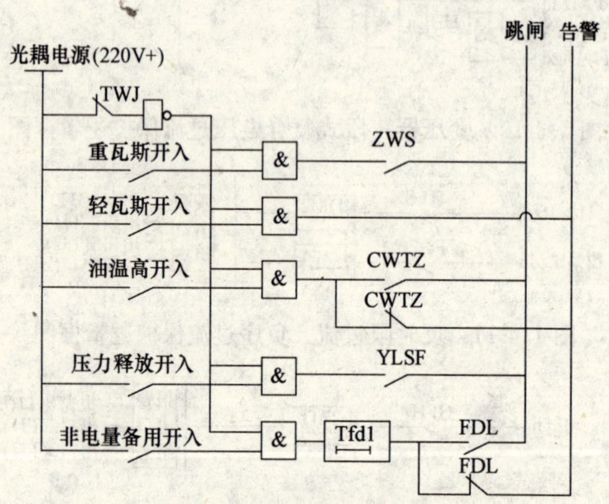

图 1.4-16 变压器瓦斯等非电量保护逻辑框图

典型一配电变压器保护装置逻辑框图如图 1.4-17 所示，典型二配电变压器保护装置逻辑框图如图 1.4-18 所示。

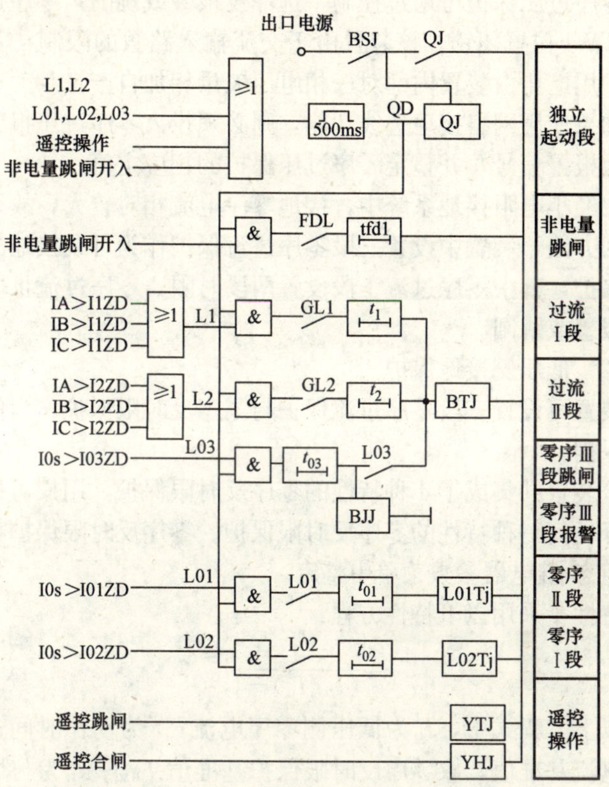

图 1.4-17 典型一配电变压器保护逻辑框图

3.9 接地保护及高压侧正序反时限保护

(1) 高压侧接地保护

装置应用于不接地或小电流接地系统中，在系统中发生接地故障时，其接地故障点零序电流基本为电容电流，且幅值很小，用零序过流继电器来检测接地故障很难保证其选择性。由于各装置通过网络互联，信息可以共享，故综合自动化系统采用网络小电流接地选线的方法来获得接地间隔，并通过网络下达接地试跳命令来进一步确定接地间隔。

零序过压保护可通过控制字选择投报警或跳闸，零序过压跳闸经 TWJ 位置闭锁。该装置由于交流输入路数的限制，零序过压保护用电压由装置内部对三相电压矢量相加自产。

如果使用网络接地选线功能，则必须投入零序过压报警以发出接地报警信号，并整定零序过压保护的相应定值。

在经小电阻接地系统中，接地零序电流相对较大，故采用直接跳闸方法，装置中设置三段零序过流保护作为母线接地故障的后备保护，其中零序过流Ⅰ段设置两段时限，零序过流Ⅲ段可整定为报警或跳闸。

（2）低压侧接地保护

装置可设置三段零序过流保护与零序反时限保护作为低压侧接地保护。

该装置共集成了4种特性的零序反时限保护，用户可根据需要选择任何一种特性的零序反时限保护。零序反时限保护特性在装置组态-继电器参数菜单中整定。

特性1采用以下特性方程：

$$t=\frac{1}{(I_o/I_p)-1}t_p \tag{1.4-9}$$

以上方程式中，I_o为低压侧零序电流；t为动作时间；I_p为零序电流基准值，取零序反时限保护基准值I_{0fzd}；t_p为与熔断器配合的时间常数，取零序反时限保护时间常数T_{0fzd}。I_{0fzd}整定值要躲过变压器低压侧正常运行时的最大不平衡电流，通常取0.25倍低压侧二次额定电流，T_{0fzd}整定范围为1～100s。

特性2、3、4采用了国际电工委员会标准（IEC 255-4）和英国标准规范（BS 142.1966）规定的三个标准特性方程，分别列举如下

特性2（一般反时限）：

$$t=\frac{0.14}{(I_o/I_P)^{0.02}-1}t_p \tag{1.4-10}$$

特性 3（非常反时限）：

$$t=\frac{13.5}{(I_o/I_P)-1}t_P \tag{1.4-11}$$

特性 4（极端反时限）：

$$t=\frac{80}{(I_o/I_P)^2-1}t_P \tag{1.4-12}$$

以上三个方程式中，I_o为低压侧零序电流；t 为动作时间；I_p为零序电流基准值，取零序反时限保护基准值 I_{0fzd}；t_p为时间常数，取零序反时限保护时间常数 T_{0fzd}。I_{0fzd}整定值要躲过变压器低压侧正常运行时的最大不平衡电流，T_{0fzd}整定范围为 0～1s。

(3) 高压侧正序反时限保护

作为反时限保护的动作量。该装置共集成了 4 种特性的正序反时限保护，用户可根据需要选择任何一种特性的正序反时限保护。正序反时限保护特性在装置组态一继电器参数菜单中整定。

特性 1 采用以下特性方程：

$$t=\frac{1}{(I/I_P)^2-1.05^2}t_P \tag{1.4-13}$$

以上方程中，I 为正序电流；t 为动作时间；I_p为电流基准值，取正序反时限保护基准值 I_{fzd}；t_p为时间常数，取正序反时限保护时间常数 T_{fzd}。对于特性 1，I_{fzd}可取变压器高压侧二次额定电流 I_e，T_{fzd}整定范围为 1～2400s。

特性 2、3、4 采用了国际电工委员会标准（IEC 255-4）和英国标准规范（BS 142.1966）规定的三个标准特性方程，分别列举如下：

特性 2（一般反时限）： $t=\frac{0.14}{(I/I_p)^{0.02}-1}t_p$

特性 3（非常反时限）： $t=\frac{13.5}{(I/I_p)-1}t_p$

特性 4（极端反时限）： $t=\frac{80}{(I/I_P)^2-1}t_p$

以上三个方程式中，I 为正序电流；t 为动作时间；I_p 为电流基准值，取正序反时限保护基准值 I_{fzd}；I_p 为时间常数，取正序反时限保护时间常数 T_{fzd}。对于特性 2、3、4，I_{fzd} 可取1.05～1.3I_e，T_{fzd} 整定范围为 0～1s。

由于正序电流的计算方法与电流互感器配置方式有关，故对于只装 A、C 相电流互感器的情况，装置组态一交流输入组态菜单中两相式保护电流互感器必须整定为“1”。

4 3～63kV 线路的保护

4.1 设计规范对保护配置要求

(1) 对 3～63kV 线路的下列故障或异常运行，应装设相应的保护装置。

1) 相间短路。

2) 单相接地。

3) 过负荷。

(2) 对 3～63kV 线路装设相间短路保护装置，应符合下列要求：

1) 由电流继电器构成的保护装置，应接于两相电流互感器上，同一网络的所有线路均应装在相同的两相上。

2) 后备保护应采用远后备方式。

3) 当线路短路使发电厂厂用母线或重要用户母线电压低于额定电压的 60%时，以及线路导线截面过小，不允许带时限切除短路时，应快速切除故障。

4) 当过电流保护的时限不大于 0.5～0.7s 时，且没有第 3) 款所列的情况，或没有配合上的要求时，可不装设瞬动的电流速断保护。

(3) 在 3～10kV 线路装设相间短路保护装置，应符合下列要求：

1) 对单侧电源线路可装设两段过电流保护：第一段为不带时限的电流速断保护；第二段为带时限的过电流保护。可采用定时限或反时限特性的继电器。对单侧电源带电抗器的线路，当其断路器不能切断电抗器前的短路时，不应装设电流速断保护，此时，应由母线保护或其他保护切除电抗器前的故障。

保护装置仅在线路的电源侧装设。

2）对双侧电源线路，可装设带方向或不带方向的电流速断和过电流保护。对 1～2km 双侧电源的短线路，当采用上述保护不能满足选择性、灵敏性或速动性的要求时，可采用带光纤的纵差保护作主保护，并装设带方向或不带方向的电流保护作后备保护。

对并列运行的平行线路宜装设横联差动保护作为主保护，并应以接于两回线电流之和的电流保护，作为两回线同时运行的后备保护及一回线断开后的主保护及后备保护。

(4) 对 35～63kV 线路，可按下列要求装设相间短路保护装置：

1）对单侧电源线路可采用一段或两段电流速断或电流闭锁电压速断作主保护，并应以带时限过电流保护作后备保护。

当线路发生短路，使发电厂厂用母线电压或重要用户母线电压低于额定电压的 60％时，应能快速切除故障。

2）对双侧电源线路可装设带方向或不带方向的电流电压保护。

当采用电流电压保护不能满足选择性、灵敏性和速动性要求时，可采用距离保护装置。

双侧电源或环形网络中，不超过 3～4km 的短线路，当采用电流电压保护不能满足要求时，可采用带光纤的纵差保护作主保护，并应以带方向或不带方向的电流电压保护作后备保护。

3）对并列运行的平行线路，可装设横联差动保护作主保护，并应以接于两回线电流之和的阶段式保护或距离保护作为两回线同时运行的后备保护及一回线断开后的主保护及后备保护。

(5) 对 3～63kV 中性点非直接接地电力网中的单相接地故障，应装设接地保护装置，并应符合下列规定：

1）在发电厂和变电所母线上，应装设接地监视装置，动作于信号。

2）线路上宜装设有选择性的接地保护，并动作于信号。当危及人身和设备安全时，保护装置应动作于跳闸。

3）在出线回路数不多，或难以装设选择性单相接地保护时，可采用依次断开线路的方法，寻找故障线路。

（6）对可能时常出现过负荷的电缆线路，应装设过负荷保护。保护装置宜带时限动作于信号；当危及设备安全时，可动作于跳闸。

4.2 保护配置

3～63kV线路的继电保护配置见表1.4-4。

3～63kV线路的继电保护配置 表1.4-4

被保护线路	保护装置名称					备注
	无时限或带时限电流电压速断	无时限电流速断保护①	带时限速断保护	过电流保护	单相接地保护	
单侧电源放射式单回线路	35～63kV线路装设	自重要配电所引出的线路装设	当无时限电流速断不能满足选择性动作时装设	装设	根据需要装设	当过电流保护的时限不大于0.3～0.5s，且没有保护配合上的要求时，可不装设电流速断保护

注：① 无时限电流速断保护范围，应保证切除所有使该母线残压低于50%～60%额定电压的短路。为满足这一要求，必要时保护装置可无选择地动作，并以自动装置来补救。

4.3 整定计算

6～10kV线路的继电保护整定计算见表1.4-5。

35～63kV线路的继电保护整定计算见表1.4-6。

4.4 3～63kV线路保护测控装置

（1）线路保护功能

1）三段定时限过流保护（其中第Ⅲ段可整定为反时限段）。

2）三段零序过流保护/小电流接地选线。

6～10kV 线路的继电保护整定计算 表 1.4-5

保护名称	计算项目和公式	符号说明
过电流保护	保护装置的动作电流(应躲过线路的过负荷电流) $I_{dz\cdot j}=K_k K_{jx}\dfrac{I_{gh}}{K_h n_l}$ 保护装置的灵敏系数(按最小运行方式下线路末端两相短路电流校验) $K_m=\dfrac{I_{2k2\cdot min}}{I_{dz}}\geqslant 1.3$ 保护装置的动作时限,应较相邻元件的过电流保护大一时限阶段,一般大 0.3s	K_k—可靠系数,用于过电流保护及用于电流速断保护时取 1.1; K_{jx}—接线系数,接于相电流时取 1,接于相电流差时取$\sqrt{3}$; K_h—继电器返回系数,取 0.9; n_l—电流互感器变比; I_{gh}③—线路过负荷(包括电动机启动所引起的)电流,A; $I_{2k2\cdot min}$—最小运行方式下,线路末端两相短路稳态电流,A; I_{dz}—保护装置一次动作电流,A; $I_{dz}=I_{dz\cdot j}\dfrac{n_l}{K_{jx}}$ $I''_{2k3\cdot max}$—最大运行方式下线路末端三相短路超瞬态电流,A; $I''_{1k2\cdot min}$—最小运行方式下线路始端两相短路超瞬态电流④,A; K_{ph}—配合系数,取 1.1; $I_{dz\cdot 3}$—相邻元件的电流速断保护的一次动作电流,A; $I_{3k3\cdot max}$—最大运行方式下相邻元件末端三相短路稳态电流,A;
无时限电流速断保护	保护装置的动作电流(应躲过线路末端短路时最大三相短路电流①②) $I_{dz\cdot j}=K_k K_{jx}\dfrac{I''_{2k3\cdot max}}{n_l}$ 保护装置的灵敏系数(按最小运行方式下线路始端两相短路电流校验) $K_m=\dfrac{I''_{1k2\cdot min}}{I_{dz}}\geqslant 1.5$	
带时限电流速断保护	保护装置的动作电流(应躲过相邻元件末端短路时的最大三相短路电流或与相邻元件的电流速断保护的动作电流相配合,按两个条件中较大者整定) $I_{dz\cdot j}=K_k K_{jx}\dfrac{I_{3k3\cdot max}}{n_l}$ 或 $I_{dz\cdot j}=K_{ph} K_{jx}\dfrac{I_{dz\cdot 3}}{n_l}$ 保护装置的灵敏系数与无时限电流速断保护的公式相同 保护装置的动作时限,应较相邻元件的电流速断保护大一个时限阶段,一般大 0.3s	

续表

保护名称	计算项目和公式	符号说明
单相接地保护	保护装置的一次动作电流(按躲过被保护线路外部单相接地故障时,从被保护元件流出的电容电流及按最小灵敏系数 1.25 整定) $I_{dz} \geqslant K_k I_{cx}$ 和 $I_{dz} \leqslant \frac{I_{c\Sigma} - I_{cx}}{1.3}$	I_{cx}—被保护线路外部发生单相接地故障时,从被保护元件流出的电容电流,A; $I_{c\Sigma}$—电网的总单相接地电容电流⑤,A

注：① 如为线路变压器组，应按配电变压器整定计算；

② 当保证母线上具有规定的残余电压时，线路的最小允许长度按下式计算

$$K_x = \frac{-\beta K_1 + \sqrt{1+\beta^2 - K_1^2}}{\sqrt{1+\beta^2}}$$

$$I_{min} = \frac{X_{x \cdot min}}{R_l} \cdot \frac{-\beta + \sqrt{\frac{K_k^2 a^2}{K_x^2}(1+\beta^2) - 1}}{1+\beta^2}$$

式中，K_x为计算运行方式下电力系统最小综合电抗 $X_{x \cdot min}$上的电压与额定电压之比；β为每千米线路的电抗 X_1与有效电阻 R_l之比；K_1为母线上残余相间电压与额定相间电压之比，其值等于母线上最小允许残余电压与额定电压之比，取 0.6；R_l为每 km 线路的有效电阻，Ω/km；$X_{x \cdot min}$为按电力系统在最大运行方式下，在母线上的最小综合电抗，Ω；K_k为可靠系数，一般取 1.2；α为表示电力系统运行方式变化的系数，其值等于电力系统最小运行方式时的综合电抗 $X_{*x \cdot max}$与最大运行方式时的综合电抗 $X_{*x \cdot min}$之比。

③ 电动机自启动时的过负荷电流按下式计算

$$I_{gh} = K_{gh} I_{g \cdot xl} = \frac{I_{g \cdot xl}}{u_k + Z_{*ll} + \frac{S_{rT}}{K_q S_{M\Sigma}}}$$

式中，$I_{g \cdot xl}$为线路工作电流，A；K_{gh}为需要自启动的全部电动机，在启动时所引起的过电流倍数；u_k为变压器阻抗电压相对值；Z_{*ll}为以变压器额定容量为基准的线路阻抗标幺值；S_{rT}为变压器额定容量，kVA；S_{M2}为需要自启动的全部电动机容量，kVA；K_q为电动机启动时的电流倍数。

④ 两相短路超瞬态电流 I''_{k2}等于三相短路超瞬态电流 I''_{k3}的 0.866 倍；

⑤ 电网单相接地电容电流计算，详见第 3 章。

35~66kV 线路的继电保护整定计算 表 1.4-6

保护名称	计算项目和公式	符号说明
无时限电流和电压速断	按保护动作范围的条件整定 $I_{dz\cdot j}=\dfrac{K_{jx}I_j}{n_l(X_{*s}+X_{*dz})}$ $I_{dz}=\dfrac{I_{dzj}n_l}{K_{jx}}$ $U_{dz\cdot j}=\dfrac{I_{dz}X_{*dz}\dfrac{U_j}{I_j}}{n_y}$ $U_{dz}=U_{dzj}n_y$	K_{jx}—接线系数，接于相电流时$K_{jx}=1$ n_l—电流互感器变比 I_j—基准电流 X_{*s}—系统电抗标幺值 X_{*dz}—相当于电流元件或电压元件动作范围长度的线路电抗标幺值 $X_{*dz}=\dfrac{X_{*l}}{K_k}$ X_{*l}—被保护线路的电抗标幺值 K_k—可靠系数取 1.1 n_y—电压互感器变比 U_j—基准电压 K_{ph}—配合系数，取 1.1 $I_{dz\cdot 3}$—相邻元件的无时限由流速断保护的一次动作电流 $I_{3k3\cdot max}$—系统最大运动方式时，相邻元件末端的三相短路电流 X—被保护线路的电抗 $U_{dx\cdot 3}$—相邻元件的无时限电压速断保护的一次动作电压 $I_{2k2\cdot min}$—最小运动方式下，被保护线路末端两相短路稳态电流，A $U_{sh\cdot max}$—最大运行方式下，被保护线路末端三相短路，保护安装处的剩余电压，V
带时限电流和电压速断	保护装置动作电流(应与相邻元件的无时限电流速断保护的动作电流相配合) $I_{dz\cdot j}=\dfrac{K_{jx}K_{ph}I_{dz\cdot 3}}{n_l}$ $I_{dz}=\dfrac{I_{dz\cdot j}n_l}{K_{jx}}$ (并应躲过相邻元件末端的最大三相短路电流) $I_{dz\cdot j}=\dfrac{K_{jx}K_kI_{3k3\cdot max}}{n_l}$ $I_{dz}=\dfrac{I_{dz\cdot j}n_l}{K_{jx}}$ 保护装置动作电压(应与相邻元件的无时限电压速断保护的动作电压相配合) $U_{dz\cdot j}=\dfrac{\sqrt{3}I_{dz}X+U_{dz\cdot 3}}{n_yK_{ph}}$ $U_{dz}=U_{dzj}\cdot n_y$	
灵敏系数和时限	保护装置灵敏系数(电流部分) $K_m=\dfrac{I_{2k2\cdot min}}{I_{dz}}\geqslant 1.3\sim 1.5$ 保护装置灵敏系数(电压部分) $K_m=\dfrac{U_{dz}}{U_{sh\cdot max}}\geqslant 1.3\sim 1.5$ 带时限保护装置的动作时限，应较相邻元件的电流和电压速断保护大一时限阶段，一般时限取 0.3~0.5s	

3）三相一次重合闸（检无压或不检）。

4）过负荷保护。

5）过流/零序合闸后加速保护（前加速或后加速）。

6）低频减载保护。

7）独立的操动回路及故障录波。

（2）装置闭锁和装置告警

1）当装置检测本身硬件故障时，发出装置故障闭锁信号，同时闭锁整套保护。硬件故障包括“RAM 出错，EPROM 出错，定值出错，电源故障”。

2）当装置检测到下列状况时，发出运行异常信号：线路电压异常报警。电压互感器断线。频率异常。电流互感器断线。跳闸位置继电器异常。控制回路断线。弹簧未储能。零序电流报警。过负荷报警。接地报警。

（3）线路测控功能

1）遥控功能：正常遥控跳闸操动，正常遥控合闸操动，接地选线遥控跳闸操动。

2）遥测功能：相电压、线电压、零序电压、线电流、有功、无功功率、功率因数、频率、有功电度，无功电度遥测。这些量都在当地实时计算，实时累加，计算不依赖于网络。

3）遥信功能：遥信开入，装置变位遥信及事故遥信，并作事件顺序记录。

（4）3～63kV 线路各保护环节逻辑框图

各保护环节逻辑框图如图 1.4-19～图 1.4-23 所示。

典型线路保护装置逻辑框图如图 1.4-24 所示。

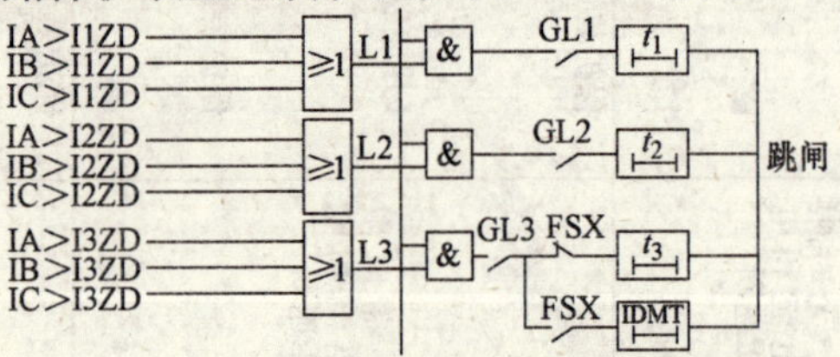

图 1.4-19　过流保护逻辑框图

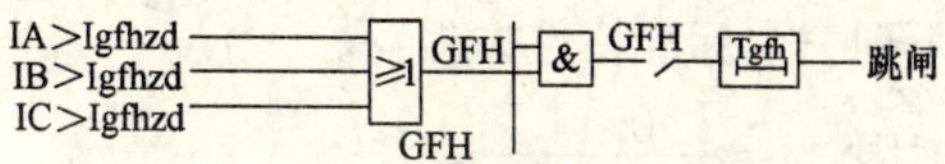

图 1.4-20　过负荷保护逻辑框图

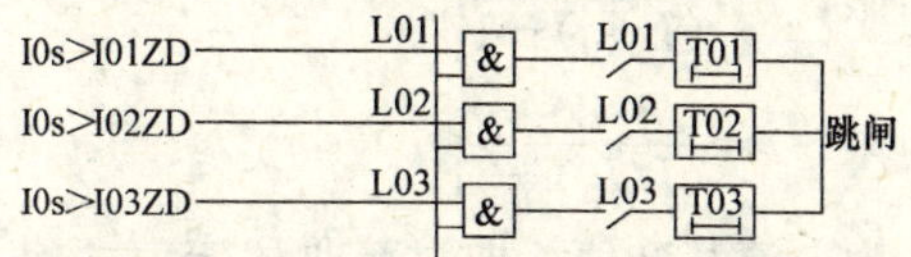

图 1.4-21　零序过流保护逻辑框图

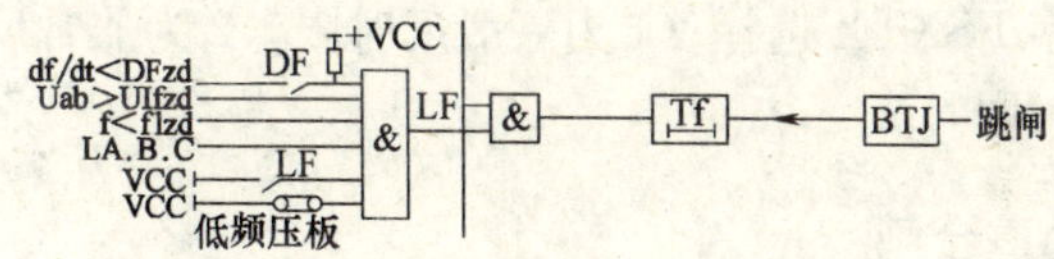

图 1.4-22　低频减载保护逻辑框图

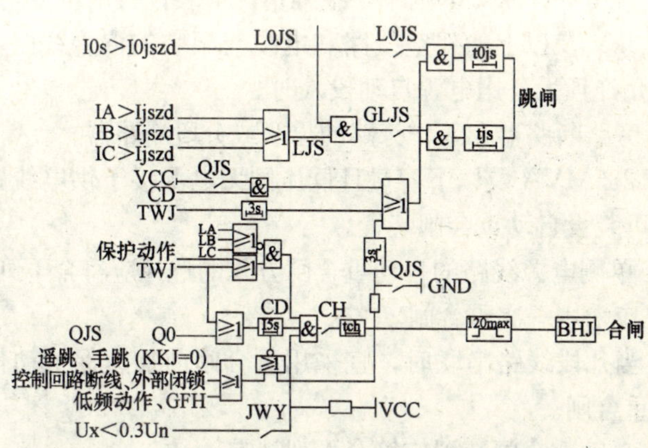

图 1.4-23　自动重合闸、合闸加速过流保护逻辑框图

(5) 保护整定方式

装置设三段定时限过流保护，各段电流及时间定值可独立整定，分别设置整定控制字控制这三段保护的投退。其中过流Ⅲ段可通过控制字 FSX 选择采用定时限还是反时限（若为 1，则过流Ⅲ段为反时限段，若为 0，则过流Ⅲ为定时限段）。根据国际电工委员会（IEC 255-4）和英国标准规范（BS 142.1996）的规

定，一般采下列三个标准特性方程：

一般反时限：$t=\frac{0.14}{(I/I_p)-1}t_p$

非常反时限：$t=\frac{13.5}{(I/I_p)-1}t_p$

极端反时限：$t=\frac{80}{(I/I_p)^2-1}t_p$

式中，I_p为电流基准值，取过流Ⅲ段定值I_{3zd}；t_p为时间常数，取过流Ⅲ段时间定值T_{3zd}，范围为0～1s。其中反时限特性可由控制字FSXTX选择（1为一般反时限，2为非常反时限，3为极端反时限）。

4.5 自动重合闸

1）在3～110kV电网中，下列情况应装设自动重合闸装置：

① 3kV及以上的架空线路和电缆与架空的混合线路，当用电设备允许且无备用电源自动投入时。

② 旁路断路器和兼作旁路的母联或分段断路器。

2）235MVA及以下容量且低压侧无电源接于供电线路的变压器，可装设自动重合闸装置。

3）单侧电源线路的自动重合闸方式的选择应符合下列规定：

① 应采用一次重合闸。

② 当几段线路串联时，宜采用重合闸前加速保护动作或顺序自动重合闸。

4）自动重合闸装置应符合下列规定：

① 自动重合闸装置可由保护装置或断路器控制状态与位置不对应启动。

② 手动或通过遥控装置将断路器断开或将断路器投入故障线路上而随即由保护装置将其断开时，自动重合闸均不应动作。

③ 在任何情况下，自动重合闸的动作次数应符合预先的规定。

④ 当断路器处于不正常状态不允许实现自动重合闸时，应将重合闸装置闭锁。

4.6　自动低频低压减负荷装置

1）在变电站和配电站，应根据电力网安全稳定运行的要求装设自动低频低压减负荷装置。当电力网发生故障导致功率缺额，使频率和电压降低时，应由自动低频低压减负荷装置断开一部分次要负荷，并应将频率和电压降低限制在短时允许范围内，同时应使其在允许时间内恢复至长时间允许值。

2）自动低频低压减负荷装置的配置及所断开负荷的容量，应根据电力系统最不利运行方式下发生故障时，可能发生的最大功率缺额确定。

3）自动低频低压减负荷装置应按频率、电压分为若干级，并应根据电力系统运行方式和故障时功率缺额分轮次动作。

4）在电力系统发生短路、进行自动重合闸或备用自动投入装置动作时电源中断的过程中，当自动低频低压减负荷装置可能误动作时，应采取相应的防止误动作的措施。

4.7　线路光纤电流纵差保护测控装置

（1）光纤电流纵差保护

由于装置的通信方式为异步通信方式且采用较低的通信波频率，为提高差动继电器可利用的数据采样密度，装置必须压缩两侧需交换的数据量，故差动继电器实现时取两侧电流综合量而未采用分相电流差动。差动方程如下

$$DI_{\Sigma}=|\dot{I}_{\Sigma L}+\dot{I}_{\Sigma R}|-0.7(|\dot{I}_{\Sigma L}|+|\dot{I}_{\Sigma R}|)\geqslant 0.3\dot{I}_{\Sigma N}$$

式中：$\dot{I}_{\Sigma L}$为本侧电流综合量；$\dot{I}_{\Sigma R}$为对侧电流综合量；$\dot{I}_{\Sigma N}$为额定工况下的电流综合量。

电流综合量 $I_{\Sigma}=I_1+6I_2$

制动系数为 0.7；最小动作电流为 0.3 $\dot{I}_{\Sigma N}$；I_1 为正序电流；I_2 为同相负序电流。

差动保护实现的逻辑框图如图 1.4-25 所示。

（2）光纤电流纵差保护装置

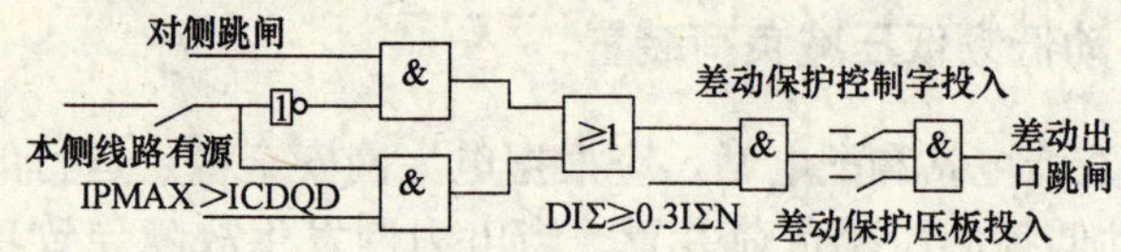

图 1.4-25　差动保护逻辑框图

1）光纤电流纵差保护装置保护与测控功能。装置适用于110kV以下电压等级的非直接接地系统或小电阻接地系统中的短线路光纤电流纵差和电流电压保护及测控装置。可在开关柜就地安装。

保护方面的主要功能有：①短线路光纤电流纵差保护；②三段式可经低电压闭锁的定时限方向过电流保护，其中第三段可整定为反时限段；③零序过流保护/小电流接地选线；④三相一次重合闸（检无压、同期、不检）；⑤一段定值可分别独立整定的合闸加速保护（可选前加速或后加速）；⑥低频减载保护等；⑦独立的操动回路及故障录波。

测控方面的主要功能有：8路遥信开入采集、装置遥信变位、事故遥信；正常断路器遥控分合、小电流接地选测遥控分合；UA、UB、UC、U0、UAB、UBC、UCA、LA、IC、P、Q、COSϕ、F14个模拟量的遥测；开关事故分合次数统计及事件SOE等；4路脉冲输入。

2）技术数据

① 额定数据：

直流电源：220V、110V 允许偏差＋15％，－20％

交流电压：$110/\sqrt{3}$V，100V

交流电流：5A、1A

频　　率：50Hz

② 功耗：

交流电压：＜0.5VA/相

交流电流：＜1VA/相（In＝5A）

　　　　　＜0.5VA/相（In＝1A）

直流回路：正常<15W

跳闸<25W

③ 主要技术指标

a. 光纤电流纵差保护

光纤接头方式： ST 型

光纤类型： 多模光纤

推荐传输距离： <2km（若线路长度大于 2km，订货时请特别声明，光纤接口需另行处理）

通讯方式： 异步通讯

传输速度： 9600bit/s

纵差保护固有动作时间：<50ms

b. 定时限过流

电流定值： 0.1～20I_n

时间定值： 0～100s

定值误差： <5%

c. 重合闸

重合闸时间： 0.1～9.9s

定值误差： <5%

d. 低频减载

低频定值： 45～50Hz

低压闭锁： 10～90V

df/dt 闭锁： 0.3～10Hz/s

定值误差： <5%

其中频率误差： <0.01Hz

e. 遥测量计量等级： 电流 0.2 级

其他 0.5 级

f. 遥信分辨率： <2ms

信号输入方式： 无源触点

（3）光纤电流纵差保护逻辑框图

各保护环节逻辑框图如图 1.4-26 所示。

5 6～10kV 母线分段断路器的保护

5.1 保护装置

6～10kV 母线分段断路器的继电保护配置见表 1.4-7。

5.2 整定计算

6～10kV 母线分段断路器的继电保护整定计算见表 1.4-8。

6～10kV 母线分段断路器的继电保护配置　　表 1.4-7

被保护设备	保护装置名称		备　注
	电流速断保护	过电流保护	
不并列运行的分段母线	仅在分段断路器合闸瞬间投入，合闸后自动解除	装设	对出线不多的Ⅱ、Ⅲ级负荷供电的配电所母线分段断路器，可不设保护装置

5.3 备用电源自动投入

(1) 在下列情况下，应装设备用电源的自动投入装置（以下简称自动投入装置）：

1) 具有备用电源的发电厂厂用电源和变电所所用电源。

2) 由双电源供电，其中一个电源经常断开作为备用的电源。

3) 降压变电所内有备用变压器或有互为备用的电源。

4) 有备用机组的某些重要辅机。

(2) 自动投入装置的功能设计应符合下列要求：

1) 除发电厂备用电源快速切换外，应保证在工作电源或设备断开后，才投入备用电源或设备。

2) 工作电源或设备上的电压，不论何种原因消失，除手动分闸或有闭锁信号外，自动投入装置均应动作。

3) 自动投入装置应保证只动作一次。

6~10kV 母线分段断路器的继电保护整定计算 **表 1.4-8**

保护名称	计算项目和公式	符号说明
过电流保护	保护装置的动作电流(应躲过任一母线段的最大负荷电流) $I_{dz\cdot j}=K_kK_{jx}\frac{I_{fh}}{K_hn_l}$ 保护装置的灵敏系数(按最小运行方式下母线两相短路时,流过保护安装处的短路电流校验,对后备保护,则按最小运行方式下相邻元件末端两相短路时,流过保护安装处的短路电流校验) $K_m=\frac{I_{k2\cdot min}}{I_{dz}}\geqslant 1.3$ $K_m=\frac{I_{3k2\cdot min}}{I_{dz}}\geqslant 1.2$ 保护装置的动作时限,应较相邻元件的过电流保护大一时限阶段,一般大 0.3~0.5s	K_k—可靠系数,对微机保护取 1.1; K_{jx}—接线系数,星形接线取 1.0; K_h—继电器返回系数,对微机保护取 0.9; I_{fh}——段母线最大负荷(包括电动机自动启动引起的)电流,A; n_l—电流互感器变比; $I_{k2\cdot min}$—最小运行方式下母线两相短路时,流过保护安装处的稳态电流,A; $I_{3k2\cdot min}$—最小运行方式下相邻元件末端两相短路时,流过保护安装处的稳态电流,A; I_{dz}—保护装置一次动作电流,A, $I_{dz}=I_{dz\cdot j}\frac{n_l}{K_{jx}}$ $I''_{k2\cdot min}$—最小运行方式下母线两相短路时,流过保护安装处的超瞬态电流[①] A
电流速断保护	保护装置的动作电流(应按最小灵敏系数 1.5 整定) $I_{dz\cdot j}\leqslant\frac{I''_{k2\cdot min}}{1.5n_l}$	

注:① 两相短路超瞬态电流 I''_{k2} 等于三相短路超瞬态电流 I''_{k3} 的 0.866 倍。

(3) 应校核备用电源或备用设备自动投入时过负荷及电动机自启动的情况，如过负荷超过允许限度或不能保证自启动时，应有自动投入装置动作时自动减负荷的措施。

(4) 当自动投入装置动作时，如备用电源或设备投于故障，应有保护加速跳闸。

5.4 分段断路器备用电源自投保护测控装置

(1) 分段断路器备用电源自投保护功能

1) 复合电压闭锁的二段定时限过流保护。

2) 一段零序过流保护。

3) 分段断路器自投。

4) 三相一次重合闸（不检定）。

5) 合闸后加速保护（零序加速段或可经复压闭锁的过流加速段）。

6) 独立的操动回路及故障录波。

(2) 装置闭锁和装置告警

1) 当装置检测到本身硬件故障时，发出装置报警信号，同时闭锁整套保护。硬件故障包括：RAM 出错，EPROM 出错、定值出错、电源故障。

2) 当装置检测出如下问题，发出运行异常报警信号：跳闸位置继电器异常；分段断路器电流不平衡（报电流互感器异常)；Ⅰ、Ⅱ段母线电压互感器断线；控制回路断线；弹簧未储能；频率异常。

(3) 分段断路器测控功能

1) 遥控功能：正常遥控跳闸操动，正常遥控合闸操动。

2) 遥测功能：电流、功率因数、有功、无功功率和有功、无功电度遥测。这些量都在当地实时计算，实时累加，计算不依赖于网络。

3) 遥信功能：遥信开入，装置变位遥信及事故遥信，并做事件顺序记录。

（4）分段断路器各保护环节逻辑图

各保护环节逻辑框图如图 1.4-27 和图 1.4-28 所示。

典型分段断路器保护装置逻辑框图如图 1.4-29 所示。

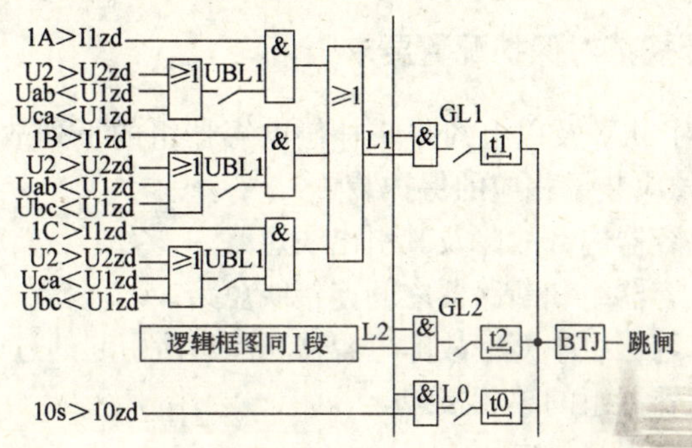

图 1.4-27 复合电压过流保护、零序过流保护逻辑框图

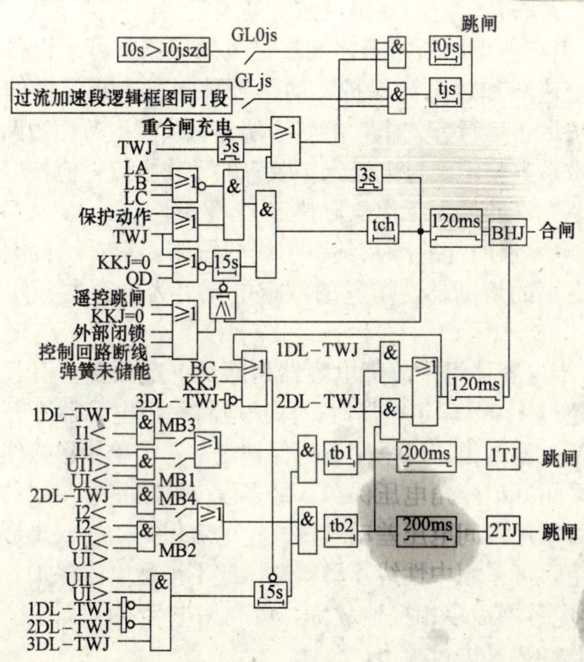

图 1.4-28 分段断路器自投、合闸后加速保护的逻辑框图

6 电力电容器的保护

6.1 设计规范对保护配置要求

(1) 对3kV及以上的并联补偿电容器组的下列故障及异常运行方式，应装设相应的保护装置：

1) 电容器内部故障及其引出线短路。

2) 电容器组和断路器之间连接线短路。

3) 电容器组中某一故障电容器切除后所引起的过电压。

4) 电容器组的单相接地。

5) 电容器组过电压。

6) 所连接的母线失压。

(2) 并联补偿电容器组应按下列规定装设保护装置：

1) 电容器组和断路器之间连接线的短路，可装设带有短时限的电流速断和过电流保护，动作于跳闸。速断保护的动作电流，应按最小运行方式下，电容器端部引线发生两相短路时，有足够灵敏系数整定。过电流保护装置的动作电流，应按躲过电容器组长期允许的最大工作电流整定。

2) 电容器内部故障及其引出线的短路，宜对每台电容器分别装设专用的熔断器。熔丝的额定电流可为电容器额定电流的1.5～2.0倍。

3) 当电容器组中故障电容器切除到一定数量，引起电容器端电压超过110％额定电压时，保护应将整组电容器断开。对不同接线的电容器组，可采用下列保护之一：①单星形接线的电容器组可采用开口三角电压保护。②多段串联单星形接线的电容器组，也可采用段间电压差动或桥式差电流保护。③双星形接线的电容器组，可采用中性线不平衡电压或不平衡电流保护。

4) 电容器组单相接地故障，可利用电容器组所连接母线上的绝缘监察装置进行检出。

当电容器组所连接母线有引出线时，可按线路的单相接地保护的规定装设保护，但安装在绝缘支架上的电容器组，可不再装设单相接地保护。

5）对电容器组的过电压应装设过电压保护，带时限动作于信号或跳闸。

6）对母线失压应装设低电压保护，带时限动作于信号或跳闸。

(3) 对于电网中出现的高次谐波有可能导致电容器过负荷时，电容器组宜装设过负荷保护，带时限动作于信号或跳闸。

6.2 保护配置

6～10kV 电力电容器的继电保护配置见表 1.4-9。

6～10kV 电力电容器的继电保护配置　　表 1.4-9

保护装置名称					
带短延时的速断保护	过电流保护	过负荷保护	单相接地保护	过电压保护	低电压保护
装设	装设	宜装设	电容器与支架绝缘时可不装设	当电压可能超过 110%额定值时装设	装设

保护装置名称				
单星形开口三角电压保护	单星形桥式差电流保护	单星形电压差动保护	双星形中性点不平衡电压保护	双星形中性线不平衡电流保护
对电容器内部故障及其引出线短路装设				

6.3 整定计算

6～10kV 电力电容器组的继电保护整定计算见表 1.4-10。

6.4 电容器保护测控装置

(1) 电容器保护功能

6～10kV 电力电容器组的继电保护整定计算 **表 1.4-10**

保护名称	计算项目和公式	符号说明
带有短延时的速断保护	保护装置的动作电流(应按电容器组端部引线发生两相短路时,保护的灵敏系数应符合要求整定) $I_{dz\cdot j}\leqslant\frac{I''_{k2\cdot min}}{1.5n_l}\cdot K_{jx}$ 保护装置的动作时限应大于电容器组合闸涌流时间,为 0.2s。	K_{jx}—接线系数,接于相电流时取 1,接于相电流差时取$\sqrt{3}$; n_l—电流互感器变比; $I''_{k2\cdot min}$—最小运行方式下,电容器组端部两相短路时,流过保护安装处的超瞬态电流,A; K_k—可靠系数,对微机保护过电流取 1.1,过负荷取 1.05～1.1; K_h—继电器返回系数,对微机保护取 0.9; K_{gh}—过负荷系数,取 1.3; I_{rC}—电容器组额定电流,A; K_m—保护装置的灵敏系数; I_{dz}—保护装置一次动作电流,A; $I_{dz}=\frac{I_{dz\cdot j}n_l}{K_{jx}}$ I_{bp}—最大不平衡电流,A,由测试决定; β_c—单台电容器元件击穿相对数,取 0.5～0.7; m—每相各串联段电容器并联台数; n—每相电容器的串联段数; U_{bp}—最大不平衡零序电压,V,由测试决定; U_{rph}—电容器组的额定相电压,V; n_y—电压互感器变比; U_{r2}—电压互感器二次额定电压,V,其值为 100V; K_{min}—系统正常运行时母线电压可能出现的最低电压系数,一般取 0.5; $I_{C\Sigma}$—电网的总单相接地电容电流,A; I_{rc}—单台电容器额定电流,A
过电流保护	保护装置的动作电流(应按大于电容器组允许的长期最大过电流整定) $I_{dz\cdot j}=K_kK_{jx}\frac{K_{gh}I_{rC}}{K_hn_l}$ 保护装置的灵敏系数(按最小运行方式下电容器组端部两相短路时,流过保护安装处的短路电流校验) $K_m=\frac{I''_{k2\cdot min}}{I_{dz}}\geqslant 1.3$ 保护装置的动作时限应较电容器组短延时速断保护的时限大一时限阶段,一般大 0.3～0.5s	
过负荷保护	保护装置的动作电流(应按电容器组负荷电流整定) $I_{dz\cdot j}=K_kK_{jx}\frac{I_{rC}}{K_hn_l}$ 保护装置的动作时限应较过电流保护时限大一时限阶段,一般大 0.5s	
过电压保护	保护装置的动作电压(按母线电压不超过 110%额定电压值整定) $U_{dz\cdot j}=1.1U_{r2}$ 保护装置动作于信号或带 3～5min 时限动作于跳闸	

续表

保护名称	计算项目和公式	符号说明
低电压保护	保护装置的动作电压(按母线电压可能出现的低电压整定) $U_{dz\cdot j}=K_{min}U_{r2}$	K_{jx}—接线系数,接于相电流时取1,接于相电流差时取$\sqrt{3}$; n_l—电流互感器变比; $I''_{k2\cdot min}$—最小运行方式下,电容器组端部两相短路时,流过保护安装处的超瞬态电流,A; K_k—可靠系数,对微机保护过电流取1.1,过负荷取1.05～1.1; K_h—继电器返回系数,对微机保护取0.9; K_{gh}—过负荷系数,取1.3; I_{rC}—电容器组额定电流,A; K_m—保护装置的灵敏系数; I_{dz}—保护装置一次动作电流,A; $I_{dz}=\frac{I_{dz\cdot j}n_l}{K_{jx}}$ I_{bp}—最大不平衡电流,A,由测试决定; β_c—单台电容器元件击穿相对数,取0.5～0.7; m—每相各串联段电容器并联台数; n—每相电容器的串联段数; U_{bp}—最大不平衡零序电压,V,由测试决定; U_{rph}—电容器组的额定相电压,V; n_y—电压互感器变比; U_{r2}—电压互感器二次额定电压,V,其值为100V; K_{min}—系统正常运行时母线电压可能出现的最低电压系数,一般取0.5; $I_{C\Sigma}$—电网的总单相接地电容电流,A; I_{rc}—单台电容器额定电流,A
单相接地保护	保护装置的一次动作电流(按最小灵敏系数1.3整定) $I_{dz}\leqslant\frac{I_{C\Sigma}}{1.3}$	
开口三角电压保护(单星形接线)	保护装置的动作电压(应躲过由于三相电容的不平衡及电网电压的不对称,正常时所存在的不平衡零序电压,及当单台电容器内部50%～70%串联元件击穿时,或因故障切除同一并联段中的K台电容器时,使保护装置有一定的灵敏系数,即$K_m\geqslant1.5$) $U_{dz\cdot j}\geqslant K_kU_{bp}$ V $U_{dz\cdot j}\leqslant\frac{1}{K_mn_y}\times\frac{3\beta_cU_{rph}}{\{3n[m(1-\beta_c)+\beta_c]-2\beta_c\}}$ (每台电容器未装设专用熔断器) $U_{dz\cdot j}\leqslant\frac{1}{K_mn_y}\times\frac{3KU_{rph}}{3n(m-K)+2K}$ $K\geqslant\frac{3}{11}\times\frac{mn}{3n-2}$ (每台电容器装设专用熔断器) 保护动作时限0.1～0.2s	
桥式差电流保护(单星形接线)	保护装置的动作电流(应躲过正常时,桥中性线上电流互感器二次回路中的最大不平衡电流,及当单台电容器内部50%～70%串联元件击穿时,或因故障切除同一并联段中的K台电容器时,使保护装置有一定的灵敏系数,即$K_m\geqslant1.5$) $I_{dz\cdot j}\geqslant K_kI_{bp}$ A	

续表

保护名称	计算项目和公式	符号说明
桥式差电流保护(单星形接线)	$I_{dz\cdot j}\leqslant\frac{1}{K_m n_l}\times\frac{3m\beta_c I_{rc}}{3n[m(1-\beta_c)+2\beta_c]-8\beta_c}$ (每台电容器未装设专用熔断器) $I_{dz\cdot j}\leqslant\frac{1}{K_m n_l}\times\frac{3mKI_{rc}}{3n(m-2K)+8K}$ $K\geqslant\frac{1.5}{11}\times\frac{mn}{3n-4}$ (每台电容器装设专用熔断器) 保护动作时限 0.1～0.2s	K_{jx}—接线系数,接于相电流时取1,接于相电流差时取$\sqrt{3}$; n_l—电流互感器变比; $I''_{k2\cdot min}$—最小运行方式下,电容器组端部两相短路时,流过保护安装处的超瞬态电流,A; K_k—可靠系数,对微机保护过电流取1.1,过负荷取1.05～1.1; K_h—继电器返回系数,对微机保护取0.9; K_{gh}—过负荷系数,取1.3; I_{rC}—电容器组额定电流,A; K_m—保护装置的灵敏系数; I_{dz}—保护装置一次动作电流,A; $I_{dz}=\frac{I_{dz\cdot j}n_l}{K_{jx}}$ I_{bp}—最大不平衡电流,A,由测试决定; β_c—单台电容器元件击穿相对数,取0.5～0.7; m—每相各串联段电容器并联台数; n—每相电容器的串联段数; U_{bp}—最大不平衡零序电压,V,由测试决定; U_{rph}—电容器组的额定相电压,V; n_y—电压互感器变比; U_{r2}—电压互感器二次额定电压,V,其值为100V; K_{min}—系统正常运行时母线电压可能出现的最低电压系数,一般取0.5; $I_{C\Sigma}$—电网的总单相接地电容电流,A; I_{rc}—单台电容器额定电流,A
电压差动保护(单星形接线)	保护装置的动作电压(应躲过正常时,电容器组两串联段上不平衡电压,及当单台电容器内部50%～70%串联元件击穿时,或因故障切除同一并联段中的K台的电容器时,使保护装置有一定的灵敏系数,即$K_m\geqslant1.5$) $U_{dz\cdot j}\geqslant K_k U_{bp}$ $U_{dz\cdot j}\leqslant\frac{1}{K_m n_Y}\times\frac{3\beta_c U_{rph}}{3n[m(1-\beta_c)+\beta_c]-2\beta_c}$ (每台电容器未装设专用熔断器) $U_{dz\cdot j}\leqslant\frac{1}{K_m n_Y}\times\frac{3KU_{rph}}{3n(m-K)+2K}$ $K\geqslant\frac{3.3mn}{6.3n-2.2}$ (每台电容器装设专用熔断器) 保护动作时限 0.1～0.2s	
中性线不平衡电压保护(双星形接线)	保护装置的动作电压(应躲过正常时,中性线上电压互感器二次回路中的最大不平衡电压,及当单台电容器内部50%～70%串联元件击穿时,或因故障切除同一并联段中的K台电容器时,使保护装置有一定的灵敏系数,即$K_m\geqslant1.5$)	

续表

保护名称	计算项目和公式	符号说明
中性线不平衡电压保护(双星形接线)	$U_{dz\cdot j}\geqslant K_kU_{bp}$ $U_{dz\cdot j}\leqslant\frac{1}{K_mn_Y}\times\frac{\beta_cU_{rph}}{3n[m(1-\beta_c)+\beta_c]-2\beta_c}$ (每台电容器未装设专用熔断器) $U_{dz\cdot j}\leqslant\frac{1}{K_mn_Y}\times\frac{KU_{rph}}{3n(m-K)+2K}$ $K\geqslant\frac{3.3nm}{6.3n-2.2}$ (每台电容器装设专用熔断器) 保护动作时限 0.1～0.2s	K_{jx}—接线系数,接于相电流时取 1,接于相电流差时取$\sqrt{3}$; n_l—电流互感器变比; $I''_{k2\cdot min}$—最小运行方式下,电容器组端部两相短路时,流过保护安装处的超瞬态电流,A; K_k—可靠系数,对微机保护过电流取 1.1,过负荷取 1.05～1.1; K_h—继电器返回系数,对微机保护取 0.9; K_{gh}—过负荷系数,取 1.3; I_{rC}—电容器组额定电流,A; K_m—保护装置的灵敏系数; I_{dz}—保护装置一次动作电流,A; $I_{dz}=\frac{I_{dz\cdot j}n_l}{K_{jx}}$ I_{bp}—最大不平衡电流,A,由测试决定; β_c—单台电容器元件击穿相对数,取 0.5～0.7; m—每相各串联段电容器并联台数; n—每相电容器的串联段数; U_{bp}—最大不平衡零序电压,V,由测试决定; U_{rph}—电容器组的额定相电压,V; n_y—电压互感器变比; U_{r2}—电压互感器二次额定电压,V,其值为 100V; K_{min}—系统正常运行时母线电压可能出现的最低电压系数,一般取 0.5; $I_{C\Sigma}$—电网的总单相接地电容电流,A; I_{rc}—单台电容器额定电流,A
中性线不平衡电流保护(双星形接线)	保护装置的动作电流(应躲过正常时,中性线上电流互感器二次回路中的最大不平衡电流,及当单台电容器内部 50%～70%串联元件击穿时,或因故障切除同一并联段中的 K 台电容器时使保护装置有一定的灵敏系数即 $K_m\geqslant$ 1.5) $I_{dz\cdot j}\geqslant K_kI_{bp}$ $I_{dz\cdot j}\leqslant\frac{1}{K_mn_l}\times\frac{3m\beta_cI_{rc}}{6n[m(1-\beta_c)+\beta_c]-5\beta_c}$ (每台电容器未装设专用熔断器) $I_{dz\cdot j}\leqslant\frac{1}{K_mn_l}\times\frac{3mKI_{rc}}{6n(m-K)+5K}$ $K\geqslant\frac{6.6mn}{12.6n-5.5}$ (每台电容器装设专用熔断器) 保护动作时限 0.1～0.2s	

1）三段定时限过流保护（其中第三段可整定为反时限段）或二段定时限过流保护。

2）过电压保护。

3）低电压保护。

4）不平衡电压（零序电压）保护。

5）不平衡电流（零序电流）保护。

6）桥差电流保护。

7）差电压保护。

8）零序过流保护/小电流接地选线。

9）非电量保护（瓦斯温度）。

10）自动投切功能。

11）独立的操动回路及故障录波。

（2）装置闭锁和装置告警

1）当装置检测到本身硬件故障时，发出故障闭锁信号，同时闭锁整套保护。硬件故障包括：RAM 出错、EPROM 出错，定值出错，电源故障。

2）当装置检测到下列状况时，发出运行异常信号：过电压报警；电压互感器断线；频率异常；电流互感器断线；跳闸位置继电器异常；控制回路断线；弹簧未储能；零序电流报警；接地报警；超温报警；轻瓦斯报警。

（3）电容器测控功能

1）遥控功能：正常遥控跳闸操动，正常遥控合闸操动，接地选线遥控跳闸。

2）遥测功能：电流，无功功率、功率因数和无功电度，所有这些量都在当地实时计算，实时累加，计算不依赖于网络。

3）遥信功能：遥信开入采集，装置变位遥信及事故遥信，并做事件顺序记录。

（4）电容器各保护环节逻辑框图

各保护环节逻辑框图如图 1.4-30～图 1.4-36 所示。

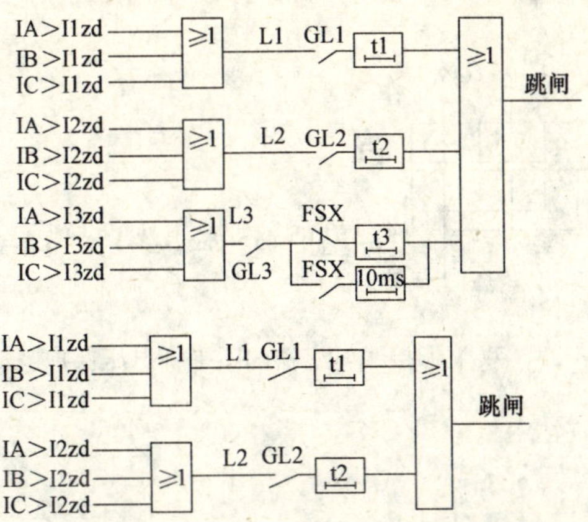

图 1.4-30 电容器过电流保护逻辑框图

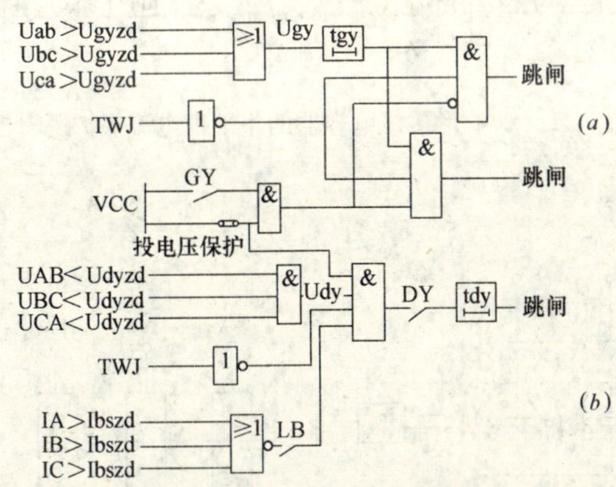

图 1.4-31 电压保护逻辑框图

(*a*) 过电压保护；(*b*) 低电压保护

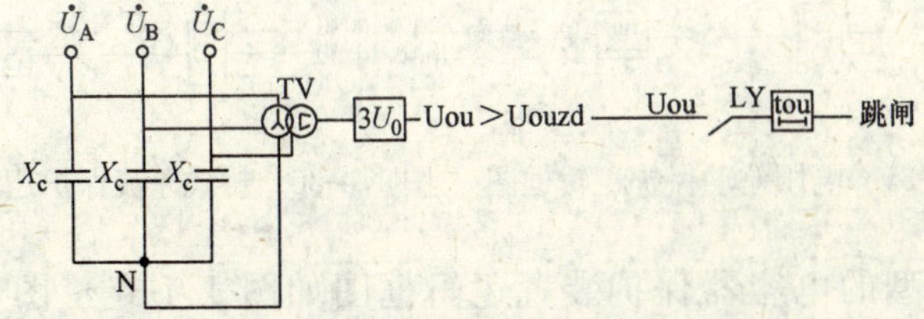

图 1.4-32 开口三角电压保护逻辑框图

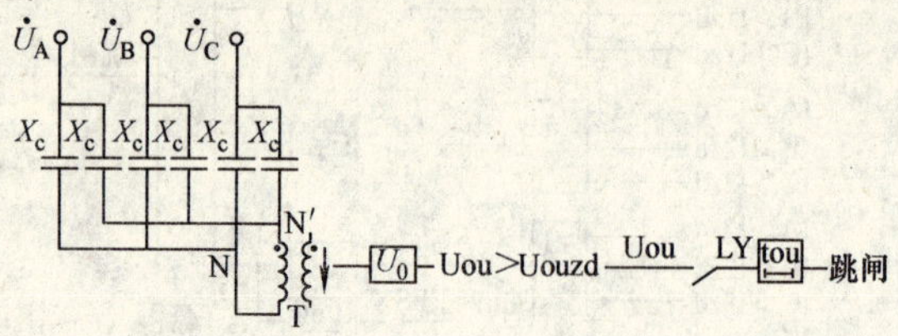

图 1.4-33 双丫形接线电容器的不平衡电压保护逻辑框图

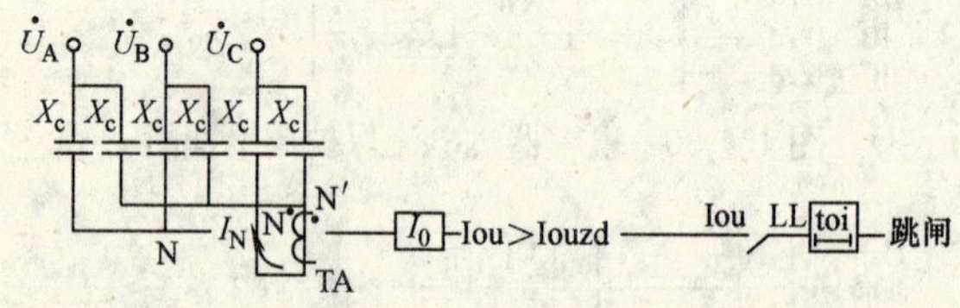

图 1.4-34 双丫形接线电容器的不平衡电流保护逻辑框图

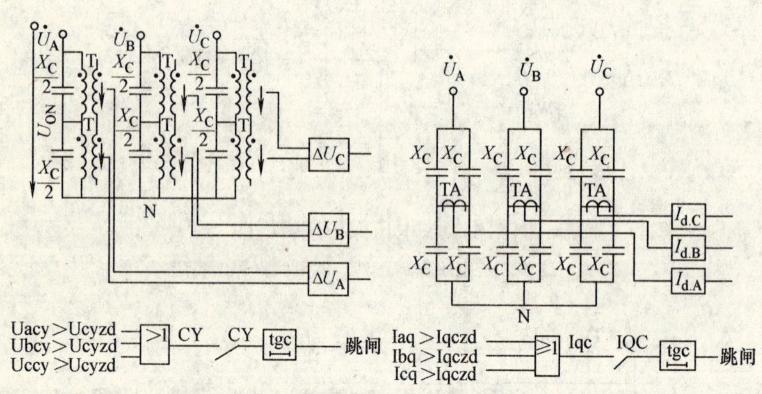

图 1.4-35 电压差动保护逻辑框图　图 1.4-36 桥式差流保护逻辑框图

典型的电容器保护装置逻辑框图如图 1.4-37～图 1.4-40 所示。

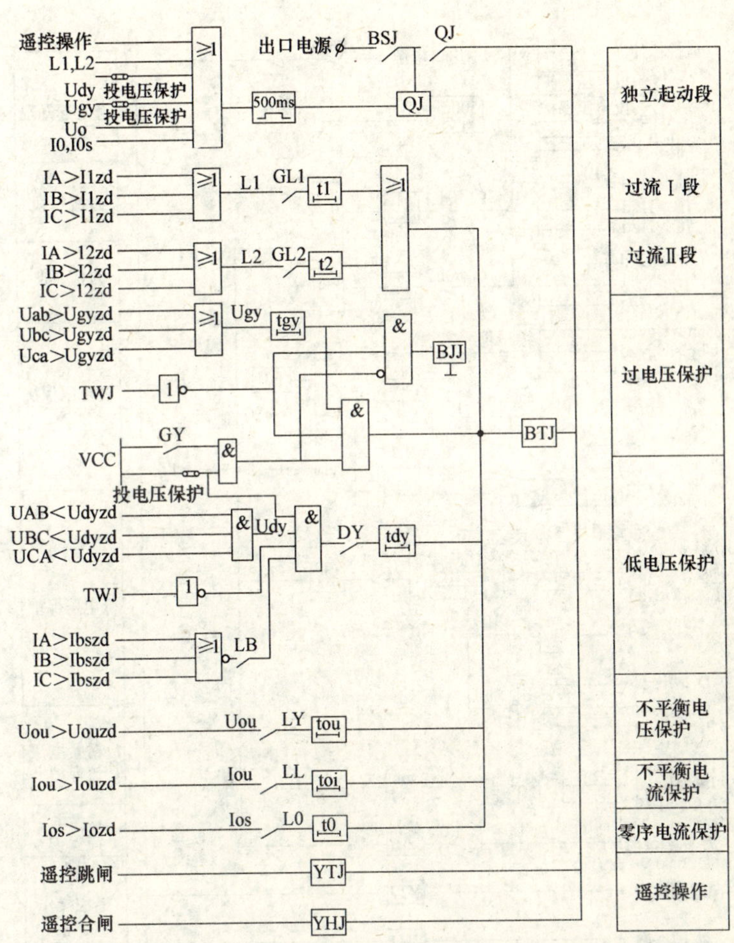

图 1.4-37 典型一 电容器保护装置逻辑框图

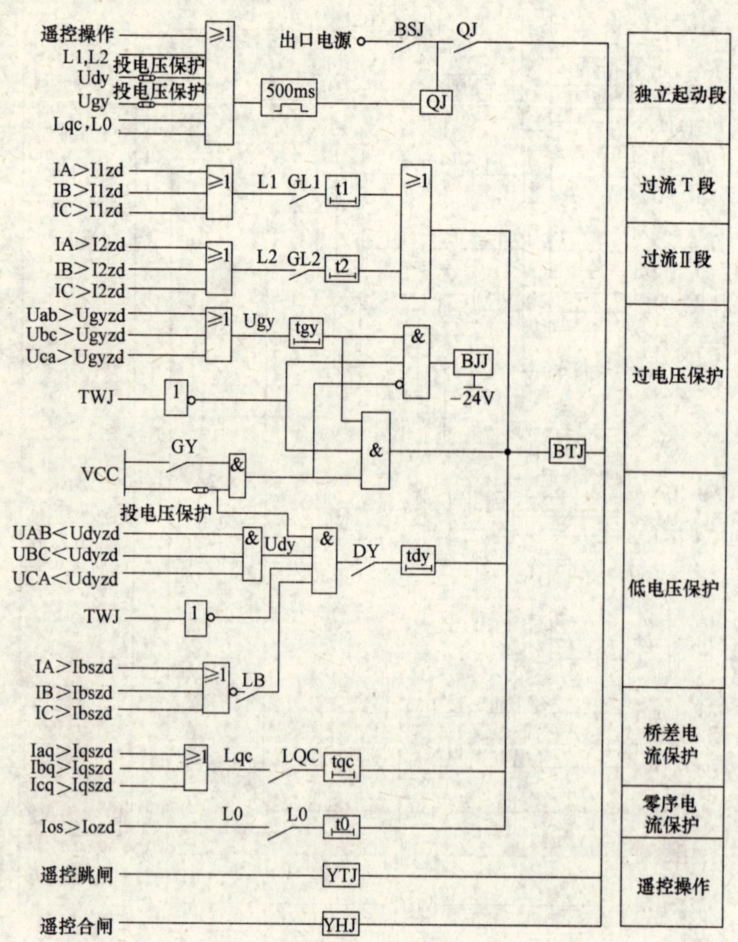

图 1.4-38　典型二　电容器保护装置逻辑框图

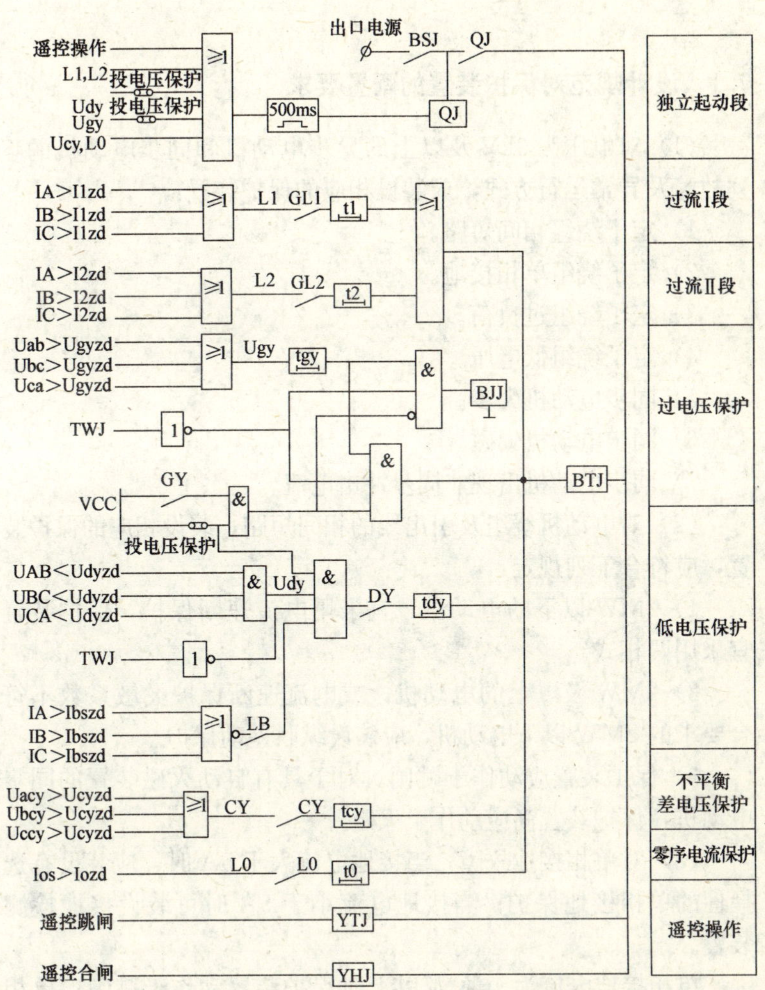

图 1.4-39 典型三 电容器保护装置逻辑框图

7 3～10kV电动机的保护

7.1 设计规范对保护装置的配置要求

(1) 对电压为3kV及以上的异步电动机和同步电动机的下列故障及异常运行方式，应装设相应的保护装置：

1) 定子绕组相间短路。

2) 定子绕组单相接地。

3) 定子绕组过负荷。

4) 定子绕组低电压。

5) 同步电动机失步。

6) 同步电动机失磁。

7) 同步电动机出现非同步冲击电流。

(2) 对电动机绕组及引出线的相间短路，装设相应的保护装置，应符合下列规定：

1) 2MW以下的电动机，宜采用电流速断保护，保护装置宜采用两相式。

2) 2MW及以上的电动机，或电流速断保护灵敏系数不符合要求的2MW以下电动机，应装设纵联差动保护。

3) 保护装置应动作于跳闸。对于具有自动灭磁装置的同步电动机，保护装置尚应动作于灭磁。

(3) 对单相接地故障，当接地电流大于5A时，应装设有选择性的单相接地保护；当接地电流小于5A时可装设接地检测装置。

单相接地电流为10A及以上时保护装置动作于跳闸；单相接地电流为10A以下时，保护装置可动作于跳闸或信号。

(4) 对电动机的过负荷应装设过负荷保护，并应符合下列规定：

1) 生产过程中易发生过负荷的电动机应装设过负荷保护。

保护装置应根据负荷特性，带时限作用于信号或跳闸。

2）启动或自启动困难、需要防止启动或自启动时间过长的电动机，应装设过负荷保护，保护装置应动作于跳闸。

（5）对母线电压短时降低或中断，应装设电动机低电压保护，并应符合下列规定：

1）当电源电压短时降低或短时中断后又恢复时，需要断开的次要电动机和有备用自动投入机械的电动机，应装设低电压保护。

2）根据生产过程不允许或不需要自启动的电动机，应装设低电压保护。

3）在电源电压长时间消失后须从电力网中自动断开的电动机，应装设低电压保护。

4）保护装置应动作于跳闸。

（6）对同步电动机失步，应装设失步保护。失步保护带时限动作，对于重要电动机，动作于再同步控制回路；不能再同步或根据生产过程不需要再同步的电动机，应动作于跳闸。

（7）对同步电动机失磁可引起母线电压严重降低，宜装设专用失磁保护。失磁保护应带时限动作于跳闸。

（8）2MW 及以上以及不允许非同步冲击的同步电动机，应装设防止电源短时中断再恢复时造成非同步冲击的保护。保护装置应确保在电源恢复前动作。重要电动机的保护装置，应作用于再同步控制回路；不能再同步或根据生产过程不需要再同步的电动机，保护装置应动作于跳闸。

7.2 保护配置

3～10kV 电动机的继电保护配置见表 1.4-11。

7.3 整定计算

3～10kV 电动机的继电保护整定计算见表 1.4-12。

3～10kV 电动机的继电保护配置 **表 1.4-11**

电动机容量（kW）	保护装置名称						
	电流速断保护	纵联差动保护	过负荷保护	单相接地保护	低电压保护	失步保护①	防止非同步冲击的断电失步保护②
异步电动机<2000	装设	当电流速断保护不能满足灵敏性要求时装设	生产过程中易发生过负荷时或启动、自启动条件严重时应装设	单相接地电流>5A时装设，≥10A时一般动作于跳闸，5～10A时可动作于跳闸或信号	根据需要装设		
异步电动≥2000		装设					
同步电动机<2000	装设	当电流速断保护不能满足灵敏性要求时装设				装设	根据需要装设
同步电动机≥2000		装设					

注：① 电步动机可以利用反应定子回路的过负荷保护兼作失步保护，负荷变动大的同步电动机，但此时应增设失磁保护。

② 大容量同步电动机当不允许非同步冲击时，宜装设防止电源短时中断再恢复时，造成非同步冲击的保护。

3～10kV 电动机的继电保护整定计算 表 1.4-12

保护名称	计算项目和公式	符号说明
电流速断保护	保护装置的动作电流： 异步电动机(应躲过电动机的启动电流) $I_{dz\cdot j}=K_k K_{jx}\frac{K_q I_{rM}}{n_1}$ 同步电动机(应躲过电动机的启动电流或外部短路时电动机的输出电流) $I_{dz\cdot j}=K_k K_{jx}\frac{K_q I_{rM}}{n_1}$ 和 $I_{dz\cdot j}=K_k K_{jx}\frac{I''_{k3M}}{n_1}$ 保护装置的灵敏系数(按最小运行方式下，电动机接线端两相短路时，流过保护装置的短路电流校验) $K_m=\frac{I''_{k2\cdot min}}{I_{dz}}\geqslant 1.5$	K_k—可靠系数，对微机保护用于电流速断过电流保护时，取 1.1，用于过负荷保护时动作于信号取 1.05 动作于跳闸取 1.1； K_{jx}—接线系数，接于相电流时取 1.0，接于相电流差时取$\sqrt{3}$； n_1—电流互感器变比； I_{rM}—电动机额定电流，A； K_q—电动机启动电流倍数①； I''_{k3M}—同步电动机接线端三相短路时，输出的超瞬态电流②，A； $I''_{k2\cdot min}$—最小运行方式下，电动机接线端两相短路时，流过保护安装处的超瞬态电流③，A； I_{dz}—保护装置一次动作电流，A； $I_{dz}=\frac{I_{dzj}n_1}{K_{jx}}$ K_h—继电器返回系数，对微机保护取 0.9； t_{qd}—电动机实际启动时间，s； t_{dz}—保护装置动作时限，一般为 10～15s，应在实际启动时校验其能否躲过启动时间；
过负荷保护	保护装置的动作电流(应躲过电动机的额定电流) $I_{dz\cdot j}=K_k K_{jx}\frac{I_{rM}}{K_h n_1}$ 保护装置的动作时限(躲过电动机启动及自启动时间，即 $t_{dz}\geqslant t_{qd}$)对于一般电动机为 $t_{dz}=(1.1\sim1.2)t_{qd}$ 对于传动风机负荷的电动机为 $t_{dz}=(1.2\sim1.4)t_{qd}$	

续表

保护名称	计算项目和公式	符号说明
单相接地保护	保护装置的一次动作电流(应按被保护元件发生单相接地故障时最小灵敏系统 1.3 整定) $I_{dz} \leqslant \frac{I_{C\Sigma} - I_{CM}}{1.3}$	I_{CM}—电动机的电容电流，A，除大型同步电动机外，可忽略不计。大型同步电动机的电容电流计算见 4.7.7 节； $I_{C\Sigma}$—电网的总单相接地电容电流，A。
失步保护	过负荷保护兼作失步保护，保护装置的动作电流和动作时限与过负荷相同	
低电压保护	保护装置的电压整定值一般为电动机额定电压的 60%～70%，时限一般为 0.3s～0.5s	

注：① 如为降压电抗器启动及变压器—电动机组，其启动电流倍数 K_q 改用 K'_q 代替

$$K'_q = \frac{1}{\frac{1}{K_q} + \frac{u_k S_{rM}}{S_{rT}}}$$

式中，u_k 为电抗器或变压器的阻抗电压相对值；S_{rM} 电动机额定容量，kVA；S_{rT} 为电抗器或变压器额定容量，kVA。

② 同步电动机接线端三相短路时，输出的超瞬态电流为

$$I''_{k3m} = \left(\frac{1.05}{x''_k} + 0.95\sin\phi_r\right) I_{rM} \quad \text{A}$$

式中，x''_k 为同步电动机超瞬态电抗，相对值；ϕ_r 为同步电动机额定功率因数角；I_{rM} 为同步电动机额定电流，A。

③ 两相短路超瞬态电流 I''_{k2} 等于三相短路超瞬态电流 I''_{k3} 的 0.866 倍。

7.4　电动机差动保护及其他保护整定计算

（1）电动机差动保护特性

比率制动差动保护能保证外部短路不动作，内部故障时有较高灵敏度，动作曲线如图 1.4-41 所示。图 1.4-41 中 I_d 为动作电流，I_r 为制动电流，K_{b1} 为比率制动系数，I_{cdqd} 为差动电流启动定值。

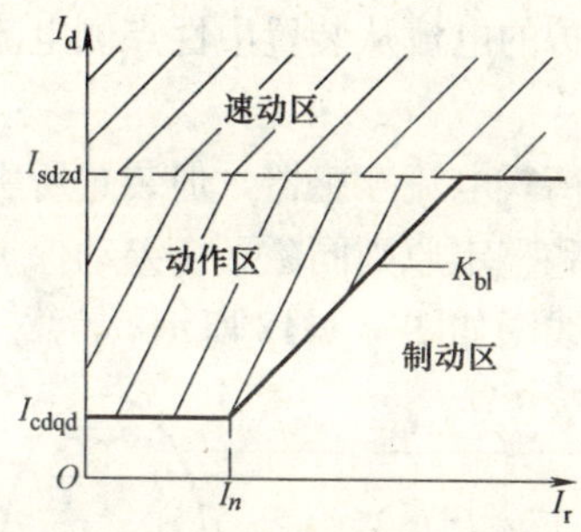

图 1.4-41　电动机纵差保护动作曲线

（2）电动机微机差动保护整定计算

1）比率制动差动保护的最小动作电流，应躲过电动机正常运行时差动回路的不平衡电流。

$$I_{cdqd}=I_{dzmin}=(0.2\sim0.4)I_n \tag{1.4-14}$$

式中，I_n 为电动机二次额定电流，A。

2）制动系数。

$$K_{bl}=\frac{I_d}{I_r}\text{，一般 }K_{b1}=0.3\sim0.4 \tag{1.4-15}$$

式中，I_d 为差动电流，A。I_r 为制动电流，A。

3）差动速断动作电流。差动速断动作电流一般取 3~8 倍额定电流值。

4）灵敏系数。

$$K_{LM}=\frac{I_{K2\cdot min}}{n_l\cdot I_{dz\cdot j}}\geqslant1.5 \tag{1.4-16}$$

式中，$I_{K2 \cdot min}$为最小运行方式下电动机端保护区内两相短路电流，A；n_l为电流互感器变比；$I_{dz \cdot j}$为差动继电器动作电流，A，根据制动电流的大小在相应制动特性曲线上求得相应的动作电流。

5）磁平衡差动保护。磁平衡差动保护，俗称“小差动保护”。当电动机安装磁平衡式电流互感器时，差动速断保护、比率差动保护、电流互感器断线判别功能退出。

磁平衡差动保护的电流从装置中性点侧电流回路输入，过流定值取自 I_{cdqd}。

若未装设磁平衡式电流互感器，但装置所引入的电流已经是差动电流，其接线和整定原则同磁平衡差动保护。

磁平衡差动接线图如图 1.4-42 所示。

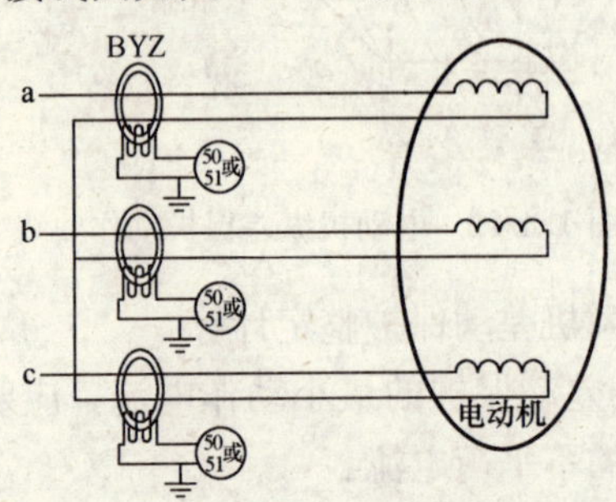

图 1.4-42 磁平衡差动接线

对于电动机微机保护还应考虑电动机过热等保护。

（3）电动机过热保护

$$t=\frac{\tau}{\left(\frac{I_{eq}}{I_r}\right)^2-1.05^2} \tag{1.4-17}$$

式中，τ为发热时间常数；I_{eq}为等效运行电流，A；I_r为电动机额定电流，A。

保护装置采用在一定的$\frac{I_{eq}}{I_r}$（等效运行电流与额定电流之比）过负荷条件下，允许过负荷的时间有多长来进行过负荷整定。保护装置自动计算发热时间常数 τ，并确定一条反时限特性曲线（一般为 IEC 极端反时限特性曲线）。

整定计算方法：

1）若电动机厂家提供电动机在 n 倍额定负荷电流下，允许运行 t_s，或堵转电流为 n 倍额定电流时，允许堵转时间为 t_s，则直接整定过负荷系数 $K_{gh}=n$；过负荷时间 t_s。

2）按躲过启动电流整定，如 1.2 倍额定电流值，120s，直接启动结束时不发生过负荷报警信号（75％过负荷跳闸值）为止。

3）若电动机在冷态时可连续启动三次，启动电流为 n 倍额定电流，启动时间为 t_s，则发热时间常数

$$\tau=3(n^2-1.05^2)t \tag{1.4-18}$$

可整定过负荷系数

$$K_{gh}=n,\ t=\frac{\tau}{3(n^2-1.05^2)} \tag{1.4-19}$$

（4）电动机负序电流保护（不平衡、断相、反相）

$$I_{dz2}=kI_e \tag{1.4-20}$$

式中，k 为负序电流保护系数，$k=0.2\sim1$；I_e 为电动机额定电流，A。

当只需要提供断相或反相保护时 $k=0.8\sim1$。

当需要提供灵敏的不平衡保护时 $k=0.2\sim0.8$。

具有外部短路闭锁的负序电流保护，动作时限 $t\geqslant0.1$s，一般取 $t=0.4$s。

（5）启动时间过长保护

电动机在冷态情况下正常启动到启动完成时间，以保护监控装置实测时间，作为启动时间过长保护判据。

（6）堵转保护

由保护装置自动完成。其他保护整定计算与常规保护整定计算相同。

7.5 同步电动机失步保护

（1）同步电动机带励失步、失励失步保护

当同步电动机带励失步或失励失步时，其显著特征是在励磁回路中出现不衰减的交流分量，其频率与电机的滑差频率相一致，对此失步保护装置应正确动作。而在同步电动机运行中，由于系统中出现各种扰动引起同步振荡，虽在励磁回路内出现不同特征的交流感应电流，但同步电动机未失步，失步保护不应动作。保护装置应能正确检测和区分各种分量的波形特征，并准确可靠地判断电动机是否失步。

另外对于无刷励磁同步电动机，其转子中的交流分量不好引出。

在微机型同步电动机的失步保护装置应用检测同步电动机的功率因数角的原理来构成，同步电动机正常运行时一般工作于过激状态，功率因数角为负，当同步电动机失步时必定为欠激，功率因数角为正。失步保护固定经低电流闭锁（用于防止电动机空载时保护误动，闭锁电流可整定）。同步电动机的相量关系如图1.4-43及图1.4-44所示。

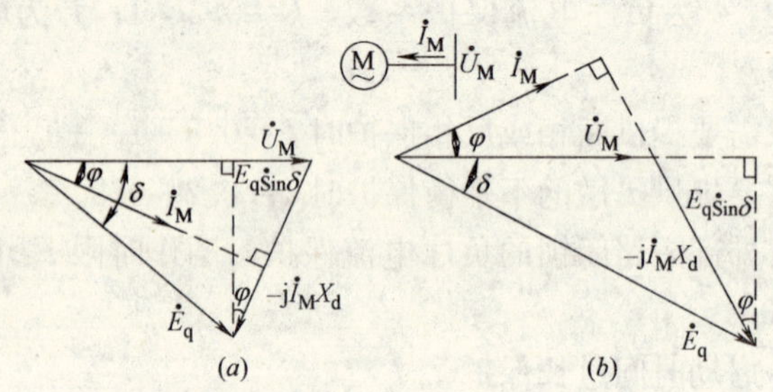

图1.4-43 隐极式同步电动机的相量关系

(*a*) 欠激（吸取感性无功）；(*b*) 过激（发出感性无功）

功率因数角整定范围为0°～60°，一般整定为30°，闭锁电流按同步电动机功率（凸极）对应的电流整定。

（2）同步电动机断电失步保护

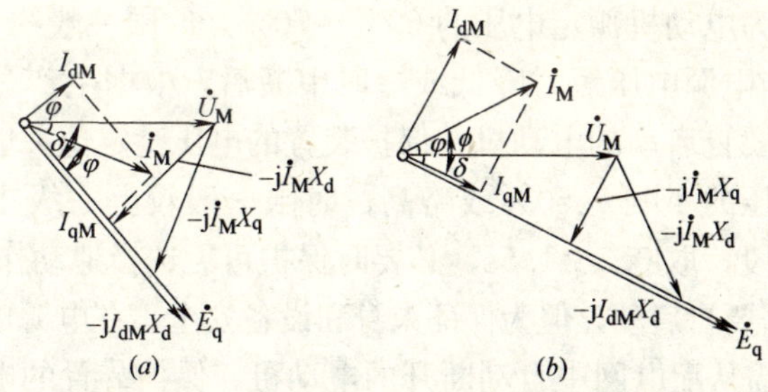

图 1.4-44 凸极式同步电动机的相量关系

(*a*) 欠激（吸取感性无功）；(*b*) 过激（发出感性无功）

当电动机不允许非同步冲击时宜装设防止电源短时中断恢复时造成非同步冲击的断电失步保护装置（每段母线一套）。保护装置可反应功率方向，频率降低。保护装置应确保在电源恢复前动作，重要同步电动机的保护装置作用于再同步控制回路，不能再同步或根据生产过程不需要再同步的电动机，保护装置应动作于跳闸。

有的保护装置有低功率或逆功率保护，低功率保护适用于母线上没有其他负荷的情况，而逆功率保护适用于有其他负荷的情况，均作用于跳闸或再同步，而低功率和逆功率保护不能同时投入，同时投入则为低功率保护。保护在电动机电流大于 0.5A 或电压大于 5V 方可能动作。

1）低功率保护可按躲过空载运行时有功功率整定。

2）逆功率保护按系统失电时电动机输出的最小功率整定。

3）低频保护一般装置配有低电压闭锁（低电压闭锁定值固定为 AB 相间电压 30V）功能的低频减载保护。当装置投入工作时频率必须在 50±0.5Hz 范围内，低频保护才允许投入。

7.6 低电压保护

下列电动机应装设低电压保护，保护装置应动作于跳闸：

1）当电源电压短时降低或短时中断后又恢复时，为了保证重要电动机自启动而需要断开的次要电动机，保护装置的电压整定值一般为电动机额定电压的60%～70%，时限一般约为0.5s。

2）当电源电压短时降低或短时中断后，根据生产过程不允许或不需要自启动的电动机。保护装置的电压整定值一般为电动机额定电压的40%～50%或略高；时限一般较上一级主保护大一时限阶段，取0.5～1.5s，必要时保护可无选择地动作。

3）需要自启动，但为保证人身和设备安全，在电源电压长时间消失后需从配电网中自动断开的电动机。保护装置的电压整定值一般为电动机额定电压的40%～50%，时限一般为5～10s。

低电压保护的接线应尽可能满足以下要求：

1）当电压互感器一次侧及二次侧发生各种断线故障时，保护装置不应动作。

2）当电压互感器一次侧隔离开关因误操动被断开时，保护装置不应动作。

3）0.5s和9～10s低电压保护的动作电压和时限应分别整定。

7.7　同步电动机的单相接地电容电流

(1) 隐极式同步电动机的电容电流

$$I_{CM}=\frac{2.5KS_{rM}\omega U_{rM}\times 10^{-3}}{\sqrt{3U_{rM}}(1+0.08U_{rM})} \tag{1.4-21}$$

式中，S_{rM}为电动机的额定容量，MVA；U_{rM}为电动机的额定电压，kV；ω为电动机的角速度，$\omega=2\pi f$，当$f=50$Hz时，$\omega=314$；K为决定于绝缘等级的系数，当温度为15～20℃时，$K=0.0187$。

(2) 凸极式同步电动机的电容电流

$$I_{CM}=\frac{\omega KS_{rM}^{3/4}U_{rM}\times 10^{-6}}{\sqrt{3}(U_{rM}+3600)n^{1/3}} \tag{1.4-22}$$

式中，S_{rM}为电动机的额定容量，kVA；U_{rM}为电动机的额定电压，V；ω为电动机的角速度，$\omega=2\pi f$，当$f=50$Hz时，$\omega=314$；n为电动机的转速，r/min；K为决定于绝缘等级的系数，对于B级绝缘，当温度为25℃时，$K\approx40$。

7.8 电动机保护测控装置

(1) 电动机保护功能

1) 差动速断保护。

2) 比率制动差动保护。

3) 过电流保护（二段定时限过流保护即作为短路保护，启动时间过长保护及堵转保护)。

4) 定时限负序过流保护（二段定时限负序过流保护，一段负序过负荷报警即作为包括断相和反相的不平衡保护，其中负序过流Ⅱ段和负序过负荷报警可选择使用反时限特性)。

5) 过负荷保护。

6) 过热保护（分为过热报警与过热跳闸，具有热记忆及禁止再启动功能，实时显示电动机热积累情况)。

7) 接地保护（零序过流保护/小电流接地选线，零序过压保护)。

8) 低电压保护。

9) 过电压保护。

10) 非电量保护。

11) 独立的操动回路故障录波。

(2) 装置闭锁和装置告警

1) 当装置检测到本身硬件故障时，发出装置报警信号，同时闭锁整套保护。硬件故障包括：RAM出错，EPROM出错，定值出错，电源故障。

2) 当装置测出如下问题时发出运行异常报警信号：跳闸位置继电器异常；电压互感器断线；电流互感器断线；控制回路断线；频率异常；负序过负荷报警；过负荷报警；过热报警；零序过流报警；接地报警（零序过压报警)；非电量报警。

(3) 电动机测控功能

1) 遥控功能：正常遥控跳闸操动，正常遥控合闸操动，接地选线遥控跳闸操动。

2）遥测功能：电流，功率因数，有功无功功率和有功无功电度遥测。所有这些量都在当地实时计算，实时累加，计算完全不依赖于网络。

3）遥信功能：遥信开入，装置变位遥信及事故遥信，并做事件顺序记录。

（4）电动机各保护环节逻辑框图

各保护环节逻辑框图如图 1.4-45～图 1.4-54 所示。

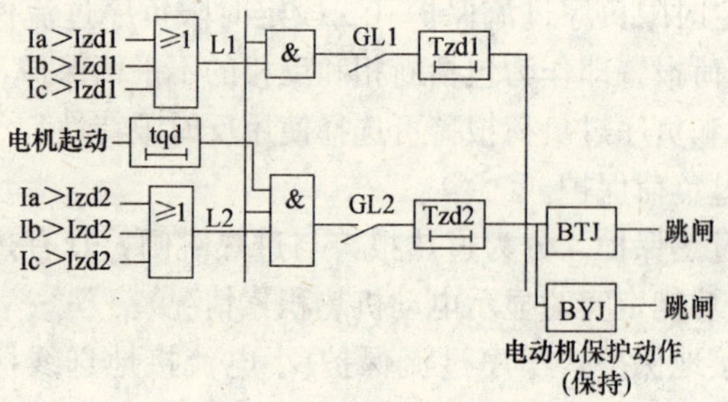

图 1.4-45 过电流保护逻辑框图

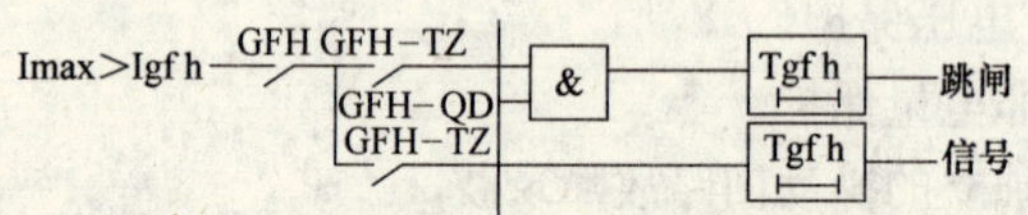

图 1.4-46 电动机过负荷保护逻辑框图

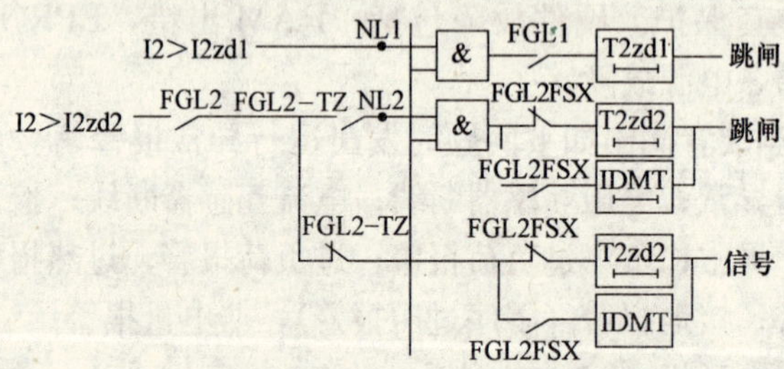

图 1.4-47 电动机负序电流保护逻辑框图

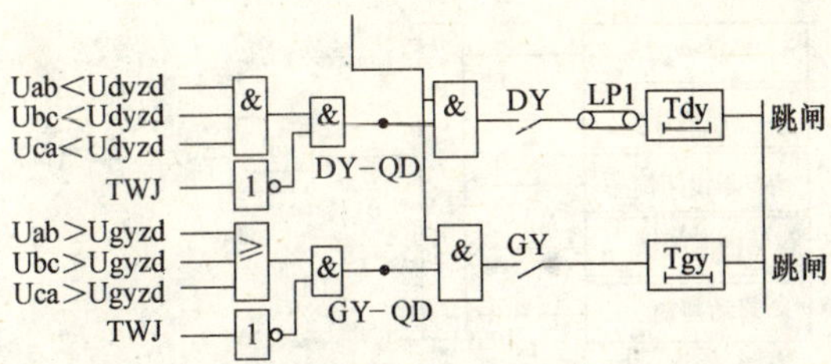

图 1.4-48　低电压保护、过电压保护逻辑框图

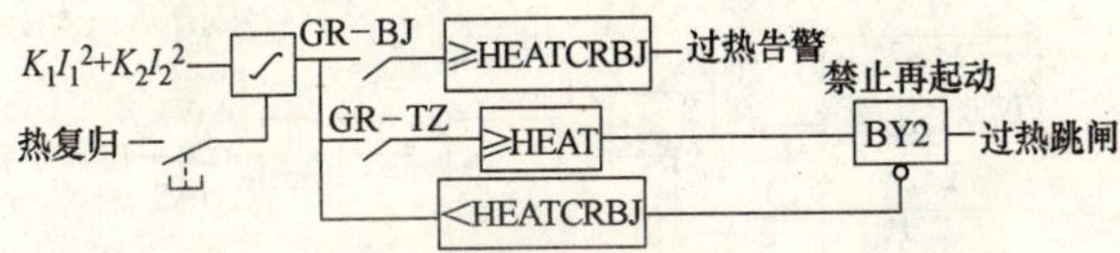

图 1.4-49　电动机过热保护逻辑框图

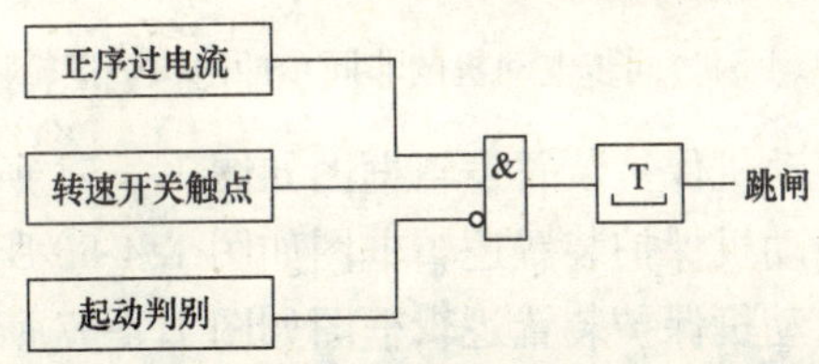

图 1.4-50　电动机堵转保护逻辑框图

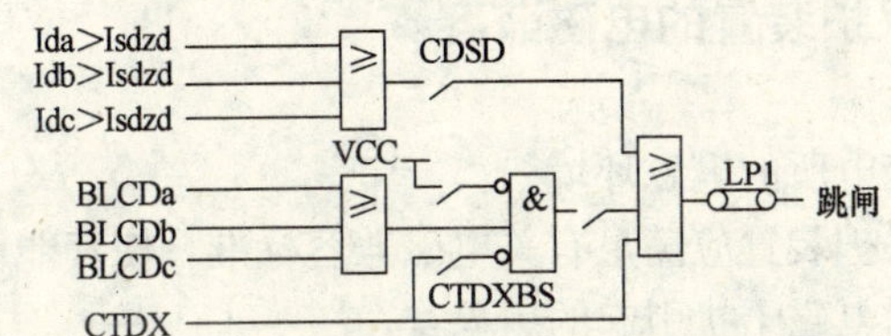

图 1.4-51　差动速断保护、比率差动保护逻辑框图

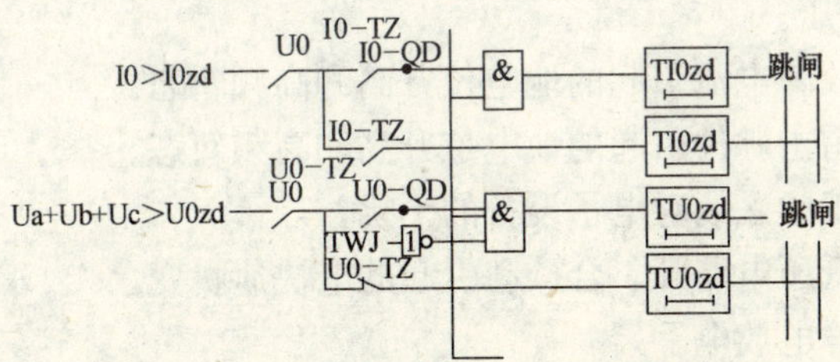

图 1.4-52　零序电流电压保护逻辑框图

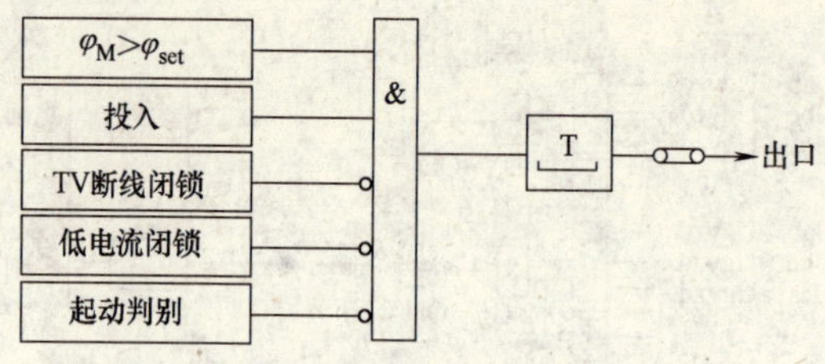

图 1.4-53 同步电动机失步保护逻辑图

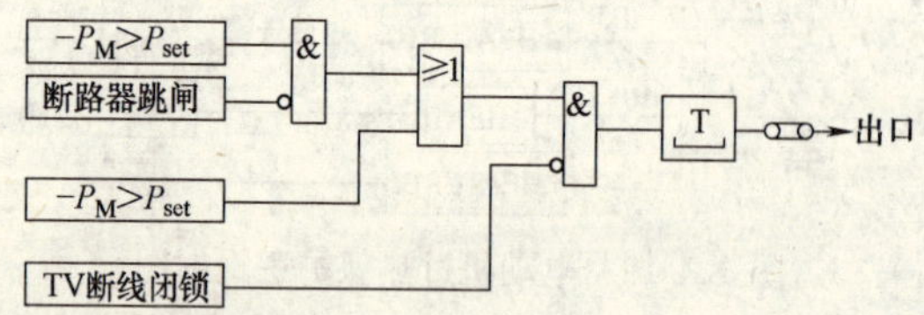

图 1.4-54 同步电动机的非同步冲击保护逻辑框图

典型一电动机保护装置逻辑框图如图 1.4-55 所示。

典型二电动机保护装置逻辑框图如图 1.4-56 所示。

典型三电动机保护装置逻辑框图如图 1.4-57 所示。

8 微机保护装置的电磁兼容

(1) 变电所的电磁环境

继电保护装置应满足有关电磁兼容标准，使其能承受所在变电所内下列电磁干扰引起的后果：

1) 高压电路开、合操动或绝缘击穿、闪络引起的高频暂态电流和电压。

2) 故障电流引起的地电位升高和高频暂态。

3) 雷击脉冲引起的地电位升高和高频暂态。

4) 工频磁场对电子设备的干扰。

5) 低压电路开、合操动引起的电快速瞬变。

6) 静电放电。

7) 无线电发射装置产生的电磁场。

上述各项干扰电平与变电所电压等级、发射源与感受设备的相对位置、接地网特性、外壳和电缆屏蔽特性及接地方式等因素有关，应根据干扰的具体特点和数值适当确定设备的抗扰度要求和采取必要的减缓措施。

（2）装置的抗扰度要求

保护和安全自动装置与外部电磁环境的特定界面接口称为端口，如图 1.4-58 所示，含电源端口、输入端口、输出端口、通信端口、外壳端口和功能接地端口。

装置各端口对有关的电磁干扰如射频电磁场及其引起的传导干扰、快速瞬变、1MHz 脉冲群、浪涌、静电放电、直流中断和工频干扰等的抗扰度要求，应符合 IEC 60255-26 标准及有关国家标准的要求，装置对各类电磁干扰的抗扰度试验标准参见表 1.4-13～表 1.4-17。

（3）电磁干扰的减缓措施

1）应根据电磁环境的具体情况，采用接地、屏蔽、限幅、隔离及适当布线等措施，以减缓电磁干扰，满足保护设备的抗扰度要求。

2）为人身和设备安全及电磁兼容要求，在变电所的开关场内及建筑物外，应设置符合有关标准要求的直接接地网。对继电保护及有关设备，为减缓高频电磁干扰的耦合，应在有关场所设置符合下列要求的等电位接地网。

① 装设静态保护和控制装置的屏柜地面下宜用截面不小于 $100mm^2$ 的接地铜排直接连接构成等电位接地母线。接地母线应首末可靠连接成环网，并用截面不小于 $50mm^2$、不少于 4 根铜排与变电所的接地网直接连接。

② 静态保护和控制装置的屏柜下部应设有截面不小于 $100mm^2$ 的接地铜排。屏柜上装置的接地端子应用截面不小于 $4mm^2$ 的多股铜线和接地铜排相连。接地铜排应用截面不小于 $50mm^2$ 的铜排与地面下的等电位接地母线相连。

3）控制电缆应具有必要的屏蔽措施并妥善接地。

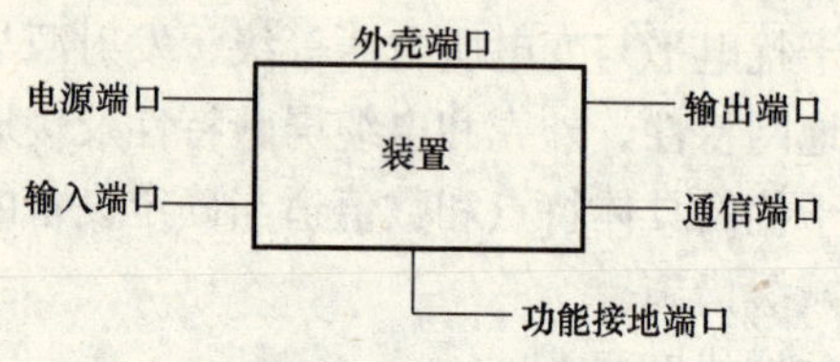

图 1.4-58　设备端口示意图

① 在电缆敷设时，应充分利用自然屏蔽物的屏蔽作用。必要时，可与保护用电缆平行设置专用屏蔽线。

② 屏蔽电缆的屏蔽层应在开关场和控制室内两端接地。在控制室内屏蔽层宜在保护屏上接于屏柜内的接地铜排；在开关场屏蔽层应在与高压设备有一定距离的端子箱接地。互感器每相二次回路经两芯屏蔽电缆从高压箱体引至端子箱，该电缆屏蔽层在高压箱体和端子箱两端接地。

③ 电力线载波用同轴电缆屏蔽层应在两端分别接地，并紧靠同轴电缆敷设截面不小于 $100mm^2$ 两端接地的铜导线。

④ 传送音频信号应采用屏蔽双绞线，其屏蔽层应在两端接地。

⑤ 传送数字信号的保护与通信设备间的距离大于 50m 时，应采用光缆。

⑥ 对于低频、低电平模拟信号的电缆，加热电偶用电缆，屏蔽层必须在最不平衡端或电路本身接地处一点接地。

⑦ 对于双层屏蔽电缆，内屏蔽应一端接地，外屏蔽应两端接地。

(4) 电缆及导线的布线应符合下列要求

1) 交流和直流回路不应合用同一根电缆。

2) 强电和弱电回路不应合用一根电缆。

3) 保护用电缆与电力电缆不应同层敷设。

4) 交流电流和交流电压不应合用同一根电缆。

5) 保护用电缆敷设路径，尽可能避开高压母线及高频暂态电流的入地点，如避雷器和避雷针的接地点、并联电容器、电容式电压互感器、结合电容及电容式套管等设备。

6）与保护连接的同一回路应在同一根电缆中走线。

（5）保护输入回路和电源回路应根据具体情况采用必要的减缓电磁干扰措施

1）保护的输入、输出回路应使用空触点、光耦或隔离变压器隔离。

2）直流电压在 110V 及以上的中间继电器应在线圈端子上并联电容或反向二极管作为消弧回路，在电容及二极管上都必须串入数百欧的低值电阻，以防止电容或二极管短路时将中间继电器线圈短接。二极管反向击穿电压不宜低于 1000V。

（6）保护装置抗扰度试验要求

保护装置应能承受表 1.4-13～表 1.4-17 的抗扰度试验，试验后仍应能满足相关设备的性能规范要求。

1）外壳端口抗扰度试验（见表 1.4-13）

2）电源端口抗扰度试验（见表 1.4-14）

3）通信端口抗扰度试验（见表 1.4-15）

4）输入和输出端口抗扰度试验（见表 1.4-16）

5）功能接地端口抗扰度试验（见表 1.4-17）

9 保护用电流互感器

9.1 性能要求

（1）影响电流互感器性能的因素

保护用电流互感器性能应满足系统或设备故障工况的要求，即在短路时，将互感器所在回路的一次电流传变到二次回路，且误差不超过规定值。电流互感器的铁心饱和是影响其性能的最重要因素。

在稳态对称短路电流（无非期分量）下，影响互感器饱和的主要因素是：短路电流幅值、二次回路（包括互感器二次绕组）的阻抗、电流互感器的工频励磁阻抗、电流互感器匝数比和剩

外壳端口抗扰度试验　表 1.4-13

序号	电磁干扰类型	试验规范	单位	参考标准 国际标准	参考标准 国家标准
1	射频电磁场	80～1000	MHz	IEC 60255-22-3	GB/T 14598.9
		10	V/m 非调制,rms		
	调幅	80	%AM(1kHz)		
2	静电放电			IEC 60255-22-2	GB/T 14598.14
	接触	6	kV(放电电压)		
	空气	8	kV(放电电压)		

电源端口抗扰度试验　表 1.4-14

序号	电磁干扰类型	试验规范	单位	参照标准 国际标准	参照标准 国家标准
1	射频场引起的传导干扰	0.15～80	MHz	IEC 60255-22-6	
		10	V 非调制,rms		
		150	Ω 电源阻抗		
	调幅	80	%AM(1kHz)		
2	快速瞬变	5/50	ns T_R/T_H	IEC 60255-22-4	GB/T 14598.10
	A级	4	kV 峰值		
		2.5	kHz 重复频率		
	B级	2	kV 峰值		
		5	kHz 重复频率		

续表

序号	电磁干扰类型	试验规范		单位	参照标准	
					国际标准	国家标准
3	1MHz 脉冲群	0.1	1	MHz 频率	IEC 60255-22-1	GB/T 14598.13
		75	75	ns T_R		
		≥40	400	Hz 重复频率		
		200	200	Ω 电源阻抗		
	差模	1	1	kV 峰值		
	共模	2.5	2.5	kV 峰值		
4	浪涌	1.5/50(8/20)		μs T_R/T_H 电压(电流)	IEC 60255-22-5	
		2		Ω 电源阻抗		
	线对线	0.5、1		kV 放电电压		
		0		Ω 耦合电阻		
		18		μF 耦合电容		
	5	0.5、1、2		kV 放电电压		
	线对地	10		Ω 耦合电阻		
		9		μF 耦合电容		
5	直流电压中断	100		%降低	IEC 60255-11	GB/T 8367
		5、10、20				
		50、100、200		ms 中断时间		

通信端口抗扰度试验 **表 1.4-15**

序号	电磁干扰类型	试验规范	单位	参照标准	
				国际标准	国家标准
1	射频场引起的传导干扰	0.15～80	MHz	IEC 60255-22-6	
		10	V 非调制,rms		
		150	Ω 电源阻抗		
	调幅	80	%AM(1kHz)		

续表

序号	电磁干扰类型	试验规范		单 位	参照标准	
					国际标准	国家标准
2	快速瞬变	5/50		ns T_R/T_H	IEC 60255-22-4	GB/T 14598.10
	A级	2		kV 峰值		
		5		kHz 重复频率		
	B级	1		kV 峰值		
		5		kHz 重复频率		
3	1MHz 脉冲群	0.1	1	MHz 频率	IEC 60255-22-1	GB/T 14598.13
		75	75	ns T_R		
		≥40	400	Hz 重复频率		
		200	200	Ω 电源阻抗		
	差模	0	0	kV 峰值		
	共模	1	1	kV 峰值		
4	浪涌	1.2/50		μs T_R/T_H 电压	IEC 60255-22-5	
		8/20		μs T_R/T_H 电流		
		2		Ω 电源阻抗		
	线对地	0.5、1		kV 放电电压		
		0		Ω 耦合电阻		
		0		μF 耦合电容		

输入和输出端口抗扰度试验 **表 1.4-16**

序号	电磁干扰类型	试验规范	单 位	参照标准	
				国际标准	国家标准
1	射频场引起的传导干扰	0.15～80	MHz	IEC 60255-22-6	
		10	V 非调制，rms		
		150	Ω 电源阻抗		
	调幅	80	%AM(1kHz)		

续表

序号	电磁干扰类型	试验规范		单位	参照标准	
					国际标准	国家标准
2	快速瞬变	5/50		ns T_R/T_H	IEC 60255-22-4	GB/T 14598.10
	A级	4		kV 峰值		
		2.5		kHz 重复频率		
	B级	2		kV 峰值		
		5		kHz 重复频率		
3	1MHz 脉冲群	0.1	1	MHz 频率	IEC 60255-22-1	GB/T 14598.13
		75	75	ns T_R		
		≥40	400	Hz 重复频率		
		200	200	Ω 电源阻抗		
	差模	1	1	kV 峰值		
	共模	2.5	2.5	kV 峰值		
4	电涌	1.2/50(8/20)		μs T_R/T_H 电压(电流)	IEC 60255-22-5	
		2		Ω 电源阻抗		
	线对线	0.5、1		kV 放电电压		
		40		Ω 耦合电阻		
		0.5		μF 耦合电容		
	线对地	0.5、1、2		kV 放电电压		
		40		Ω 耦合电阻		
		0.5		μF 耦合电容		
5	工频干扰				IEC 60255-22-7	
	A级 差模	150		V(rms)		
		100		Ω 耦合电阻		
		0.1		μF 耦合电容		
	A级 共模	300		V(rms)		

续表

序号	电磁干扰类型	试验规范	单位	参照标准	
				国际标准	国家标准
5	工频干扰	220	Ω 耦合电阻	IEC 60255-22-7	
		0.47	μF 耦合电容		
	B级 差模	100	V(rms)		
		100	Ω 耦合电阻		
		0.047	μF 耦合电容		
	B级 共模	300	V(rms)		
		220	Ω 耦合电阻		
		0.47	μF 耦合电容		

功能接地端口抗扰度试验 **表 1.4-17**

序号	电磁干扰类型	试验规范	单位	参照标准	
				国际标准	国家标准
1	射磁场引起的传导干扰	0.15～80	MHz	IEC 60255-22-6	
		10	V 非调制，rms		
		150	Ω 电源阻抗		
	调幅	80	%AM(1kHz)		
2	快速瞬变	5/50	μs T_R/T_H	IEC 60255-22-4	GB/T 14598.10
	A级	4	kV 峰值		
		2.5	kHz 重复频率		
	B级	2	kV 峰值		
		5	kHz 重复频率		

磁等。

在实际的短路暂态过程中，短路电流可能存在非周期分量而严重偏移。这可能导致电流互感器严重暂态饱和，如图1.4-59所示。为保证准确传变暂态短路电流，电流互感器在暂态过程中所需磁链可能是传变等值稳态对称短路电流磁链的几倍至几十倍。

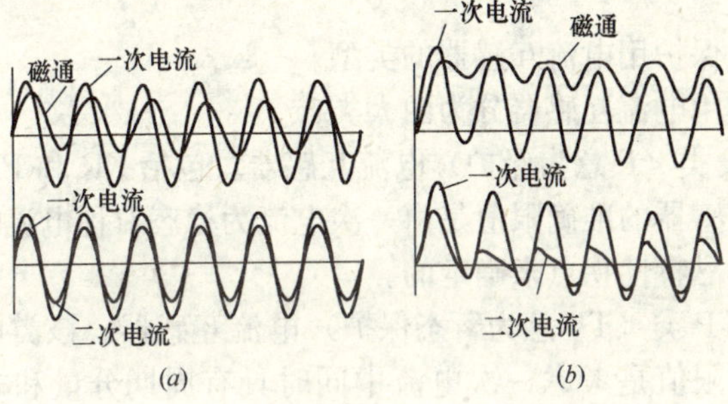

图 1.4-59 电流互感器一次电流与二次电流的关系

(a) 一次电流无偏移；(b) 一次电流全偏移

(2) 对保护用电流互感器的性能要求

1) 保护装置对电流互感器的性能要求如下：

① 保证保护的可信赖性，要求保护区内故障时电流互感器误差不致影响保护可靠动作。

② 保证保护的安全性。要求保护区外最严重故障时电流互感器误差不会导致保护误动作或无选择性动作。

2) 解决电流互感器饱和对保护动作性能的影响，可采用下述两类措施：

① 选择适当类型和参数的互感器，保证互感器饱和特性不致影响保护动作性能。对电流互感器的基本要求是保证在稳态短路电流下的误差不超过规定值。对短路电流非周期分量和互感器剩磁等引起的暂态饱和影响，则应根据具体情况和运行经验，妥当处理。

② 保护装置采取减轻饱和影响的措施，保证互感器在特定饱和条件下不致影响保护性能。保护装置采取措施减缓电流互感器饱和影响，特别是暂态饱和影响，对降低电流互感器造价及提

高保护动作的安全性和可信赖性具有重要意义，应成为保护装置的发展方向。特别是微机保护具有较大的潜力可以利用。当前母线差动保护装置一般都采取了抗饱和措施，取得了良好效果。对其他保护装置也宜提出适当的抗饱和要求。

9.2 类型选择

(1) 保护用电流互感器的类型

保护用电流互感器分为两大类：

1) P类（P意为保护）电流互感器。包括PR和PX类。该类电流互感器的准确限值是由一次电流为稳态对称电流时的复合误差或励磁特性拐点来确定的。

2) TP类（TP意为暂态保护）电流互感器。该类电流互感器的准确限值是考虑一次电流中同时具有周期分量和非周期分量，并按某种规定的暂态工作循环时的峰值误差来确定的。该类电流互感器适用于考虑短路电流中非周期分量暂态影响的情况。

(2) 电流互感器类型选择原则

1) 保护用电流互感器的性能应满足继电保护正确动作的要求。首先应保证在稳态对称短路电流下的误差不超过规定值。对于短路电流非周期分量和互感器剩磁等的暂态影响，应根据互感器所在系统暂态问题的严重程度，所接保护装置的特性、暂态饱和可能引起的后果和运行经验等因素，予以合理考虑。如保护装置具有减缓电流互感器饱和影响的功能，则可按保护装置的要求选用适当的互感器。

2) 110kV及以下系统保护用电流互感器一般按稳态条件选择，选用P类互感器。

3) 非直接接地系统的接地保护用互感器，可根据具体情况采用由三相电流互感器组成的零序滤过器、专用的电缆式或母线式零序电流互感器。

9.3 额定参数选择

保护用电流互感器的额定参数除按照一般规定进行选择外，

还要考虑以下情况：

(1) 变压器差动回路电流互感器额定一次电流的选择，应尽量使两侧互感器的二次电流进入差动继电器时基本平衡。当采用微机保护时，可由保护装置实现两侧变比差和相角差的校正。在选择额定一次电流及二次绕组接线方式时，就注意使变压器两侧互感器的二次负荷尽量平衡，以减少可能出现的差电流。

(2) 中性点有效接地系统或中阻抗接地系统变压器中性点接地回路的电流互感器，在正常情况下一次电流为零，应根据实际应用情况，不平衡电流的实测值或经验数据，并考虑接地保护灵敏系数和互感器的误差限值以及动、热稳定等因素，选用适当的额定一次电流。

(3) 对中性点非有效接地系统的电缆式或母线式零序电流互感器，因接地故障电流很小，需要按保证保护装置动作灵敏系数来选择变比及有关参数。

9.4 准确级及误差限值

(1) P类及PR类电流互感器

1) P类及PR类电流互感器的准确级以在额定准确限值一次电流下的最大允许复合误差的百分数标称，标准准确级为：5P、10P、5PR和10PR。

2) P类及PR类电流互感器在额定频率及额定负荷下，电流误差、相位误差和复合误差应不超过表1.4-18所列限值。

P类及PR类电流互感器误差限值　　表1.4-18

准确级	额定一次电流下的电流误差(%)	额定一次电流下的相位差		额定准确限值一次电流下的复合误差%
		±min	±crad	
5P,5PR	±1	60	1.8	5
10P,10PR	±3	—	—	10

3) PR类电流互感器剩磁系数应小于10%，有些情况下应规定Ts值以限制复合误差。

4）变压器主回路、220kV及以上电压线路宜采用复合误差较小（波形畸变较小）的5P或5PR级电流互感器。其他回路可采用10P或10PR级电流互感器。

5）P类及PR类保护用电流互感器能满足误差要求的准确限值系数K_{alf}一般可取5、10、15、20和30。必要时，可与制造部门协商，采用更大的K_{alf}值。

（2）PX电流互感器的特性

PX电流互感器的性能由以下参数确定：

1）额定一次电流（I_{pn}）。

2）额定二次电流（I_{sn}）。

3）额定匝数比，匝数比误差不应超过±0.25%。

4）额定拐点电动势（E_K）。

5）额定拐点电动势的最大励磁电流（I_o）。

6）在温度为75℃时二次绕组最大电阻（R_{ct}）。

7）额定负荷电阻（R_{bn}）。

8）计算系数（K_X）。

9.5 稳态性能验算

P类、PR类和PX类电流互感器的性能验算。

（1）保护校验故障电流

为保证保护动作的可信赖性和安全性，电流互感器通过规定的保护校验故障电流I_{pcf}按下述原则确定：

1）按可信赖性要求校验保护动作性能时，I_{pcf}应按区内最严重故障短路电流确定。对于过电流和距离等保护，应同时考虑下述两种情况：

① 在保护区末端故障时，I_{pcf}应为流过互感器最大短路电流I_{scmax}。

② 在保护安装点近处故障时，允许互感器误差超出规定值，但必须保证保护装置动作的可靠性和快速性。I_{pcf}应根据流过互感器最大短路电流I_{scmax}和保护装置的类型、性能及动作速度等

因素确定。

2）按安全性要求校验保护动作性能时，I_{pcf}应按区外最严重故障短路电流确定。如电流差动保护的I_{pcf}应为保护区外短路时流过互感器的最大短路电流I_{scmax}；方向保护的I_{pcf}应为可能使方向元件误动的保护反方向故障流过电流互感器的最大短路电流I_{scmax}。同时还需要注意防止逐级配合的过电流或阻抗等保护因相邻两处互感器饱和不同而失去选择性。

3）保护校验故障电流I_{pcf}宜按系统规划容量确定。

（2）P类及PR类电流互感器性能验算

1）一般选择验算。一般选择验算可按下列条件进行：

① 电流互感器的额定准确限值一次电流I_{pal}应大于保护校验故障电流I_{pcf}，必要时，还应考虑互感器暂态饱和影响。即准确限值系数K_{alf}应大于KK_{pcf}（K为用户规定的暂态系数，K_{pcf}为故障校验系数）。

② 电流互感器额定二次负荷R_{bn}应大于实际二次负荷R_b。

按上述条件选择的电流互感器可能尚有潜力未得到合理利用。在系统容量很大，而额定二次电流选用1A，以及采用电子式仪表和微机保护时，经常遇到K_{alf}不够但二次输出容量有裕度的情况。因此，必要时可进行较精确验算，如按额定二次极限电动势或实际准确限值系数曲线验算，以便更合理的选用电流互感器。

2）按额定二次极限电动势验算，对于低漏磁电流互感器可按额定二次极限电动势进行验算。

① P类电流互感器的额定二次极限电动势（E_{sl}）为（二次负荷仅计及电阻）：

$$E_{sl}=K_{alf}I_{sn}(R_{ct}+R_{bn}) \tag{1.4-23}$$

式中，K_{alf}为准确限值系数；I_{sn}为额定二次电流；R_{ct}为电流互感器二次绕组电阻；R_{bn}为电流互感器额定负荷。

上述各参数制造部门应在产品说明书中标明。

② 继电保护动作性能校验要求的二次感应电动势（E_s）为：

$$E_s = KK_{pcf} I_{sn} (R_{ct} + R_b) \tag{1.4-24}$$

式中，K_{pcf}为保护校验系数，与继电保护动作原理有关；K为给定暂态系数；R_b为电流互感器实际二次负荷；

其他同式（1.4-23）。

③ 电流互感器的额定二次极限电动势应大于保护校验要求的二次感应电动势，即：$E_{s1} \geqslant E_s$ （1.4-25）

3）或所选电流互感器的准确限值系数K_{alf}应符合下式要求：

$$K_{aif} \geqslant \frac{KK_{pcf}(R_{ct}+R_b)}{(R_{ct}+R_{bn})} \tag{1.4-26}$$

为此，要求制造部门确认所提供电流互感器为低漏磁特性，提供的互感器技术规范中应包括二次绕组的电阻值。

4）按实际准确限值系数曲线验算。如果制造厂提供的电流互感器不满足低漏磁特性要求。当提高准确限值一次电流时，互感器可能出现局部饱和，不能采用上述额定二次极限电动势法进行验算。此时，如用户需要提高所选互感器的准确限值系数K_{alf}，则应由制造厂提供由直接法试验求得的或经过误差修正后实际可用的准确限值系数K'_{alf}与数R_b的关系曲线。根据实际的R_b，从曲线上查出电流互感器的准确限值系数K'_{alf}，参见图1.4-60。要求$K'_{alf} > KK_{pcf}$。其中K_{pcf}为保护区校验系数，K为给定暂态系数。

（3）PX电流互感器的性能验算

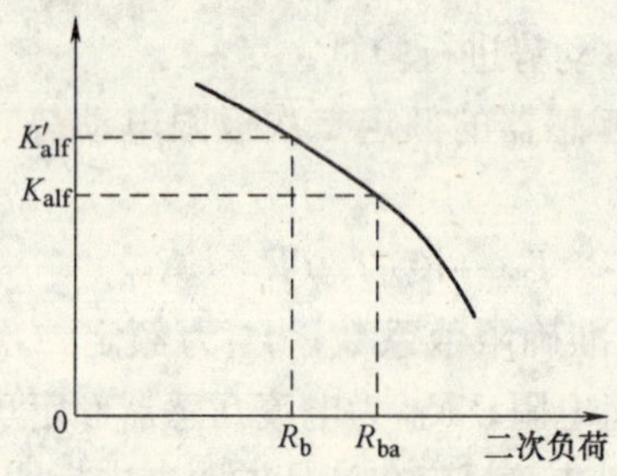

图1.4-60 按符合实际的误差曲线选择电流互感器

PX电流互感器为低漏磁电流互感器，其准确性能由其励磁特性确定，励磁特性的额定拐点电动势E_k可由下式计算：

$$E_k = K_x(R_{ct} + R_{bn})I_{sn} \quad (1.4\text{-}27)$$

式中各量参见9.5中各公式。

要求额定拐点电动势（E_k）大于继电保护动作性能要求的电流互感器二次感应电动势（E_s），即$E_k > E_s$。求E_s的方法参见式（1.4-24）。

9.6 二次负荷计算

1）保护用电流互感器二次负荷为

$$Z_b = \sum K_{rc} Z_r + K_{lc} R_1 + R_c \quad (1.4\text{-}28)$$

式中，Z_r为继电器电流线圈阻抗，对于数字继电器可忽略电抗，仅计及电阻R_r，Ω；R_1为连接导线电阻，Ω；R_c为接触电阻，一般为0.05～0.1，Ω；K_{rc}为继电器阻抗换算系数，参见表1.4-19；K_{lc}为连接导线阻抗换算系数，参见表1.4-19。

2）保护用电流互感器在各种接线方式时不同的短路类型下的阻抗换算系数见表1.4-19。

继电器及连接导线阻抗换算系数表　　表1.4-19

电流互感器接线方式		阻抗换算系数							
		三相短路		两相短路		单相短路接地		经Yd变压器两相短路	
		K_{lc}	K_{rc}	K_{lc}	K_{rc}	K_{lc}	K_{rc}	K_{lc}	K_{rc}
单相		2	1	2	1	2	1		
三相星形		1	1	1	1	2	1	1	1
两相星形	$Z_{r0}=Z_r$	$\sqrt{3}$	$\sqrt{3}$	2	2	2	2	3	3
	$Z_{r0}=0$	$\sqrt{3}$	1	2	1	2	1	3	1
两相差接		$2\sqrt{3}$	$\sqrt{3}$	4	2				
三角形		3	3	3	3	2	2	3	3

3）保护和自动装置电流回路功耗应根据实际应用情况确定，其功耗值与装置实现原理和构成元件有关，差别很大。

4）工程应用中应尽量降低保护用电流互感器所接二次负荷，以减小二次感应电动势，避免互感器饱和。必要时，可选择额定负荷显著大于实际负荷的互感器，以提高互感器抗饱和能力。

微机型保护装置电流回路全套保护电流回路功耗小于或等于1.0VA/相。

10 交流操动的继电保护

10.1 交流操动电源

继电保护为交流操动电源时，采用断路器弹簧操动机构中的分励脱扣器，因此，交流操动电源主要是供给控制、合闸和分励、信号等回路使用。交流操动的电源为交流220V，它有两种形式。

（1）常用的交流操动电源

常用的交流操动电源接线如图1.4-61所示。图中两路电源（工作和备用）可以进行切换，其中一路由电压互感器经100/220V变压器供给电源，而另一路由所用变压器或其他低压线路经220/220V变压器（也可由另一段母线电压互感器经100/220V变压器）供给电源。两路电源中的任一路均可作为工作电源，另一路作为备用电源。控制电源采用不接地系统，并设有绝缘检查装置。

（2）带UPS的交流操动电源

1）UPS操动电源。由于上述方式获得的电源是取自系统电压，当被保护元件发生短路故障时，短路电流很大，而电压却很低，断路器将会失去控制、信号、合闸以及分励脱扣器电源。所以交流操动的电源可靠性较低。随着交流不间断电源技术的发展和成本的降低，使交流操动应用交流不间断电源（UPS）成为可能。这样就增加了交流操动电源的可靠性。由于操动电源比较可靠，继电保护则可以采用分励脱扣器线圈跳闸的保护方式。带UPS的交流操动电源接线如图1.4-62所示。当采用UPS电源分

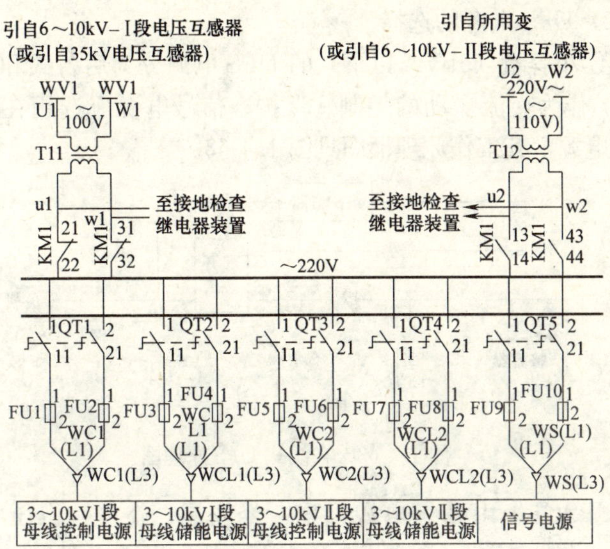

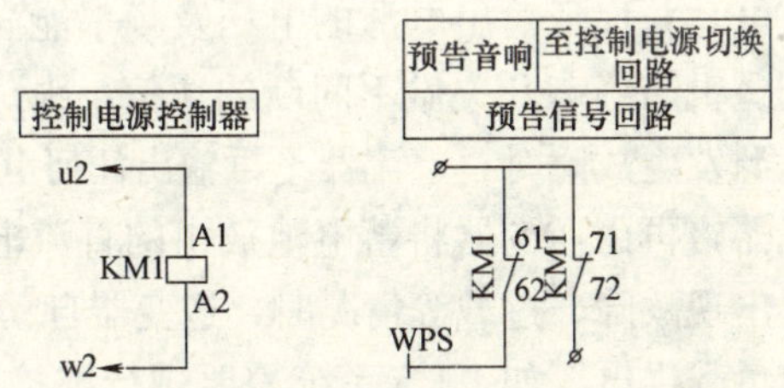

图 1.4-61　交流操动电源接线图

TI1、T12—中间变压器，BK—400 型；KM1—中间继电器，CA2—DN122MLA1—D22 型；QT1～5—组合开关，HZ15—10/201 型；FU1～FU10—熔断器，RL6—25/10 型

励脱扣时，也可采用微机继电保护。

从图 1.4-62 中可以看到，当系统电源正常时，由系统电源小母线向储能回路、控制及信号回路（通过 UPS 电源）供电，同时可向 UPS 电源进行充电或浮充电。当系统发生故障时，外电源消失，由 UPS 电源向控制回路及信号回路供电，使断路器可靠跳闸并发出信号。

2）UPS电源的选择。

① 小容量（5kVA以下）的UPS电源分为后备式和在线式两种。作为交流操动的控制、保护、信号电源应选用在线式的UPS电源，其工作原理框图见图1.4-63。

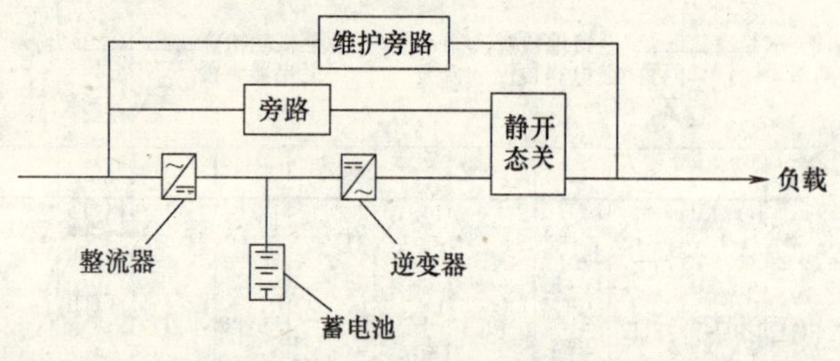

图1.4-63 在线式UPS原理图

UPS首先由系统电源供电，经调制、整流、稳压将交流220V转换为直流，并给蓄电池充电，然后由逆变器将直流电转换成交流电，并保证输出电源的电压及频率能满足负载的要求，同时控制逻辑与静态开关做不间断的通信，跟踪旁路输出电压。当系统电源发生故障时，整流器不再输出任何电源，由蓄电池放电给逆变器，再由逆变器将蓄电池放出的直流电转换成交流电。若逆变器出现故障、过载等情况时，逆变器自动与负载断开，通过旁路向负载供电。如UPS系统需要进行维护，则由维护旁路向负载供电。

② UPS电源容量的选择。当系统电源发生故障时，由UPS提供控制、操动及信号电源，而不考虑储能电源的容量，所以UPS电源容量主要考虑以下几个方面的负载：

a. 由系统电源供电时，正常的控制操动及信号回路所消耗的容量C_1。

b. 当系统发生故障时，两台断路器同时分闸所消耗的容量C_2。

c. 系统电源正常供电或发生故障时一台断路器的合闸电磁铁的额定容量C_3。正常操动时所需容量为

$$C=K_{k}(C_{1}+C_{3}) \quad (1.4\text{-}29)$$

事故操动时所需容量为

$$C'=K_{k}(C_{2}+C_{3}) \quad (1.4\text{-}30)$$

式中，K_k 为可靠系数取 1.1～1.2。

取两式中较大者作为 UPS 的选择容量。考虑到交流操动的经济性和实用性，UPS 电源的容量不宜超过 3kVA。

带 UPS 电源方案一般适用于民用建筑供电系统中，当一次接线简单且断路器台数不多时选用，同时亦不考虑分段断路器自投及出线自动重合闸装置。值得注意的是 UPS 电源作为开关柜的控制、保护及信号电源，对配电装置正确动作，尽快切除故障回路起着极为重要的作用。因此，UPS 电源本身的可靠性及运行维护的合理性非常重要。为了进一步增加 UPS 电源的可靠性，可使用两套 UPS 电源装置。两套 UPS 装置可并联也可串联使用。当两套 UPS 装置并联时，需采取并联闭锁措施。

3）UPS 电源系列型谱。UPS 电源的输出电流等级和输出容量的系列型谱见表 1.4-20。

UPS 型谱表 **表 1.4-20**

输出电流(A)	输出容量(kVA)	输出电流(A)	输出容量(kVA)
	单相(220V)		单相(220V)
0.5	0.11	10.0	2.20
1.0	0.22	15.0	3.30
2.0	0.44	20.0	4.40
5.0	1.10	30.0	6.60

10.2 交流操动微机继电保护

交流操动微机继电保护装置与直流操动微机继电保护装置基本相同，参见各类被保护电气设备的保护配置，整定计算及测控装置的有关章节。

第5章　中压配电系统自动化

1　配电自动化系统定义

1.1　配电自动化系统

配电自动化系统是应用现代电子技术、通信技术、计算机网络技术，将配电网实时信息、离线信息、用户信息、电网结构参数、地理信息进行安全集成，构成完整的自动化及管理系统，实现配电网正常运行及事故情况下的监测、保护、控制和配电管理。它是配电自动化与配电管理集成为一体的系统。

1.2　配电主站

配电主站是整个配电自动化系统的监控、管理中心。

1.3　配电子站

配电子站或称配电自动化系统中压监控单元，是为分布主站功能、优化信息传输及系统结构层次、方便通信系统组网而设置的中间层，实现所辖范围内的信息汇集、处理以及故障处理、通信监视等功能。

1.4　配电远方终端

配电远方终端是用于中低压电网的各种远方监测、控制单元的总称。包括配电开关监控终端 FTU（feeder terminal unit）、配电变压器监测终端 TTU（transformer terminal unit）、开闭所、公用及终端配电所的监控终端 DTU（distribution terminal unit）等。

2 配电主站的功能

2.1 配电主站的实时功能

2.1.1 数据采集

（1）基本功能需采集的模拟量：电压、电流、有功功率、无功功率。

（2）供选配的功能需采集的模拟量：功率因数、温度、频率。

（3）需采集的数字量：电能量、标准时钟接收输出。

（4）基本功能需采集的状态量：开关状态、事故跳闸信号、保护动作信号和异常信号、终端状态信号、开关储能信号、通道状态信号。

（5）供选配的功能需采集的状态量：SF_6 开关压力信号。

2.1.2 数据传输

（1）与配电子站和远方终端通信；

（2）与调度自动化系统通信；

（3）与管理信息系统交换信息；

（4）与用电管理系统交换信息；

（5）与其他系统交换信息。

2.1.3 数据处理

（1）有功功率总加；

（2）无功功率总加；

（3）有功电能量总加；

（4）无功电能量总加；

（5）越限告警；

（6）计算功能；

（7）合理性检查和处理。

2.1.4 控制功能

(1) 基本功能。有开关分合闸、闭锁控制功能。

(2) 选配功能。有保护及重合闸远方投停、保护定值远方设置。

2.1.5 事件报告

(1) 基本功能有事件顺序记录功能;

(2) 选配功能有事故追忆功能。

2.1.6 人机联系

(1) 画面显示与操动的功能。

配电网络图。配变电所、一次概略图;系统实时数据显示;实时负荷曲线图及预测负荷曲线图、选出最大值、最小值、平均值;主要事件顺序显示;事件报警(推图、语音、文字、打印);配电自动化系统运行状况图;发送遥控、校时等;修改数据库的数据;生成与修改图形报表。

(2) 报表管理与打印。

1) 报表编辑;

2) 定时打印;

3) 召唤打印;

4) 异常及事故打印;

5) 操动记录存储、查询、打印。

(3) 根据需要设大屏幕功能。

2.2 配电主站的管理功能

2.2.1 指标管理内容

(1) 采集配变电所、配电网、负载中与可靠性管理有关的实时数据,录入其他采集数据,进行配电系统的供电可靠率分析与管理。

(2) 采集配变电所、公用配电变压器、专用变压器等实时电能数据,录入所需手抄电能数据,进行线损分析、分台区分析与管理。

（3）采集配变电所、公用配电变压器、专用变压器等电压监测点的实时电压数据，录入其他电压监测点的电压数据，进行电压合格率分析与管理。

2.2.2 位置信息系统管理内容

（1）图形及数据维护。

在建筑电气工程中，位置信息系统管理所含图形及数据维护内容有：网络图（在地图上表示变电所和电力线、电信设备和传输线之类的电网的概略图）的自动生成；图形数据的录入、转换和编辑（包括道路图、总平面布置图、行政区规划图、地形图、电网设备分布图等）；属性数据的录入、转换和编辑；属性数据与图形数据的关联；含有配电网络设备分布图及其属性数据的工程图的打印输出（可输出全图和局部图）；图形建模；系统内数据一致性。

（2）查询与统计。

在建筑电气工程中需查询与统计的功能有：设备图形双向查询功能（既可通过图形属性查询设备属性，又可通过设备属性定位其相应位置）；区域查询与统计；分配电所查询与统计；网络发布功能；其他查询。

2.2.3 运行管理内容

（1）供电系统工况管理。

供电系统工况管理所需的基本功能：实时供电系统概略图；实时网络图；实时配电网络工况监测；变电站（所）供电范围分析与显示；故障区域分析与显示。

供电系统工况管理可选配的功能：配电变压器负载率；继电保护整定值；实时网络运行方式分析；配电变压器三相不平衡度监视。

（2）停电管理。

停电管理的功能有：事故及检修停电范围分析、显示；停电事项管理；挂牌管理；事故预演、重演。

（3）工作票单管理。

工作票单管理所需功能：操动票、工作票生成；操动票、工作票、停电申请单显示、打印、存储；网上传递、网上签名。

3 配电子站的功能

3.1 数据采集

（1）基本功能需采集的状态量：断路器、隔离开关、手车。

（2）基本功能需采集的模拟量：电流、电压、有功功率、无功功率。

（3）基本功能需采集的电能量：电源进线、变压器回路、馈出线路、需用电考核的电动机回路。

（4）供选配的功能：事件顺序记录。

3.2 控制功能

基本功能有：当地控制、远方控制。

3.3 数据传输

（1）基本功能：与主站、终端通信。

（2）选配功能：支持多种通信规约、与其他智能设备通信。

3.4 维护功能

（1）基本功能：当地维护。

（2）选配功能：远方维护。

3.5 故障处理

选配功能有：故障区段定位、故障区段隔离、非故障区段恢复供电。

3.6 通信监视

基本功能有：通信故障监视、通信故障上报。

3.7 其他功能

基本功能有：校时、设备自诊断及程序自恢复、后备电源。

4 配电远方终端的功能

4.1 数据采集

4.1.1 状态量

(1) 基本功能：开关位置、终端状态、开关储能、操动电源。

(2) 选配功能：SF_6 开关压力信号、通信状态、保护动作信号和异常信号。

4.1.2 模拟量

(1) 基本功能：电流、电压、有功功率、无功功率、功率因数、电能量。

(2) 选配功能：低压电流、低压电压、低压有功功率、低压无功功率。

4.2 控制功能

选配功能：开关分合闸。

4.3 数据传输

(1) 基本功能：上级通信、校时、电能量转发。

(2) 选配功能：下级通信。

4.4 维护功能

(1) 基本功能：当地参数设置。

(2) 选配功能：远程参数设置。

4.5 其他功能

(1) 基本功能：程序自恢复、终端用后备电源及自动投入、最大需量及出现时间、失电数据保护、断电时间。

(2) 选配功能：设备自诊断、当地显示、备用电源自动投入、电压合格率统计、模拟量定时存储、配电变压器有载调压、配电电容器自动投停、终端蓄电池自动维护、其他当地功能。

5 配电自动化系统通信配置

5.1 通信介质

通信介质可为光纤、电力线载波、通信电缆等。

5.2 通信协议

通信协议应符合中华人民共和国国家现行标准或国际标准的规定。

5.3 通信接口

通信接口为RS 232、RS 485或网络接口。

传输速率选用600bit/s、1200bit/s、2400bit/s、4800bit/s、9600bit/s、19.2kbit/s、2048kbit/s或10Mbit/s等。

6 配电自动化系统的主要技术指标（表1.5-1）

配电自动化系统的主要技术指标　　表1.5-1

内容		指标
模拟量	1. 遥控综合误差 2. 遥测合格率	≤1.5% ≥98%
状态量	通信动作正确率(年)	≥99%

续表

内容		指标
遥控	1. 遥控正确率 2. 遥控拒动率	≥99.99% ≤2%/月
系统响应时间	1. 开关量变位由终端传递到子站 2. 开关量变位传递到主站 3. 遥控完成时间 4. 双机切换时间 5. 站内事件分辨率(站内单个远方终端) 6. 重要模拟量越死区传递时间 7. 画面调用时间 8. 事故画面推出时间 9. 故障区段隔离 10. 非故障区段恢复送电时间	<5s(光纤方式) <10s(光纤方式) <20s(FTU级,光纤方式) <60s <10ms <15s <5s <15s <1min <2min
子站、远方终端平均无故障时间		≥8760h
系统可用率		≥99.9%
其他	配电自动化设备的环境温度、湿度、耐压强度、抗电磁干扰、抗振动、防雷等	满足GB/T 13729和DL/T 721要求

注：1. 中华人民共和国国家标准《远动终端设备》GB/T 13729—2002。
2. 中华人民共和国行业标准《配电网自动化系统远方终端》DL/T 721—2000。

7　配电自动化系统组成结构

7.1　配电自动化的基本特征

配电自动化的基本特征是：在微机技术、数据通信技术、自动化技术的基础上，功能综合化；采用分布式集散系统；通信采用总线；计量显示数字化；监控屏幕化；运行管理自动化。

建筑电气工程中压配电系统为终端中压配电系统，不同于电力系统的中压配电系统。由于建筑电气工程中压配电系统的配电自动化的程度取决于建筑工程的规模、功能、资金、用户的要求及运行维护水平等因素，所以建筑电气工程中压配电系统的配电自动化系统的配置差别很大。配电自动化系统的配置有的中压配电系统不单独设置配电自动化系统，配电自动化监控功能由建筑设备监控系统来承担；有的仅在中压配电成套柜中设综合保护器(数字式保护继电器)，具有控制、监视、自检功能，并设有通信接口；有的在中压配电成套柜中设综合保护器，并采用通信总线将实时信息送到中压配电柜所在站（所）测控主机；有的通过通信总线使各站（所）测控主机与建筑电气工程中压配电系统的监控主机信息交互，组成整个工程的配电自动化系统；有的在中压成套柜中仅完成数据采集及操动，通过通信总线将采集的数据送到所在站（所）测控主机，通过控制线缆控制开关通断；有的配电自动化系统是一独立的系统是 BAS 的一个分系统，BAS 通过通信总线只能了解中压配电系统运行的一些技术参数和信息，对中压配电系统不能操动控制和整定值修改等。不同的配置配电自动化系统组成结构也不同。

7.2 建筑设备监控系统（BAS）中的配电自动化系统的组成结构

7.2.1 国家现行标准的规定

综合国家现行标准的规定，建筑设备监控系统（BAS）应具有对建筑电气工程中压配电系统监控的功能，且供货厂商可提供的建筑设备监控设备已具备对建筑电气工程中压配电系统监控的功能。由于建筑设备监控系统的功能是对建筑物内各类设备的监控、测量，不具有保护功能，且无人值班少人值班的 35kV、10kV 配变电所的继电保护及自动装置十分复杂，可靠性要求高，应用行业专用软件，且直接影响电力系统供电网络的安全性，配电自动化系统的安全运行不允许 BAS 系统的干扰，所以建筑设备监控系统使用到中压配电系统的配电自动化有一定的局限性，一般建筑设备监控系统用于传统继电保护的中压配电系统中，仅实现配电系统监控、测量等局部配电自动化功能，不承担继电保护及自动装置等功能。若从管理的需要出发，需了解 35kV、10kV 配变电所的运行资料，也可把 35kV、10kV 配变电所的配电自动化系统与 BAS 相对独立，BAS 系统可根据批准的权限通过通信网络收集 35kV、10kV 配变电所的信息。

7.2.2 建筑设备监控系统（BAS）

建筑设备监控系统（BAS）一般由管理网络层（中央管理工作站）、站控网络层（分站）、现场设备网络层构成。由中央管理工作站、分站、现场设备网络层组成分层分布式集散系统。

（1）中央管理工作站由操动站、服务器及网络系统组成。

（2）分站由通信总线和控制器组成。

（3）微控制器能独立于分站、中央管理工作站对末端设备完成全部控制应用操动；嵌入计算机硬件和软件的网络化现场设备的分布式I/O输入输出模块是微控制器的组成部分，模块能通过通信总线与微控制器的计算机模块连接；智能现场仪表是嵌入计算机硬件和软件的网络化现场设备，能通过通信总线与控制器、微控制器进行通信，微控制器、智能现场输入输出模块、智能现场仪表为点对点直接数据通信。中压配变电系统的监控可在建筑设备监控系统（BAS）现场网络层现场设置变配电微控制器及智能电气表计，变配电设备应用操动；显示开关、分状态、故障跳闸报警；采集中压配变电系统进线及联络回路的电流、有功功率、无功功率、有功电度、无功电度信息；馈出回路的电流、有功电度信息；母线分段回路的电流信息；电压互感器的电压信息；配电变压器高低压侧的电流信息；电容器补偿的电流、无功电度等信息。

（4）BAS系统现场网络可通过网络接口与管理网络层连接，也可通过网络管理层服务器的通信接口或内置通信网卡直接与服务器连接，实现变配电微控制器及智能电气表计与中央管理工作站进行通信，当变配电微控制器的通信接口与管理层处于同一通信级别时，可采用集线器连接，与中央管理工作站进行通信。

7.3 中压成套柜设数字式多功能继电器、数字式保护装置的配电自动化系统组成结构

数字式多功能继电器是同时可以完成控制和监视功能的数字式保护继电器。数字式保护装置 digital protection equipment 是

由一个或多个保护继电器和/或逻辑元件结合在一起利用数字电路把电力系统的电量（或参数）由模拟量转换为数字量，以进行运算和逻辑判别的用来规定完成某项预定保护功能的设备。

建筑电气工程中压配电系统的继电保护的设计，一般按中华人民共和国国家标准《电力装置的继电保护和自动装置设计规范》（GB/T 50062—2008）的规定执行。《电力装置的继电保护和自动装置设计规范》（GB/T 50062—2008）要求电力变压器绕组及其引出线的相间短路和在中性点直接接地侧的单相接地短路、绕组的匝间短路、外部相间短路引起的过电流、中性点直接接地电力网中外部接地短路引起的过电流及中性点过电压、过负荷、变压器温度升高或冷却系统故障、油浸变压器油面降低、油浸变压器油箱压力升高等故障及异常运行方式应装设相应的保护装置；中性点非直接接地电力网中线路相间短路、单相接地、过负荷等故障及异常运行应装设相应的保护装置；对于主要配变电所 10kV 母线当须快速而有选择地切除一段母线上的故障才能保证电力网安全运行和重要负荷的可靠供电时、35kV 母线根据系统稳定要求或为保证重要用户最低允许电压要求需要快速地切除母线上的故障时应装设专用母线保护；对 10kV 并联补偿电容器组电容器内部故障及引出线短路、电容器组和断路器之间连接线短路、电容器组中某一故障电容器切除后所引起的过电压、电容器组的单相接地、电容器组过电压、所连接的母线失压等故障及异常运行方式应装设相应的保护装置；高压异步电动机的定子绕组相间短路、定子绕组单相接地、定子绕组过负荷、定子绕组低电压等故障及异常运行方式应装设相应的保护装置；在 10kV、35kV 架空线路和电缆与架空的混合线路中当用电设备允许且无备用电源自动投入时或旁路断路器和兼作旁路的母联或分段断路器应装设自动重合闸装置；由双电源供电的配变电所其中一个电源经常断开作为备用、配变电所内有互为备用的母线段、变电所内有备用变压器、变电所内有两台所用变压器、生产过程中某些重要机组有备用机组等可装设备用设备的自动投入装置。鉴于继电保护的需要、设计的需要中外供货厂商开发出用于差动保护、后备保护、线路保护、配电变压器保护、电动机保护、电容器保护、重合闸、备用电源自投装置、测控等数字式继电器类、数字式保护装置类的产品。

数字式继电器分为单一的保护功能数字式继电器和集成了保护、测量、控制、监测、通信功能于一体的综合数字式继电器。它们有单独的箱体，安装在中压成套柜上实现对各类电器设备及线路的主保护或后备保护。在建筑电气工程中压配电系统中，单一的保护功能数字式继电器用的很少，随着计算机技术的发展目前主要用综合数字式继电器。不同的综合数字式继电器，其功能也不同。

中压成套柜设数字式多功能继电器、数字式保护装置的配电自动化系统组成结构，以 35/10 (6)kV 变电所工程一般配置为例进行说明。

7.3.1 继电保护配置和备用电源自动投入装置

(1) 输电线路（馈电柜）

输电线路的继电保护配置一般为：过电流保护；保证切除所有使母线残压低于 50%～60%额定电压的短路须设置的无时限电流速断保护；当无时限电流速断保护不能满足保护选择性动作要求时装设的带时限速断保护；当过电流保护的时限不大 0.5～0.7s 且没有保护配合上的要求时可不装设电流速断保护；根据需要装设单相接地保护。

(2) 电力变压器

电力变压器的继电保护配置一般为：当带时限的过电流保护(不能满足灵敏性要求时设低电压闭锁的带时限的过电流)；电流速断保护；变压器容量为 2000～5000kVA 当电流速断保护不能满足灵敏性要求时设纵联差动保护；10 (6)/0.4kV 变压器容量为 400～1600kVA 当利用高压侧过电流保护及低压侧出线断路器保护不能满足灵敏性要求时在设变压器低压侧单相接地保护；作为备用电源的变压器根据过负荷的可能性或并联运行的变压器

装设过负荷保护；油浸变压器容量≥800kVA装设瓦斯保护，但密闭油浸变压器装设压力保护；油浸变压器容量≥1000kVA装设温度保护，干式变压器整个容量系列均装设温度保护。数字式多功能继电器能满足继电保护配置要求，但对于须设纵联差动保护的变压器其继电保护由变压器差动保护数字式多功能继电器和主变后备保护护数字式多功能继电器共同来完成。

35kV、10kV所用电成套柜中的所用电变压器的容量一般为50kVA或30kVA，变压器高压侧采用熔断器作保护。对于分段单母线接线，且每段都设所电柜，变压器低压侧一般设双电源切换装置。

(3) 6～35kV分段断路器柜

母线分段及分段断路器的继电保护配置一般为：6～35kV母线分段断路器装设过电流保护及仅在断路器合闸瞬间起保护作用的电流速断保护，电流速断保护在合闸后自动解除；当母线未装设母线保护时装设电流速断保护和过电流保护。过电流保护也可采用反时限过电流保护。

向二、三级负荷供电的变电所当馈出线路不多时，可不设保护装置。

(4) 6～10kV并联电力电容器柜

并联电力电容组的继电保护配置一般为：带有短延时的速断保护；过电流保护；中性线不平衡电压保护、中性线不平衡电流保护、开口三角电压保护、桥式差电流保护、电压差动保护；宜装设过负荷保护；当电压可能超过110%额定电压值时装设过电压保护；装设低电压保护；单相接地保护（当电容器与支架绝缘时可不设接地保护）。

(5) 3～10kV异步电动机柜

3～10kV异步电动机的继电保护配置一般为：电流速断保护（当电流速断保护不能满足灵敏性要求时装设纵联差动保护）；运行中易发生过负荷时，或启动、自启动条件严重时装设过负荷保护；单相接地电流≥5A时装设单相接地保护（≥10A时一般动作于跳闸，5～10A 时可动作于跳闸或信号)；根据需要装设低电压保护。

(6) 进线断路器柜

进线断路器的保护是作为 35/10 (6)kV 变电所 35kV 母线、6～10kV 母线的母线保护，及馈电断路器的远后备保护。

进线断路器的继电保护配置一般为：电流速断保护或带时限的电流速断（当电流速断保护不能满足灵敏性要求时可采用电流闭锁电压速断保护)；过电流保护。

(7) 备用电源自动投入装置

建筑电气工程中 35kV 双电源或双回路供电的 35/10kV 变电所及 10kV 配电所的 35kV 配电系统和 10kV 配电系统一般采用分段单母线接线。保护备自投的综合数字式继电器（备用电源自动投入装置）满足国家标准规定的要求。保护备自投的综合数字式继电器（备用电源自动投入装置）引入了两段母线电压，用于进行有压、无压判别及启动备用电源自动装置，每个进线断路器各引入任一相电流，是为了防止电压互感器全相断线后造成备自投装置误投及更好的确认进线断路器已分断，也可利用该相电流判别是否超过过负荷整定值需要自投后实现联切负荷的功能；保护备自投的综合数字式继电器（备用电源自动投入装置）引入进线单路线电压或任意相别的相电压是为了在进线断路器互投时判别备用电源进线电压是否正常；保护备自投的综合数字式继电器（备用电源自动投入装置）引入进线断路器、分段断路器闭合、分断的位置状态，作为判别选择进线互投方式还是分段断路器自投方式的系统运行方式。

7.3.2 中压成套柜设数字式多功能继电器的馈线间隔

35kV 及以下电压等级的输电线路的综合数字式继电器一般其保护配置有：可带方向和低电压闭锁的三段电流保护；可选择检同期或检无压的三相二次重合闸；过电流前加速或过电流后加速的加速段保护；设有充电相过流和充电零序电流保护；两段零序电流保护；过负荷保护；低频减载；不接地系统或经消弧线圈

接地系统的小电流单相接地保护并综合数字式继电器具有自诊断功能。适用于35kV及以下电压等级的馈线柜的保护和监控。

数字式多功能继电器配置有LCD液晶显示器，LCD液晶显示器可通过调节LCD背光亮度使屏幕清晰可见。LCD可以显示一次系统概略图，该概略图固定柜隔离开关、接地刀闸、断路器的状态可随相应开关量的变化而指示分、合状态，手车柜的手车在工作位置接通或手车在试验位置接通时方显示一次系统概略图；显示电压互感器、电流互感器的变比；显示的保护压板状态：在保护投退拨动开关投上时，相应的保护呈闭合状态，反之为断开状态，一般速断、限时速断、过流、重合闸用硬压板投退，零序过流、低频减载、电压互感器断线告警、接地故障告警通过软压板投退；可显示零序过流告警、低频减载告警、电压互感器断线告警、母线接地故障告警、控制回路断线告警；显示数字式多功能继电器、LED、系统自检结果；显示年、月、日、时、分、秒；显示记录断路器、隔离开关、接地刀闸的状态变化；记录速断、限时速断、过流、重合闸等保护功能的投退时间、保护动作时的故障值；显示本地/遥控切换记录；定值修改记录；可显示相电流、线电流、线电压、相电压、零序电压、零序电流等实时波形图，实时显示的波形内容可切换；能显示记录故障前、故障中故障后的电压、电流、断路器状态的波形供事故分析时用；相电压、线电压、零序电压、相电流、零序电流、频率、有功功率、无功功率、功率因数等测量数据的显示，线电压、相电流、有功功率、无功功率、频率可直接显示反映一次或二次的测量值，一次/二次的测量值可切换显示，有的还具有脉冲有功电度、脉冲无功电度并记录累加值供运行参考；显示外部开关量的状态、控制回路的状态、面板上投退拨动开关位置以及本地、遥控、设定的三位锁的状态；显示对保护功能的动作值和时限值进行设定和修改；显示通信发送缓冲区或接收缓冲区的内容等。

数字式多功能继电器配置有通信接口。就地PC接口允许快速读写所有的参数和故障数据，一般数字式多功能继电器都配置RS485接口。

显然，将上述适用于35kV及以下电压等级的输电线路的综合数字式继电器集成在35kV、10kV成套开关柜中，是投资小、功能强大、配电自动化水平高的好措施。使35kV、10kV成套开关柜具有接通、分断、保护、操动、指示、报警、通信等功能；具备配电自动化的特征，在建筑电气工程中压配电系统的馈出间隔中广泛应用。

在馈线间隔的35kV、10kV成套开关柜中设置具有瞬时跳闸、定时限过流保护、反时限过流保护、计入前负荷或不计入前负荷的过负荷保护、负相序过电流保护的过流和过载保护的综合数字式继电器及相电压、线电压、零序电压、相电流、零序电流、频率、有功功率、无功功率、功率因数等数据测量监控的测控综合数字式继电器，使其具备配电自动化的特征，在建筑电气工程中压配电系统的带变压器及馈电间隔中也有应用。

在馈线间隔的35kV、10kV、6kV成套开关柜中设置具有瞬时跳闸、定时限过流保护、反时限过流保护、计入前负荷或不计入前负荷的过负荷保护、负相序过电流保护的过流和过载保护的综合数字式继电器；10kV及以上的输配电线路和用电线路的测量设置数显变送智能电流表；显著不平衡负荷35kV、10kV、6线路和用电线路装设的数显变送智能负序电流表；35kV的输配电线路和用电线路装设有数显变送智能有功功率表，数显变送智能表能够通过对电网电流交流采量，经CPU进行数据处理，由LED（或光柱）直接显示，同时输出电流值相应的模拟量值，并设有数字接口可与PC机进行数据交换，具有变送、LED显示（或光柱指示）和数字接口等功能，其馈线间隔的35kV、10kV、6kV成套开关柜具备配电自动化的基本特征，在建筑电气工程中压配电系统的馈电间隔中也广泛应用。

在馈线间隔的35kV、10kV成套开关柜中设置具有瞬时跳闸、定时限过流保护、反时限过流保护、计入前负荷或不计入前负荷的过负荷保护、负相序过电流保护的过流和过载保护的综合数字式继电器，10kV及以上的输配电线路和用电线路的测量电流表；显著不平衡负荷的35kV、10kV、6kV线路和用电线路装设的负序电流表；35kV的输配电线路和用电线路装设有功功率表选用指针式表计或数字式表计，在建筑电气工程中压配电系统的馈电间隔中也广泛应用。

7.3.3 中压成套柜设数字式多功能继电器的变压器馈线间隔

35kV、10kV、6kV电压等级的配电变压器馈线间隔的综合数字式继电器一般其保护配置有：速断、定时限过流、反时限过流、过负荷、超温度、重瓦斯、零序过流等保护。有的配电变压器馈线间隔的综合数字式继电器为仅设高定值速断、延时过流保护、计入前负荷或不计入前负荷的热过负荷保护、负相序过电流保护的过流和过载保护继电器。适用于变压器馈线柜的保护和监控。

数字式多功能继电器配置有LCD液晶显示器。LCD可以显示一次系统概略图，该概略图固定柜隔离开关、接地刀闸、断路器的状态可随相应开关量的变化而指示分、合状态，手车柜的手车在工作位置接通或手车在试验位置接通时一次系统概略图方显示插头、插座状态；显示电流互感器是三个或二个及变比；显示电压互感器的变比；显示的保护压板状态：在保护投退拨动开关投上时，相应的速断、限时速断保护呈闭合状态，反之为断开状态，一般速断、限时速断、过流、温度保护用硬压板投退、重瓦斯、零序过流保护、电压互感器断线告警、接地故障告警通过软压板投退；可显示电压互感器断线告警、接地故障告警、控制回路断线告警、变压器高温告警、轻瓦斯告警；显示数字式多功能继电器、LED、系统自检结果；显示年、月、日、时、分、秒；显示记录断路器、隔离开关、接地刀闸的状态变化；显示记录速断、限时速断、过流、过载、超温、重瓦斯等保护功能的投退时间、速断、限时速断、过流、过载保护动作时的故障值；显示本地/遥控切换记录；定值修改记录；可显示相电流、线电流、线电压、相电压、零序电压、零序电流等实时波形图，实时显示的波形内容可切换；能显示记录故障前、故障中故障后的电压、电流、断路器状态的波形供事故分析时用；相电压、线电压、零序电压、相电流、零序电流、频率、有功功率、无功功率、功率因数等测量数据的显示，线电压、相电流、有功功率、无功功率、频率可直接显示反映一次或二次的测量值，一次/二次的测量值可切换显示，有的还具有脉冲有功电度、脉冲无功电度并记录累加值供运行参考；显示外部开关量的状态、控制回路的状态、面板上投退拨动开关位置以及本地、遥控、设定的三位锁的状态；显示对保护功能的动作值和时限值进行设定和修改；显示通讯发送缓冲区或接收缓冲区的内容等。

数字式多功能继电器配置有通讯接口。就地 PC 接口允许快速读写所有的参数和故障数据，一般数字式多功能继电器都配置 RS485 接口。

显然，将上述适用于 35kV 及以下电压等级具备变压器及馈电线路保护功能的综合数字式继电器集成在 35kV、10kV、6kV 成套开关柜中，投资小、功能强大、配电自动化水平高的好措施。使带变压器馈线的 35kV、10kV、6kV 成套开关柜具有接通、分断、保护、操动、指示、报警、通信等功能；具备配电自动化的特征，在建筑电气工程中压配电系统的带变压器及馈电间隔中广泛应用。

在带变压器馈线的 35kV、10kV、6kV 成套开关柜中设置具有高定值速断、延时过流保护、计入前负荷或不计入前负荷的热过负荷保护、负相序过电流保护的过流和过载保护的综合数字式继电器；温度瓦斯等保护采用非电量保护及重动装置及相电压、线电压、零序电压、相电流、零序电流、频率、有功功率、无功功率、功率因数等数据测量监控的测控综合数字式继电器，使带变压器馈线的 35kV、10kV、6kV 成套开关柜具备配电自动化的特征，在建筑电气工程中压配电系统中有应用。

在带变压器馈线的 35kV、10kV、6kV 成套开关柜中设置具有高定值速断、延时过流保护、计入前负荷或不计入前负荷的热过负荷保护、负相序过电流保护的过流和过载保护的综合数字式继电器；温度瓦斯等保护采用非电量保护及重动装置；在双绕组配电变压器一侧设置数显变送智能电流表、数显变送智能有功功率表及无功功率表，使带变压器馈线的35kV、10kV、6kV成套开关柜具备配电自动化的特征，在建筑电气工程中压配电系统的带变压器及馈电间隔中广泛应用。

在带变压器馈线的35kV、10kV、6kV成套开关柜中设置具有高定值速断、延时过流保护、计入前负荷或不计入前负荷的热过负荷保护、负相序过电流保护的过流和过载保护的综合数字式继电器；温度瓦斯等保护及重动采用常规继电保护设计；35kV成套开关柜中设置在双绕组配电变压器一侧的测量交流电流表、有功功率表及无功功率表选用数显变送智能表及脉冲有功电能表、脉冲无功电能表；10kV、6kV成套开关柜中设置在双绕组配电变压器一侧的测量交流电流表、脉冲有功电能表、脉冲无功电能表，带变压器馈线的35kV、10kV、6kV成套开关柜亦具备有配电自动化的特征，在建筑电气工程中压配电系统的带变压器及馈电间隔中广泛应用。

在带变压器馈线的35kV、10kV、6kV成套开关柜中设置具有高定值速断、延时过流保护、计入前负荷或不计入前负荷的热过负荷保护、负相序过电流保护的过流和过载保护的综合数字式继电器；温度瓦斯等保护及重动采用常规继电保护设计；35kV成套开关柜中设置设置在双绕组配电变压器一侧的测量交流电流表、有功功率表及无功功率表选用指针式表计或数字式表计；10kV、6kV成套开关柜中设置在双绕组配电变压器一侧的测量交流电流表、普通有功电能表及无功电能表，带变压器馈线的35kV、10kV、6kV成套开关柜亦具备有配电自动化的特征，在建筑电气工程中压配电系统的带变压器及馈电间隔中广泛应用。

7.3.4　中压成套柜设数字式多功能继电器的电动机间隔

10kV、6kV、3kV电压等级的异步电动机保护间隔的综合数字式继电器一般其保护配置有：速断、低电压、过电压、零序过流、反时限过流（过负荷）、负序过流、温度、电压互感器断线告警。适用于高压异步电动机柜的保护和监控。

数字式多功能继电器配置有 LCD 液晶显示器，它可通过调节 LCD 背光亮度使屏幕清晰可见。LCD 可以显示一次系统概略图，该概略图固定柜隔离开关、接地刀闸、断路器的状态可随相应开关量的变化而指示分、合状态，手车柜的手车在工作位置接通或手车在试验位置接通时方显示一次系统概略图；显示电压互感器、电流互感器的变比；显示保护压板状态：在保护投退拨动开关投上时，呈闭合状态，反之为断开状态，一般速断、低电压、零序电流、反时限过流用硬压板投退，负序电流、温度保护、反时限延时投入、电压互感器断线告警通过软压板投退，各保护均设有软压板；可显示电压互感器断线告警、控制回路断线告警；显示数字式多功能继电器、LED、系统自检结果；显示年、月、日、时、分、秒；显示记录断路器、隔离开关、接地刀闸的状态变化；记录速断、低电压、零序电流、反时限过流等保护功能的投退时间、保护动作时的故障值；显示本地/遥控切换记录；定值修改记录；可显示三相电流、保护三相电流、三相线电压、三相电压、零序电流等实时波形图，实时显示的波形内容可切换；能显示记录故障前、故障中故障后的电压、电流、断路器状态的波形供事故分析时用；三相电压、线电压、三相电流、保护三相电流、零序电流、负序电流、频率、有功功率、无功功率、功率因数等测量数据的显示，电压、电流、功率、电度可直接显示反映一次或二次的测量值，一次/二次的测量值可切换显示，有的还具有脉冲有功电度、脉冲无功电度并记录累加值供运行参考；显示外部开关量的状态、控制回路的状态、面板上投退拨动开关位置以及本地、遥控、设定的三位锁的状态；显示对保护功能的动作值和时限值进行设定和修改；显示通信发送缓冲区或接收缓冲区的内容等。

数字式多功能继电器配置有通讯接口。就地 PC 接口允许快速读写所有的参数和故障数据，一般数字式多功能继电器都配置标准有 RS485 接口。

显然，将上述适用于高压电动机的综合数字式继电器集成在 10kV、6kV、3kV 成套开关柜中，投资小、功能强大、配电自动化水平高。使 10kV、6kV、3kV 成套开关柜具有高压异步电动机保护、操动、指示、报警、通信等功能；具备配电自动化的特征，在建筑电气工程中压配电系统的电动机间隔中应用。

在 10kV、6kV、3kV 成套开关柜中设置具有短路保护、热过负荷保护、负序过流、不平衡负载保护、转子堵转保护的过流和过载保护的综合数字式继电器及具有变送、LED 显示（或光柱指示）和数字接口等功能的数显变送智能电流表，需要技术经济考核的高压电动机设置脉冲有功电能表，使 10kV、6kV、3kV 成套柜集高压异步电动机保护、操动、指示、报警、通讯等功能于一身，具备配电自动化的特征，在建筑电气工程中压配电系统的高压异步电动机间隔中广泛应用。

在 10kV、6kV、3kV 成套开关柜中设置具有短路保护、热过负荷保护、负序过流、不平衡负载保护、转子堵转保护的过流和过载保护的综合数字式继电器及指针式或数显电流表，需要技术经济考核的高压电动机设置普通有功电能表，在建筑电气工程中压配电系统的 10kV、6kV、3kV 高压异步电动机间隔中也广泛应用。

7.3.5　中压成套柜设数字式多功能继电器的电容器间隔

10kV、6kV 电压等级的电容器保护间隔的综合数字式继电器一般其保护功能有：速断、过流、低电压、过电压、零序电流、零序电压、电压互感器断线告警、接地故障告警、控制回路断线告警。适用于电容器断路器柜的保护和监控。

数字式多功能继电器配置有 LCD 液晶显示器，LCD 液晶显示器可通过调节 LCD 背光亮度使屏幕清晰可见。LCD 可以显示一次系统概略图，该概略图固定柜隔离开关、接地刀闸、断路器的状态可随相应开关量的变化而指示分、合状态，手车柜的手车在工作位置接通或手车在试验位置接通时方显示一次系统概略图；显示电压互感器、电流互感器的变比；显示保护压板状态：在保护投退拨动开关投上时，呈闭合状态，反之为断开状态，一般速断、过流、低电压、过电压用硬压板投退，零序电流、零序电压、电压互感器断线告警、接地故障告警通过软压板投退，各保护均设有软压板；可显示电压互感器断线告警、控制回路断线告警；显示数字式多功能继电器、LED、系统自检结果；显示年、月、日、时、分、秒；显示记录断路器、隔离开关、接地刀闸的状态变化；记录速断、低电压、过电压、过流等保护功能的投退时间、保护动作时的故障值；显示本地/遥控切换记录；定值修改记录；可显示三相电流、保护三相电流、线电压、相电压、零序电流、零序电压等实时波形图，实时显示的波形内容可切换；能显示记录故障前、故障中、故障后的电压、电流、断路器状态的波形供事故分析时用；三相电压、线电压、三相电流、保护三相电流、零序电流、零序电压、频率、有功功率、无功功率、功率因数等测量数据的显示，电压、电流、功率、电度可直接显示反映一次或二次的测量值，一次/二次的测量值可切换显示，有的还具有脉冲有功电度、脉冲无功电度并记录累加值供运行参考；显示外部开关量的状态、控制回路的状态、面板上投退拨动开关位置以及本地、遥控、设定的三位锁的状态；显示对保护功能的动作值和时限值进行设定和修改；显示通信发送缓冲区或接收缓冲区的内容等。

数字式多功能继电器配置有通信接口。就地 PC 接口允许快速读写所有的参数和故障数据，一般数字式多功能继电器都配置 RS485 接口。

显然，将上述适用于高压电容器间隔的综合数字式继电器集成在 10kV、6kV 成套开关柜中，投资小、功能强大、配电自动化水平高。使 10kV、6kV 成套开关柜具有高压电容补偿的保护、操动、指示、报警、通信等功能；具备配电自动化的特征，在建筑电气工程中压配电系统的电容补偿馈线间隔中应用。

7.3.6 中压成套柜设数字式多功能继电器的进线间隔

35kV、10kV、6kV电压等级的进线间隔的综合数字式继电器一般其保护功能有：速断、限时速断、过流、低电压、零序电流、电流闭锁低电压、电压互感器断线告警、母线接地故障告警、控制回路断线告警。适用于进线断路器柜的保护和监控。

数字式多功能继电器配置有LCD液晶显示器，LCD液晶显示器可通过调节LCD背光亮度使屏幕清晰可见。LCD可以显示一次系统概略图，该概略图固定柜隔离开关、接地刀闸、断路器的状态可随相应开关量的变化而指示分、合状态，手车柜的手车在工作位置接通时一次系统概略图显示手车的插头及插座，手车在试验位置接通时一次系统概略图显示手车的插头，手车柜的手车抽出时一次系统概略图不显示手车的插头及插座；LCD液晶显示器显示电压互感器、电流互感器的变比；显示保护压板状态：在保护投退拨动开关投上时，呈闭合状态，反之为断开状态，一般速断、限时速断、过流、低电压用硬压板投退，零序过流告警、电压互感器断线告警、接地故障告警通过软压板投退，各保护均设有软压板；显示零序过流告警、电压互感器断线告警、控制回路断线告警；显示数字式多功能继电器、LED、系统自检结果；显示年、月、日、时、分、秒；显示记录断路器、隔离开关、接地刀闸的状态变化；记录速断、限时速断、过流、进线备自投等保护功能的投退时间、保护动作时的故障值；显示本地/遥控切换记录；定值修改记录；可显示三相电流、保护三相电流、线电压、相电压、零序电压、零序电流等实时波形图，实时显示的波形内容可切换；能显示记录故障前、故障中、故障后的电压、电流、断路器状态的波形供事故分析时用；三相电压、线电压、三相电流、保护三相电流、零序电压、零序电流、频率、有功功率、无功功率、功率因数等测量数据的显示，电压、电流、功率、电度可直接显示反映一次或二次的测量值，一次/二次的测量值可切换显示，有的还可接入有功电度脉冲、无功电度脉冲并记录累加值供运行参考；显示外部开关量的状态、控制回路的状态、面板上投退拨动开关位置以及本地、遥控、设定的三位锁的状态；显示对保护功能的动作值和时限值进行设定和修改；显示通信发送缓冲区或接收缓冲区的内容等。

数字式多功能继电器配置有通信接口。就地 PC 接口允许快速读写所有的参数和故障数据，一般数字式多功能继电器都配置标准 RS485 接口。

显然，将上述适用于进线间隔的综合数字式继电器集成在 35kV、10kV、6kV 成套开关柜中，投资小、功能强大、配电自动化水平高。使 35kV、10kV、6kV 成套开关柜具有进线的保护、操动、指示、报警、通信等功能；具备配电自动化的特征，在建筑电气工程中压配电系统的进线间隔中应用。

在进线间隔的 35kV、10kV、6kV 成套开关柜中设置具有瞬时跳闸、定时限过流保护、反时限过流保护、计入前负荷或不计入前负荷的过负荷保护、负相序过电流保护的过流和过载保护的综合数字式继电器；进线的测量设置具有可编程测量、显示、数字通信和电能脉冲变送输出等功能的多功能智能电表，能够完成电流测量、电压测量、电量测量、电能计量、数据采集、显示及传输，经 CPU 进行数据处理，各电量参数自动或通过切换由 LED 直接显示，同时电能脉冲输出，并设有数字接口可与 PC 机进行数据交换，其进线间隔的 35kV、10kV、6kV 成套开关柜具备配电自动化的基本特征，在建筑电气工程中压配电系统的进线间隔中也应用。

在进线间隔的 35kV、10kV、6kV 成套开关柜中设置具有瞬时跳闸、定时限过流保护、反时限过流保护、计入前负荷或不计入前负荷的过负荷保护、负相序过电流保护的过流和过载保护的综合数字式继电器，设置数显变送智能电流表、脉冲有功电能表及脉冲无功电能表，在建筑电气工程中压配电系统的进线间隔中广泛应用。

在进线间隔的 35kV、10kV、6kV 成套开关柜中设置具有瞬时跳闸、定时限过流保护、反时限过流保护、计入前负荷或不计入前负荷的过负荷保护、负相序过电流保护的过流和过载保护的综合数字式继电器，设置常规测量电流表、有功电能表及无功电能表，在建筑电气工程中压配电系统的进线间隔中也广泛应用。

7.3.7 中压成套柜设数字式多功能继电器的进线备自投间隔

保护备自投的综合数字式继电器（备用电源自动投入装置）满足国家标准规定的要求。保护备自投的综合数字式继电器（备用电源自动投入装置）引入了两段母线电压，用于进行有压、无压判别及启动备用电源自动装置，每个进线断路器各引入任一相电流，是为了防止电压互感器全相断线后造成备自投装置误投及更好的确认进线断路器已分断，也可利用该相电流判别是否超过过负荷整定值需要自投后实现联切负荷的功能；保护备自投的综合数字式继电器（备用电源自动投入装置）引入进线单路线电压或任意相别的相电压是为了在进线断路器互投时判别备用电源进线电压是否正常；保护备自投的综合数字式继电器（备用电源自动投入装置）引入进线断路器、分段断路器闭合、分断的位置状态，作为判别选择进线互投方式还是分段断路器自投方式的系统运行方式。

35kV、10kV、6kV电压等级的进线间隔保护备自投的综合数字式继电器一般其保护功能有：速断、限时速断、过流、进线备自投、控制回路断线告警。适用于需有备自投功能的进线断路器柜的保护和监控。

数字式多功能继电器配置有LCD液晶显示器，LCD液晶显示器可通过调节LCD背光亮度使屏幕清晰可见。LCD可以显示一次系统概略图，该概略图固定柜隔离开关、接地刀闸、断路器的状态可随相应开关量的变化而指示分、合状态，手车柜的手车在工作位置接通时一次系统概略图显示手车的插头及插座，手车在试验位置接通时一次系统概略图显示手车的插头，手车柜的手车抽出时一次系统概略图不显示手车的插头及插座；LCD液晶显示器显示电压互感器、电流互感器的变比；显示保护压板状态：在保护投退拨动开关投上时，呈闭合状态，反之为断开状态，一般速断、限时速断、过流、备自投保护用硬压板投退，各保护均设有软压板，备自投保护没有动作值得整定，有判断出备自投启动后到跳失电进线断路器的时间及从失电侧断路器跳闸到备用电源进线断路器合闸的时间的整定；当检测到另一进线（备用电源）断路器在合闸位置时，经5s充电（延时）后，备自投保护允许启动显示“备自允许”，否则显示可显示“备自闭锁”；控制回路断线告警；显示数字式多功能继电器、LED、系统自检结果；显示年、月、日、时、分、秒；显示记录断路器、隔离开关、接地刀闸的状态变化；记录速断、限时速断、过流、进线备自投等保护功能的投退时间、保护动作时的故障值；显示本地/遥控切换记录；定值修改记录；可显示三相电流、保护三相电流、线电压、相电压、对侧（备用电源）进线电压、对侧（备用电源）进线电流等实时波形图，实时显示的波形内容可切换；能显示记录故障前、故障中、故障后的电压、电流、断路器状态的波形供事故分析时用；三相电压、线电压、三相电流、保护三相电流、对侧（备用电源）进线电压、对侧（备用电源）进线电流、频率、有功功率、无功功率、功率因数等测量数据的显示，电压、电流、功率、电度可直接显示反映一次或二次的测量值，一次/二次的测量值可切换显示，有的还可接入有功电度脉冲、无功电度脉冲并记录累加值供运行参考；显示外部开关量的状态、控制回路的状态、面板上投退拨动开关位置以及本地、遥控、设定的三位锁的状态；显示对保护功能的动作值和时限值进行设定和修改；显示通讯发送缓冲区或接收缓冲区的内容等。

数字式多功能继电器配置有通信接口。就地PC接口允许快速读写所有的参数和故障数据，一般数字式多功能继电器都配置标准RS485接口。

将上述适用于进线备自投间隔的综合数字式继电器集成在35kV、10kV、6kV成套开关柜中，投资小、功能强大、配电自动化水平高。使35kV、10kV、6kV成套开关柜具有进线及备自投的保护、操动、指示、报警、通信等功能；具备配电自动化的特征，在建筑电气工程中压配电系统的进线备自投间隔中应用。

在进线间隔的35kV、10kV、6kV成套开关柜中设置具有瞬时跳闸、定时限过流保护、反时限过流保护、计入前负荷或不计入前负荷的过负荷保护、负相序过电流保护的过流和过载保护的综合数字式继电器及在母分间隔设置有备用电源自动投入装置；进线的测量设置具有可编程测量、显示、数字通讯和电能脉冲变送输出等功能的多功能智能电表，能够完成电流测量、电压测量、电量测量、电能计量、数据采集、显示及传输，经CPU进行数据处理，各电量参数自动或通过切换由LED直接显示，同时电能脉冲输出，并设有数字接口可与PC机进行数据交换，其进线间隔的35kV、10kV、6kV成套开关柜具备配电自动化的基本特征，在建筑电气工程中压配电系统的进线备自投间隔中也应用。

在进线间隔的35kV、10kV、6kV成套开关柜中设置具有瞬时跳闸、定时限过流保护、反时限过流保护、计入前负荷或不计入前负荷的过负荷保护、负相序过电流保护的过流和过载保护的综合数字式继电器及在母分间隔设置有备用电源自动投入装置，设置数显变送智能电流表、脉冲有功电能表及脉冲无功电能表，在建筑电气工程中压配电系统的进线备自投间隔中广泛应用。

在进线间隔的35kV、10kV、6kV成套开关柜中设置具有瞬时跳闸、定时限过流保护、反时限过流保护、计入前负荷或不计入前负荷的过负荷保护、负相序过电流保护的过流和过载保护的综合数字式继电器及在母分间隔设置有备用电源自动投入装置，设置常规测量电流表、有功电能表及无功电能表，在建筑电气工程中压配电系统的进线备自投间隔中也广泛应用。

在进线间隔的35kV、10kV、6kV成套开关柜中设置具有瞬时跳闸、定时限过流保护、反时限过流保护、计入前负荷或不计入前负荷的过负荷保护、负相序过电流保护的过流和过载保护的综合数字式继电器，备用电源自动投入装置采用常规继电保护设计，设置常规测量电流表、有功电能表及无功电能表，在建筑电气工程中压配电系统的进线备自投间隔中也广泛应用。

7.3.8 中压成套柜设数字式多功能继电器的母分间隔

进线间隔与母分间隔配合，可完成自投。35kV、10kV、6kV电压等级的分段断路器间隔保护的综合数字式继电器一般其保护功能有：合闸速断或低电压闭锁速断、限时速断、过流、控制回路断线告警。适用于分段断路器柜的保护和监控。

数字式多功能继电器配置有LCD液晶显示器，LCD液晶显示器可通过调节LCD背光亮度使屏幕清晰可见。LCD可以显示一次系统概略图，该概略图固定柜隔离开关、断路器的状态可随相应开关量的变化而指示分、合状态，分段断路器手车柜及隔离手车柜的手车在工作位置接通时一次系统概略图显示分段断路器手车柜及隔离手车柜手车的插头及插座，分段断路器手车柜及隔离手车柜的手车在试验位置接通时一次系统概略图显示分段断路器手车柜及隔离手车柜的手车的插头，分段断路器手车柜及隔离手车柜的手车抽出时一次系统概略图不显示分段断路器手车柜及隔离手车柜手车的插头及插座；LCD液晶显示器显示电压互感器、电流互感器的变比；显示保护压板状态：在保护投退拨动开关投上时，呈闭合状态，反之为断开状态，速断、限时速断、过流、时间用硬压板投退，各保护均设有软压板，软硬压板任一投入均使该保护投入；控制回路断线告警；显示数字式多功能继电器、LED、系统自检结果；显示年、月、日、时、分、秒；显示记录断路器、隔离开关的状态变化；记录速断、限时速断、过流、时间等保护功能的投退时间、保护动作时的故障值；显示本地/遥控切换记录；定值修改记录；可显示三相电流、保护三相电流、线电压、相电压、零序电流、零序电压等实时波形图，实时显示的波形内容可切换；能显示记录故障前、故障中、故障后的电压、电流、断路器状态的波形供事故分析时用；三相电压、线电压、三相电流、保护三相电流零序电流、零序电压、频率、有功功率、无功功率、功率因数等测量数据的显示，电压、电流、功率、电度可直接显示反映一次或二次的测量值，一次/二次的测量值可切换显示，有的还可接入有功电度脉冲、无功电度脉冲并记录累加值供运行参考；显示外部开关量的状态、控制回路的状态、面板上投退拨动开关位置以及本地、遥控、设定的三位锁的状态；显示对保护功能的动作值和时限值进行设定和修改；显示通信发送缓冲区或接收缓冲区的内容等。

数字式多功能继电器配置有通信接口。就地 PC 接口允许快速读写所有的参数和故障数据，一般数字式多功能继电器都配置标准 RS485 接口。

显然，将上述适用于母分间隔的综合数字式继电器集成在35kV、10kV、6kV 成套开关柜中，投资小、功能强大、配电自动化水平高。使 35kV、10kV、6kV 成套开关柜具有母分的保护、操动、指示、报警、通信等功能；具备配电自动化的特征，在建筑电气工程中压配电系统的母分间隔中应用。

在母分间隔的 35kV、10kV、6kV 成套开关柜中设置具有母线保护的综合数字式继电器，设置数显变送智能电流表，在建筑电气工程中压配电系统的母分间隔中广泛应用。

在母分间隔的 35kV、10kV、6kV 成套开关柜中设置具有母线保护的综合数字式继电器，设置常规测量电流表，在建筑电气工程中压配电系统的进线间隔中也广泛应用。

7.3.9 中压成套柜设数字式多功能继电器的母分备自投间隔

母分备自投间隔与进线备自投间隔构成备自投。35kV、10kV、6kV 电压等级的母分备自投间隔保护的综合数字式继电器一般其保护配置有：合闸速断或低电压闭锁速断、限时速断、过流、备自投保护投退、合闸速断开放时间、低电压闭锁速断、控制回路断线告警。适用于需有备自投功能的母联断路器柜的保护和监控。

数字式多功能继电器配置有 LCD 液晶显示器，LCD 液晶显示器可通过调节 LCD 背光亮度使屏幕清晰可见。LCD 可以显示一次系统概略图，该概略图固定柜隔离开关、进线断路器及母联断路器的状态可随相应开关量的变化而指示分、合状态，进线断路器、母联断路器手车柜及隔离手车柜的手车在工作位置接通时一次系统概略图显示分段断路器手车柜及隔离手车柜手车的插头及插座，分段断路器手车柜及隔离手车柜的手车在试验位置接通时一次系统概略图显示分段断路器手车柜及隔离手车柜的手车的插头，分段断路器手车柜及隔离手车柜的手车抽出时一次系统概略图不显示分段断路器手车柜及隔离手车柜手车的插头及插座，进线断路器、母联断路器及隔离手车的状态可随相应开关量的变化而指示分、合状态；LCD 液晶显示器显示电压互感器、电流互感器的变比；显示保护压板状态：在保护投退拨动开关投上时，呈闭合状态，反之为断开状态，一般速断、限时速断、过流、备自投保护为硬压板进行投退，合闸速断开放时间、低电压闭锁速断使用软压板进行投退；母联断路器当速断压板投入若时间压板未投时速断保护一直开放，当速断、时间压板同时投入时母联断路器合闸后经“时间”整定值延时后速断闭锁；备自投允许当母分备自投间隔保护的综合数字式继电器检测到两段进线断路器均在合闸位置、两段母线均有电压且母联断路器在分闸状态下，经延时综合数字式继电器备自投保护才投入并显示允许备自投，否则显示备自投闭锁；控制回路断线告警；显示数字式多功能继电器、LED、系统自检结果；显示年、月、日、时、分、秒；显示记录断路器、隔离开关或隔离手车的状态变化；记录速断、限时速断、过流、备自投等保护功能的投退时间、保护动作时的故障值；显示本地/遥控切换记录；定值修改记录；可显示两段母线的电压、两段进线电流、保护三相电流等实时波形图，实时显示的波形内容可切换；能显示记录故障前、故障中、故障后的电压、电流、断路器状态的波形供事故分析时用；两段母线的电压、两段进线电流、保护三相电流、频率等测量数据的显示，电压、电流、频率可直接显示反映一次或二次的测量值，一次/二次的测量值可切换显示；显示外部开关量的状态、控制回路的状态、面板上投退拨动开关位置以及本地、遥控、设定的三位锁的状态；显示对保护功能的动作值和时限值进行设定和修改；显示通信发送缓冲区或接收缓冲区的内容等。

数字式多功能继电器配置有通讯接口。就地 PC 接口允许快速读写所有的参数和故障数据，一般数字式多功能继电器都配置标准 RS485 接口。

显然，将上述适用于母分备自投间隔的综合数字式继电器集成在 35kV、10kV、6kV 成套开关柜中，投资小、功能强大、配电自动化水平高。使 35kV、10kV、6kV 成套开关柜具有母分备自投的保护、操动、指示、报警、通信等功能；具备配电自动化的特征，在建筑电气工程中压配电系统的母分备自投间隔中应用。

在母分备自投间隔的 35kV、10kV、6kV 成套开关柜中设置具有合闸于短路时的保护、母线保护功能的多功能保护继电器及备用电源自动投入装置，多功能保护继电器具有测量电流、电压、频率等，备用电源自动投入装置具有两段母线电压、两段进线电流和电压，母线多功能保护继电器及备用电源自动投入装置均具有自诊断功能、定值修改记录、故障录波及故障记录功能、通讯功能等，在建筑电气工程中压配电系统的母分备自投间隔中广泛应用。

在母分备自投间隔的 35kV、10kV、6kV 成套开关柜中设置具有合闸于短路时的保护、母线保护功能的多功能保护继电器，备用电源自动投入装置采用常规继电保护设计，设置常规测量电流表，多功能保护继电器具有测量电流、电压、频率等，并具有自诊断功能、定值修改记录、故障录波及故障记录功能、通讯功能等，在建筑电气工程中压配电系统的母分备自投间隔中也广泛应用。

7.3.10 中压成套柜设数字式多功能继电器的电压互感器监控间隔

35kV、10kV、6kV 电压等级的电压互感器间隔保护的综合数字式继电器一般其保护配置有：接地告警、电压互感器断线告警、控制回路断线告警。并有电压互感器切换功能。适用于电压互感器柜的保护、控制和电压监测。

数字式多功能继电器配置有 LCD 液晶显示器，LCD 液晶显示器可通过调节 LCD 背光亮度使屏幕清晰可见。LCD 可以显示一次系统概略图，该概略图标有电压互感器间隔的参照代号、母线电压；显示保护压板状态：在保护投退拨动开关投上时，相应保护呈闭合状态，反之为断开状态，接地故障告警、电压互感器断线告警保护、电压互感器切换用硬压板投退；当检测到一相电压低与低电压整定值，且另两相电压高于过电压整定值，或检测到零序电压值高于零序电压整定值时，按整定的延时值延时后发出和显示接地故障告警；当检测到一相或两相电压低与低电压整定值，且其他相电压没高于过电压整定值、检测到的零序电压值没高于零序电压整定值时，按整定的断线时间值延时后发出和显示电压互感器断线告警；显示数字式多功能继电器、LED、系统自检结果；显示年、月、日、时、分、秒；显示记录保护功能的投退时间、保护动作时的相电压故障值；显示本地/遥控切换记录；定值修改记录；相电压、线电压、零序电压、频率等测量数据的显示，电压、频率可直接显示反映一次或二次的测量值，一次/二次的测量值可切换显示；显示外部开关量的状态、控制回路的状态、面板上投退拨动开关位置以及本地、遥控、设定的三位锁的状态；显示对保护功能的动作值和时限值进行设定和修改；显示通信发送缓冲区或接收缓冲区的内容等。

数字式多功能继电器配置有通信接口。就地 PC 接口允许快速读写所有的参数和故障数据，一般数字式多功能继电器都配置标准 RS485 接口。

显然，将上述适用于电压互感器间隔的综合数字式继电器集成在 35kV、10kV、6kV 成套开关柜中，投资小、功能强大、配电自动化水平高。使 35kV、10kV、6kV 成套开关柜具有进线的保护、操动、指示、报警、通讯等功能；具备配电自动化的特征，在建筑电气工程中压配电系统的电压互感器间隔中应用。

7.3.11 中压成套柜设数字式多功能继电器的变压器差动间隔

35kV、10kV、6kV 电压等级的配电变压器需差动保护的间隔的差动保护综合数字式继电器一般其保护功能有：差动速断短路保护、差动选择性短路保护、有载瓦斯、本体瓦斯等保护；

35kV、10kV、6kV电压等级的配电变压器需差动保护的间隔的后备保护综合数字式继电器一般其保护功能有复合电压闭锁或无复合电压闭锁及方向或无方向三段过流保护、过负荷保护、温度保护、瓦斯保护、电压互感器断线告警等。适用于35kV、10kV、6kV电压等级的配电变压器短路不拾遗需设差动保护的配电变压器馈线柜作配电变压器的主保护、后备保护和监控。

数字式多功能继电器配置有LCD液晶显示器。LCD可以显示一次系统概略图，该概略图固定柜隔离开关、接地刀闸、断路器的状态可随相应开关量的变化而指示分、合状态，手车柜的手车在工作位置接通或手车在试验位置接通时一次系统概略图方显示插头、插座状态。显示保护压板状态，在保护投退拨动开关投上时，相应的保护呈闭合状态，反之为断开状态；显示单元的通信地址；显示数字式多功能继电器、LED、系统自检结果；显示年、月、日、时、分、秒；显示记录断路器、隔离开关、接地刀闸的状态变化；显示记录保护功能的投退时间；记录下事件发生的时间，及保护动作时的故障值；显示本地/遥控切换记录；能显示记录故障前、故障中故障后的电压、电流、断路器状态的波形供事故分析时用显示外部开关量的状态、控制回路的状态、面板上投退拨动开关位置以及本地、遥控、设定的三位锁的状态；显示对保护功能的动作值和时限值进行设定和修改；保护事件记录；显示通信发送缓冲区或接收缓冲区的内容等。

差动保护综合数字式继电器LCD显示的一次系统概略图直接显示变压器原边和副边电流二次测量值，当判断有涌流产生时显示“涌流闭锁”，差动保护不动作；可显示变压器原边和副边电流的二次值、原边平衡电流、差动电流、制动电流、二次谐波电流、原边零序电流、副边零序电流等测量数据；可显示变压器原边和副边电流的实时波形图。

后备保护综合数字式继电器LCD显示一次系统概略图、显示电流互感器是三个或二个的变比、显示电压互感器的变比；各保护还设有软压板；还直接显示线电压、相电流、有功功率、无功功率、频率的一次量值；定值修改记录；可显示三相电流、保护三相电流、零序电流、线电压、相电压、零序电压、三相电流和相应线电压的方向功率、有功功率、无功功率、脉冲有功和无功电度及累加值、积分有功和无功电度及累加值不能作为计量使用仅作参考，可直接显示反映一次或二次的测量值，一次/二次的测量值可切换；可显示三相电流、保护三相电流、零序电流、线电压、相电压、零序电压等实时波形图，实时显示的波形内容可切换；数字式多功能继电器配置有通讯接口。就地 PC 接口允许快速读写所有的参数和故障数据，一般数字式多功能继电器都配置 RS485 接口。

显然，将上述适用于 35kV 及以下电压等级具备配电变压器的差动保护保和后备保护的功能的综合数字式继电器集成在 35kV、10kV、6kV 成套开关柜中，用于需差动保护的配电变压器，其投资小、功能强大、配电自动化水平高，具有接通、分断、保护、操动、指示、报警、通信等功能；具备配电自动化的特征，在建筑电气工程中压配电系统的需差动保护的变压器馈电间隔中广泛应用。

在 35kV、10kV、6kV 成套开关柜中设置差动保护数字式继电器作主保护；过流和过载保护的综合数字式继电器作后备保护；温度瓦斯等保护采用非电量保护及重动装置及相电压、线电压、零序电压、相电流、零序电流、频率、有功功率、无功功率、功率因数等数据测量监控的测控综合数字式继电器，使需差动保护的配电变压器的 35kV、10kV、6kV 成套开关柜具备配电自动化的特征，在建筑电气工程中压配电系统中有应用。

在 35kV、10kV、6kV 成套开关柜中设置差动保护数字式继电器作主保护；过流和过载保护的综合数字式继电器作后备保护；温度瓦斯等保护采用非电量保护及重动装置；在双绕组配电变压器一侧设置数显变送智能电流表、数显变送智能有功功率表及无功功率表，使需差动保护的配电变压器的 35kV、10kV、6kV 成套开关柜具备配电自动化的特征，在建筑电气工程中压配电系统的带变压器及馈电间隔中广泛应用。

在35kV、10kV、6kV成套开关柜中设置差动保护数字式继电器作主保护；过流和过载保护的综合数字式继电器作后备保护；温度瓦斯等保护及重动采用常规继电保护设计；35kV成套开关柜中设置在双绕组配电变压器一侧的测量交流电流表、有功功率表及无功功率表选用数显变送智能表及脉冲有功电能表、脉冲无功电能表；10kV、6kV成套开关柜中设置在双绕组配电变压器一侧的测量交流电流表、脉冲有功电能表、脉冲无功电能表，使需差动保护的配电变压器的35kV、10kV、6kV成套开关柜亦具备有配电自动化的特征，在建筑电气工程中压配电系统的配电变压器间隔中广泛应用。

在35kV、10kV、6kV成套开关柜中设置差动保护数字式继电器作主保护；过流和过载保护的综合数字式继电器作后备保护；温度瓦斯等保护及重动采用常规继电保护设计；35kV成套开关柜中设置设置在双绕组配电变压器一侧的测量交流电流表、有功功率表及无功功率表选用指针式表计或数字式表计；10kV、6kV成套开关柜中设置在双绕组配电变压器一侧的测量交流电流表、普通有功电能表及无功电能表，使需差动保护的配电变压器的35kV、10kV、6kV成套开关柜亦具备有配电自动化的特征，在建筑电气工程中压配电系统的带变压器及馈电间隔中广泛应用。

7.4 集中式配电自动化系统

集中式配电自动化系统指采用不同档次的计算机，扩展其外围接口电路，集中采集变电站的模拟量、开关量和数字量等信息，集中进行计算处理，分别完成微机监控、微机保护及自动控制等功能的配电自动化系统。

集中式配电自动化系统一般微机监控、微机保护、调度等通信功能等由不同的微机完成；监控计算机负责数据采集、数据处理、人机联系等功能，有的监控计算机也负担开关操动等控制功能；保护计算机根据其I/O点数负责多个馈出回路、变电设备、用电设备的保护等；通信主机承担电调及通信等功能。

7.5 分层分布式结构集中式组屏的配电自动化系统

变电站配电自动化系统分层式结构指将变电站信息的采集和控制分为管理层、站控层和间隔层三个层，分层布置。

变电站配电自动化系统结构上采用主从 CPU 协同工作方式，各功能模块（通常是各个从 CPU）之间采用网络技术或串行方式实现数据通信，称为分布式结构。

按分层、分布式结构组成的配电自动化系统，按其功能组装成多个屏，集中安装在变电站控制室中，称为分层分布式结构集中式组屏的配电自动化系统。

分层分布式结构集中式组屏的配电自动化系统组成框图见图 1.5-1。

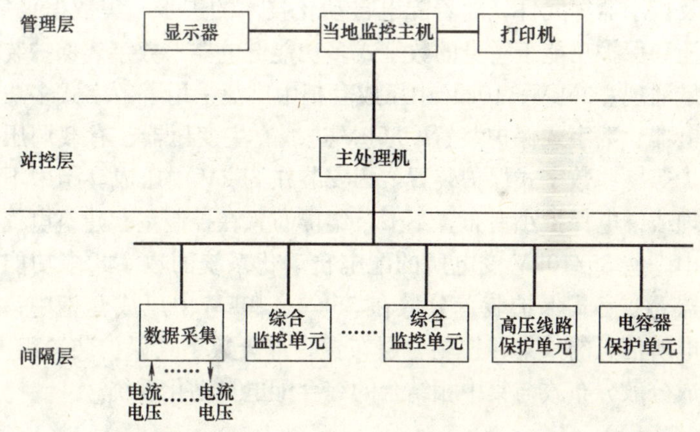

图 1.5-1 分层分布式结构集中式组屏的配电自动化系统组成框图

建筑电气工程中，中压开关柜中一般除开关等一次元件外，还集成了继电保护、表计、操动器及指示器等元件，仅预报告警、事故告警组装成中央信号屏安装在控制室，继电保护、表计、操动及指示部分并不组屏布置在控制室，所以在建筑电气工程中很少采用分层分布式结构集中式组屏的配电自动化系统。

7.6 分散分布与集中相结合的配电自动化系统

配电自动化系统采用面向电气一次回路或电气间隔的方法进行设计，间隔层中各数据采集、监控单元和保护单元设计在同一机箱内。将机箱就地分散安装在高压成套柜上或其他一次设备附近的分散式结构和使各间隔单元的设备互相独立，仅通过光缆或线缆网络由站控机对设备进行管理和交换信息的分布式结构，与除安装在间隔高压成套开关柜外的部分在控制室集中组屏或分层组屏相结合的结构称为分散分布式与集中相结合的综合配电自动化系统。

分散分布式与集中相结合的综合配电自动化系统的结构框图见图 1.5-2。

建筑电气工程中，35/10kV 变电所作为用户终端变电所往往在 35kV、10kV 中压成套柜中集成了继电保护、表计、操动器及指示器等元件，随着配电自动化技术的进步，集数据采集、监控和保护功能于一身的数字式多功能继电器、数字式保护装置大量涌现，35kV、10kV 中压成套柜中广泛采用了数字式多功能继电器、数字式保护装置，35kV 进线、主变压器、有载调压的保护等一些数字式保护装置，因安装在 35kV 中压成套柜中不便管理或继电保护小室布置不下，组屏布置在控制室。建筑电气工程中一些 35/10kV 变电所的配电自动化系统的数字式多功能继电器、数字式保护装置分散在 35kV、10kV 中压成套柜中；将变电所信息的采集和控制分层布置；部分数字式保护装置组屏，组成分散分布式与集中相结合的综合配电自动化系统。

7.7 分散分布式配电自动化系统

建筑电气工程中，用户的 10kV 开关站的配电自动化系统普遍采用数字式多功能继电器、数字式保护装置安装在 10kV 中压成套柜中，可就地操动、监控；在电控室设置管理后台机；开关站的信息的采集和控制分层布置，组成分散分布式的综合配电自动化系统。

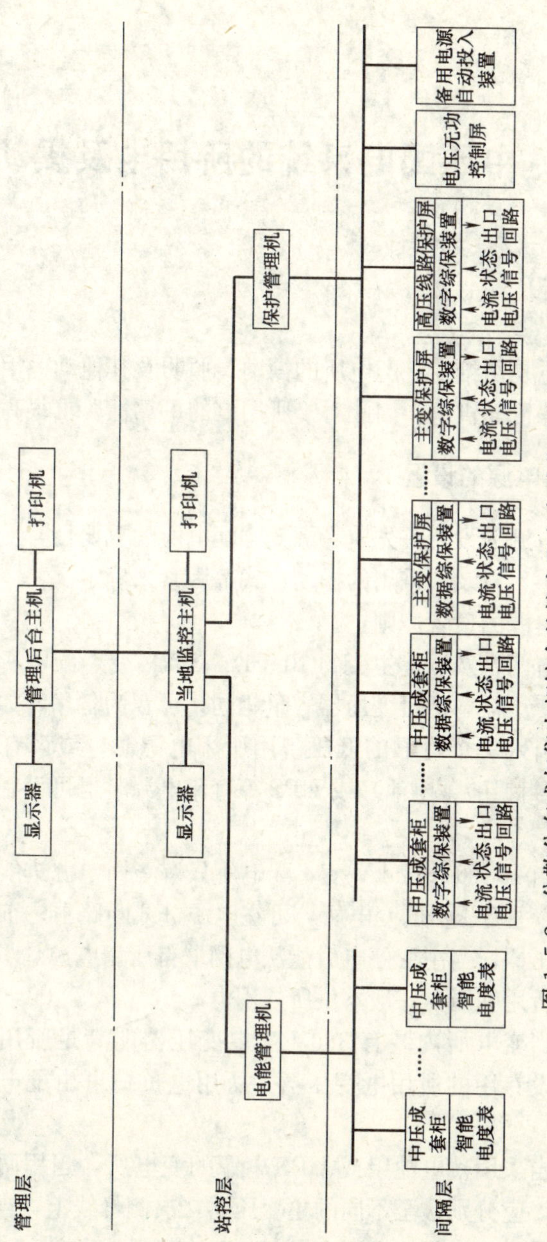

图 1.5-2 分散分布式与集中相结合的综合配电自动化系统的结构框图

第6章 中压配电系统的所用电及操动电源

1 所用电

所用电是供给变、配电所的操动、照明及其他动力用电的电源，应确保可靠供电。因此对于所用电的可靠性要求很高。

1.1 所用电源的设置

所用电源的设置首先应考虑变、配电所的重要性，变配电所容量的大小，以及所采用的操动方式等因素来确定。

所用电源的设置原则：

(1) 有两台及以上主变的10 (6)～35kV变、配电所宜设置两台所用变压器，两台变压器容量相同，可互为备用，如果能从变电所外引入一个可靠的低压备用所用电源时，或设有蓄电池（阀控式密封铅酸蓄电池）或UPS等直流电源时也可设置一台所用变压器。

(2) 当10 (6)～35kV变、配电所只有一回电源进线及只有一台35kV主变压器的变电所，可在电源进线断路器之前装设一台所用变压器，当主变停电后能从电网取得所用电源。

(3) 所用变压器一般不供所外用电。

(4) 当变电所内装有380V配电变压器能满足所用电要求时，可不设专用的所用电变压器，所用电负荷可由配电变压器兼供。

(5) 当采用蓄电池组或UPS电源的变电所，当用两台所用变压器时，应分别接至不同的主变压器二次侧母线上，当用一台所用变压器时，也可接至主变压器的二次侧母线上。

(6) 采用硅整流式直流操动电源的变电所，当用两台所用变压器时，宜将一台接到电源进线断路器的电源侧，一台接到另一电源系统的主变压器二次侧母线上；当采用一台所用变压器时，应将其接至电源进线断路器的电源侧。

(7) 当总变电所为满足 6～10kV 网络电压质量的要求而提高母线电压值时，所用变压器一次侧的额定电压宜采用 10.5kV 或 6.3kV。

(8) 当有条件时，所用变压器宜装在同一系列的开关柜内。

(9) 两个所用电源宜在 380V 侧装设备用电源自动投入装置，当两台所用变压器一次电压等级不同，引起二次电压相位不同时，应设有防止并联运行措施。

1.2 所用电源的接线

(1) 当能从所外引来与本变电所无联系的 380V 第二电源时，在主变压器二次侧母线上接一台所用变压器。所用变接线图接线方案适用于采用各种操动电源和二、三级用电负荷的变电所。

(2) 当从所外取得第二电源有困难时，在 35kV 受电断路器外侧，装一台所用变压器。接线适用于硅整流式直流操动电源和无特殊要求的变电所。

(3) 电压为 35kV 两台主变压器的变电所，当从所外引来的低压电源有困难时，装设两台所用变压器。一台接在 35kV 的受电断路器外侧，一台接在另一电源系统的主变压器二次侧母线上。本接线适用于采用硅整流式直流操动电源和各级用电负荷的变压器。当采用蓄电池组或硅整流镉镍蓄电池直流操动电源时，可将两台所用变压器分别接至不同主要变压器二次侧母线上。

1.3 所用变压器的选择

(1) 变压器的原、副边额定电压分别与引接点和所用电系统的额定电压相适应。

（2）连接组别的选择，宜使同一电压级的所用工作、备用变压器输出电压的相位一致。

（3）阻抗电压的选择，宜使引接点电压及所用电负荷正常波动范围内，所用电各级母线电压偏移不超过额定电压的±5%。

（4）所用变器容量必须保证所用操动、照明及其他动力用电的负荷容量。

1.4　所用变压器容量计算

负荷计算采用换算系数法，所用变压器容量

$$S_t \geqslant K_1 P_1 + P_2 + P_3 \tag{1.6-1}$$

式中，K_1 为所用动力负荷换算系数，一般取 0.85；P_1、P_2、P_3 为所用动力、电热、照明负荷 kW；S_t 为所用变压器容量，单位为 kVA。

2　操动电源系统

2.1　概述

操动电源为控制、信号、测量回路及继电保护装置，自动装置和断路器的操动提供可靠的工作电源。

2.2　操动电源的基本要求

（1）为保证供电可靠性，最好装设独立的直流操动电源，以防交流系统故障时，影响操动电源的正常供电。

（2）在事故状态下，电网电压下降以至消失时，应能提供继电保护跳闸及应急照明电源。

（3）应具有足够的容量，以保证正常运行时，操动电源母线电压波动范围小于±5%的额定值。事故时的母线电压不低于90%额定值；失去浮充电源后，在最大负荷下直流电压不低于80%额定值。

(4) 波纹系数小于5%。

(5) 使用寿命、维护工作量、设备投资、布置面积等应合理。

2.3 操动电源系统分类及选择原则

操动电源系统分为直流操动电源系统及交流操动电源系统。

操动电源的选择应根据变、配电所的容量及断路器操动方式确定。

(1) 对于供给特别重要的负荷或变压器总容量≥5000kVA的变电所，宜选用直流操动电源。

(2) 对于小型配电所宜采用弹簧储能合闸和去分流分闸的全交流操动方式，或用UPS电源供电的交流操动方式，因此操动电源宜选交流操动电源。

2.4 直流操动电源系统

2.4.1 直流操动电源系统的基本接线

直流操动电源系统额定电压的选择为：

专供控制负荷的直流系统宜采用110V。

专供动力负荷的直流系统宜采用220V。

控制负荷和动力负荷合并供电的直流系统采用220V。

对于发电厂一般采用220V，变电所宜采用110V或220V。当变配电所中装有电磁合闸的断路器时，应选用220V直流操动电源。

直流系统接线方式有单母线和单母线分段两种。单母线接线方式适用于设有一组蓄电池、两套充电装置的变电所和小型发电厂；单母线分段接线方式适用于设有一组或两组蓄电池、两套充电装置的大型变电所或机组较多的小型发电厂。

对于工业企业变配电所可采用单母线接线方式，该接线方式的特点：接线简单、可靠。由于浮充充电器接在直流母线上，所以当蓄电池回路刀开关被误切时，直流母线不失电。

还可将浮充充电器经双投刀开关分别接到直流母线和蓄电池组上。充电器经双投刀开关的倒换可接到直流母线或蓄电池组上。

2.4.2　直流负荷

(1) 直流负荷分类

直流负荷的分类可按功能分类和按性质分类二种。

按功能分类可分控制负荷和动力负荷，按性质分类可分为经常性负荷、事故负荷、冲击负荷。

1）控制负荷

用于电气热工控制、信号装置、继电保护、自动装置及仪表等负荷，这类负荷容量小，在发电厂及变电所中有较大数量。

2）动力负荷

这类负荷包括各类直流电动机，如发电厂中，直流润滑油泵电动机、氢密封油泵电动机、断路器的电磁操纵合闸机构，交流不停电电源装置、远动、通信装置的电源，以及应急照明等的较大功率的负荷，这类负荷在发电厂中容量较大，直接影响直流电源容量和设备的选择。

3）经常性负荷

经常性负荷是指在正常和事故状态下，均应可靠供电的负荷。

直流负荷的分类及特性见表1.6-1。

4）事故负荷

当发电厂或变电所在交流电源消失后，全厂停电状态下，必须由直流电源供电的负荷作为事故负荷，此种负荷含下列几种：

① 应急照明。在正常照明因事故停电而启用的照明。它包括疏散照明、安全照明、备用照明。疏散照明用于确保疏散通道被有效地辨认和使用；安全照明用于确保处于潜在危险之中的人员安全使用；备用照明用于确保正常活动继续进行的照明。

对于有保安电源时，有部分应急照明由直流电源供电，对无保安电源的发电厂和变电所，应急照明全部由直流电源供电。

直流负荷的特性及分类 **表 1.6-1**

序号	负荷名称	负荷性质	正常状态			事故状态		
			是否允许间断供电	用电时间	正常允许电压变动范围/%	是否允许间断供电	用电时间	事故末期允许电压变动范围/%
1	位置信号灯、位置指示器和位置继电器	经常负荷	允许有计划停电	长时间	70～105	允许有计划停电	长时间(指事故计算时间内，以下同)	
2	控制室长明灯		允许有计划停电	长时间	95～105	不允许	长时间	85
3	继电保护装置和安全自动装置	部分经常负荷	不允许	部分长时间	70～110	不允许	部分长时间	70
4	断路器跳闸回路		不允许	短时间	65～120	不允许	短时间	65
5	隔离开关操动及闭锁回路		允许有计划停电	短时间	85～110	允许	短时间	
6	汽机调速电动机		允许有计划停电	短时间	95～105	允许	短时间	
7	实验室		允许			允许		
8	交流不停电电源装置	事故负荷				不允许	长时间	85
9	应急事故照明					不允许	长时间	85
10	汽轮机直流润滑油泵和发电机氢冷直流密封油泵					不允许	长时间	85
11	通信备用电源					不允许	长时间	85

续表

序号	负荷名称	负荷性质	正常状态			事故状态		
			是否允许间断供电	用电时间	正常允许电压变动范围/%	是否允许间断供电	用电时间	事故末期允许电压变动范围/%
12	断路器合闸机构	冲击负荷	允许有计划停电	短时间	(80～85)～110	不允许	短时间	80～85

注：1. 信号装置。信号装置包括信号灯、位置指示器、光字牌以及各类信号报警器等。这类装置在所有工况下部分或全部处于工作状态，都应有可靠的直流电源供电。

2. 继电保护和自动装置。继电保护和自动装置的作用，是在电力系统故障时，有效地切除故障，把故障限制在最小的范围内；以最短的时间恢复供电。这类装置正常和事故时需要可靠的电源，以保证其动作的正确性和可靠性。

3. 电气和热工控制操动装置。这类装置包括电气开关设备跳合闸控制装置和热力设备的操动设备。这类设备不仅在操动时要求有可靠的足够功率的电源，且在非操动状态下，也要求有可靠的电源，为其辅助元件供电。

4. 电气和热工仪表。目前在发电厂、变电所中广泛采用以集成电路或微机为基础的仪表装置，这类装置要求可靠的辅助电源，以保证测量仪表的正常工作和检测的准确性。

5. 经常照明。在事故停电时，为确保控制室等重要工作场所能正常工作，应设置由直流电源供电的经常照明。

6. 其他辅助设备。为保证电气和热控设备能安全可靠地工作，通常设置必要的辅助性的继电器，如切换继电器、闭锁继电器、电源监视继电器等。这些继电器消耗一定的功率。

② 交流不停电电源装置由厂用保安电源供电，当厂用交流电源中断时，由蓄电池组经逆变器供电。事故时直流电源还承担不停电电源装置的负荷。

③ 在发电厂中，直流动力负荷包括汽机的直流润滑油泵、氢冷发电机密封油泵、气动给水泵直流润滑油泵等直流油泵电动机。

④ 通信用电源。在发电厂变电所中，通信系统一般设有独立的通信电源，作为正常工作电源。为保证系统的可靠性，在无专用蓄电池组时，通常由直流系统引接备用电源。

⑤ 信号和继电保护装置。对于经常负荷中的信号装置、继

电保护和自动装置等直流负荷在事故状态下，相关的信号装置和继电保护及自动装置都将动作，增加了瞬时消耗功率。因此这些负荷也应统计在事故负荷中。

5）冲击负荷

冲击负荷是指在极短的时间内施加的大负荷的电流，如断路器的合闸电流，冲击负荷在事故初期、事故过程中以及事故末期均有可能发生。

① 事故初期冲击负荷。事故初期冲击负荷是指在交流电源消失后1min内的全部直流负荷。这些负荷包括：各种直流油泵的启动电流，厂用电源切换时的断路器跳、合闸电流，需要切除的厂用电动机的断路器跳闸电流，所有在停电过程中需要动作的继电器、信号装置以及其他热工保护自动装置等。

在发电厂中，事故初期负荷较大，而且蓄电池容量往往决定于该阶段的负荷。在变电站中，该放电阶段负荷较小。

② 事故末期冲击负荷或随机冲击负荷。该类冲击负荷主要指电磁操动机构的断路器合闸电流。这类负荷可作用于放电过程的任一时刻，但为了保证断路器的可靠合闸，通常人为地选择在阶梯负荷某一最严重的放电阶段的末期，也就是选择在蓄电池端电压最低的时候的负荷。

（2）直流负荷统计

直流负荷的统计应注意统计的负荷内容详实、完整、避免漏项。负荷的计算容量准确，并正确分析事故的放电过程，准确合理选择直流设备的工作时间。

直流负荷的统计还应考虑装设蓄电池组的数量，当装设2组蓄电池时：

1）控制负荷。每组应按全部负荷统计。

2）动力负荷。宜平均分配在两组蓄电池上，其中直流应考虑照明负荷，每组按全部负荷的60％统计，对变电所和有保安电源的发电厂可按100％统计。

3）事故后恢复供电的断路器合闸冲击负荷按随机负荷考虑。

当两个直流系统间设有联络线时，每组蓄电池仍按各自所连接的负荷考虑，不因互联而增加负荷容量的统计。

当直流系统标称电压为48V及以下的蓄电池组，每组均按全部负荷统计。

(3) 直流负荷表的填写要点

1) 按实际的直流经常负荷、事故负荷分类填入表内。

2) 填入相应负荷的装置容量和负荷系数，并计算出计算容量，计算容量=装置容量×负荷系数。负荷系数见表1.6-3。

3) 按直流负荷的持续时间填入相应的负荷电流。

4) 汇总统计事故过程中各时段事故负荷电流和总容量。

2.4.3 关于事故停电时间

(1) 停电时间

1) 与电力系统连接的发电厂，厂用交流电源事故停电时间应按1h计算。

2) 不与电力系统连接的孤立发电厂，厂用交流电源事故停电时间应按2h计算。

3) 有人值班的变电所，全所交流电源事故停电时间应按1h计算。

4) 无人值班的变电所，全所交流电源事故停电时间应按2h计算。

5) 交流不停电电源（UPS）根据《火力发电厂热工自动化设计技术规定》要求，厂用交流中断情况下，不停电电源应能保证连续供电半小时，则计算时间为0.5h。

6) 事故初期瞬间冲击负荷，取1min。

7) 随机或事故末期冲击负荷，计算时间取5s。

关于直流负荷统计计算时间应符合表1.6-2的规定。

直流负荷统计时负荷系数见表1.6-3

(2) 直流负荷计算

根据表1.6-2直流负荷的统计中，由直流系统供电的控制、信号、保护和自动装置等负荷的电流，可从各装置的铭牌参数查

直流负荷统计计算时间 **表 1.6-2**

序号	负荷名称		经常	事故放电计算时间						
				初期	持续/h					随机
				1min	0.5	1.0	1.5	2.0	3.0	5s
1	信号灯、位置指示器和位置继电器	发电厂和有人值班变电所	√	√		√				
		无人值班变电所	√	√				√		
		换流站和孤立发电厂	√	√				√		
2	控制、保护、监控系统	发电厂和有人值班变电所	√	√		√				
		无人值班变电所	√	√				√		
		换流站和孤立发电厂	√	√				√		
3	断路器跳闸			√						
4	断路器自投(电磁操动机构)			√						
5	恢复供电断路器合闸									√
6	氢密封油泵	200MW 及以下机组		√		√				
7	直流润滑油泵	25MW 及以下机组		√	√					
		50MW～300MW 机组		√		√				
8	交流不停电电源	发电厂		√	√					
		变电所 有人值班		√		√				
		变电所 无人值班		√				√		
		换流站和孤立发电厂		√				√		
9	DC/DC 变换装置	有人值班变电所	√	√		√				
		无人值班变电所	√	√				√		
10	直流长明灯	发电厂和有人值班变电所	√	√		√				
		换流站和孤立发电厂	√	√				√		
11	应急照明	发电厂和有人值班变电所		√		√				
		换流站和孤立发电厂		√				√		
		无人值班变电所				√				

注：表中“√”表示具有该项负荷时，应予以统计的项目。

直流负荷统计负荷系数表　　表 1.6-3

序号	负荷名称	负荷系数	备注
1	信号灯、位置指示器和位置继电器	0.6	
2	控制、保护、监控系统	0.6	
3	断路器跳闸	0.6	
4	断路器自投(电磁操动机构)	0.5	
5	恢复供电断路器合闸	1.0	
6	氢密封油泵	0.8	
7	直流润滑油泵	0.9	
8	交流不停电电源装置	0.6	
9	DC/DC 变换装置	0.8	
10	直流长明灯	1.0	
11	应急照明	1.0	

注：事故初期（1min）的冲击负荷，按如下原则统计：

1. 备用电源断路器为电磁操动合闸机构时，应按备用电源实际自投断路器台数统计。
2. 低电压、母线保护、低频减载等跳闸回路按实际数量统计。
3. 电气及热工的控制、信号和保护回路等按实际负荷统计。
4. 事故停电时间内，恢复供电断路器电磁操动机构的合闸电流（随机负荷），应按断路器合闸电流最大的1台统计。并应与事故初期冲击负荷之外的最大负荷或出现最低电压时的负荷相叠加。

得，也可由额定功耗计算求得。在直流负荷统计表中，应根据各装置的额定功耗、电流和装置数量分类进行统计计算。当缺乏确切的负荷资料时，可参考下述方法进行统计计算。

1）经常负荷

① 信号灯或位置指示器。每只信号灯或位置指示器的功耗按3～5W统计；根据断路器隔离开关等回路数量，按系统（如各电压等级）统计，即各系统直流功耗＝(断路器数＋隔离开关数)×(3～5W)。

② 光字牌。光字牌信号分为预告信号和事故信号。当光字牌采用白炽灯泡时，每只光字牌负荷按2×15W计算；当光字牌采用发光二极管时，每只光字牌负荷按3～5W计算。通常将光字牌总数的15％作为事故信号。

当光字牌采用集成电路型闪光报警器时，其直流负荷应按经常负荷和事故负荷统计。光字牌的经常负荷 P_{xj} 为

$$P_{xj}=P_{xz}\times N_x \quad (1.6\text{-}2)$$

光字牌的事故负荷 P_{xs} 按经常负荷的 1.2 倍统计，即：

$$P_{xs}=1.2P_{xj}$$

式中，P_{xz} 为每套闪光报警器正常消耗功率，W（单回路闪光报警器正常功耗约为 2～5W）；N_x 为闪光报警器套数。

③ 经常带电的继电器。根据设计和运行经验，不同电力单元的控制回路接入的经常带电的中间继电器数量，每单元可按下述估算。

35kV 及以下变压器为 2～4 只；35kV 及以下线路为 2～4 只；10kV 及以下变压器为 2～4 只；10kV 及以下线路为 2～4 只；每只继电器的功耗约为 5～7W；每个单元，经常带电继电器消耗的总功率 P_{Kj} 为

$$P_{Kj}=(5\sim7)N_K \quad (1.6\text{-}3)$$

式中，N_K 为继电器数量。

继电器的事故负荷 P_{Ks} 按经常带电继电器消耗的总功率的 1.2 倍统计，即：

$$P_{Ks}=1.2P_{Kj}$$

④ 继电保护和自动装置。继电保护和自动装置主要分为电磁型、整流型、集成电路型和微机型四种形式。由于电磁型继电保护装置动作速度慢、性能差、交流功耗大、维护工作量大，目前应用量逐渐减少。而集成电路型或微机型继电保护装置具有动作速度快、功耗小、调校整定方便、维护简单等一系列特点，目前已被广泛采用。表 1.6-4 列出了常见的整流型、集成电路型和微机型每套主设备继电保护装置和自动装置屏在正常和动作工况下的直流功率消耗值，可供无确切负荷资料时参考。

不同类型的保护在不同工况下的功率消耗　　表1.6-4

工作状态	整流型	集成电路型	微机型
正常(W)	60	60	80
动作(W)	150	150	200

2）经常直流照明

经常直流照明，是为避免事故发生时，应急照明尚未及时投运前出现的短时照明消失现象，而在控制室内设置的直流照明装置。其照度无严格要求，只要保证值班人员能进行处理事故的活动即可。经常直流照明负荷大小，主要决定于控制室的规模，一般可按以下数据估算。灯具，一般情况下用白炽灯，当有交流不停电电源时，也可采用荧光灯。

经常直流照明负荷数据参考值为：

控制台、控制屏前的负荷为每3～4面屏60～100W，控制室中央为100～200W，控制室走道为40～100W。

3）应急照明

对于变电所和中小型发电厂，一般采用主控制室控制方式，全部应急照明负荷均取自直流电源。应急照明负荷采用可瞬时燃亮的白炽灯或可靠点亮的荧光灯。一般在主控制室、屋外配电装置等处设置应急备用照明。容量按具体工程的备用照明负荷计算。

对于变电所，在主控室、屋内配电装置室等处设置直流应急照明。

对于采用主控制室方式的中小机组发电厂，一般是在主控制室、屋内配电装置、通信机房等处设置直流应急照明，以及继电器室、计算机房等处设置直流应急照明。

直流应急照明负荷应以该工程设计的照明负荷实际情况计算为准。

4）直流电动机

在发电厂中，为保证起停机的安全，基本采用直流的油泵电动机。如汽轮机的直流润滑油泵、气动给水泵直流润滑油泵等。均为重要的直流泵类动力负荷，对蓄电池容量确定时，应考虑这

各型断路器操动技术数据表 表 1.6-5

断路器型号	操动机构型号	合闸线圈电流(A) 直流电压(V)		跳闸线卷圈电流(A) 直流电压(V)		合闸时间 t_1 (ms)	分闸时间 t_2 (ms)	储能电动机容量(W) 直流电压/V		合闸回路熔断器电流(A) 直流电压/V	
		110	220	110	220			110	220	110	220
VD4—35	CT(VD4—35)	2.27	1.14	2.27	1.14	$55 \leqslant t_1 \leqslant 70$	$33 \leqslant t_2 \leqslant 70$	140	140	6	6
ZN12—35	CT(ZN12—35)	1.91	0.89	1.91	0.89	$45 \leqslant t_1 \leqslant 90$	$45 \leqslant t_2 \leqslant 90$	275	275	6	6
ZN65—35	CT(ZN65—35)	1.8	0.9	1.8	0.9			275	275		6
ZN28—12	CD17	110～328	55～164	2.56	1.33	≤120	≤55				20～50
ZN28—12	CT17	2.2	1.4	2.2	1.4	≤60	≤60	75	75	6	6
ZN28—12	CT19	1.3	0.55	2.3	1.2	≤150	≤60	110	110	6	6
ZN12—12	CT(ZN12)	1.91	0.89	1.91	0.89	≤75	≤50	275	275	6	6
ZN18(VK)	CT(ZN18)	4.6	2.3	4.6	2.3	$2 \leqslant t_1 \leqslant 45$	$15 \leqslant t_2 \leqslant 30$	110	110	6	6
ZN21	CT(ZN21)	1.2	1	1.2	1	30～50	30～50	80	80	6	6
ZN63A—12	CT(ZN63)	2.91	1.45	2.23	1.11	≤100	≤50	70	70	6	6
ZN65A	CT(ZN65A)	1.8	0.9	1.8	0.9	47±7	52±7	200	200	6	6
ZN68—12	CT(ZN68A)	2.5	1.25	2.5	1.25	≤75	≤65			6	6
VD4	CT(VD4)	2.27	1.14	2.27	1.14	$55 \leqslant t_1 \leqslant 67$	$33 \leqslant t_2 \leqslant 45$	140	140	6	6
VS1	CT(VS1)	3.35	1.67	3.35	1.67	≤100	≤50	70	70	6	6
NVU12—中置	CT(NVU2)	1.5	0.75	0.32	0.16	$20 \leqslant t_1 \leqslant 40$	$35 \leqslant t_2 \leqslant 60$	34	34	6	6
NVU12—落地	CT(NVU12)	1.5	0.75	1.5	0.75	$60 \leqslant t_1 \leqslant 95$	$35 \leqslant t_2 \leqslant 60$	100	100	6	6

类直流负荷的影响。

直流电动机负荷电流按持续工作电流计算。持续工作电流，一般取额定电流的0.7～0.9倍，即取负荷系数K=0.7～0.9。

直流油泵电动机技术参数见产品样本。

5）冲击负荷

冲击负荷的计算应分别统计事故初期及事故过程中出现的冲击负荷。

对于事故初期的冲击负荷应计入：

① 直流油泵电动机的启动电流，按发生事故后立即启动的电动机的启动电流之和进行计算，启动电流可按电动机额定电流的2.0～2.5倍考虑。

② 对于有备用电源自动投入断路器的合闸电流。当断路器为电磁操动机构时，按同时合闸的断路器合闸电流之和计算，并乘以小于1的负荷系数K_u，一般该系数取K_u=0.85。

③ 在备用电源自动投入时，有一些负荷支路的断路器跳闸，因此这些跳闸断路器的跳闸时的电流之和计入，并乘以负荷系数K_u=0.85。

因此事故初期的冲击电流应为上述三项电流之和。对于事故过程中的冲击负荷应计入：事故停电过程中，可能出现的断路器合闸电流或其他冲击电流，此冲击电流可按一台合闸电流最大的断路器参数进行计算。

常用断路器操动机构技术数据见表1.6-5。

2.4.4　直流系统设备的选择

（1）直流电压的选择

在《电力工程直流系统设计技术规定》DL/T 5044—2004中有关直流系统的额定电压有下列要求：

1）专供控制负荷的直流系统宜采用110V。

2）专供动力负荷的直流系统宜采220V。

3）控制负荷和动力负荷合并供电的直流系统采用220V。

4）当采用弱电控制或弱电信号接线时，采用 48V 及以下。

(2) 直流母线电压允许波动范围

在正常情况下，直流母线电压应为直流系统标称电压的 105%。

在均衡充电运行情况下，直流母线电压应满足如下要求：

1）专供控制负荷的直流系统，应不高于直流系统标称电压的 110%。

2）专供动力负荷的直流系统，应不高于直流系统标称电压的 112.5%。

3）对控制负荷和动力负荷合并供电的直流系统，应不高于直流系统标称电压的 110%。

对在事故放电情况下，蓄电池组出口端电压应满足如下要求：

① 专供控制负荷的直流系统，应不低于直流系统标称电压的 85%。

② 专供动力负荷的直流系统，应不低于直流系统标称电压的 87.5%。

③ 对控制负荷和动力负荷合并供电的直流系统，宜不低于直流系统标称电压的 87.5%。

(3) 对蓄电池个数的选择

直流系统的接线方式以及单电池放电电压、蓄电池组的电池个数决定直流系统的电压水平，也是体现直流供电系统供电质量的重要因素。

直流系统的接线方式分为不带端电池和带端电池两种，此两种接线方式所要求的蓄电池放电电压和蓄电池个数均不同。采用带端电池系统中对端电池的维护运行带来一定困难，因此目前直流系统设计多采用不带端电池方案。

蓄电池在正常浮充电运行方式下，按直流母线电压的 105% 来确定蓄电池个数，其他运行方式下直流系统母线电压不应超出直流用电设备所允许的电压波动范围，即直流母线电压应在直流系统额定电压的85%～110%范围内。

蓄电池的浮充电压、均衡充电电压及放电末期电压的选择符合下列规定。

蓄电池浮充电压应根据厂家提供数值选取，当无产品资料时可按下述原则选取。

① 防酸式铅酸蓄电池的单体浮充电电压值宜取2.15～2.17V（GFD型蓄电池宜取2.17～2.23V）。

② 阀控式密封铅酸蓄电池的单体浮充电电压值宜取2.23～2.27V。

③ 中倍率镉镍碱性蓄电池的单体浮充电电压值宜取1.42～1.45V。

④ 高倍率镉镍碱性蓄电池的单体浮充电电压值宜取1.36～1.39V。

而单体蓄电池放电终止电压应根据直流系统中直流负荷允许的最低电压值和蓄电池的个数来确定，但不得低于产品规定的最低允许电压值。

在浮充电运行时。按直流母线电压为 $1.05U_r$ 来选择蓄电池个数。

即 $$n=1.05U_r/U_f$$

检查均衡充电时，不大于直流母线允许电压最高值，即

$$U_c \leqslant 1.10U_r/n \tag{1.6-4}$$

检验事故放电末期，不小于直流母线允许电压最低值，即

$$U_m \geqslant (0.85 \sim 0.875)\, U_r/n \tag{1.6-5}$$

对于断路器合闸线圈的最低电压要求大于等于85%时，U_m 应取 $0.875U_r/n$。

式中，U_r 为直流系统额定电压，V；U_f 为每个蓄电池浮充电压，V；U_c 为每个蓄电池均衡充电电压，V；U_m 为蓄电池组个数；N 为蓄电池组个数。

不同形式蓄电池组的电池参数见表1.6-6～表1.6-8。

铅酸蓄电池组的单体2V电池参数选择参考数值表 表1.6-6

系统标称电压(V)	浮充电压(V)	2.15		2.23		2.25	
	均充电压(V)	2.30		2.33		2.35	
220	蓄电池个数	106	107	103	104	102	103
	浮充时母线电压(V)	227.90	230	229.70	231.90	229.50	231.75
	均充时母线电压(%)①	110.82	111.86	110	111.10	108.96	110
	放电终止电压(V)	1.80	1.80	1.87	1.85	1.87	1.87
	母线最低电压(%)①	86.73	87.55	87.55	87.45	86.70	87.55
110	蓄电池个数	52	53	51	52	50	51
	浮充时母线电压(V)	111.80	113.95	113.73	115.96	112.50	114.75
	均充时母线电压(%)①	108.73	110.82	108.03	110.15	106.82	109
	放电终止电压(V)	1.83	1.80	1.87	1.85	1.87	1.87
	母线最低电压(%)①	86.51	86.73	86.70	87.46	85	86.70
48	蓄电池个数	22	23	22	23	22	23
	浮充时母线电压(V)	47.30	49.45	49.06	51.29	49.50	51.75
	均充时母线电压(%)①	105.42	110.21	106.79	111.65	107.71	112.60
	放电终止电压(V)	1.87	1.80	1.87	1.83	1.87	1.83
	母线最低电压(%)①	85.71	86.25	85.71	87.69	85.71	87.69
24	蓄电池个数	11	12	11		11	
	浮充时母线电压(V)	23.65	25.80	24.53		24.75	
	均充时母线电压(%)①	105.42	115	106.79		107.71	
	放电终止电压(V)	1.87	1.75	1.87		1.87	
	母线最低电压(%)①	85.71	87.50	85.71		85.71	

注：① 表示对系统标称电压的百分比。

阀控式密封铅酸蓄电池组的组合 6V 和 12V 电池参数选择参考数值表 表 1.6-7

系统标称电压(V)	组合电池电压(V)	电池个数	浮充电压(V)	浮充时母线电压(V)	均充电压(V)	均充时母线电压(%)①	放电终止电压(V)	母线最低电压(%)①
220	6	34	6.75	229.50	7.05	108.96	5.61	86.70
		34+1(2V)		231.75		110	5.61	87.55
	12	17	13.50	229.50	14.10	108.96	11.22	86.70
		17+1(2V)		231.75		110	11.22	87.55
110	6	16+1(4V)	6.75	112.50	7.05	106.82	5.61	85
		17		114.75		109	5.61	86.70
	10	10	11.25	112.50	11.75	106.82	9.35	85
	12	8+1(4V)	13.50	112.50	14.10	106.82	11.22	85
		8+1(6V)		114.75		109	11.22	86.70
48	4	11	4.50	49.50	4.70	107.71	3.74	85.70
	6	7+1(2V)	6.75	49.50	7.05	107.71	5.61	85.71
		7+1(4V)		51.75		112.60	5.49	87.69
	12	3+1(8V)	13.50	49.50	14.10	107.71	11.22	85.71
		3+1(10V)		51.75		112.60	10.98	87.69
24	4	5+1(2V)	4.50	24.75	4.70	107.71	3.74	85.71
	6	3+1(4V)	6.75		7.05		5.61	
	10	2+1(2V)	11.25		11.75		9.35	
	12	1+1(10V)	13.50		14.10		11.22	

注：① 表示对系统标称电压的百分比。

镉镍蓄电池组的电池参数选择参考数值表　　表 1.6-8

系统标称电压(V)	浮充电压(V)	1.36	1.38	1.39	1.42	1.43	1.45
	均充电压(V)	1.47	1.48		1.52	1.53	1.55
220	浮充电池个数	170	167	166	162	161	159
	母线浮充电压(V)	231.2	230.46	230.74	230.04	230.23	230.55
	均充电池个数	164	163		159	158	156
	母线均充电压(%)①	109.13	109.66		109.86	109.88	109.91
	整组电池个数	175 或 180					
	放电终止电压(V)	1.07					
	母线最低电压(%)①	85.11 或 87.55					
110	浮充电池个数	85	83		81	80	79
	母线浮充电压(V)	115.60	114.54	115.37	115.02	114.40	114.55
	均充电池个数	82	81		79	79	78
	母线均充电压(%)①	109.58	108.98		109.16	109.88	109.91
	整组电池个数	88 或 90					
	放电终止电压(V)	1.07					
	母线最低电压(%)①	85.60 或 87.55					

续表

系统标称电压(V)	浮充电压(V)	1.36	1.38	1.39	1.42	1.43	1.45
	均充电压(V)	1.47	1.48		1.52	1.53	1.55
48	浮充电池个数	37	36		35		34
	母线浮充电压(V)	50.32	49.68	50.04	49.70	50.05	49.30
	均充电池个数	35			34		
	母线均充电压(%)①	107.19	107.92		107.67	108.38	109.79
	整组电池个数	39 或 40					
	放电终止电压(V)	1.07					
	母线最低电压(%)①	86.94 或 89.17					
24	浮充电池个数	18			17		
	母线浮充电压(V)	24.48	24.84	25.02	24.14	24.31	24.65
	均充电池个数	18			17		
	母线均充电压(%)①	110.25	111		107.67	108.38	109.79
	整组电池个数	20					
	放电终止电压(V)	1.07					
	母线最低电压(%)①	89.17					

注：① 表示对系统标称电压的百分比。

(4) 蓄电池容量的计算

目前国内常用的蓄电池容量计算方法有两种，即电压控制法（容量换算法）和阶梯负荷法（电流换算法）。

电压控制法是按事故状态下直流负荷消耗的安·时值计算容量，并按事故放电末期或其他不利条件下校验直流母线电压水平。

阶梯负荷法（电流换算法），是按事故状态下直流负荷电流和放电时间来计算容量。

以上计算方法应能满足下列条件：应满足全厂（所）事故全停电时间内的放电容量；应满足事故初期（1min）直流电动机启动电流和其他冲击负荷电流的放电容量；应满足蓄电池组持续放电时间内随机（5s）冲击负荷电流的放电容量；应以最严重的事故放电阶段，计算直流母线电压水平。

对于电压控制法以及阶梯负荷法确定蓄电池容量的方法分别介绍如下：

1）电压控制法

① 按事故状态下持续放放负荷计算蓄电池容量

蓄电池容量取取决于事故放电容量、事故放电持续时间和限定的放电终止电压，而事故放电持续时间和限定的终止电压决定了蓄电池的容量系数。所以蓄电池的计算容量

$$C_c = K_{rel} C_s / K_{cc} \quad (1.6\text{-}6)$$

式中，C_s为事故放电容量，Ah；K_{cc}为蓄电池容量系数，见图 1.6-1；K_{rel}为可靠系数，一般取 $K_{rel}=1.40$。

在式（1.6-6）中，当事故负荷在放电期间恒定不变时，事故放电容量 C_s由事故放电电流 I_s(A) 和事故放电时间 t_s(h) 的乘积决定，即

$$C_s = I_s t_s \quad (1.6\text{-}7)$$

当事故负荷在放电期间变化时，一般多为阶梯形负荷曲线，当不是阶梯形时，也可近似地用阶梯形代替。对于阶梯形负荷，可采用分段计算法计算。

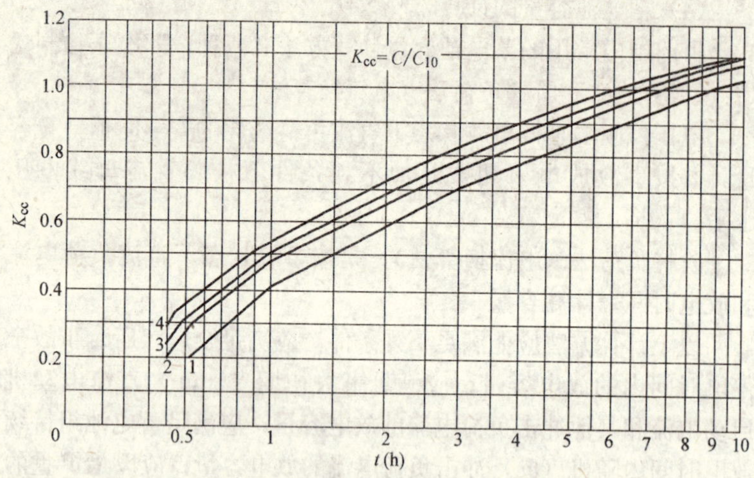

图 1.6-1 GF 型蓄电池放电容量与放电时间的关系曲线

对图 1.6-2 所示的阶梯负荷图，有 n 个时段 m_1、m_2…m_i…m_n，划分为 n 个计算分段 t_1、t_2…t_a…t_n。

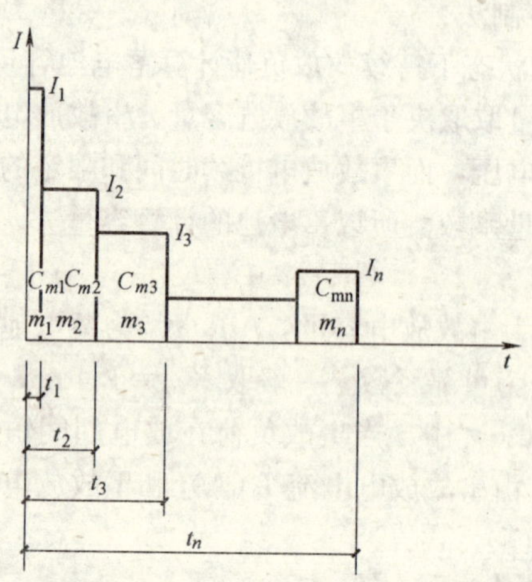

图 1.6-2 阶梯负荷分段计算的说明图

任意一个时段 m_i 的放电容量为

$$C_{mi}=I_i t_{mi} \tag{1.6-8}$$

从放电开始，到包含时段 m_i 的任意分段 t_a 结束，总的负荷容量为

$$C_{sa}=\sum_{i=1}^{a}C_{mi}\mid_{a=1,2\cdots n} \tag{1.6-9}$$

在计算分段 t_a 内，所需要的蓄电池容量计算值为

$$C_{ca}=K_{rel}C_{sa}/K_{cca}\mid_{a=1,2\cdots n} \tag{1.6-10}$$

其中容量系数 K_{cca} 按计算分段的时间 t_a 决定。

分别计算 n 个分段的蓄电池计算容量，然后按其中最大者选择蓄电池，则蓄电池容量为

$$C_c\geqslant\max_{a=1}^{n}C_{ca} \tag{1.6-11}$$

② 放电电压水平的校验

A. 持续放电电压水平的校验。事故放电末期，电压将降到最低，校验是否符合要求的方法如下：

事故放电期间蓄电池的放电系数

$$K=K_{rel}C_s/(tI_{10}) \tag{1.6-12}$$

式中，C_s 为事故放电容量，Ah，按式（1.6-7）或式（1.6-9）确定；t 为事故放电时间，h。

根据 K 值，由蓄电池放电时间和电压关系曲线（见图 1.6-3 或相关蓄电池产品资料），查出单个蓄电池的电压（U_{fin}），然后求得蓄电池组的端电压

$$U=nU_{fin} \tag{1.6-13}$$

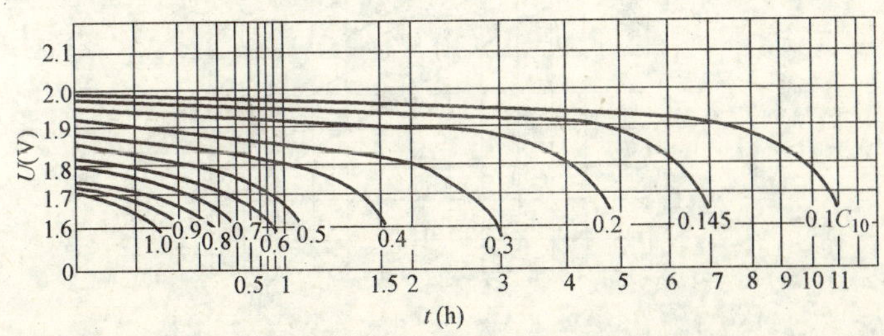

图 1.6-3 GF-1000Ah 蓄电池不同放电率时，时间与电压的关系曲线

B. 冲击放电电压水平的校验。冲击放电过程中，放电时间极短，放电电流较大。因此，在按持续放电算出蓄电池容量后，还应校验事故放电初期、末期以及其他放电阶段中，在可能的大冲击放电电流作用下蓄电池组的电压水平。

a. 事故放电初期，电压水平的校验

事故放电初期的冲击系数为

$$K_{cho}=K_{rel}I_{cho}/I_{10} \tag{1.6-14}$$

式中，K_{rel}为可靠系数，通常取1.1；I_{cho}为事故放电初期冲击放电电流，A；I_{10}为10小时放电率电流，A。

根据C_{cho}值，由蓄电池冲击放电曲线族中的“0”曲线（见图1.6-4，图1.6-5）查得单个电池的电压值U_{cho}，即求得蓄电池组的端电压

$$U=nU_{cho} \tag{1.6-15}$$

式中，n为蓄电池组的电池个数。

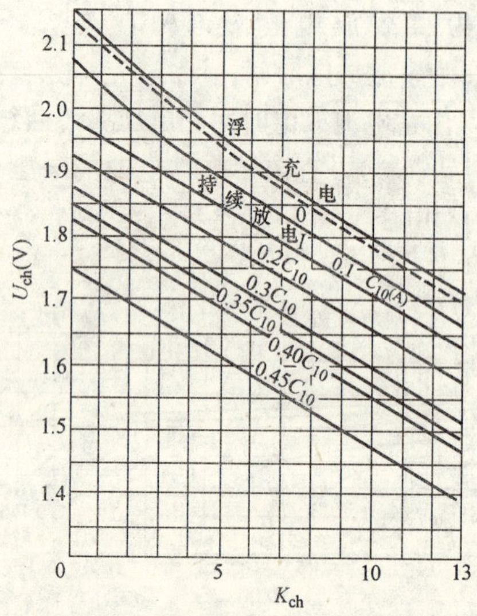

图1.6-4　GF-1000型蓄电池持续放电1h冲击放电曲线族

b. 事故放电过程中，包括事故放电末期出现大冲击电流时电压水平的校验。计算事故放电过程中出现大冲击电流时放电系数和冲击系数

$$K_f = K_{rel}C_s/(tI_{10}) \quad (1.6\text{-}16)$$

$$K_{chf} = K_{rel}I_{chf}/I_{10} \quad (1.6\text{-}17)$$

根据冲击系数 K_{chf}，查蓄电池冲击放电曲线族（见图1.6-4，图 1.6-5 或蓄电池产品资料），中对应于 K_f 的曲线，求得单个电池电压 U_{chf}，并由此求得蓄电池组的端电压：

$$U_D = nU_{chf} \quad (1.6\text{-}18)$$

由式（1.6-13）、式（1.6-15）和式（1.6-18）求得的端电压值应不小于要求值。

③ 按电压水平计算蓄电池容量

按电压水平计算蓄电池容量。

a. 按持续放电末期电压水平计算蓄电池容量。事故放电末期，蓄电池的终止电压应为

$$U_d \geqslant K_uU_n/n \quad (1.6\text{-}19)$$

式中，K_u 为表示电压下降的系数。对控制用电池 $K_u=0.85$；对动力用电池，$K_u=0.875$；U_n 为直流系统额定电压，Y；N 为蓄电池个数。

设事故计算时间为 t_s，按 U_d 和 t_s 值用容量系数曲线（见图 1.6-1 或蓄电池产品资料），确定 K_{cc} 值。

蓄电池的计算容量 C_c 仍按式（1.6-6）或式（1.6-7）～(1.6-10)计算。

在持续放电确定蓄电池容量时，如果决定 K_{cc} 的放电终止电压已满足电压水平要求，则在事故放电末期，蓄电池的电压水平一定能满足要求，就不需要再进行上述电压水平的计算。

b. 按冲击放电电压水平计算蓄电池容量。在冲击放电电流 I_{ch} 作用下，蓄电池的端电压应为

$$U_{ch} \geqslant 10K'_uU_n/n \quad (1.6\text{-}20)$$

式中，K'_u 为表示电压下降的系数，其值根据冲击负荷的要

求确定，一般可取 $K_u' = K_u$。

冲击放电电流 I_{ch}所要求的蓄电池容量计算值为

$$C_c = 10K_{rel}I_{ch}/K_{ch} \tag{1.6-21}$$

其中，K_{ch}为冲击系数。

如果冲击放电电流出现在放电初期，则 $I_{ch}=I_{cho}$，此时根据 U_{ch}、t_s和 $K=0$ 用图 1.6-4 中的（0）曲线确定 $K_{ch}=K_{cho}$，进而即可由式（1.6-21）算出满足电压水平要求的蓄电池容量。

如果冲击放电电流 I_{ch}是出现以放电系数 K 持续放电 1h 或 0.5h 末期，则因蓄电池容量是未知数，尚不能用式（1.6-16）算出相应的放电系数 K 值。此时须用渐近法计算：先给出一个 K 值，根据已知的 U_{ch}和 t_s值由图 1.6-4（当 $t_s=1$h 时）或图 1.6-5（当 $t_s=0.5$h 时）确定一个对应 K 值的冲击系数 $K_{ch}=K_{chm}$。再用式（1.6-21）算出蓄电池的计算容量 C_c，然后计算与 C_c对应的放电系数

$$K' = K_{rel}C_s/(t_s I_{C10}) \tag{1.6-22}$$

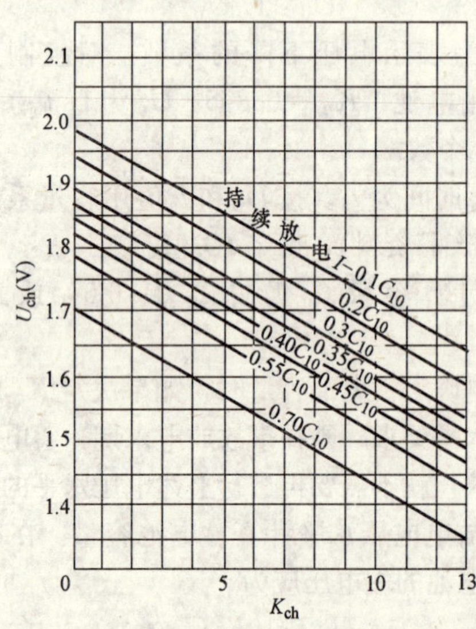

图 1.6-5 GF-1000 型铅蓄电池持续放电 0.5h 冲击放电曲线族

如果 K'<并接近于给定的 K 值，则可按算出的 C_c 值确定蓄电池的容量。否则须重复进行上述计算。

2）阶梯负荷法

① 阶梯负荷法的要点

阶梯负荷法的要点如下：

a. 蓄电池在放电电流阶段性减小，特别是大电流放电后负荷减小的情况下，具有恢复容量的特性。本算法考虑了这一特性。

b. 利用容量换算系数直接由负荷电流确定蓄电池的容量。由于这种方法是在给定放电终止电压条件下进行计算的，所以只

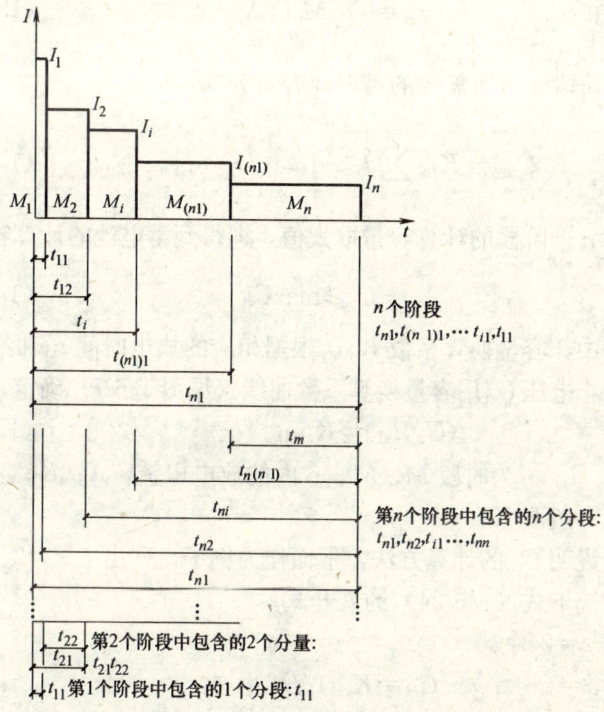

图 1.6-6 对阶梯负荷电流换算法的说明图

要选择的蓄电池容量大于或接近计算值，就不必再对蓄电池容量进行电压校验。

c. 随机负荷（一般为冲击负荷）迭加在第一阶段（大电流放电）以外的最大负荷段上进行计算。各阶段的计算容量相比较后取大者，即为蓄电池的计算容量。

② 计算方法。

对图 1.6-6 所示的阶梯负荷图，分为 n 个时段 M_1、$M_2\cdots M_n$。这几个时段组成 n 个计算阶段，每个阶段内包括相应数目的计算分段。

各阶段内分段的时间，可用 t_{ai}表示，并且有

$$t_{ai}=\sum_{i=1}^{a}M_i\Big|_{a=1,2\cdots n} \tag{1.6-23}$$

对阶段 a 内所需要的蓄电池容量为

$$C_{ca}=K_{rel}\sum_{i=1}^{a}I_i-I_{(i-1)}/K_{c(ai)}\Big|_{a=1,2\cdots n} \tag{1.6-24}$$

对 n 个阶段的计算容量取大值，即得到蓄电池的计算容量

$$C_c\geqslant\max_{a=1}^{n}C_{ca} \tag{1.6-25}$$

式中，容量换算系数 $K_{c(ai)}$ 根据相应的放电时间 t_{ai}和给定的放电终止电压 U_d用容量换算系数曲线（见图 1.6-7）确定，即

$$(U_z,t_{ai})\Rightarrow K_{c(ai)}\Big|_{\substack{i=1,2\cdots a\text{分段号}\\ a=1,2\cdots a\text{阶段号}}} \tag{1.6-26}$$

I_i、$I_{(i-1)}$为时段 M、$M_{(i-1)}$ 内的放电电流，A；K_{rel}为可靠系数，一般取 $K_{rel}=1.4$。

为说明 C_{ca}的计算方法，下面作为例子，列出了 n=2、3、5 三种情况下式（1.6-24）的展开式。

当 n=2 时

$$\left.\begin{aligned}&\text{对}a=1 && C_{c1}=K_{rel}I_1/K_{c11}\\ &a=2 && C_{c2}=K_{rel}[I_1/K_{c21}+1/K_{c22}(I_2-I_1)]\end{aligned}\right\} \tag{1.6-27}$$

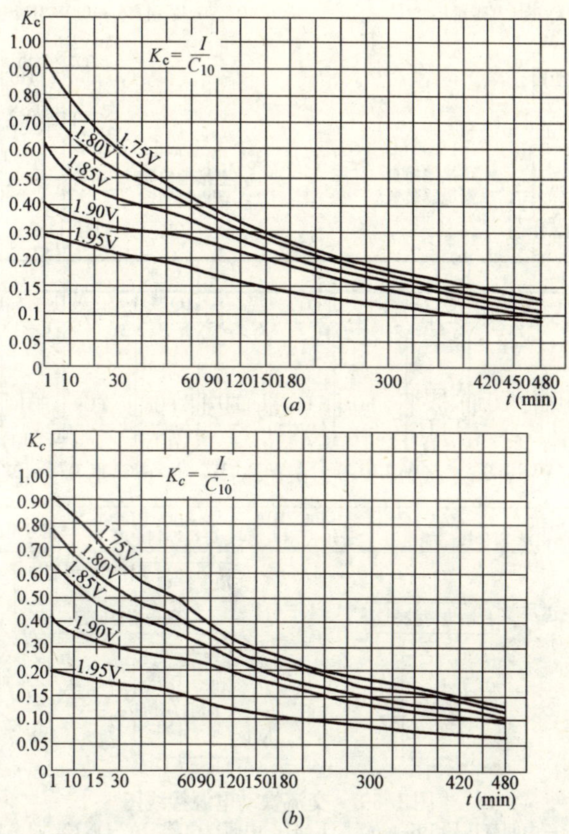

图 1.6-7　GF 型蓄电池容量换算系数曲线

(*a*) GF-2000 型蓄电池；(*b*) GF-3000 型蓄电池

当 $n=3$ 时

$$
\left.\begin{aligned}
\text{对}\ a=1\quad & C_{c1}=K_{rel}I_1/K_{c11}\\
a=2\quad & C_{c2}=K_{rel}[I_1/K_{c21}+1/K_{c22}(I_2-I_1)]\\
a=3\quad & C_{c3}=K_{rel}[I_1/K_{c31}+1/K_{c32}(I_2-I_1)+1/K_{c33}(I_3-I_2)]
\end{aligned}\right\}
\tag{1.6-28}
$$

当 $n=5$ 时

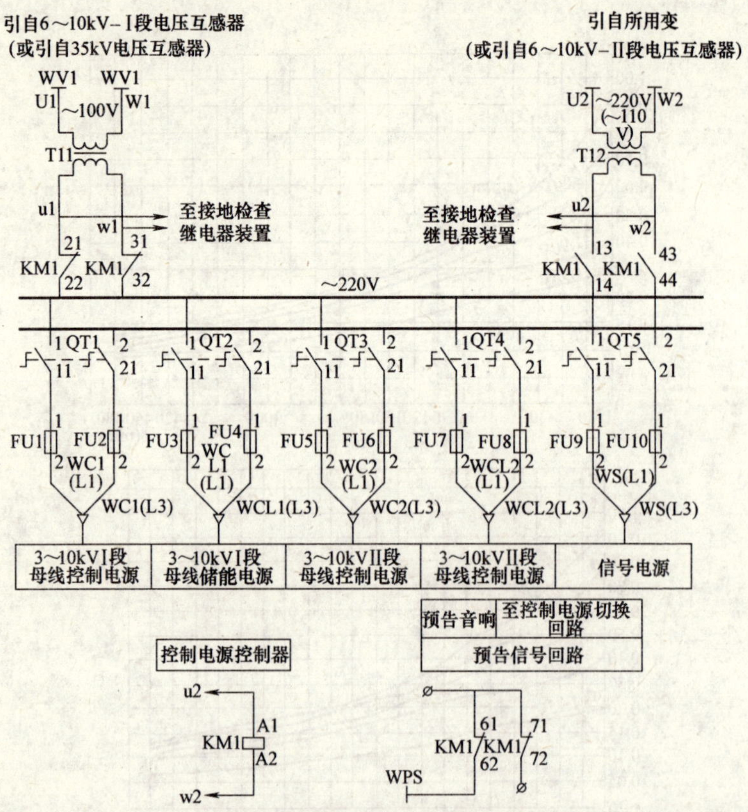

图 1.6-8　交流操动电源接线图

T11、12—中间变压器 BK-400 型，KM1—中间继电器 CA2-DN122MLA1-D22 型，QT1～5－组合开关，HZ15-10/201 型 FU1～FU10—熔断器，RL6-25/10 型

$$
\left.\begin{aligned}
\text{对}a&=1 \quad C_{c1}=K_{rel}I_1/K_{c11}\\
a&=2 \quad C_{c2}=K_{rel}[I_1/K_{c21}+1/K_{c22}(I_2-I_1)]\\
a&=3 \quad C_{c3}=K_{rel}[I_1/K_{c31}+1/K_{c32}(I_2-I_1)+1/K_{c33}(I_3-I_2)]\\
a&=4 \quad C_{c4}=K_{rel}[I_1/K_{c41}+1/K_{c42}(I_2-I_1)+1/K_{c43}(I_3-I_2)+\\
&\qquad 1/K_{c44}(I_4-I_3)]\\
a&=5 \quad C_{c5}=K_{rel}[I_1/K_{c51}+1/K_{c52}(I_2-I_1)+1/K_{c53}(I_3-I_2)+\\
&\qquad 1/K_{c54}(I_4-I_3)+1/K_{c55}(I_5-I)]
\end{aligned}\right\}
\tag{1.6-29}
$$

在式（1.6-27）、式（1.6-28）和式（1.6-29）中，取大值，并计及冲击（随机）负荷所需的蓄电池的容量，即加上 $C_{c1}=K_{rel}I_R/K_{cR}$，即得出直流系统在整个事故放电过程中（包括随机负荷的作用）所需的蓄电池容量。

一般来说，C_{ca}值须对 n 个 阶段进行计算，但实际情况下，有时只需计算 $a=1$、$a=n$ 和到某一放电电流大且放电时较长时段 a 的蓄电池计算容量，然后取三者中的大值即可。例如，式（1.6-29）表示的 $n=5$ 的情况下，若第三时段的电流 I_3 和时间 t_3 较长，则只计算 C_{c1}、C_{c3} 和 C_{c5}，然后取其中的最大值即可。

③ 表格计算方法。

表格计算法是电流换算法的一种表达方式，根据式(1.6-23)制成表 1.6-9 的通用格式，其计算过程如下：

阶梯负荷计算 **表 1.6-9**

单个蓄电池终止电压(V)　　选用蓄电池型号:　　最低环境温度:(℃)

(1) 分段序号	(2) 负荷 (A)	(3) 负荷变化 (A)	(4) 放电时间 (时段) (min)	(5) 放电分段时间 (t_{ai}) (min)	(6) 容量换算系数 $K_{c(ai)}$	(7) 各分段和阶段所需容量 (Ah)
第1阶段,如果 $I_2>I_1$ 见第2阶段						
1	$I_1=$	$I_1-0=$	$M_1=1$	$t_{11}=M_1=1$		
第1阶段					总计	
第2阶段,如果 $I_3>I_2$ 见第3阶段						
1	$I_1=$	$I_1-0=$	$M_1=$	$t_{21}=M_1+M_2=$		
2	$I_2=$	$I_2-I_1=$	$M_2=$	$t_{22}=M_2=$		
第2阶段						总计

续表

单个蓄电池终止电压(V)			选用蓄电池型号：		最低环境温度：(℃)	
(1) 分段序号	(2) 负荷(A)	(3) 负荷变化(A)	(4) 放电时间(时段)(min)	(5) 放电分段时间(t_{ai})(min)	(6) 容量换算系数$K_{c(ai)}$	(7) 各分段和阶段所需容量(Ah)
第3阶段，如果 $I_4>I_3$ 见第4阶段						
1	$I_1=$	$I_1-0=$	$M_1=$	$t_{31}=M_1+M_2+M_3=$		
2	$I_2=$	$I_2-I_1=$	$M_2=$	$t_{32}=M_2+M_3=$		
3	$I_3=$	$I_3-I_2=$	$M_3=$	$t_{33}=M_3=$		
第3阶段					总计	
第4阶段						
1	$I_1=$	$I_1-0=$	$M_1=$	$t_{41}=M_1+M_2+M_3+M_4=$		
2	$I_2=$	$I_2-I_1=$	$M_2=$	$t_{42}=M_2+M_3+M_4=$		
3	$I_3=$	$I_3-I_2=$	$M_3=$	$t_{43}=M_3+M_4=$		
4	$I_4=$	$I_4-I_3=$	$M_4=$	$t_{44}=M_4=$		
第4阶段					分项合计	
					总计	
随机负荷(根据需要)						
R	I_R	$I_R-0=$	M_R	$t_R=M_R=$		

a. 绘出直流负荷示意图。

b. 列出放电时段（M_i）、放电电流（I_i）和持续时间（t_i）。

c. 将负荷电流（I_i）填入表 1.6-9 的（2）栏中。

d. 计算负荷电流变化（I_i-I_{i-1}），并填入表 1.6-9（3）栏中。

e. 计算各放电时段（M_i）和放电阶段的终止时间（t_{ai}）：表 1.6-9 中的（4）栏，表示的是各阶段包含的时段。第一阶段的时段为 M_1；第二阶段的时段为 M_1 和 M_2；第三阶段的时段为 M_1、M_2、M_3；……依次类推。

表1.6-9（5）栏中的放电阶段（t_{ai}）是（4）栏中相应时段M_i之和，按式（1.6-23）计算。

f. 根据t_{ai}和终止电压值查出相应的容量换算系数。

g. 计算每一放电分段和阶段所需的蓄电池容量，每一阶段所需容量为本阶段内各分段容量的代数和。

h. 计算随机负荷所需容量，并与第一阶段（1min）以外的其他各段中最大计算容量相加，然后再与第一阶段所需容量相比较，取其大者乘可靠系数（$K_k=1.4$）之后，即求得蓄电池计算容量。最后选用不小于计算容量的蓄电池。

3）小容量蓄电池容量的计算

对于中小型变电所需要的蓄电池容量较小，其事故放电计算时间一般为$t_s=1h$，而在事故放电过程中，可以认为放电电流I_s不变。对断路器合闸等冲击电流可能在放电初期或末期出现。

事故负荷所需容量为$C_{c(s)}=K_{rel}I_s/K_c$

冲击负荷所需容量为$C_{c(ch)}=K_{rel}I_{ch}/K_{ch}$

式中，K_{rel}为可靠系数，取1.4；I_s为1h事故放电电流（A）；I_{ch}为冲击放电电流（A）；K_c为容量换算系数；K_{ch}为冲击系数。

当冲击放电电流在事故放电初期出现时，蓄电池的容量选择应取事故负荷与冲击负荷所需容量的较大值。当冲击放电电流在事故末期出现时，对蓄电池容量则取上述两种状态下容量之和。

对于小容量蓄电池，多采用阀控式铅酸蓄电池或镉镍电池。采用镉电池时注意妥善回收处理，注意环保。

对于一般工业与民用建筑所用直流系统多采用直流成套设备，并可按以上相关章节计算方法来确定蓄电池的容量。

（5）充电装置的选择

蓄电池的充电装置常用的有相控整流装置和高频开关整流装置。

1）对充电装置的基本要求

充电装置应为长期连续工作制，应满足蓄电池组的充电和浮充电要求，且应有稳压、稳流及限流特性，以及应具有自动和手动浮充电、均衡充电和稳流、限流充电等功能。

充电装置的交流电源输入宜为三相制，额定频率 50Hz，额定电压 380V±10%或 220V±10%。

当一组蓄电池配置一套充电装置的直流系统、充电装置的交流电源宜设二个回路，运行中一回路工作，另一回路备用。

对高频开关电源的模块选择和配置要求见《电力工程直流系统设计技术规程》DL/T 5044—2004 附录内容。

高频开关电源模块基本要求应考虑在多个模块并联工作状态下运行时，各模块承受的电流应能做到自动均分负载，实现均流；在二台以上模块并联运行时，输出的直流电流为额定值时，均流不平衡度应不大于额定电流值的±5%。其功率因数不小于 0.9。

高频开关电源的谐波含量，在模块输入端施加的交流电源符合标称电压和额定频率要求时，在交流输入端产生的各高次谐波电流含有率应不大于 30%。

高频开关电源装置的谐波干扰、电磁兼容、均流系数、功率因数等指标应符合有关标准。

充电装置的主要技术参数应满足表 1.6-10 要求。

充电装置的主要技术参数表　　表 1.6-10

项目＼形式	相控型		高频开关
	Ⅰ型	Ⅱ型	
稳压精度	≤±0.5%	≤±1%	≤±0.5%
稳流精度	≤±1%	≤±2%	≤±1%
波纹系数	≤1%	≤1%	≤0.5%
效率	≥75%	≥75%	≥90%
噪声	<60dB	<60dB	<55dB

2）充电装置的选择

① 充电装置额定电的选择应满足下列条件：

a. 满足浮充电要求

铅酸蓄电池　$I_r=0.01I_{10}+I_{jc}$　A　(1.6-30)

b. 满足初充电要求

铅酸蓄电池　$I_r=(1\sim1.25)I_{10}$　A　(1.6-31)

c. 满足均衡充电要求

铅酸蓄电池　$I_r=(1\sim1.25)I_{10}+I_{jc}$　A　(1.6-32)

以上各式中，I_r为充电装置额定电流，A；I_{jc}为直流系统的经常负荷电流，A；I_{10}（I_5）为蓄电池10h（5h）放电率放电电流，Ah。

浮充电的输出电流应按经常负荷电流与蓄电池自放电流之和选择。

② 充电装置输出电压选择：充电装置的输出电压调节范围应满足蓄电池放电末期和充电末期电压的要求。

浮充电装置直流侧的长期工作电压对于220V和110V蓄电池组分别为230V和115V

$$U_r=nU_{cm} \tag{1.6-33}$$

式中，U_r为充电装置的额定电压，V；n为蓄电池组单体个数；U_{cm}为充电末期单体蓄电池电压，V（防酸式铅酸蓄电池为2.70V，阀控式铅酸蓄电池为2.35~2.4V）。

③ 蓄电池充电装置参数选择见表1.6-11、表1.6-12。

蓄电池充电装置参数选择表一　表1.6-11

交流输入	相数		三相(单相)	
	额定频率(Hz)		50	
	额定电压(V)		380±10%(220±10%)	
直流输出	额定值	电压(V)	220/230	110/115
		电流(A)	(3)5(8)10(15)20(30)(40)50(80)100	
	充电	电压(V)	300(360)	150(180)
		电压调节范围(V)	180~315(360)	90~160(180)
		稳流精度(%)	—	
		负荷变动范围(%)	10~100	

蓄电池充电装置参数选择表二　　表 1.6-12

交流输入	相　数		三相(单相)	
	额定频率(Hz)		50	
	额定电压(V)		380±10%(220±10%)	
直流输出	浮充电压	电压(V)	230	115
		电压调节范围(V)	220～240	110～120
		稳压精度/%	—	
		负荷变动范围(%)	0～100	
	均衡充电	电压(V)	246	123
		电压调节范围(V)	230～264	115～130
		稳压精度(%)	—	
		负荷调节范围/%	0～100	
	手动调节范围(V)		0～315(360)	0～160(180)
	纹波系数(%)		—	

注：1. 括号内为非推荐值；
2. 稳压精度、稳流精度、纹波系数的数值详见表 1.6-10。
3. 高频开关充电装置的谐波干扰、电磁兼容、均流系数、功率因数等指标应符合有关标准。

④ 直流屏上的设备及导体选择

a. 直流屏和充电装置屏宜采用柜式加强型结构，其防护等级不低于 IP20。直流屏正面仪表板应能开启，屏后宜开门，前门下部和后门上部宜设百叶窗。外形尺寸宜采用 800mm×600mm×2200mm（宽×深×高）。

b. 直流屏主母线宜采用阻燃绝缘铜母线，应按 1h 放电率或充电设备的额定电流计算长期允许载流量，并应进行短路电流热稳定检验和按短时最大负荷校验，其温度不超过绝缘体的允许事故过负荷温度。单体蓄电池之间宜采用绝缘软导线连接。

蓄电池出口回路的保护电器的额定电流，应按蓄电池 1h 放电率电流再加大一级选择，并应与直流馈线回路保护电器相配合。

蓄电池回路设备选择见表 1.6-13。

铅酸蓄电池回路设备选择 **表 1.6-13**

蓄电池容量(Ah)	100	200	300	400	500	600
熔断器及隔离开关额定电流(A)	200			400		
断路器额定电流(A)	225		400		630	
电流测量范围(A)	200～0～200		300～0～300		500～0～500	
主母线铜导体规格(宽×高/mm)	50×4			60×6		

c. 直流系统操动电器。直流屏（柜）主回路及馈线回路的操动设备宜采用断路器或隔离开关。操动电器的选择应按回路额定电压和额定电流选择。

额定电压选择：额定电压应大于或等于回路的工作电压。

额定电流选择：额定电流按下式选择：

$$I_r \geqslant K_{rel} I_{Lm} \tag{1.6-34}$$

式中，I_{Lm}为最大负荷电流，对蓄电池回路，I_{Lm}取 t_s（h）时间放电电流和蓄电池 1h 放电电流二者中的较大值，通常取后者；t_s为事故放电时间，对充电、浮充电回路。I_{Lm}为充电设备的额定电流；K_{rel}为可靠系数，一般取 K_{rel}＝1.1～1.2。

目前常用的隔离开关型号有 HD13、HS13 型、Q 系列。熔断器式刀开关型号有 HR、QS 系列和 SF 系列。

d. 直流系统保护电器。直流屏（柜）主回路及馈线回路的保护宜采用断路器或熔断器。

2.5 交流操动电源

采用交流操作继电保护时，保护跳闸通常采用去分流方式，即靠断路器弹簧操动机构中的过电流脱扣器直接跳闸，能源来自电流互感器而不需要另外的电源。因此，交流操动电源主要是供给控制、合闸和分励信号等回路使用。交流操动的电源为交流 220V，它有两种形式。

（1）常用的交流操动系统

常用的交流操动电源两路电源（工作和备用）可以进行切

换，其中一路由电压互感器经100/220V变压器供给电源，而另一路由所用变压器或其他低压线路经220/220V变压器（也可由另一段母线电压互感器经100/220V变压器）供给电源。两路电源中的任一路均可作为工作电源，另一路作为备用电源。控制电源采用不接地系统，并设有绝缘检查装置。见图1.6-8。

（2）带UPS的交流操动电源

1）概述

由于分励脱扣方式获得的电源是取自系统电压，当被保护元件发生短路故障时，短路电流很大，而电压却很低，断路器将会失去控制、信号、合闸以及分励脱扣的电源。所以交流操动的电源可靠性较低。随着交流不间断电源技术的发展和成本的降低，使交流操动应用交流不间断电源（UPS）成为可能。这样就增加了交流操动电源的可靠性。由于操动电源比较可靠，继电保护则可以采用分励脱扣器线圈跳闸的保护方式，不再用电流脱扣器线圈跳闸的保护方式，从而可免去交流操动继电保护两项特殊的整定计算，即继电器强力切换接点容量检验和脱扣器线圈动作可靠性校验。

从第4章的图中可以看到，当系统电源正常时，由系统电源小母线向储能回路、控制及信号回路（通过UPS电源）供电，同时可向UPS电源进行充电或浮充电。当系统发生故障时，外电源消失，由UPS电源向控制回路及信号回路供电，使断路器可靠跳闸并发出信号。

2）UPS电源的选择

① UPS的形式及工作原理简述。小容量（5kVA以下）的UPS电源分为后备式和在线式两种。作为交流操动的控制、保护、信号电源应选用在线式的UPS电源。

UPS首先由系统电源供电，经调制、整流、稳压将交流220V转换为直流，并给蓄电池充电，然后由逆变器将直流电转换成交流电，并保证输出电源的电压及频率能满足负载的要求，同时控制逻辑与静态开关做不间断的通信，跟踪旁路输出电压。

当系统电源发生故障时，整流器不再输出任何电源，由蓄电池放电给逆变器，再由逆变器将蓄电池放出的直流电转换成交流电。若逆变器出现故障、过载等情况时，逆变器自动与负载断开，通过旁路向负载供电。如 UPS 系统需要进行维护，则由维护旁路向负载供电。

② UPS 电源容量的选择。当系统电源发生故障时，由 UPS 提供控制、操动及信号电源，而不考虑储能电源的容量，所以 UPS 电源容量主要考虑以下几个方面的负载：

a. 由系统电源供电时，正常的控制操动及信号回路所消耗的容量 C_1。

b. 当系统发生故障时，两台断路器同时分闸所消耗的容量 C_2。

c. 系统电源正常供电或发生故障时一台断路器的合闸电磁铁的额定容量 C_3。

正常操动时所需容量为

$$C=K_{rel}(C_1+C_3)$$

事故操动时所需容量为

$$C'=K_{rel}(C_2+C_3)$$

式中，K_{rel}为可靠系数取 1.1～1.2。

取两式中较大者作为 UPS 的选择容量。考虑到交流操动的经济性和实用性，UPS 电源的容量不宜超过 3kVA。

带 UPS 电源方案一般适用于民用建筑供电系统中，当一次接线简单且断路器台数不多时选用，同时亦不考虑分段断路器自投及出线自动重合闸装置。UPS 电源作为开关柜的控制、保护及信号电源，对配电装置正确动作，尽快切除故障回路起着极为重要的作用。因此，UPS 电源本身的可靠性及运行维护的合理性非常重要。为了进一步增加 UPS 电源的可靠性，可使用两套 UPS 电源装置。两套 UPS 装置可并联也可串联使用。当两套 UPS 装置并联时，需采取并联闭锁措施。

③ UPS 电源系列技术参数。UPS 电源的输出电流等级和输

出容量的系列技术参数见表1.6-14。

UPS技术参数表 **表1.6-14**

输出电流/A	输出容量(kVA)		输出电流/A	输出容量(kVA)	
	单相(220V)	三相(380V)		单相(220V)	三相(380V)
0.5	0.11	—	10.0	2.20	6.60
1.0	0.22	—	15.0	3.30	9.90
2.0	0.44	1.32	20.0	4.40	13.2
5.0	1.10	3.30	30.0	6.60	19.8

第 7 章　电力系统中性点接地

1　简介

电力系统中性点接地是一个比较复杂的综合技术问题，它与系统的供电可靠性、人身安全、设备安全、绝缘水平、过电压保护、继电保护和自动装置的配置及动作状态、系统稳定及接地装置等问题有密切关系。

电力系统的中性点系指电力系统三相交流发电机、变压器接成星形的公共点，而电力系统中性点与大地间的电气连接方式，称之为电力系统中性点接地方式。

电力系统中性点接地方式是保证系统运行、系统安全、经济有效运行的基础。

2　电力系统中性点接地方式分类

电力系统中性点接地方式分为：中性点不接地、中性点经电阻接地、中性点经消弧线圈接地（谐振接地），以及中性点直接接地等。

根据电力系统主要运行特征，将电力系统按中性点接地方式特征分为两大类，非有效接地系统或小电流接地系统，以及有效接地系统或大电流接地系统。

2.1　非有效接地系统或小电流接地系统

非有效接地系统即中性点不接地或经消弧线圈接地，中性点经高阻抗接地。这几种中性点接地方式的接地电流均被控制在比较小的数值。

非有效接地系统的零序电抗（X_0）与正序电抗（X_1）的比值（X_0/X_1）>3，而零序电阻（r_0）与正序电抗（X_1）的比值（r_0/X_1）>1当发生单相接地故障时的对地稳态电压可能达到残压值。

2.1.1　中性点不接地系统

中性点不接地不能理解为中性点的零序阻抗为无限大。中性点不接地是指接地是经过集中于电力变压器中性点的等值容抗接地的，该容抗是由电网中架空线路、电缆线路、电动机和变压器绕组等对地耦合电容所组成。

当中性点不接地系统正常运行时，三相电源电压是对称的，由于导线间分布电容的存在，各绝缘对地均有泄漏电导，因此正常运行时，容抗上均有电流。中性点不接地系统正常运行时，各相对地电流的相量和为零。

由于单相接地时，输电线路的导线、电机、电器的导电部分的各相间存在分布电容，各相对地存在着泄漏电导。因此当发生单相接地时，故障相的对地电压为零，非故障相电压升高为线电压，从向量图中分析得知非故障相电压间相位差为60°。

单相接地时，其故障点的电容电流

$$I_c = 3\omega C_0 L U_0\text{, A} \tag{1.7-1}$$

式中，C_0为每相单位长度导线对地电容，F/km；L为线路长度，km；U_0为额定电压，V。

从式（1.7-1）可得出当线路较短时，电容电流I_c不大，所引起的热效应为电网各元件的绝缘能承受，依据电力部门有关标准规定，允许电网带接地故障运行1～2h。

对于线路较短，电压较低如6～10kV系统电容电流较小，许多瞬时性接地故障产生的电弧能够自熄消弧，而不至于转化为稳定性的持续故障，因此能迅速恢复电网正常运行。

需要指出的是单相接地所产生的接地电流，在故障处形成的电弧的大小，与接地电流成正比，当电流较小时，电流过零值可自行熄灭，电网恢复正常运行，但当接地电流数值较大时，即可形成稳定的电弧，使得接地故障无法自行熄弧，可能导致两相或三相短路，一般接地电流在 5～30A 之间时，可能形成间歇性电弧，使非故障相过电压，过电压倍数可为运行电压的 3 倍最高可达 3.5 倍。此时会对设备的绝缘造成极大的威胁。且对接地型电压互感器产生磁饱和，引起铁磁谐振，以致造成电压互感器烧毁。

对于单相接地电容电流很小的系统，继电保护的灵敏系数高，采用零序功率方向保护，其零序电压与零序电流的保护灵敏系数能满足要求，但对单相接地电容电流较大的电网，灵敏系数不够时，应进行计算。

该接地系统仅适用于单相接地电容电流较小（对 6～10kV 电网 10A 及以下），高压电动机和电缆均较少的电网。

2.1.2 中性点经消弧线圈接地

中性点经消弧线圈接地（谐振接地）是在系统中性点加一特殊电抗器接地的电力系统，在 35～63kV 及以下的电网中，接地电容电流超过规定值时，为防止单相接地时，产生稳定或间歇性电弧，必须采取减小接地电流的措施，而采用中性点加消弧线圈的方案。

消弧线圈是一具有铁芯的电感线圈，其阻值小，电抗很大。当发生单相接地故障时，可产生一个电感电流，此值与电容电流值相近，方向相反。因此可对电容电流进行补偿。

中性点经消弧线圈接地系统的运行方式可有全补偿、欠补偿及过补偿方式。

全补偿方式即使 $I_L=I_c$

$$K=I_L/I_c,\qquad K=1,\ \upsilon=0 \tag{1.7-2}$$

式中，K 为调谐度（补偿度），υ 为脱谐度，一般为 10%

左右

全补偿方式的特点即接地电容电流将全部被补偿，接地处电流为零。

欠补偿方式即使得 $I_L < I_c$，$K < 1$，$\upsilon > 0$

过补偿方式，即使得 $I_L > I_c$，$K > 1$，$\upsilon < 0$

中性点经消弧线圈接地系统往往采用过补偿运行方式，消弧线圈的感抗小于电网对地的容抗，$X_L < X_c$，可调节消弧线圈分接头实现，由于补偿了一个比电容电流大的电感电流，且相差180°，则流过故障点的故障电流只剩过补偿后的较小的电感电流。该电流具备如下特点：

（1）有很高的电网运行可靠性，当补偿后电网发生单相接地故障时，相间电压仍对称，可维持电网继续供电，且单相接地故障电流很小，不会危及设备的绝缘。

（2）对瞬时单相对地闪络能自动熄弧，由于补偿电感，使接地故障点的残余电流很小，电弧难以维持而自熄。

（3）故障点对地电位小，零序电压保护的灵敏系数大。

（4）补偿电网由于采用了过补偿方式其脱谐度为－5%～－10%，调谐度在1.05～1.1范围内进行，因此对弧光过电压可抑制在2.5倍运行相电压以下，保证用电设备的安全运行。

中性点经消弧线圈接地系统适用于单相接地电容电流比较大的电网，即可抑制异常过电压，又可在电网单相接地时保持连续供电，保证了大型电网供电可靠性，同时降低了单相接地故障电流对电气设备引起的热效应。

2.1.3 中性点经高阻抗接地

电力系统中性点经过电阻器接地，其电阻阻值为数百至数千欧姆，高阻接地要控制系统单相接地时的故障电流，当采用高阻接地时高阻接地系统可消除大部分谐振过电压，对单相间歇弧光接地过电压具有一定的限制作用，当单相接地故障电流小于10A时，系统可在接地故障条件下持续运行。

该接地形式主要用于发电机回路，发电机中性点经高阻接地后，可以达到：发电机单相接地故障时，限制非故障相过电压不超过 2.6 倍额定电压，控制接地故障电流不超过 10～15A，且为定子接地保护提供电源。

如果接入是将电阻经单相接地变压器或电压互感器接入中性点，电阻接在变压器的二次侧，如此接线是使低压小电阻起到高压大电阻作用，从而简化电阻器结构，降低成本，安装空间更易解决。

当发生单相接地时，总故障电流不宜小于 3A，以保证接地保护不带时限跳闸。

当电网接有较多的高压电动机或电缆线路较多时，由于其绝缘水平较低，其瞬时性的接地故障相对较少，为了保证不损坏绝缘以及为减少单相接地故障发展为多重接地故障，可采用中性点经电阻接地系统。发电机回路也用此接地方式。

2.2 有效接地系统或大电流接地系统

2.2.1 中性点直接接地

中性点和大地有紧密联系的电力系统中，无论是中性点直接接地，还是经小电阻接地，均需满足系统的零序电抗（X_0）和正序电抗（X_1）的比值（X_0/X_1）≤3，零序电阻（r_0）和正序电抗（X_1）的比值（r_0/X_1）≤1 的条件。

该系统的优点是过电压水平和输变电设备所需的绝缘水平较低。这种系统的动态电压升高不超过系统额定电压的 80％。

该系统缺点是发生单相接地故障时，单相接地电流很大，必然引起断器路跳闸，因而供电可靠性较差。单相接地电流有时会超过三相短路电流，影响断路器分断能力的选择，并对通信线路产生干扰及危险影响。

2.2.2　中性点经低电阻接地

由于城市建设的需要，城市电网和工业企业配电网中，电缆线路所占的比例日益增加，而它的电容电流是同样长度架空线路的25～50倍，使某些电网出现消弧线圈容量不足的情况，所以，中性点经低阻接地在这些电网中得到应用。

当6～35kV电缆线路构成的送配电线路，单相接地故障电容电流较大时，采用低电阻接地方式，电阻阻值一般在10～20Ω，单相接地故障电流为100～1000A。低电阻的优点是切除故障迅速，过电压水平低，因此可以采用绝缘水平较低的电气设备和线缆。

由于中性点经低电阻接地，单相接地短路电流大，对电信系统的影响与中性点直接接地系统一样，应给以足够考虑。

单相接地故障电流通过接地装置的接地电阻时，将产生高电位，将直接传递到低压侧的中性导体（N），和保护导体（PE）上，可引起低压侧过电压，给低压用户带来威胁。

该接地系统多用在6～10kV电缆线路多的大城市及大中型企业配电网中，当发生单相接地故障时，立即导致跳闸。

3　各种接地方式的比较与适用范围

3.1　非有效接地系统或小电流接地系统

3.1.1　优点

（1）供电可靠性高。由于系统单相接地时，没有形成电源的短路回路，而是经过三相线路的对地电容形成的电流回路，回路中通过的电容电流较小，达不到继电保护装置的动作电流值，故障线路不跳闸，只发出接地报警信号。有关电力规程规定系统可带单相接地故障点运行2h，在2h内排除了故障就可以不停电，从而提高了供电可靠性。

(2) 单相接地时，不易造成或轻微造成人身和设备安全事故。

3.1.2 缺点

(1) 因系统单相接地故障时，非故障相对地电压升高到正常时的$\sqrt{3}$倍，因此系统的绝缘水平应按线电压设计，由于电压等级较高的系统中绝缘费用在设备总价格中占有较大的比重，所以此种接地方式对电压较高的系统不适用。

(2) 单相接地时，易出现间歇性电弧引起的谐振过电压，幅值可达电源相电压的 2.5～3 倍，足以危及整个网络的绝缘。

3.2 有效接地系统或大电流接地系统

优点是系统过电压水平和输变电设备所需的绝缘水平较低。系统的动态电压升高不超过系统额定电压的 80%，在高电压电网中采用此种接地方式可降低设备及线路造价，有显著的经济效益。

缺点是单相接地故障时，单相接地电流很大，致使断路器跳闸，影响供电可靠性，由于单相短路电流有可能超过三相短路电流，影响对断路器的分断能力的选择；且对通信线路产生干扰。

3.3 中性点接地方式的适用范围

对于 3～63kV 电网单相接地电流不大于规定值时，宜采用不接地方式，或经消弧线圈接地方式。

城市企业内部的电缆为主的 6～35kV 系统，单相接地电流较大时，可采用低值电阻接地方式。

对以架空线路为主的 6～10kV 系统，单相接地电流较小时，为防止谐振、间歇性电弧接地过电压对设备的损害，可采用经高阻接地方式。

电网中性点接地方式比较见表 1.7-1。

电网中性点各种接地方式的比较　　表 1.7-1

接地方式 比较项目	有效接地	非有效接地		
		高电阻接地	消弧线圈接地	不接地
接地故障电流	高，有时不大于三相短路电流	减低，但不大于接地故障电容电流	被中和抵销，最低	接地故障电容电流，低
接地故障时健全相上的工频电压	小，与正常时一样，无变化	比不接地时略小，有时比线间电压大	在故障点约等于线间电压，离开故障点时会比线间电压大20%～50%或更大	大，长输电线产生高电压
暂态弧光接地过电压	可避免	可避免	可避免	可能发生
操作过电压	低	低	可控制	高
暂态接地故障扩大为双重故障的可能	转化为短路，小	转化为受控制的故障电流，中等	受抑制，中等	电容性电弧，大
发生单相接地故障时对设备的损害	可能严重	减轻	避免	可观
变压器等设备的绝缘	最低，有降低绝缘的可能，也可采用分段绝缘	比不接地略低	比不接地略低	最高

续表

比较项目 \ 接地方式	有效接地	非有效接地		
		高电阻接地	消弧线圈接地	不接地
接地故障继电保护	采用接地保护继电器,容易迅速消除故障	可能用小功率继电器进行选择性跳闸	自动消弧,但当出现永久性故障时,接入并联电阻进行选择性切断或采用微机信号装置	采用接地继电器有困难,可采用微机信号装置
单相接地故障时电网的稳定性	最低,但由于快速跳闸,可以提高	高	最高	高
单相接地故障时的电磁感应	最大,由于快速跳闸,故障持续时间短	中等,随中性点电阻加大,电磁感应变小	小,但时间长	如不发展为不同地点的双重故障,就小
正常时对通信线路的感应	必须考虑3次谐波的感应	复式接地时比较小	因串联谐波产生感应	中性点如电位偏移产生静电感应
电网运行操作	容易	容易	需要对应运行工况而变更分接头,还要注意串联谐振,可采用自动调节分接头,可改善操作条件	由于采用继电器有困难,有时很麻烦,采用微机信号装置可改善操作条件
接近故障点时对生命的危险	严重	较重	较轻	常拖延时间,较重
接地装置的费用	最少,可装设普通接地闸刀开关	较多,中性点电阻器的价格相当高	最多	少,当装置接地变压器时,多一些

4 各种接地方式的比较

对于电力系统中性点接地方式涉及电力系统运行，安全、经济、继电保护方式等多方面内容，对中性点接地方式的选择应分析各种接地方式的特点，综合分析确定。

4.1 电气设备和线路的绝缘水平

电气线路和设备的绝缘水平取决于下列几个因素。

(1) 供电系统的长期工作电压。

(2) 作用在绝缘上的各种内部过电压如开合空载电路、开断空载变压器、电力谐波、电弧接地等。

(3) 作用在绝缘上的外部过电压，如大气过电压等，因此电力系统中性点接地方式不同，直接影响电气设备和线路的绝缘工作状况。

在电力系统中，中性点非有效接地系统的内部过电压在电压的基础上产生和发展，因而数值比较大。而中性点有效接地系统的内部过电压是在相电压的基础上产生和发展的，因此，对于有可能过电压的内部过电压和大气过电压来说，中性点有效接地系统比非有效接地系统低。所以就电气设备和线路的绝缘要求来讲，中性点有效接地方式更好。

4.2 对于供电的可靠性分析

大接地电流系统的单相接地电流很大，因此发生单相接地时必须跳闸，切除故障。

单相接地故障电流还可产生很大的电动力和热效应，致使设备和电线线路损坏。

单相接地故障跳闸，增加断路器的动作次数。

小电流接地系统发生单相接地故障后，允许带接地故障运行2h，避免上述大接地故障电流带来的缺点。

4.3 对继电保护的灵敏度问题

中性点不接地或经消弧线圈接地系统中，单相接地电流有较小的数值，接地保护的选择性实现较困难，消弧线圈接地系统中，由于补偿电网接地故障电流很小，又为电感电流，所以不能采用简单的零序电流和零序功率方向保护，而需采用反应高次谐波的单相接地保护。而在大接地电流接地系统中，由于接地电流数值大，继电保护能够迅速切除故障线路，实现继电保护的选择性。

4.4 对通信信号系统的干扰

正常运行时，无论系统采用何种接地形式均不会对邻近线路通信和信号系统产生严重影响。当发生单相接地故障时，出现三相零序电压、电流，其产生的磁场会对附近通信线路或信号系统产生感应电压，形成干扰源，因此，从考虑抗干扰角度，中性点直接接地方式最不利，但干扰延续时间短。而小接地电流电网，特别是经消弧线圈接地的电网，一般不会产生严重干扰，但其延续时间较长，在有的地区若对通信干扰的影响做为主要考虑的因素，则选择中性点接地方式就成为重要的选择方案了。

5 中性点接地方式的选择

中性点接地方式的选择是电力系统中需综合考虑的技术问题，对电力系统的运行、设计都有多方面的影响，因此应慎重对待。

5.1 选择确定中性点接地方式应考虑的因素

供电可靠性与故障范围；绝缘水平与绝缘配合；对电力系统继电保护的影响；对电力系统通信与信号系统的干扰；对电力系统稳定的影响。

5.2 系统接地要求

(1) 3～10kV不直接连接发电机的系统和35kV系统，当单相接地故障电流不超过以下数值时，应采用不接地方式，当超过以下数值且需在接地故障条件下运行时，应采用消弧线圈接地方式。

1) 3～10kV钢筋混凝土或金属杆塔的架空线路构成的系统和所有35kV系统，单相接地故障电容电流不超过10A。

2) 3～10kV非钢筋混凝土或非金属杆塔的架空线路构成的系统：当电压为3kV或6kV时，单相接地故障电容电流不超过30A；当电压为10kV时，单相接地故障电容电流不超过20A；当电压为3～10kV电缆线路构成的系统，单相接地故障电容电流不超过30A。

(2) 6～35kV主要由电缆线路构成的送、配电系统，单相接地故障电容电流较大时，可采用低电阻、中电阻接地方式，但应考虑供电可靠性要求，故障时瞬态电压、瞬态电流对电气设备的影响，对通信的影响和继电保护技术的要求及本地的运行经验等。

(3) 6kV及10kV的电子系统以及发电厂厂用电系统，单相接地故障电容电流较小时，为防止谐振、间歇性电弧接地过电压等对设备的损害，可采用高电阻接地方式。

第 8 章　常用高压电器和开关柜

建筑电气工程常用的 3～35kV 电网的电器及开关设备，按电压等级来分属于中压；以 1000V 为界划分则属于高压的范畴，在电力行业、制造厂和用户都习惯将中压电网中的电器及开关设备通称为高压电器和高压开关设备。为此在表述 35kV 及以下中压配电系统常用电器和开关柜时，亦将 35kV、10（6）kV 电器和开关柜分别称为 35kV、10（6）kV 高压电器和高压开关柜。

1　高压电器和开关柜的选择

1.1　选择的一般原则

（1）应满足正常运行、检修、短路和过电压情况下的要求，并考虑远景发展；

（2）应按当地环境条件校核；

（3）应力求技术先进和经济合理；

（4）与整个工程的建设标准应协调一致；

（5）同类设备应尽量减少品种；

（6）选用的新产品均应具有可靠的试验数据，并经正式鉴定合格。

1.2　按技术条件选择

选择的高压电器，应能在长期工作条件下和发生过电压、过电流情况下保持正常运行。选择高压电器时应校验的项目见表 1.8-1。

选择高压电器时应校验的项目 表 1.8-1

电器名称	额定电压/kV	额定电流/A	额定容量/kVA	机械荷载/N	额定开断电流/kA	短路稳定性		环境条件	绝缘水平	其它
						短时耐受电流	峰值耐受电流			
断路器	√	√		√	√	√	√	√	√	√
隔离开关	√	√		√		√	√	√	√	√
负荷开关	√	√		√		√	√	√	√	√
熔断器	√	√		√	√			√	√	√
电流互感器	√	√		√		√	√	√	√	√
电压互感器	√			√				√	√	√
限流电抗器	√	√		√		√	√	√	√	
支柱绝缘子	√			√			√	√	√	
穿墙套管	√	√		√		√	√	√	√	

注：1. 表中“√”为选择电器应进行校验的项目。

2. 以上按电器设备用于 50Hz 的情况，用于其他频率时对频率也要检验。

3. 环境条件仅按户内型产品考虑。

1.2.1 长期工作条件

（1）电压

按工作电压选用的高压电器及开关柜，其额定电压应符合所在回路的系统标称电压，其高压电器及开关柜的最高电压 U_{max} 应不小于所在回路的系统最高电压 U_y，即

$$U_{max} \geqslant U_y \quad kV \tag{1.8-1}$$

（2）电流

高压电器及导体的额定电流 I_r 不应小于所在回路在各种可能运行方式下的最大持续工作电流 I_{max}，即

$$I_r \geqslant I_{max} \quad A \tag{1.8-2}$$

由于高压开断电器没有明确的过载能力，在选择其额定电流时，应满足各种可能运行方式下回路持续工作电流的要求。

在选择高压熔断器熔体电流时，应保证前后两级熔断器之间，熔断器与电源侧继电保护之间，以及熔断器与负荷侧继电保护之间动作的选择性。

（3）机械荷载

高压开关电器接线端子的允许荷载应大于电器引线在正常运行和短路时的最大作用力。电器机械荷载的安全系数，由设备制造厂统一考虑。

高压开关电器接线端子允许的水平机械荷载见表 1.8-2。

高压开关电器接线端子允许的水平机械荷载　表 1.8-2

额定电压/kV	10 及以下	(20)35
接线端子水平机械荷载/N	250	500

1.2.2 短路稳定条件

（1）校验的一般原则

1）电器在选定后应按最大可能通过的短路电流进行动、热稳定校验。校验的短路电流一般取三相短路时的短路电流。但当单相、两相短路较三相短路严重时，则应按最严重情况校验。

2）用熔断器保护的电器可不验算热稳定。当熔断器有限流

作用时，可不验算动稳定。用熔断器保护的电压互感器回路，可不验算动、热稳定。

（2）短路的热稳定条件

$$I_t^2 t > Q_{dt} \quad (1.8\text{-}3)$$

式中，Q_{dt} 为在计算时间 t_{js} 秒内，短路电流的热效应，kA^2s；I_t 为 t 秒内设备允许通过的热稳定电流有效值，kA；t 为设备允许通过的热稳定电流时间，s。

校验短路热稳定所用的计算时间 t_{js} 按下式计算

$$t_{js} = t_b + t_d \quad (1.8\text{-}4)$$

式中，t_b 为继电保护装置后备保护动作时间，s；t_d 为断路器的分闸时间，s。

采用无延时保护时，t_{js} 可取表 1.8-3 中的数据，该数据为继电保护装置的启动机构和执行机构的动作时间、断路器的固有分闸时间以及断路器触头电弧持续时间的总和。当继电保护装置有延时整定时，则应按表中数据加上相应的整定时间。

校验热效应的计算时间（s）　　表 1.8-3

断路器开断速度	断路器的分闸时间 t_d	计算时间 t_{js}
高速断路器	<0.08	0.1
中速断路器	0.08～0.12	0.15
低速断路器	>0.12	0.2

（3）短路的动稳定条件

$$i_p \leqslant i_{dyn} \quad (1.8\text{-}5)$$

$$I_p \leqslant I_{dyn} \quad (1.8\text{-}6)$$

式中，i_p 为短路冲击电流峰值，kA；I_p 为短路全电流有效值，kA；I_{dyn} 为电器允许的极限通过电流峰值，kA；I_{dyn} 为电器允许的极限通过电流有效值，kA。

（4）高压电器及导体等的短路稳定校验计算见表 1.8-4。

高压电器及导体短路稳定校验计算公式 **表 1.8-4**

电器名称	校验项目及计算公式	代号说明
断路器 负荷开关 隔离开关	动稳定 $i_{p3} \leqslant i_{max}$ 热稳定 $Q_t \leqslant I_t^2 t$	i_{p3}——三相短路峰值(冲击)电流,kA i_{max}——电器额定峰值耐受电流,kA,由样本查得 Q_t——短路电流热效应,$kA^2 \cdot s$ I_t——电器在 $t \cdot s$ 内允许通过的额定短时耐受电流,kA,由样本查得 t——电器额定短路持续时间,s,由样本查得
限流电抗器	动稳定 $i_{p3} \leqslant i_{dw}$ 热稳定 $Q_t \leqslant I_t^2 t$	i_{p3}——三相短路峰值(冲击)电流,kA i_{dw}——电抗器的动稳定电流,kA,由样本查得 Q_t——短路电流热效应,$kA^2 \cdot s$ I_t——电抗器额定短时电流,kA,由样本查得 t——电抗器额定短时电流持续时间,s,由样本查得,一般为 2s
电流互感器	动稳定 $i_{p3} \leqslant i_{dyn}$ 热稳定 $Q_t < I_{th}^2 t$	i_{p3}——三相短路峰值(冲击)电流,kA i_{dyn}——电流互感器额定动稳定电流,kA,由样本查得,通常为额定短时热电流 2.5 倍 Q_t——短路电流热效应,$kA^2 \cdot s$ I_{th}——电流互感器额定短时热电流,kA t——电流互感器额定短时热电流持续时间,s,由样本查得,一般为 1s
支柱绝缘子	动稳定 $F_c \leqslant 0.6F_{ph}$ $F_c = 0.173K_x \dfrac{l_c}{D} i_{p3}^2$	F_c——作用在绝缘子上的作用力,N F_{ph}——绝缘子机械强度等级,由样本查得 K_x——绝缘子受力系统,当绝缘子水平布置,母线平放时为 1,母线竖放时,6~10kV 为 1.4,35kV 为 1.18,当绝缘子垂直布置时为 1 l_c——绝缘子间跨距,m,当绝缘子两边跨距不同时,取其平均值 D——相间距离,m i_{p3}——三相短路峰值(冲击)电流,kA

续表

电器名称	校验项目及计算公式	代号说明
穿墙套管	动稳定 $F_c \leqslant 0.6F_{ph}$ $F_c = 8.66\frac{l_{r1}+l}{D}i_{p3}^2 \times 10^{-3}$ 热稳定 $Q_t \leqslant I_t^2 t$	i_{p3}——三相短路峰值(冲击)电流,kA F_c——作用在穿墙套管上的作用力,N F_{ph}——穿墙套管弯曲破坏负荷,N,由样本查得 l_{r1}——套管端与最近一个绝缘子间的距离,m D——相间距离,m l——套管本身长度,m Q_t——短路电流热效应,kA²·s I_t——套管短时热电流值,kA,由样本查得 t——短时热电流,s,由样本查得,一般为5s
母线	动稳定 $\sigma_c \leqslant \sigma_y$ 当跨数大于2时母线应力 $\sigma_c = 1.73K_x\beta\frac{l_c^2}{DW}i_{p3}^2 \times 10^{-2}$ 热稳定 $S_{min} \geqslant \frac{\sqrt{Q_t}}{C} \times 10^3$	σ_c——作用于母线的计算应力,Pa σ_y——母线最大允许应力,Pa,硬铝为120MPa,硬铜为170MPa l_c——绝缘子间跨距,m D——相间距离,m W——截面系数,m³ i_{p3}——三相短路峰值(冲击)电流,kA S_{min}——母线最小截面,mm² c——热稳定系数 Q_t——短路电流热效应,kA²·s K_x——矩形截面导体的形状系数 β——振动系数
电缆	热稳定 $S_{min} \geqslant \frac{\sqrt{Q_t}}{c} \times 10^3$	S_{min}——电缆允许最小截面,mm² Q_t——短路电流热效应,kA²·s c——热稳定系数

1.2.3 绝缘水平

在工作电压和过电压的作用下，电器的内、外绝缘应保证必要的可靠性。电器的绝缘水平，应按电网中出现的各种过电压和保护设备相应的保护水平来确定。

1.3 按环境条件选择

选择高压电器和开关柜时，应按当地环境条件进行校验，必须满足环境条件包括温度、日照、湿度、污秽、海拔、地震等运行条件对所选设备的要求。

（1）温度

1）选择高压电器的环境温度见表 1.8-5。

选择电器的环境温度　　表 1.8-5

安装场所	最　高	最　低
屋外	年最高温度	年最低温度
屋内	该处通风设计温度，当无资料时，可取最热月平均最高温度加 5℃	

注：1. 年最高（或最低）温度为一年中所测得的最高（或最低）温度的多年平均值。
2. 最热月平均最高温度为最热月每日最高温度的月平均值，取多年的平均值。

2）按《高压开关设备和控制设备标准的共用技术要求》GB/T 11022—1999 的规定，户内开关设备周围空气温度：最高为 40℃，24h 平均值不超过 35℃；最低为－5℃、－15℃、－25℃三级。户外开关设备周围空气温度：最高为 40℃，24h 平均值不超过 35℃；最低为－10℃、－25℃、－40℃三级。由于 GB/T 11022—1999 中未给出减少或者增加的具体计算数据，为了便于计算，现将原标准 GB 763—1990《交流高压电器在长期工作时的发热》的有关数据给出，以供参考：当环境温度高于 40℃但不高于 60℃时，环境温度每增高 1℃，应减少额定电流 1.8%；当环境温度低于 40℃时，环境温度每降低 1℃，可相应增加额定电流 0.5%，但其最大过负荷不得超过额定电流的

20%；当电器设备使用环境条件为风速小于0.5m/s、日照强度大于0.1W/cm^2、周围空气温度高于+40℃时，其长期工作电流应降低到额定电流的80%。

3）普通高压电器一般可在环境最低温度为−30℃（户内设备为−10℃）时正常运行；在高寒地区，应选择能适应环境最低温度为−40℃（户内设备为−25℃）的高寒电器。

4）在年最高温度超过40℃，而长期处于低湿度的干热地区，应选用型号后带“TA”字样的干热带型产品。

(2) 日照

屋外高压电器在日照影响下将产生附加温升。但高压电器的发热试验是在避免阳光直射的条件下进行的。如果制造部门未能提出产品在日照下额定载流量下降的数据，在设计中可暂按电器额定电流的80%选择设备。

(3) 湿度

1）选择电器的湿度，应采用当地相对湿度最高月份的平均相对湿度（相对湿度——在一定温度下，空气中实际水汽压强值与饱和水汽压强值之比；最高月份的平均相对湿度——该月中最大相对湿度值的月平均值）。对湿度较高的场所应采用该处实际相对湿度。当无资料时，可取比当地湿度最高月份平均值高5%的相对湿度。

2）一般高压电器可使用在+20℃，相对湿度为90%的环境中（电流互感器为85%）。在长江以南和沿海地区，当相对湿度超过一般产品使用标准时，应选用湿热带型高压电器，这类产品的型号后面一般都标有“TH”字样。

(4) 污秽

在距海岸1～2km或盐场附近的盐雾场所，在火电厂、炼油厂、冶炼厂、石油化工厂和水泥厂等附近含有工厂排出的二氧化硫、硫化氢、氨、氯等成分烟气、粉尘等场所，在潮湿的气候下将形成腐蚀性或导电的物质。污秽地区内各种污物对电气设备的危害，取决于污秽物质的导电性、吸水性、附着力、数量、比重及距污秽源的距离和气象条件。在工程设计中，应根据污秽情况采取下列措施：

1）增大电瓷外绝缘的有效爬电比距或选用有利于防污的电瓷造型。

2）采用屋内配电装置。

（5）海拔

1）电器的一般使用条件为海拔不超过1000m。

2）海拔超过1000m的地区称为高原地区。高原环境条件的特点主要是：气压低、气温低、日温差大、绝对湿度低、日照强。对电器的绝缘、温升、灭弧、老化等的影是多方面的。

当电器设备使用地点的海拔和最高周围空气温度符合表1.8-6的条件时，由于周围空气温度降低值足够补偿海拔对温升的影响，因而在实际使用中其额定电流值可与一般地区相同。

电器设备使用地点的海拔和最高周围空气温度　　表1.8-6

海拔(m)	1000	2000	3000	4000
最高周围空气温度(℃)	40	35	30	25

3）对安装在海拔超过1000m地区的电器，外绝缘一般应予加强，可选用高原型产品或用外绝缘提高一级的产品。在海拔3000m以下地区，配电装置可选用性能优良的避雷器来保护一般电器的外绝缘。

（6）地震

1）地震对电器的影响主要是地震波的频率和地震振动的加速度。一般电器的固有振动频率与地震振动频率很接近，应设法防止共振的发生，并加大电器的阻尼比。地震振动的加速度与地震烈度和地基有关，通常用重力加速度g的倍数表示。

2）选择电器时，应根据当地的地震烈度选用能够满足地震要求的产品。电器的辅助设备应具有与主设备相同的抗震能力。一般电器产品可以耐受地震烈度为8度的地震力。在安装时，应考虑支架对地震力的放大作用。

3）根据有关规定，地震基本烈度为7度及以下地区的电器可不采取防震措施。在7度以上地区，电器应能承受的地震力，可按表1.8-7所列加速度值和电器的质量进行计算。

计算电器承受的地震力时用的加速度值　　表1.8-7

地震烈度	8	9
地面水平加速度	0.2g	0.4g
地面垂直加速度	0.1g	0.2g

1.4　按环境保护要求选择

选用电器，应注意电器对周围环境的影响，并根据周围环境的控制标准，对制造部门提出必要的技术要求。

（1）电磁干扰

电器的电流、电压突变和电晕放电，会产生电磁干扰，损害或破坏电磁信号的正常接收及电器、电子设备的正常运行。根据运行经验和现场实测结果，对于110kV以下的电器一般可不校验无线电干扰电压。

（2）噪声

为了减少噪声对工作场所和附近居民区的影响，所选高压电器在运行中或操动时产生的噪声，在距电器2m处不应大于下列水平：连续性噪声：85dB；非连续性噪声：屋内90dB，屋外110dB。

2　高压开关柜的组成与分类

2.1　基本组成与功能

高压开关柜由高压断路器、负荷开关、接触器、高压熔断器、隔离开关、接地开关、互感器及站用电变压器，以及控制、测量、保护、调节装置，内部连接件、辅件、外壳和支持件等组成的成套配电装置，其内的空间以空气或复合绝缘材料作为介质，用作接受和分配电网的三相电能，或用作对高压用电设备的保护和控制。

2.2 高压开关柜的分类

高压开关柜分为半封闭式高压开关柜和金属封闭式开关柜两类。金属封闭式高压开关柜又分为金属铠装式高压开关柜、间隔式高压开关柜和箱式高压开关柜三种类型。

2.2.1 半封闭式高压开关柜

高压开关柜中离地面 2.5m 以下的各组件安装在接地金属外壳内的高压开关柜，2.5m 及以上的母线或隔离开关无金属外壳封闭。其金属壳内、外的导电体对地及相间距离，符合表 1.8-8 的规定。

以空气作为绝缘介质柜内各相导体间与对地间净距（单位：cm）

表 1.8-8

项	额定电压 /kV	3.6	7.2	12(11.5)	24	40.5
1	导体至接地间净距	7.5	10	12.5	20	30
2	不同相的导体之间的净距	7.5	10	12.5	18	30
3	导体至无孔遮栏间净距	10.5	13	15.5	21	33
4	导体至网状遮栏间净距	17.5	20	22.5	28	40
5	无遮栏裸导体至地板间净距	237.5	240	242.5	248	260
6	需要不同时停电检修无遮栏裸导体之间的水平净距	187.5	190	192.5	198	210
7	出线套管至屋外通道地面间净距	400	400	400	400	400

注：海拔超过 1000m 时 1、2 项值应按每升高 100m 增大 1%进行修正；3～6 项值应分别增加 1 或 2 项值的修正值。

2.2.2 金属封闭式高压开关柜

除进、出线外，高、低压电器组件及其辅助回路完全安装在接地金属外壳内的高压开关柜。金属封闭式高压开关柜分三种类型：金属铠装式高压开关柜、间隔式高压开关柜、箱式高压开关柜。

（1）金属铠装式高压开关柜

某些组件分别装在用接地的金属隔板隔开的隔室中的金属封闭式高压开关柜内，金属隔板应符合表1.8-9所规定的防护等级（或者更高），至少下列组件应在单独的隔室里：

1）每一组主断路器；

2）连向主断路器一侧的组件，如馈电线路；

3）连向主断路器另一侧的部件，如母线，如果有多于一组的母线，各组母线应分设于单位独的隔室内。如果利用绝缘板作活门的一部分，这一部分应符合《3.6～40.5kV交流金属封闭开关设备和控制设备》DL/T 404—2007第7.2.1条的有关要求。

（2）间隔式高压开关柜

某些组件分设于单独的隔室内（与金属铠装式高压开关柜一样），但具有一个或多个非金属板的金属封闭式高压开关柜，隔板的防护等级应达到IP2X～IP5X（或者更高）的要求。

（3）箱式高压开关柜

除铠装式和间隔式高压开关柜以外的金属封闭式高压开关柜，它具有下列特性：

1）隔室的数目少于金属铠装式开关柜和间隔式开关柜；

2）隔板的防护等级低于表1.8-9的规定；

3）没有隔板。

防护等级分类规定 表1.8-9

防护等级	能防止物体接近带电部分和触及运动部分
IP2X	能阻挡手指或直径大于12mm、长度不超过80mm的物体进入
IP3X	能阻挡直径或厚度大于2.5mm的工具、金属丝等物体进入
IP4X	能阻挡直径大于1.0mm的金属丝或厚度大于1.0mm的窄条等物体进入
IP5X	能防止影响设备安全运行的大量尘埃进入，但不能完全防止一般灰尘进入

2.3 高压开关柜的结构形式与特点

高压开关柜的结构形式与主要特点见表1.8-10

高压开关柜按结构分类 表 1.8-10

开关柜类别		结构型式	型号	断路器安装位置	特点
半封闭式高压开关柜		固定式高压开关柜(户内型)	GBC GG1A	落地式	2.5m 高的带电组件允许暴露在柜体外,且无隔室,安全性较差。结构简单,制造方便,价格便宜,且能明确看到引进线隔离开关的分合状态,目前已较少使用
				中置式	
金属封闭式高压开关柜	金属铠装式高压开关世	金属铠装式移开式高压开关柜(户内型)	KYN	落地式	隔室采用金属隔板,可将故障电弧限制在产生的隔室内,电弧触及金属隔板即被引入地内,安全性好,价格较贵,断路器更换方便,目前中置式使用较多
				中置式	
		金属铠装式固定式交压开关柜(户内型)	KGN	—	隔室采用金属隔板,可将故障电弧限制在产生的隔室内,电弧触及金属隔板即被引入地内,安全性好,价格较贵,断路器更换方便,目前中置式使用较多。断路器更换不方便,多用于高海拔地区加强绝缘产品
	间隔式高压开关柜	间隔移开式高压开关柜(户内型)	JYN	—	室内采用绝缘隔板,电弧有可能烧穿绝缘隔板进入其他隔室使事故扩大。安全性不如铠装式,断路器更换方便
	箱式高压开关柜	箱式固定式高压开关柜(户内型)	XGH	—	隔室数量少,隔板的防护等级低,或无隔板,安全性稍差,断路器更换不方便
		箱式环网式高压开关柜(户内型)	HXGN	—	隔室数量少,隔板的防护等级低,或无隔板,安全性稍差,断路器更换不方便,单台变压器容量 1000kVA 及以下采用负荷开关加熔断器保护,应考虑转移电流问题,价格便宜
		高压电缆分接箱		—	按分支数分为三分支、四分支、五分支、六分支等。按进出线分为单端型、双端型。按主干和分支结构分为带开关型与不带开关型

3 高压开关柜的技术条件

3.1 一般技术要求

3.1.1 基本要求

(1) 高压开关柜的结构应保证工作人员的安全，且便于运行、维护、检查、监视、检修和试验。

(2) 高压开关柜中各组件及其支持绝缘件（即纯瓷及有机绝缘件）的外绝缘爬电比距（即高压电器组件外绝缘的爬电距离与额定电压之比）相应值的应用范围规定如下：

1) 14mm/kV、16mm/kV适应于0类设计（前者为纯瓷绝缘，后者为有机绝缘）；

2) 16mm/kV、18mm/kV适应于1类设计（同上）；

3) 18mm/kV、20mm/kV适当于2类设计（同上）。

3.1.2 对组（部）件的要求

同型产品内额定值和结构相同的组件应能互换。装于高压开关柜上的各组件应符合它们各自的技术标准。

3.1.3 铭牌

(1) 铭牌应按规定安装在开关柜的醒目位置，其内容至少包括：制造厂名称和商标；型号（包括接线方案号）、名称和出厂序号；使用参数（额定电压、额定电流、额定短路开断及关合电流、额定短路耐受电流、额定短路持续时间及额定峰值耐受电流）；设计等级；防护等级；出厂日期等。

(2) 高压开关柜内安装的高压电器组件，如断路器、负荷开关、接触器、隔离开关及其操动机构、互感器、高压熔断器、套管等均应具有耐久而清晰的铭牌。在正常运行中，各组件的铭牌应便于识别；若装有可移开部件，在移开位置能看清亦可。

(3) 高压开关柜内安装的高压电器组件（含连接导体）额定值不一致时（如额定电流、额定短时耐受电流、额定短路持续时间及额定峰值耐受电流），柜上的铭牌应按最小值标定。

3.1.4 导体间净距和内部故障

（1）单纯以空气作为绝缘介质时，柜内各相导体的相间与对地净距必须符合表1.8-8的要求。

（2）对于内部故障，应满足下列要求：

1）金属封闭式高压开关柜应能防止因本身缺陷、导常或误操动导致的电弧伤及工程人员，能限制电弧的燃烧时间和燃烧范围。

2）应采取防止人为造成内部故障的措施，还应考虑到由于柜内组件动作造成的故障（如断路器、负荷开关、熔断器开断时产生或排出气体）引起隔室内过压及压力释放装置喷出气体，可能对人员和其他正常运行设备的影响。

3）如果怀疑所采取的措施不能有效防止内电弧，可与制造厂协商，按规定进行验证、试验。

4）对已采用了限流装置（如安装限流熔断器的高压开关柜）保护的部分回路，可以不进行内部电弧试验。

3.1.5 防护等级

（1）对于金属封闭铠装式及间隔式高压开关柜的外壳和隔板的防护等级，均应分别作出规定；半封闭式和箱式高压开关柜，仅对其外壳的防护等级作出规定。

（2）为防止人身接近高压开关柜的高压带电部分和触及运动部分的防护等级分类见表1.8-9。

3.1.6 防误功能

（1）高压开关柜应具备防止误分、合断路器，防止带负荷分、合隔离开关或隔离插头，防止接地开关合上时（或带接地线）送电，防止带电合接地开关（或挂接地线），防止误入带电隔室等五项措施。

（2）根据高压开关柜工作状态（即位置）的不同，对型号不同的产品（或组件）应采取相应的具体措施，要求灵活、简单、可靠。

3.1.7 高压开关柜间（或隔室间）的隔离

（1）金属封闭式高压开关柜必须有防止因本柜组件故障殃及

相邻高压开关柜的措施。

(2) 高压开关柜间（或隔室间）的隔离设施，如果同时也起绝缘支撑作用，除以阻燃材料制成外，还必须通过相应的绝缘强度的验证试验。

3.1.8　电力电缆的连接

一台高压开关柜按连接两回电力电缆考虑电缆头的安装位置。高压开关柜电力电缆头隔室应满足以下要求：

(1) 必须有安装电缆头的指定位置，并考虑有可靠的固定方法及零部件；

(2) 高压开关柜隔室内高压组件与电缆头连接导电体截面除应能满足铭牌规定的额定电流外，连同支持绝缘子，均应能承受高压开关柜铭牌上所规定的额定峰值耐受电流、额定短时耐受电流和额定短路持续时间；

(3) 电缆头的安装位置及连接方式必须考虑检修、试验时便于拆线及接线；

(4) 电力电缆隔室与电缆沟连接处应考虑防止小动物进入的措施。

当进行电缆绝缘试验，若不能将电缆从高压开关柜上拆开时，则高压开关柜与电缆连接部分，应能承受电缆标准所规定的试验电压。

3.1.9　设计等级

(1) 为便于用户按不同的使用环境选用相适应的产品，高压开关柜的设计分为0类、1类、2类三个等级。

(2) 高压开关柜铭牌上的设计等级是按形式试验通过了相应的绝缘验证项目确定的，如规定的设计等级中有某一项绝缘验证没有通过，其铭牌上的设计等级只能按实际通过试验项目与有关规定的技术条件相对照以后确定。

(3) 金属封闭开关设备的设计等级经典实例和使用条件见表1.8-11。

金属封闭开关设备应当地使用环境条件（如环境温度、相对湿度、海拔高度、地震烈度等）校核。当在凝露和污秽方面比正

金属封闭开关设备的设计等级经典实例和使用条件

表 1.8-11

设计等级分类		安装处温度控制情况	受户外气候变化影响程度	凝露	预防积尘措施
0类		温度可控制	建筑物或房屋提供防护使设备免受影响		采取预防措施使沉积物减到最少
1类	a	没有温度控制	建筑物或房屋提供防护使设备免受影响	凝露不能排除	采取预防措施使沉积物减到最少
	b	温度可控制			无专门预防措施使沉积物减到最少，或设备处在极接近尘源的地方
2类	a	没有温度控制	建筑物或房屋提供防护使设备免受影响	凝露不能排除	无专门预防措施使沉积物减到最少，或设备处在极接近尘源的地方
	b	没有温度控制	建筑物或房屋使设备免受影响的防护很少	凝露可能频繁出现	采取预防措施使沉积物减到最少
	c	没有温度控制	建筑物或房屋使设备免受影响的防护很少	凝露可能频繁出现	无专门预防措施使沉积物减到最少，或设备处在极接近尘源的地方

常使用条件更严酷的条件下使用时，应注明下列严酷等级的要求：

0 级：C_0P_1；1 级：C_1P_1 或 C_0P_h；2 级：C_1P_h 或 C_hP_1 或 C_hP_h。

其中 C_0：通常不出现凝露（每年不超过两次）；

C_1：凝露不频繁出现（每月不超过两次）；

C_h：凝露频繁（每月超过两次）；

P_0：无污染；P_1：轻度污染；P_h：严重污染。

3.2 设计与结构

3.2.1 外壳

(1) 高压开关柜的外壳必须是金属的（除通风窗、排气口外），不得用网状编织物、不耐火或类似的材料制造；对金属封闭式高压开关柜其主回路的一切组件均应安装在防护等级满足要求的金属外壳内。

开关设备外壳的基本作用是防护和支承。作为防护，它必须满足防护等级规定；作为支承件，它必须具有足够的机械强度和刚度，保证装置的整体稳固性，特别是在内部故障条件下，不能出现变形或折断，避免扩大故障的外部效应。

（2）盖板和门，观察窗，通风窗及排气口，作为高压开关柜外壳的一部分，其防护等级应与外壳相同。

3.2.2　隔板和活门

（1）金属封闭式高压开关柜的隔板和活门，至少应达到表1.8-9规定的防护等级。金属封闭式高压开关柜上及铠装式和间隔式高压开关柜的隔板上，供可移开部件上触头插入固定触头的孔，应是正常使用时能正确动作的活门，当设备处于任一位置时，均能确保人身安全。

（2）高压开关柜中各高压电器组件的隔板，一般是金属制成，应与外壳具有相同的机械强度并接地。半封闭式高压开关柜的隔板与带电导体的距离除满足表1.8-8的要求外，隔室板的固定必须牢固，如无可靠的防误连锁，不允许采用任意插入或抽出的装配方式。

（3）金属封闭式高压开关柜的活门可以是金属的，也可以是非金属的。若活门是绝缘材料制成的，则不应成为外壳的一部分，如果是金属材料的，应该接地；若成为外壳的一部分，其防护等级则应与外壳相同。活门与手车（或抽屉）的连锁必须可靠、灵活，当手车（或抽屉）抽出以后，其活门能起到保护作用。

3.2.3　导体截面

（1）高压开关柜的主回路、各单元以及各组件之间连接导体的截面，应比额定电流有10%的裕度。高压开关柜中主回路的最小截面（包括电压互感器、避雷器的连接导体），除应满足铭牌规定的额定电流值外，还应能满足铭牌规定的额定峰值耐受电流、额定短时耐受电流和额定短路持续时间的要求。

（2）采用限流熔断器的主回路，在熔断器与母线之间的连接导体，其承受峰值耐受电流、短时耐受电流和短路持续时间，应能满足高压开关柜铭牌额定值的要求；在限流熔断器以下的导电回路，可按限制后的短路电流来选择导体截面。

3.2.4 接地

（1）为保证维修工作人员和设备的安全，需接近或供接近的回路中所有部件都应事先接地，这不包括从高压开关柜分开后能触及的可移开或可抽出的部件。高压开关柜的金属骨架及其安装于柜内的高压电器组件的金属支架应按技术条件接地，且与专门的接地导体连接牢固。凡能与主回路隔离的每一部件均应能接地，包括利用隔离开关切换到接地开关合上的位置来实现接地。

（2）接地回路所能承受的峰值耐受电流和短时耐受电流应与主回路相适应；专用接地导体应承受可能出现的最大短时耐受电流；接地汇流排以及与之连接的导体截面，应能通地铭牌额定短路开断电流的87%、按技术条件经核算后进行选择。

3.2.5 断路器、负荷开关及接触器

（1）高压开关柜内的断路器、负荷开关、接触器及其操动机构必须牢固地安装在支架上，支架不得因操动力的影响而变形；断路器、负荷开关、接触器操动时产生的振动不得影响柜上的仪表、继电器等设备的正常工作。

（2）断路器、负荷开关、接触器的位置指示装置应明显，并能正确指示出它的分、合闸状态。其安装位置均应便于检修、检查、预防性试验和运行中的巡视。

3.2.6 互感器

（1）互感器应固定牢靠，且应采取隔离措施，当柜中其他高压电器组件运行异常时，互感器仍应能正常工作；互感器安装的位置应便于运行中进行检查、巡视，且在主回路不带电时，便于人员进行预防性试验、检修及更换等；互感器的伏安特性、准确度级及额定负载均应能满足继电保护及仪表测量装置的要求。

（2）电压互感器必须有防止铁磁谐振的措施，其高压侧应装有防止内部故障的高压熔断器，熔断器的开断电流应与高压开关柜铭牌参数相匹配（包括采取限流措施后），且便于熔断后更换熔断件。电压互感器二次侧应考虑短路保护。电流互感器的短时耐受电流及短路持续时间、峰值耐受电流均应满足高压开关柜铭牌值的要求。电流互感器二次侧应考虑开路保护。

3.2.7 隔离开关（隔离插头）和接地开关

（1）隔离开关或接地开关的分、合闸操动位置应明显可见。安装于高压开关柜中任何形式的接地开关，其关合短路电流的能力和短时耐受电流及短路持续时间均应与高压开关柜的铭牌相匹配。特别在通过短路电流时，接地开关不会由于产生的电动力作用而被意外地打开。

（2）当隔离开关和接地开关组成一个整体时，必须满足以下要求：

1）如果隔离开关的断开及接地开关由一套（或两套）操动机构组合一套电器时，则必须有可靠的机械连锁，要保证隔离开关的断开及接地开关的合上是按规定的操动程序分两步完成；

2）对于手车式高压开关柜的接地开关，必须当主回路的电源侧隔离插头断开后，其接地开关才能合上，在接地开关未断开之前，其隔离插头不能进行插入的操动；

3）隔离开关与接地开关不应由于运行中可能出现的作用力（包括通过短路电流）而引起误分或误合。

3.2.8 测量仪表、继电保护装置及辅助回路

测量仪表、继电保护装置及辅助回路中的低压熔断器、端子以及其他辅助元件与高压带电部分应保持足够的安全距离；否则应采取可靠的防护措施，以保证在高压带电部分不停电情况下进行工作时，人员不致触及运行的高压导电体。

测量仪表及继电保护装置应有可靠的防振动措施，不致因高压开关柜中断路器、负荷开关、接触器等在正常操动及故障动作的振动而影响它的正常工作及性能。高压电器组件与高压开关柜辅助回路的连接，如采用插头方式，其同一功能单元、同一种形式的高压电器组件插头的接线应相同，并能互换使用；插头与插

座必须接触可靠，并有锁紧措施；插头与开关设备应有可靠的机械连锁，当开关设备在工作位置时，插头应拔不出来。

3.2.9 外壳及其支架的防锈涂料

可采取涂刷油漆或其他的措施来防锈。涂防锈涂料之前，须彻底清除锈蚀物及焊渣，然后按涂刷该涂料所规定的工艺和程序进行。

对高压开关柜表面所涂防锈涂料颜色的要求：其内部的表面，应涂反光差大的浅色；其外部表面，则应涂不刺目、不反光且美观的油漆。同一型号和同一批产品，其内（外）表面防锈涂料的颜色要求一致。

装 SF6 气体绝缘高压电器组件的高压开关柜隔室的内表面，涂刷的防锈涂料必须能耐受 SF6 气体及其衍生物的侵蚀，不会与 SF6 气体或低氟化物接触后生化学变化。

3.3 形式试验

（1）形式试验是为验证高压开关柜及其高、低压电器组件、辅助元件的各种性能是否达到技术条件的要求，是否能定型生产而进行的试验。由于各组件均有它的多种系列、不同额定值，并且可以组合出很多接线方案，因此只需选出具有代表性的方案进行形式试验；应附试品接线方案图和装配图。

（2）产品的形式试验主要有以下项目：绝缘试验；主回路电阻测量和温升试验；峰值耐受电流、短时耐受电流试验；关合和开断能力试验；机械试验；防护等级检查；操动振动试验；内部故障试验；SF6 气体绝缘开关设备的漏气率及含水量的检验等。

3.4 出厂试验

高压开关柜的出厂试验包括如下项目：主回路的工频耐压试验；辅助回路和控制回路的工频耐压试验；局部放电测量；测量主回路电阻；机械性能、机械操动及机械防止误操动装置或电气连锁装置功能的试验；仪表、继电器元件校验及接线正确性检定；SF6 断路器漏气率、含水量的检验；在使用中可以互换的具有同样额定值和结构的组件，应检验互换性。

4 高压开关柜的技术性能与产品选型

4.1 技术性能

(1) 使用环境条件

1) 海拔高度：不超过1000m。

2) 环境温度：不高于+40℃，不低于−5℃。

3) 相对湿度：≤90%（15℃）。

4) 抗震能力：地面水平加速度0.4g。地面垂直加速度0.2g。

5) 安全系数：安全系数>2。

特殊使用环境条件，订货时协商解决。

(2) 使用技术条件及产品试验参数（[ ]内为35kV开关柜数据）

1) 额定工作电压：10kV。[35kV]

2) 最高工作电压：12kV。[40.5kV]

3) 额定工作频率：50Hz。

4) 额定关合电流≥63kA，额定开断电流≥25kA。

5) 额定动稳定电流：63、(80) kA（峰值）。

6) 额定热稳定电流：25、(31.5) kA。

7) 对10kV不接地系统（中性点经消弧线圈接地）高压设备的绝缘水平应符合额定电压15/17.5kV等级标准。

8) 工频耐压：瓷绝缘工频耐压：42kV、1min [95kV 1min]；非瓷绝缘工频耐压：38kV、1min。

9) 冲击耐压：75kV（峰值）。[185kV峰值]

10) 温度：开关柜可接触部件30℃；导体表面65℃。

11) 内部故障电弧效应试验：电缆室：10kA/0.1s；断路器室：20kA/0.8s。

12) 局放试验，按规定。

4.2 产品选用要点

（1）高压开关柜的选择

为保证高压开关柜中高压电器元件在正常运行、检修、短路和过电压情况下的安全，高压开关柜应按下列条件选择：

1）按环境条件包括温度、湿度、海拔、地震烈度等选择；

2）按正常工作条件包括电压、电流、频率、机械荷载等选择；

3）按短路条件包括短时耐受电流、峰值耐受电流、额定短路关合和开断电流等选择；

4）按承受过电压能力包括绝缘水平等选择；

5）按各类高压电器的不同特点包括开关的操动性能、熔断器的保护特性配合、互感器的负载及准确等级等选择。

（2）金属封闭开关柜类型的选择

根据具体工程使用条件选择金属封闭开关柜的类型。如铠装式金属封闭开关柜、间隔式金属封闭开关柜和箱式金属封闭开关柜。

（3）金属封闭开关柜断路器的选择

根据具体工程使用条件选择金属封闭开关柜中断路器类型。如真空断器、SF6 断路器和少油断路器。

（4）一次线路方案的选择

根据具体工程主接线选择金属封闭开关柜的一次线路方案。

（5）继电保护和二次线路接线方式的选择

根据具体工程接线方案选择金属封闭开关柜的继电保护和二次线路接线方式。

4.3 高压开关柜及配套产品生产、检测的相关标准

高压井关柜及配套产品生产、检测的相关标准见表 1.8-12

高压开关柜及配套产品生产、检测的相关标准　　表 1.8-12

编　号	名　称
GB/T 3906—2006	3.6～40.5kV 交流金属封闭开关设备和控制设备
DL/T 404—2007	3.6～40.5kV 交流金属封闭开关设备和控制设备
GB/T 11022—1999	高压开关设备和控制设备标准的共用技术要求

续表

编 号	名 称
DL/T 403—2000	12～40.5kV高压真空断路器订货技术条件
SD 3180—1989	高压开关柜闭锁装置技术条件
GB 1985—2004	交流高压隔离开关和接地开关
GB 3804—2004	3.6～40.5kV高压交流负荷开关
GB 16926—1997	交流高压负荷开关—熔断器组合电器
GB 15166.2—1994	交流高压熔断器 限流式熔断器
GB 1207—2006	电磁式电压互感器
GB 1208—2006	电流互感器

5 高压开关柜订货和投标应提供的资料

5.1 订货应提供的资料

根据《3.6～40.5kV交流金属封闭开关设备的控制设备》DL/T 404—2007的规定，高压开关柜订货时应提供下列资料。

（1）使用高压开关柜电网的特点

包括：系统标称电压；系统中性点的接地方式。

（2）高压开关柜运行条件。包括：最高和最低周围空气温度；危及设备运行的各种因素，如蒸汽、潮气、烟雾、爆炸性气体、过多的尘埃或盐雾、地震危险以及危及设备的振动等（系指不符合本技术条件所规定的内容）；对产品设计类别等级的要求。

（3）设备和组件的特性

设备的类别及型号；相数；母线组数；额定电压及额定绝缘水平；母线、进线柜和馈线柜的额定电流；额定短时耐受电流及短路持续时间；额定峰值耐受电流；各组件的额定参数；使用地点的系统接线图；高压开关柜的型号及其外壳、隔板的防护等级；对外壳（包括柜内、外表面）防锈涂料颜色的要求。

（4）断路器、负荷开关、接触器、隔离开关、接地开关及其操动机构的特性

包括：类别及型号；额定操动电压（应注明交、直流电源），如果操动电压为交流还应明确电源频率；额定操动压力（空气或

液压储能时)；连锁的要求及其操动程序方框图。

(5) 对测量仪表、继电保护及互感器的要求

包括：各个柜上测量仪表的配置数；要求制造厂在各馈线柜上设置继电保护装置的展开图；各功能单元所需配置电流互感器的相数、每台互感器次级铁芯数及相应的准确度级；对电压互感器的要求；对各功能单元二次回路的要求。其他凡可能影响订货的一切情况均向制造厂提供。如要求进行特殊试验，在所提供的资料中应注明。

5.2 投标时应提供的资料

按《3.6～40.5kV交流金属封闭开关设备的控制设备》DL/T 404—2007的要求，制造厂应用文字及图形的方式给出下列有关投标资料。

(1) 技术条件及特性

1) 用户所选型号的高压开关柜技术条件。

2) 各种系列产品的额定参数。

3) 制造厂生产的各系列产品所配断路器、负荷开关、接触器、隔离开关、接地开关、互感器特性和要求；如果产品内装的是负荷开关—熔断器组合电器，还应提供熔断器的安—秒特性曲线。

4) 形式试验报告、鉴定资料及主管部门颁发的鉴定证书和型号证书。

(2) 结构特征

包括：运输主件的最大质量；设备的外形尺寸；外部引入线的布置安装方式；操动机构所消耗的能源及动作时间；运输和安装所用的器材、工具；安装、使用说明书。

(3) 断路器、负荷开关、接触器、隔离开关及其操动机构的特性

包括：类别及型号；额定操动电压(应注明交、直流电源)，如果为交流还应注明电源频率；额定操动压力；连锁的要求及其操动程序方框图。

(4) 向用户推荐的品种、备件清单和各种产品相应功能单元的价格。

第9章 操作电源

1 直流电源柜

直流电源柜由蓄电池、充电或浮充电（逆变）装置、调压装置、绝缘检测装置、电压检测、蓄电池检测装置及出线回路等组成。直流电源柜的电路如图 1.9-1 所示。具有微机控制装置的直流电源柜电路如图 1.9-2 所示，微机控制直流电源柜的电气接口框图如图 1.9-3 所示。

目前建筑电气工程中常用的蓄电池为阀控式密封铅酸蓄电池，其具有常规性免维护功能；冲击放电性能优良；自放电电流小；不漏液，无酸雾，不腐蚀设备，不伤人，对环境污染小；电池寿命长；结构紧凑，密封性好，占地面积小，抗振性能好；不存在“记忆效应”（指在循环工作时容量的损失）等的特点。

充电浮充电装置多采用微机型高频开关整流逆变设备，其特点是提高了充电质量和自动化水平，具有较低的纹波系数、较高的稳流精度和稳压精度，便于运行中的定期放电试验。

蓄电池检测装置可提高自动化水平，及时发现与判断电池的质量，工程需要时可选用。

直流绝缘检测装置和电压检测装置选用微机型装置，可提高绝缘检测装置的灵敏性和可靠性。

选用微机型直流电源柜，充电装置、绝缘检测装置、电压检测装置、蓄电池检测装置等均有 RS232 或 RS485 通信接口和有触点的出口，便于与变电站综合自动化接口和系统调度所接口。

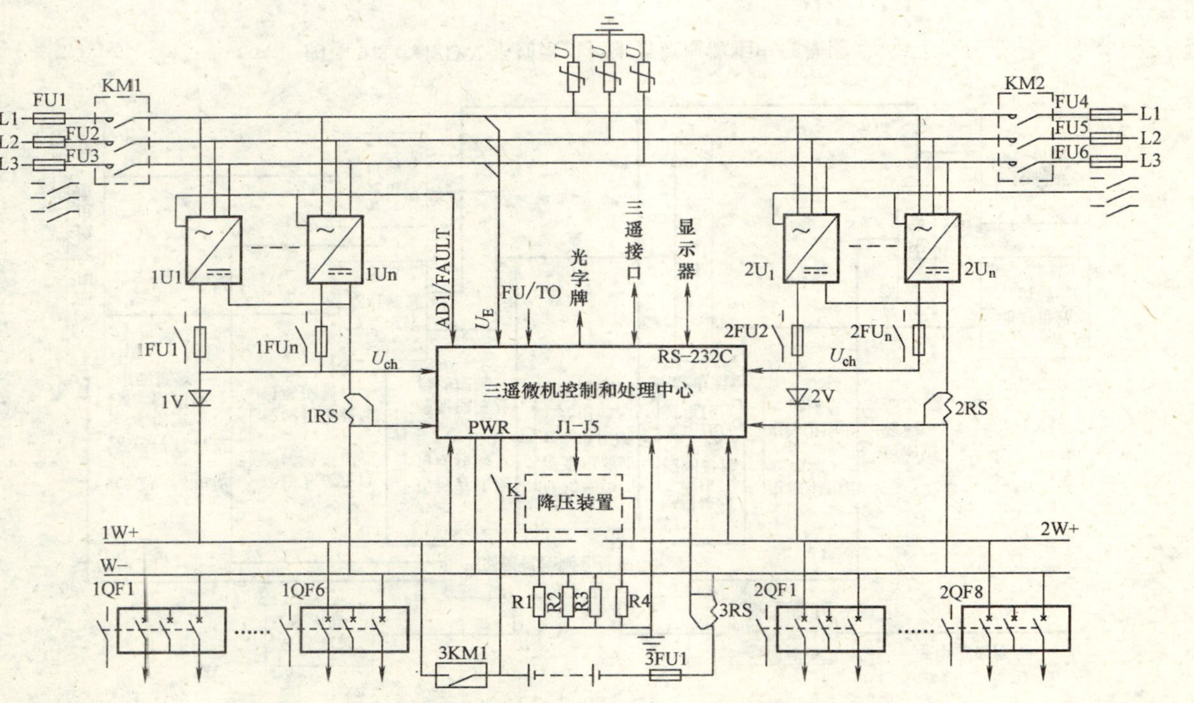

图 1.9-2 GZDW 高频开关型微机控制直流电源柜电路图

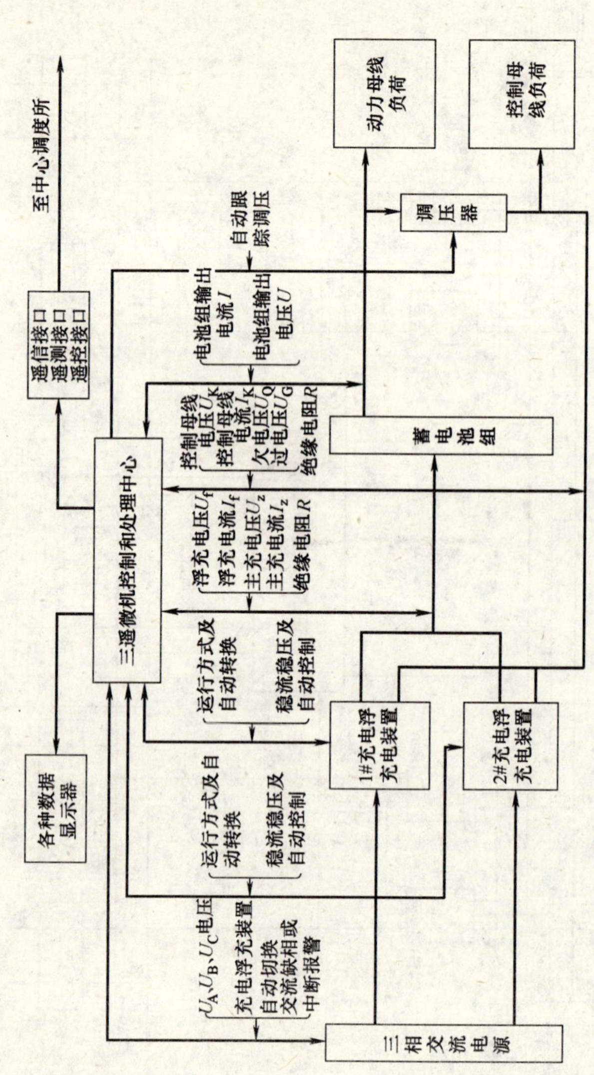

图1.9-3　GZDW 系列微机控制直流电源柜电气框图

1.1 电力工程直流电源柜技术条件

1.1.1 型号与基本参数

(1) 型号

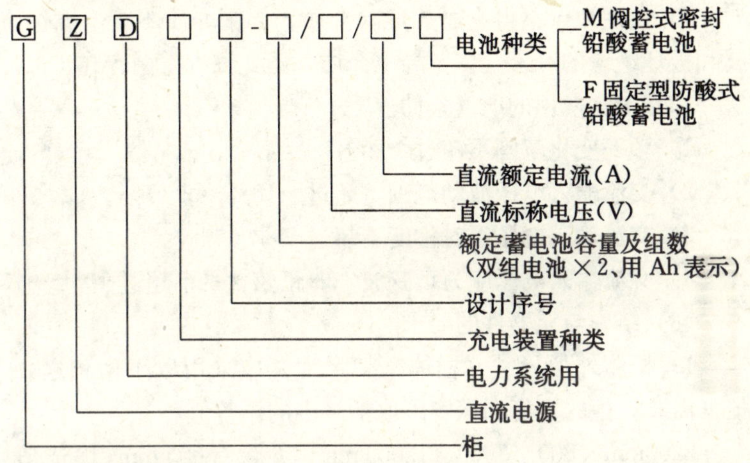

(2) 基本参数

1) 额定输入电压 (V): 单相220; 三相380。2) 额定输入频率 (Hz): 50。3) 直流额定电压 (V): 50, 115, 230。4) 直流标称电压 (V): 48, 110, 220。5) 充电装置输出直流额定电流 (A): 5, 10, 15, 20, 30, 40, 50, 80, 100, 160, 200, 250, 315, 400。6) 蓄电池的额定容量 (Ah): 10～3000。7) 设备负荷等级: 一级 (即连续输出额定电流)。8) 稳流精度: ±1%, ±2%。9) 稳压精度: ±0.5%, ±1%。10) 纹波系数: 0.5%, 1%。

1.1.2 通用技术要求

(1) 正常使用的环境条件

1) 海拔不超过1000m。

2) 设备运行期间周围空气温度不高于40℃, 不低于−5℃、−10℃。

3) 日平均相对湿度不大于95%, 月平均相对湿度不大于90%。

4）安装使用地点无强烈振动和冲击，无强电磁干扰，外磁场感应强度均不得超过0.5mT。

5）安装垂直倾斜度不超过5%。

6）使用地点不得有爆炸危险介质，周围介质不含有腐蚀金属和破坏绝缘的有害气体及导电介质，不允许有霉菌存在。

（2）正常使用的电气条件

1）频率变化范围不超过±2%。

2）交流输入电压波动范围不超过－10%～＋15%。

3）交流输入电压不对称度不超过5%。

4）交流输入电压应为正弦波，非正弦含量不超过10%。

（3）结构与元器件的要求

1）柜体外形尺寸（柜体框架尺寸）应采用以下两种之一，根据需要，柜的宽度和深度可取括号中的调整值。

2200mm×800（1000、1200）mm×600（800）mm（优选值）（高×宽×深）；2300mm×800（1000、1200）mm×550（800）mm。

高度公差为±2.5mm，宽度公差为$_{-2}^{\ 0}$mm，深度公差为±1.5mm。

2）柜体应设有保护接地，接地处应具有防锈措施和明显标志。门应开闭灵活，开启角不小于90°，门锁可靠。

3）紧固连接应牢固、可靠，所有紧固件均具有防腐镀层或涂层，紧固连接应有防松措施。

4）元件和端子应排列整齐，层次分明、不重叠，便于维护拆装。长期带电发热元件的安装位置应在柜内上方。

5）柜内安装的元器件均应有产品合格证或证明质量合格的文件。不得选用淘汰的、落后的元器件。

6）导线、导线颜色、指示灯、按钮、行线槽、涂漆，均应符合国家或行业现行有关标准的规定。

7）设备面板配置的测量表计，其量程应在测量范围内，测量最大值应在满量程85%以上。指针式仪表精度应不低于1.5级，数字表应采用四位半表。

8）直流空气断路器、熔断器应具有安一秒特性曲线，上下级应大于2级的配合级差。

9）重要位置的熔断器、断路器应装有辅助报警触点，如蓄电池组、交流进线处等。

10）馈线开关应并接在直流汇流母线上，以便于维护、更换。

11）同类元器件的接插件应具有通用性和互换性，应接触可靠、插拔方便。插接件的接触电阻、插拔力，允许电流及寿命，均应符合有关国家及行业现行标准要求。

（4）电气间隙和爬电距离

柜内两带电导体之间、带电导体与裸露的不带电导体之间的最小距离，均应符合表1.9-1规定的最小电气间隙和爬电距离的要求。

电气间隙和爬电距离　　表1.9-1

额定绝缘电压U_i额定工作电压交流均方根值或直流(V)	额定电流≤63(A)		额定电流>63(A)	
	电气间隙(mm)	爬电距离(mm)	电气间隙(mm)	爬电距离(mm)
≤60	3.0	5.0	3.0	5.0
$60<U_i\leqslant 300$	5.0	6.0	6.0	8.0
$300<U_i\leqslant 600$	8.0	12.0	10.0	12.0

注：小母线汇流排或不同极的裸露带电的导体之间，以及裸露带电导体与未经绝缘的不带电导体之间的电气间隙不小于12mm，爬电距离不小于20mm。

（5）电气绝缘性能

1）绝缘电阻。柜内直流汇流排和电压小母线，在断开所有其他连接支路时，对地的绝缘电阻应不小于10MΩ。

2）工频耐压。柜内各带电回路，按其工作电压应能承受表1.9-2所规定历时1min的工频耐压的试验，试验过程中应无绝缘击穿和闪络现象。

绝缘试验的试验等级　　表 1.9-2

额定绝缘电压 U_i 额定工作电压交流均方根值或直流(V)	工作电压(kV)	冲击电压(kV)	额定绝缘电压 U_i 额定工作电压交流均方根值或直流(V)	工作电压(kV)	冲击电压(kV)
≤60	1.0	1	$300<U_i\leqslant500$	2.5	12
$60<U_i\leqslant300$	2.0	5			

3）试验部位。非电连接的各带电电路之间；各独立带电电路与地（金属框架）之间；柜内直流汇流排和电压小母线，在断开所有其他连接支路时，对地之间。

4）冲击耐压。柜内各带电电路对地（金属框架）之间，按其工作电压应能承受表 1.9-2 所规定标准雷电波的短时冲击电压的试验。试验过程中应无击穿放电。

（6）防护等级

柜体外壳防护等级应不低于 IP20。

（7）噪声

在正常运行时，自冷式设备的噪声应不大于 55dB（A），风冷式设备的噪声平均值应不大于 60dB（A）。

（8）温升

充电浮充电装置及各发热元件，在额定负荷下长期运行时，其各部位的温升均不得超过表 1.9-3 的规定。

设备各部件的极限温升　　表 1.9-3

部件或器件	极限温升(K)	部件或器件	极限温升(K)
整流管外壳	70	整流变压器、电抗器 B级绝缘绕阻	80
晶闸管外壳	55	铁芯表面	不损伤相接触的绝缘零件
降压硅堆外壳	85		

续表

部件或器件	极限温升(K)	部件或器件	极限温升(K)
电阻发热元件	25(距外表30mm处)	母线连接处	
与半导体器件的连接处	55	铜与铜	50
与半导体器件连接的塑料绝缘线	25	铜搪锡-铜搪锡	60

(9) 蓄电池组容量

蓄电池组按表1.9-4规定的放电电流进行容量试验。蓄电池组允许进行三次充放电循环，第三次循环应达到额定容量，放电终止电压应符合表1.9-4的规定。

蓄电池放电终止电压与充放电电流　　表1.9-4

电池类别	标称电压(V)	放电终止电压(V)	额定容量(Ah)	充放电电流(A)
固定型防酸式铅酸蓄电池	2	1.8	C_{10}	I_{10}
阀控式密封铅酸蓄电池	2	1.8	C_{10}	I_{10}
	6	5.25(1.75×3)	C_{10}	I_{10}
	12	10.5(1.75×6)	C_{10}	I_{10}

(10) 事故放电能力

蓄电池组按规定的事故放电电流放电1h后，叠加规定的冲击电流，进行10次冲击放电。冲击放电时间为500ms，两次之间间隔时间为2s，在10次冲击放电的时间内，直流（动力）母线上的电压不得低于直流标称电压的90%。

(11) 负荷能力

设备在正常浮充电状态下运行，当提供冲击负荷时，要求其直流母线上电压不得低于直流标称电压的90%。

(12) 连续供电

设备在正常运行时，交流电源突然中断，直流母线应连续供电，其直流（控制）母线电压瞬间波动不得低于直流标称电压的90%。

（13）电压调整功能

设备内的调压装置应具有手动调压功能和自动调压功能。采用无级自动调压装置的设备，应有备用调压装置。当备用调压装置投入运行时，直流（控制）母线应连续供电。

（14）充电浮充电装置的技术性能

1）设备应有充电（恒流、限流恒压充电），浮充电及自动转换的功能，并具有软启动特性。

2）相控型、高频开关电源型充电浮充电装置主要技术参数应达到表1.9-5中的规定。

充电装置的精度及纹波系数允许值　　表1.9-5

项目名称 ＼ 充电浮充电装置类别	相控型		高频开关电源型
	Ⅰ	Ⅱ	
稳压精度	≤±0.5%	≤±1%	≤±0.5%
稳流精度	≤±1%	≤±2%	≤±1%
纹波系数	≤1%	≤1%	≤±0.5%

注：Ⅰ、Ⅱ表示充电浮充电装置的精度分类。

3）高频开关电源模块并机均流要求：多台高频开关电源模块并机工作时，其均流不平衡度应不大于±5%。

4）限压及限流特性：充电浮充电装置以稳流充电方式运行，当充电电压达到限压整定值时，设备应能自动限制电压，自动转换为恒压充电运行。充电浮充电装置以稳压充电方式运行，若输出电流超过限流的整定值，设备能自动限制电流，并自动降低输出电压，输出电流将会立即降至整定值以下。

（15）效率

相控型充电装置的效率应不小于70%，高频开关电源型充电装置的效率应不小于90%。

（16）保护及报警功能要求

1）绝缘监察要求。

① 设备的绝缘监察装置绝缘监察水平应满足表1.9-6的规定。

绝缘水平整定值 表 1.9-6

输出电压(V)	普通绝缘监察装置(kΩ)	输出电压(V)	普通绝缘监察装置(kΩ)
220	25	48	1.7
110	7	—	—

② 当设备直流系统发生接地故障（正接地、负接地或正负同时接地）其绝缘水平下降到低于表 1.9-6 规定值时，应满足以下要求：

a. 设备的绝缘监察应可靠动作。

b. 能直读接地的极性。

c. 设备应发出灯光信号并具有远方信号触点以便引接屏（柜）的端子。

2）电压监察要求。

设备内的过压继电器电压返回系数应不小于 0.95，欠压继电器电压返回系数应不大于 1.05。当直流母线电压高于或低于规定值时应满足以下要求：

① 设备的电压监察应可靠动作。

② 设备应发出灯光信号，并具有远方信号触点以便引接屏（柜）的端子。

③ 设备的电压监察装置应配有仪表并具有直读功能。

3）闪光报警要求。

当用户需要时，设备可设置完善的闪光信号装置和相应的试验按钮。

4）故障报警要求。

当交流电源失压（包括断相），充电浮充电装置故障或蓄电池组熔断器熔断时，设备应能可靠发出报警信号。

（17）微机监控装置的要求

1）控制程序。监控装置应具有充电、长期运行、交流中断的控制程序（见图 1.9-4）。

2）显示及报警功能。

① 监控装置应能显示控制母线电压，动力母线电压、充电

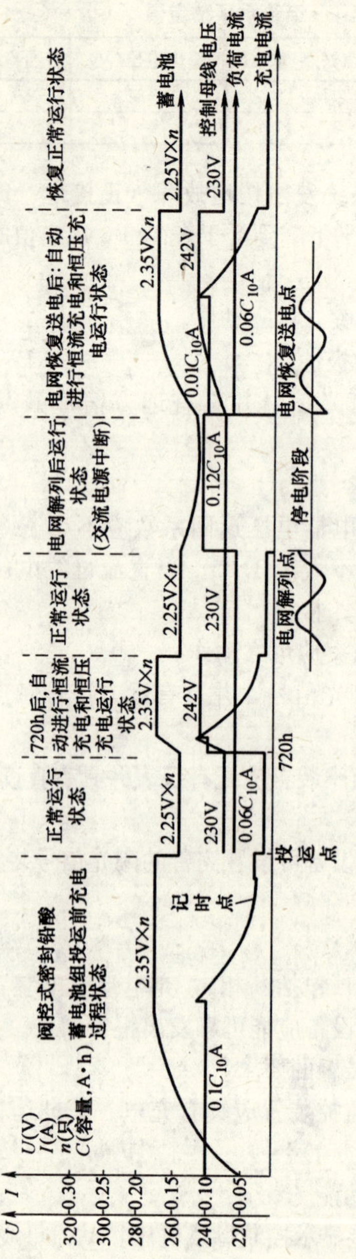

图 1.9-4 阀控式密封铅酸蓄电池运行示波图

电压、蓄电池组电压、充电浮充电装置输出电流等参数。

② 监控装置应能对其参数进行设定、修改。若发现下列状态：交流电压异常、充电浮充电装置故障、母线电压异常、蓄电池电压异常、母线接地等，应能发出相应信号及声光报警。其保护及报警功能应符合第（16）项的规定。

3）三遥功能。

监控装置内应设有通信接口，实现对设备的遥信、遥测及遥控。

（18）电磁兼容性（抗扰度）

1）振荡波抗扰度要求。装有微机监控装置或高频开关电源的设备应能承受试验严酷等级为三级的振荡波抗扰度试验。

2）静电放电抗扰度要求。装有微机监控装置或高频开关电源的设备应能承受试验严酷等级为三级的静电放电抗扰度试验。

（19）谐波电源

装有高频开关电源的设备，交流输入端谐波电流含有率应不大于30%。

1.2 阀控式密封铅酸蓄电池技术条件

（1）蓄电池的工作环境

蓄电池在环境温度－10℃～＋45℃条件下应能正常使用（推荐使用的温度为5～30℃）。

（2）蓄电池结构

1）一般结构。蓄电池由正极板、负极板、隔板、槽、盖、安全阀、汇流条、端子、电解液等组成。蓄电池结构应保证在使用寿命期间，不得渗漏电解液。

2）蓄电池槽、盖、安全阀、极柱封口剂等的材料应具有阻燃性。

3）蓄电池极性应与极性标志一致。正、负极端子应便于用螺栓连接，其极性，端子外形尺寸应符合厂家产品图样。

4）蓄电池正极板厚度不得低于 3.5mm。

（3）外观

蓄电池的外观不应有裂纹、变形及污迹。

（4）开路电压

蓄电池组中各蓄电池的开路电压最大最小电压差值不得超过表 1.9-7 规定值。

开路电压最大最小压差值　表 1.9-7

标称电压(V)	开路电压最大最小电压差值(V)	标称电压(V)	开路电压最大最小电压差值(V)
2	0.03	12	0.06
6	0.04		

（5）蓄电池连接条压降

蓄电池间的连接条电压降应不大于 8mV。

（6）气密性

蓄电池除安全阀外，应能承受 50kPa 的正压或负压而不破裂、不开胶，压力释放后壳体无残余变形。

（7）安全阀动作

蓄电池在使用期间安全阀应自动开启闭合，闭阀压力应在 1～10kPa 范围内，开阀压力应在 10～49kPa 范围内。

（8）蓄电池组容量

蓄电池组按规定方法试验，10h 率容量应在第一次循环不低于 $0.95C_{10}$，第 5 次循环应达到 C_{10}，放电终止电压应符合表 1.9-8 规定。

放电终止电压　表 1.9-8

标称电压(V)	蓄电池放电终止电压(V)	标称电压(V)	蓄电池放电终止电压(V)
2	1.80	12	10.5(1.75×6)
6	5.25(1.75×3)		

(9) 大电流放电

蓄电池以 $30I_{10}$ 的电流放电 1min，极柱不应熔断，其外观不得出现异常。

(10) 荷电保持能力

蓄电池静置 90d 后其荷电保持能力不低于 80%。

(11) 密封反应效率

蓄电池密封反应效率应不低于 95%。

(12) 防爆性能

蓄电池在充电过程中，蓄电池外部遇明火时，不应内部爆炸。

(13) 蓄电池组事故冲击放电能力

蓄电池组（220V 系统）以预放电流放电 1h 后，叠加冲击电流放电 1 次，冲击电流应符合表 1.9-9 规定。冲击放电时蓄电池组端电压应不低于 202V。

预放电流、冲击电流 **表 1.9-9**

标称电压(V)	预放电流(A)	冲击电流(A)	每组电池数量(只)
12	$2I_{10}$	$22I_{10}$	19
6	$2I_{10}$	$22I_{10}$	38
2	$1I_{10}$	$8I_{10}$	104

(14) 耐过充电能力

蓄电池用 $0.3I_{10}$ 电流连续充电 160h 后，其外观应无明显变形及渗液。

(15) 过充电寿命

标称电压 2V 蓄电池过充电寿命不应低于 210d，称标电压 6V 及以上的蓄电池过充电寿命应不低于 180d。

(16) 封口剂性能

蓄电池在−30℃～+65℃温度范围内，封口剂不应有裂纹与溢流，密封性应符合第（6）项的规定。

(17) 蓄电池组放电特性曲线

1) 蓄电池组应具有 $1I_{10}$ 充放电曲线。

2) 蓄电池组应具有 $2I_{10}$、$3I_{10}$、（$4I_{10}$）、（$5I_{10}$）、（$10I_{10}$）

放电曲线。

3）蓄电池组应具有不同放电电流放电 1h 后，叠加不同冲击电流（时间为 0.5s）的特性曲线。放电电流：0、$1I_{10}$、$2I_{10}$、$3I_{10}$、（$4I_{10}$）、（$5I_{10}$）；冲击放电电流：0～$15I_{10}$、（$20I_{10}$）、（$25I_{10}$）、（$30I_{10}$）。

注：蓄电池容量≤100Ah 时，冲击放电电流在 0～$25I_{10}$ 任选 6 点。

（18）内阻值

制造厂提供的蓄电池内阻值应与实际测试的蓄电池内阻值一致，允许偏差范围为±10％。

（19）浮充蓄电池组运行电压偏差值（现场试验）

蓄电池组在正常浮充状态下运行 3～6 个月，蓄电池端电压与平均值的偏差应不大于表 1.9-10 规定值。

浮充运行电压偏差值（单位：V）　　表 1.9-10

标称电压	偏差值
2	±0.05
12	±0.3

（20）制造厂家应提供的参数值范围及特性曲线

1）蓄电池的浮充电压值及范围。

2）蓄电池浮充电电流值及范围。

3）蓄电池的充电（恒压）电压值及范围。

4）蓄电池的充电电流值及范围。

5）浮充电压与温度关系曲线。

6）蓄电池容量与温度关系曲线。

7）蓄电池运行时正常的充放电周期。

1.3 蓄电池用整流逆变设备技术条件

1.3.1 使用条件

（1）正常使用的环境条件

1）使用场所：户内。

2）海拔：1000m 及以下。

3）周围空气温度：−5℃～+40℃。

4）相对湿度：日平均不大于95%，月平均不大于90%。

5）安装使用地点无强烈振动和冲击，无强电磁干扰，外磁场感应强度不得超过0.5mT。

6）安装垂直倾斜度不超过5%。

7）使用地点周围无严重尘土、爆炸危险介质、腐蚀金属和破坏绝缘的有害气体、导电微粒和严重的霉菌。

（2）正常使用的电气条件

1）频率变化范围：50±1Hz。

2）交流电网电压波动范围：380V电网为342～437V、220V电网为198～253V。

3）交流电网电压不对称度不超过5%。

4）交流电网电压波形应为正弦波，非正弦含量不超过10%。

（3）特殊使用条件

超过使用条件，由用户与制造厂协商解决。

1.3.2 基本技术参数

（1）基本参数

1）直流额定电压：号115V、230V；

2）直流标称电压：号110V、220V；

3）逆变设备直流输入电压范围：蓄电池组供电时，电压波动范围为额定值（单个蓄电池额定电压值与串联个数的乘积）的±15%；

4）整流逆变设备额定直流电流。10、20、30、40、50、80、100、125、160、200、250、315、400A。

5）整流、逆变稳流精度。见表1.9-11；

整流逆变设备主要技术参数 **表1.9-11**

项目名称	整流逆变类别	
	相控整流逆变设备	高频开关整流逆变设备
整流、逆变稳流精度	≤2%	≤1%
逆变效率	≥70%	≥80%

6）噪声。高频开关整流逆变设备不大于 60dB（A），相控整流逆变设备不大于 65dB（A）；

7）逆变注入电网 2 次～19 次谐波的电压总谐波畸变率应不大于 5%，满足《电能质量 公用电网谐波标准》GB/T 14549—1993 的要求；

8）逆变注入电网电流的 2 次～19 次各高次谐波允许含有量均不应超过 5%（相控型不应超过 30%）。

（2）整流逆变设备型号及含义。

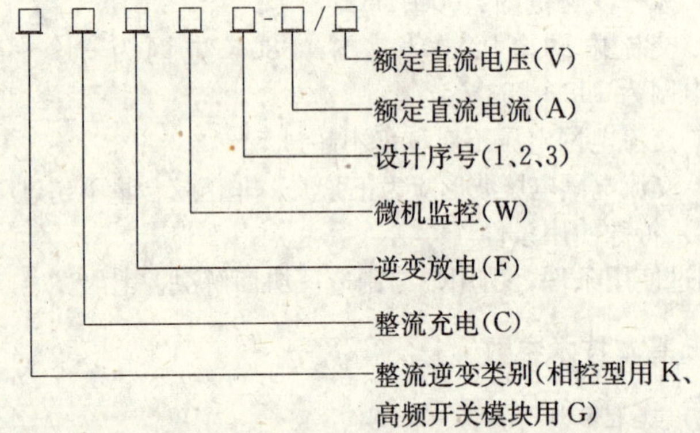

如整流与逆变额定电流不相同，则增加逆变额定电流值，并用圆括号括上。

① 设计序号：1—普通型相控整流逆变：2—微机型相控整流逆变；3—微机型高频开关整流逆变。

② 若整流逆变设备不带微机监控（普通型），型号编制框图中第四个方框就不出现。例如一套整流逆变设备直流输出电流为 100A，直流输出额定电压为 230V，设计序号为 1，则该套电力系统用整流逆变设备型号表示为 KCF1-100/230。若该套整流逆变设备采用微机监控，设计序号为 2、3，型号表示为 KCFW2-100/230，GCFW3-100/230。若整流额定电流为 30A 而逆变额定电流为 10A，型号表示为 GCFW3-30（10）/230。

1.3.3 技术要求

（1）电气参数

相控整流逆变型、高频开关整流逆变型两类整流逆变设备的主要技术参数应达到表 1.9-11 中的规定。

(2) 逆变要求

1) 恒流逆变额定电流为蓄电池的标准放电电流值 $1I_{10}$（即 $0.1C_{10}$A），放电容量采用安时计量。

2) 蓄电池组逆变时，具备下列条件之一，逆变运行应终止。

① 端电压为 1.8V×N（N 为单体蓄电池个数），若 50%放电时，终止电压为 1.95V×N；

② 其中某一单体蓄电池电压降至 1.8V。

③ 某一分组蓄电池电压降到某一整定值时。

3) 微机型整流逆变设备在运行中，蓄电池的端电压能自动检测，并具有自动报警、自动停机和自动打印等功能。

(3) 保护功能

1) 整流逆变设备在逆变运行中，遇电网失电或交流缺相时，速断保护装置应可靠动作。

2) 整流逆变设备应有限流、过流、限压保护功能。

(4) 报警功能

整流逆变设备交流电源侧的过压、欠压、缺相、失电均应报警。直流电源侧的控制母线电压过低与过高、绝缘降低、熔断器熔断、模块状态异常等均应报警。

(5) 显示及检测功能

整流逆变设备均能测量和显示蓄电池电源电压及充电电流、逆变放电电流等。带有安时计的整流逆变设备还能测量和显示充电及放电安时数值。

(6) 三遥功能

微机型整流逆变设备应具有遥信、遥测、遥控功能。

(7) 接口及运行曲线

整流逆变设备电气框图见图 1.9-5 和图 1.9-6 所示，运行整定参数曲线如图 1.9-7 所示，蓄电池组逆变放电参数曲线如图 1.9-8 所示。

(8) 柜体和外观

柜体和外观应按《电力系统直流电源柜订货技术条件》DL/T 459—2000 中规定的要求设计。

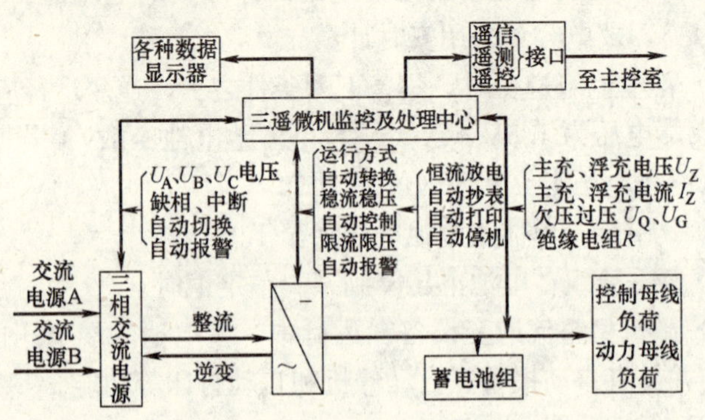

图 1.9-5 KCFW3 型微机型相控整流逆变设备框图

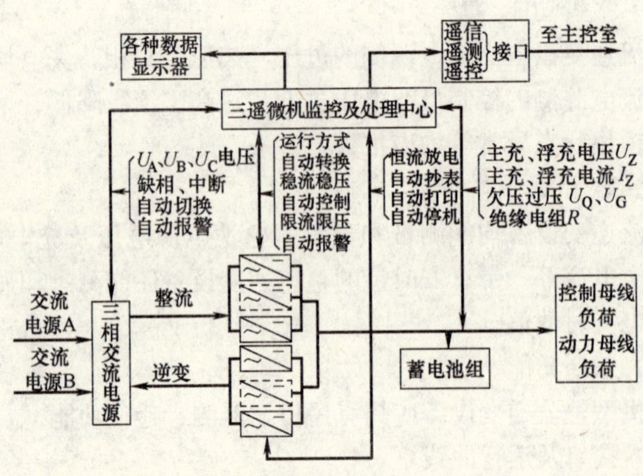

图 1.9-6 GCFW3 型微机型高频开关整流逆变设备框图

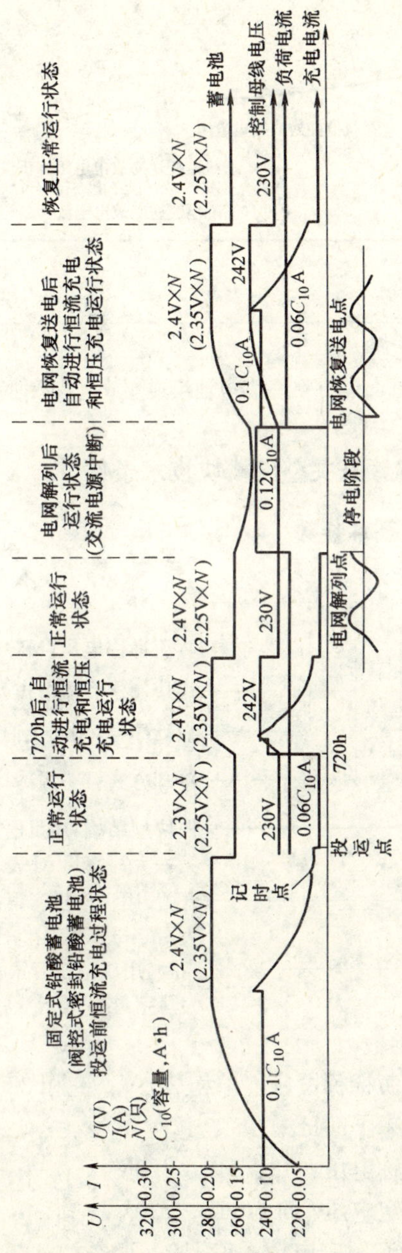

图 1.9-7 KCFW、GCFW 型微机型整流逆变设备（铅酸蓄电池组）运行整定参数曲线

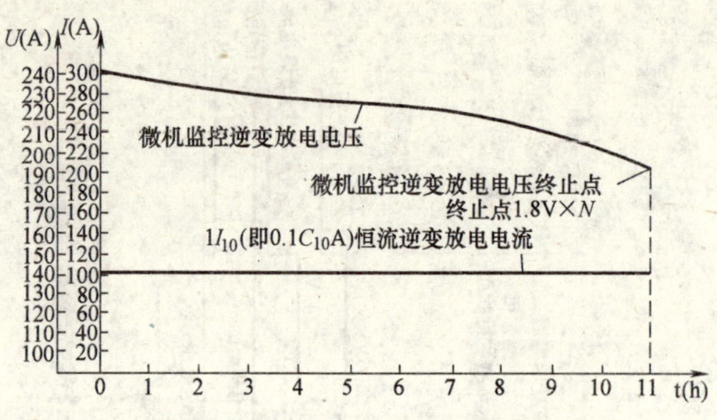

图 1.9-8　铅酸蓄电池组逆变放电参数曲线

1.4　电力用高频开关整流模块技术条件

1.4.1　型号与基本参数

(1) 型号

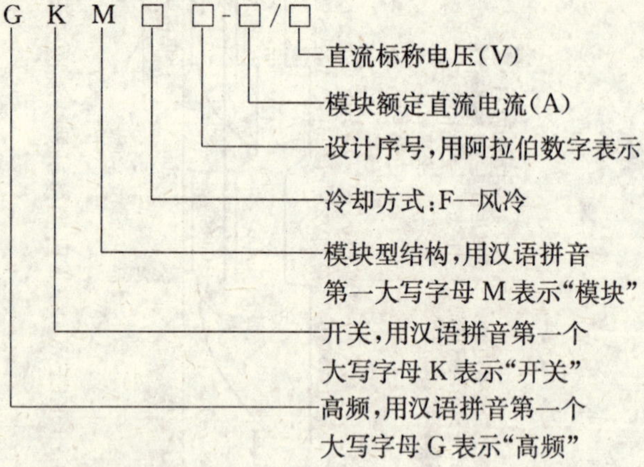

(2) 基本参数

1) 交流电源标称电压：单相 220V；三相 380V。

2) 额定频率：50Hz。

3) 直流标称电压：48、110、220V。

4) 直流额定电压：50、115、230V。

5) 模块直流额定电流：5、10、15、20、25、30、40、50、

80、100、200A。

6）稳流精度：±1%、±0.5%。

7）稳压精度：±0.5%。

8）纹波系数：0.5%。

9）均流不平衡度：±5%。

（3）负荷等级

负荷等级为一级（连续输出额定电流）。

1.4.2 通用技术要求

（1）正常使用的环境条件

1）海拔2000m及以下。

2）周围空气温度－10℃～＋40℃。

3）日平均相对湿度不大于95%，月平均相对湿度不大于90%。

4）安装使用地点无强烈振动和冲击，无强电磁干扰。

5）使用地点不得有爆炸危险介质，周围介质不含有腐蚀金属和破坏绝缘的有害气体及导电介质。

（2）正常使用的电气条件

1）交流电源电压波动范围不超过±15%的标称电压。220V（单相）波动范围：187V～253V。

380V（三相）波动范围：323V～437V。

2）交流电源频率变化范围不超过50×(1±5%)Hz。

（3）安全要求

应符合《低压直流电源设备的特性和安全要求》GB 17478—2004中的有关规定。

（4）绝缘电阻

产品输入回路对地，输出回路对地、输入对输出之间绝缘电阻应不小于10MΩ。

（5）工频耐压

产品各带电回路，按其工作电压应能承受表1.9-12所规定、历时1min的工频耐压试验，试验过程中应无绝缘击穿和闪络现象。

绝缘试验的试验等级 表1.9-12

额定绝缘电压U_1额定工作电压交流均方根值或直流(V)	工频电压(kV)	冲击电压(kV)
≤60	1.0	1
$60<U_1\leqslant300$	2.0	5
$300<U_1\leqslant500$	2.5	12

(6) 冲击电压

产品各带电回路，按其工作电压应能承受表1.9-12所规定标准雷电波的短时冲击电压试验。试验过程中应无击穿放电。

(7) 电气技术性能

1) 产品的电气技术性能。应符合《电力系统直流电源柜订货技术条件》DL/T 459—2000、《电力工程直流系统设计技术规程》DL/T 5044—2004的规定。具有自动稳流、稳压、均流、限流性能，并应具有软启动特性。

2) 直流输出电压调节范围。应为其标称值的90%～130%，也可根据用户要求设置。

3) 稳流精度。当交流电源电压在标称值的±15%范围内变化、直流输出电压在调节范围内变化时，直流输出电流在额定值的20%～100%范围内任一数值上应保持稳定，产品的稳流精度应不大于±1%或±0.5%的规定。

4) 稳压精度。当交流电源电压在标称值±15%范围内变化、直流输出电流在额定值的0～100%范围内变化时（电阻性负载），直流输出电压在调节范围内任一数值上应保持稳定，产品的稳压精度应不大于±0.5%。

5) 纹波系数。当交流电源电压在标称值的±15%范围内变化，电阻性负载电流在额定值的0～100%范围内变化时，直流输出电压在调节范围内任一整值上，产品的纹波系数应不大于0.5%。

6）噪声。在正常运行带额定电流电阻性负载时，环境噪声不大于40dB（A），自冷式模块的噪声应不大于50dB（A），风冷式模块的噪声应不大于55dB（A）。

7）限流及限压性能。

① 当输出直流电流在50%～110%额定值中任一数值时，应能自动限流，降低输出直流电压；并当过载或短路排除以后，能自动地将输出直流电压恢复到正常值工作。

② 当输出直流电压上升到限压整定值时（130%标称电压可调），应能正常工作，并当恢复到正常负载条件以后，能自动地将输出直流电流恢复到正常值工作。

8）效率与功率因数。整流模块效率应不低于90%，功率因数应不小于0.9。

9）并机均流性能。在多个模块并联工作状态下运行时，各模块承受的电流应能做到自动均分负荷，实现均流。在2台及以上模块并联运行时，其输出的直流电流为额定值时，均流不平衡度应不大于±5%额定电流值。

10）保护及信号功能。

① 交流输入过、欠压保护。当交流输入电压超过规定的波动范围时（220V（单相）波动范围为187～253V。380V（三相）波动范围为323～437V），整流模块应自动进行保护并延时关机，当电网电压正常后，应能自动恢复工作。

② 直流输出过、欠压保护。应设置直流输出过、欠电压保护，其整定值可由制造厂根据用户要求整定。当直流输出电压值超过整定值时，应进行保护（报警或关机），故障排除后，应能人工恢复工作。

③ 过电流保护。其整定值可由制造厂根据用户要求整定。当直流输出电流超过整定值时，应进行保护（报警或关机），过电流消失，应能正常工作。

④ 信号功能。应能发交流失电，过、欠压；直流输出过，欠电压，过电流；整流模块故障信号，并应具备外引接点输出或

标准通信接口。

11）温升：在额定负载下长期连续运行，模块内部各发热元器件及各部位的温升应不超过表1.9-13中的规定。

模块各部件极限温升（单位：K） **表1.9-13**

部件或器件	极限温升
整流管外壳(散热器)	70
MOS(IGBT)管衬板	70
高频变压器、电抗器	80
电阻元件	25(距外表30mm处)
与半导体器件的连接处	70
与半导体器件的连接处的塑料绝缘线	25
印刷电路板铜箔	20

12）振荡波抗扰度。应能承受《电磁兼容试验和测量技术振荡波抗扰度试验》GB/T 17626.12—1998中规定的三级振荡波抗扰度。

13）静电放电抗扰度。应能承受《电磁兼容试验和测量技术静电放电抗扰度试验》GB/T 17626.2—1998中规定的三级静电放电抗扰度。

14）谐波电流含量。在模块输入端施加额定频率的交流电源标称电压时，在交流输入端产生的各高次谐波电流含有率应不大于30%。

15）软启动时间。软启动时间可根据用户要求设定，一般为3～8s。

16）平均故障间隔时间（MTBF）。在额定输入、额定输出功率和常温的环境下，MTBF应不小于40000h。

（8）模块结构及外观要求

1）模块外形尺寸和重量，由“企业标准”予以规定。

2）模块的外壳应采用防锈蚀、防老化、防火、不产生有害气体，具有一定强度，不易变形的材料制作。

3）模块冷却方式为自冷式或风冷式。

4）模块外壳应完好无损，四周无突出异物，平整光滑，应适应电力系统屏柜的安装要求。模块正面应朝向巡视和操动者，应能带电更换。

5）模块应设置报警信号。根据用户要求，模块正面可设置开/关机、均/浮充转换操动按键，操动按键应安装整齐牢固。信号灯具标字符号应正确、整齐、完整。

6）模块背面应方便接线、行线和试验；交流输入电源、直流输出电源、通信接口等接线端子应正确完整，标字符号明确清晰。

7）模块之间的连接及对外连接应采用接触紧固，不易松动的插头和抗干扰、能屏蔽的多芯连接电线、电缆。

8）模块背面应有明显接地标志，应通过屏柜可靠接地。

9）多台模块安装时，应满足其通风散热要求。

10）模块内、外部的各部件、元器件的安装，应符合《低压直流电源设备的特性和安全要求》GB 17478—2004 中的有关规定要求。

1.5　电力用直流电源监控装置技术条件

1.5.1　型号与基本参数

（1）型号

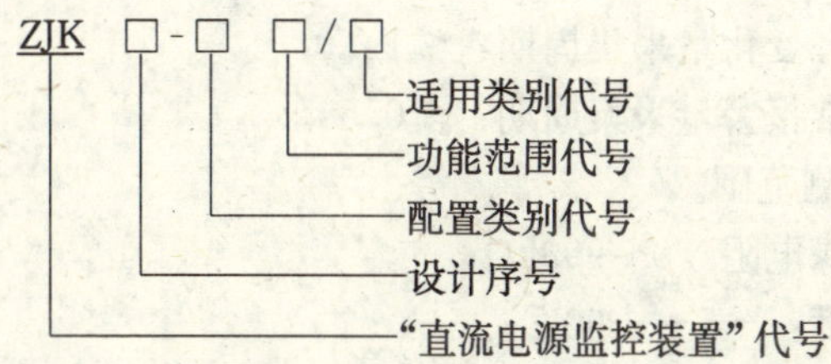

配置类型-监控装置按适用的蓄电池和充电装置配置分为 3 类，其代号及含义如下：

Ⅰ—1 组蓄电池加 1 套充电装置；

Ⅱ—1 组蓄电池加 2 套充电装置（其中 1 套充电装置可退出）；

Ⅲ—2 组蓄电池加 3 套充电装置，即 2 组蓄电池加 2 套充电装置和 1 套公用的充电装置。

功能范围—监控装置按照监控功能及其专用监测装置的配置分为3类，其代号及含义如下：

A—装置除具有充、放电监控、系统工况监测功能外，尚具有绝缘监测功能和蓄电池监测功能；

B—装置具有充、放电监控、系统工况监测功能，具有与专用直流绝缘检测装置（1.5.5）和蓄电池检测装置（1.5.6）的通信接口和系统、支路绝缘状态和蓄电池状态显示功能；

C—装置仅具有充、放电监控和系统工况监测功能。

适用类别—监控装置按适用的充电装置类别分为2类，其代号和含义如下：

G—适用于高频开关整流模块充电装置；

K—用于晶闸管充电装置。

（2）基本参数

1）基本要求。监控装置的基本参数应满足《电力工程直流系统设计技术规定》DL/T 5044—2004中、《电测量及电能计量装置设计技术规程》DL/T 5137—2001中的有关要求。

2）检测容量及采集周期。

① 模拟量：16路；

② 开关量：16路（可扩展）；

③ 状态变化量采集周期：≤1s；

④ 异常报警量采集周期：≤0.5s。

3）检测范围。

① 绝缘电阻：0～999kΩ；

② 温度：－5～＋60℃；

③ 电压：AC 0～500V；DC 0～400V。

4）直流电压调节范围。

220V：176～286V（360V）；

110V：88～143V（180V）。

5）充电时间调节范围：0～99h。

6）监测精度。

① 绝缘电阻。母线测量允许偏差为绝缘报警整定值的±5%，支路为±10%；

② 直流电流。在额定电流的20%～100%范围内，测量误差为±2%；

③ 直流电压。在额定电压的90%～130%范围内，测量误差为±0.5%。

7）报警精度：为整定值的±2%。

8）A/D转换误差：不大于0.5%。遥信正确率：不小于99%。

9）平均无故障时间（MTBF）。正常运行环境下，不少于5000h。

1.5.2 基本功能要求

（1）基本要求

监控装置的基本要求应满足标准《火力发电厂、变电所二次接线设计技术规程》DL/T 5136—2001 中、《35kV～110kV 无人值班变电所设计规程》DL/T 5103—1999 中和《电力系统直流电源柜订货技术条件》DL/T 459—2000 中的有关要求。

（2）信息采集、处理管理功能

模数转换的精度、线性度应满足《交流采样远动终端技术条件》DL/T 630—1997 和本技术条件中基本参数的要求。

（3）显示功能

1）监控装置应显示下列信息

① 直流系统母线电压。

② 蓄电池组输出电压、电流。

③ 充电装置输出电压、电流。

④ 直流母线电压过高、过低。

⑤ 直流系统接地及其位置。

⑥ 充电装置运行方式切换、装置故障。

⑦ 馈线故障、跳闸。

⑧ 直流系统画面。

2）数据显示应实时、准确、可靠、清晰，并具备各种信息传输手段，提供打印接口。

（4）控制功能

监控装置能对蓄电池、充电装置等直流设备的运行方式进行设定。根据设定，对被监控设备的控制、调节和运行方式变更实施正确管理，并可实现自动和手动控制选择。

（5）管理功能

监控装置应能对系统内的蓄电池、充放电装置、主要馈线等监控设备的运行方式、参数设定、更改及其建立、扩充、增加和删除实施管理。

1）安全管理。监控装置能保证系统操动过程的安全，应执行操动命令，明确操动人员权限范围，并执行安全操动规程。操动过程应有记录，并可打印输出。

2）保护和故障管理。

① 应根据被监控设备的工作状态和参数变化趋势，及时、准确判断异常或故障类型，并自动实施异常工况限制、故障保护和声光报警显示功能。

② 报警应分为紧急报警和一般报警两类。系统异常或故障时应自动或人工转入报警画面，并能打印故障类型、故障位置和故障时间。

③ 监控装置应提供用于信号报警输出的无源触点。

（6）通信功能

1）监控装置能与监控中心远程上位机进行通信，通过上位机实现遥信、遥测。

2）监控装置应提供满足用户要求的通信接口（见表1.9-16）和通信规约。通信接口应用标准接口或光纤通信接口。

3）通信规约应符合《循环式远动规约》DL 451—1991 或《运动设备及系统第 5 部分：传输规约》DL/T 634—2002 的基本要求，并应与装置所在中心监控网络的规约协调。通信规约应选用国际标准规约和国家标准规约。

(7) 自检和人机对话功能

监控装置应具有在线诊断能力和人-机联系功能。

1.5.3 电气与安全性能要求

1) 监控装置的电气和安全性能应满足《火力发电厂、变电所二次接线设计技术规程》DL/T 5136—2001 中和《电力系统直流电源设备通用技术条件及安全要求》JB/T 5777.4—2000 中的有关要求。

2) 监控装置应具备实时性、可靠性、友好性、扩充性和互连性。

3) 运行参数和运行方式应具有自适应性:

① 按照设定、浮充电电压、电流和均衡充电电压、电流可随温度改变实现自动调整。

② 根据设定，能实现正常工作方式下的浮充→均衡充电和均衡充电→浮充电的自动转换；异常工作方式下和事故状态下的浮充电→均衡充电和均衡充电→浮充电的自动转换；手动工作方式下的浮充电→均衡充电和均衡充电→浮充电的转换。

4) 监控装置能承受表 1.9-14 所规定的严酷等级的抗扰度试验，试验后产品性能应满足监测精度、报警精度、A/D 转换误差和基本功能要求。

5) 绝缘性能

抗扰度试验项目　　表 1.9-14

序号	项 目 名 称	耐受严酷等级	执 行 标 准
1	1MHz 和 100kHz 振荡波	3	GB/T 1726.12
2	静电放电	3	GB/T 1726.2
3	射频电磁场辐射	待定	GB/T 1726.3
4	电快速瞬变脉冲群振荡波	待定	GB/T 1726.4
5	浪涌(冲击)	待定	GB/T 1726.5
6	射频场感应的的传导骚扰	待定	GB/T 1726.6
7	工频磁场	待定	GB/T 1726.8
8	阻尼振荡磁场	待定	GB/T 1726.10
9	电压短时中断	0	GB/T 1726.11

① 绝缘电阻。监控装置下列部位的绝缘电阻应满足表1.9-15的规定。

各独立电路与地之间。无电气联系的各电路之间。

绝缘电阻和耐受电压值 **表1.9-15**

额定绝缘电压U_i (V)	绝缘电阻 (MΩ)	工频耐受电压值 (kV)	冲击耐受电压值 (kV)
≤60	≥10	1.0(1.5)	1
60<U_i≤300		2.0(3.0)	5

注：括号内数据为直流介质强度试验值。

② 工频耐压和冲击耐压。

监控装置各电路对地之间，应能承受表1.9-15规定的工频耐压和冲击耐压试验。

6）高低温试验。不加激励量的监控装置应能耐受－5℃下的低温试验和＋40℃下的高温试验。实验结束后，应在标准大气条件下恢复2～3h后检查试品性能，不应出现不可恢复的损坏，其性能应满足基本功能要求。

7）振动（正弦）。振动响应、振动耐久装置应能承受《电气继电器第21部分测量继电器和保护设备的振动、撞击、颠簸和抗振试验第1节振动试验（正弦的）》IEC 60255-21-1：1993中规定的严酷等级为1级的振动响应试验和严酷等级为1级的振动耐久试验，试验期间及试验后的装置性能应符合该标准有关规定的要求。

8）冲击、碰撞。冲击响应、冲击耐久、碰撞装置应能承受《量度继电器和保护装置的冲击与碰撞试验》GB/T 14537—1993中规定的严酷等级为1级的冲击响应、冲击耐久和碰撞试验，试验期间及试验后的装置性能应符合该标准有关规定的要求。

1.5.4 设计和结构

1）监控装置的外形尺寸和安装尺寸应符合《电力系统二次回路控制、保护屏及柜基本尺寸系列》GB/T 7267—2003的要求，并适应电力系统屏柜的安装要求。

2）监控装置的外壳应采用防锈蚀、阻燃、防潮、不变形、具有足够的机械强度、不产生有害气体的材料制作。外壳应平整光滑、无突出异物。

3）外壳防护等级应不低于IP30。

4）监控装置的正面应朝向操动者。装置能在系统带电工况下更换电器插板。

5）监控装置面板的操动按键、指示、信号灯等元件应选用符合国家或行业相关标准的产品，应布置整齐、美观、安装牢固、字符正确、清晰。

6）监控装置的背面应能方便接线、检测和试验、电源输入、信号输入、输出接口等接线端子应正确、完整、端子定义、标志、符号应明确、清晰、耐久。连接电缆应采用屏蔽良好的多芯电缆。端子和引线应采用阻燃型产品。

7）监控装置的背部应具有接地端子，并有明显的标志，通过外壳可靠接地。

直流电源系统 I/O 接口表　　　表 1.9-16

内容	名　称	直流柜或就地		直流系统监控装置		厂、站监控系统	
		开关量	模拟量	开关量	模拟量	开关量	模拟量
1	蓄电池组及其回路(按每组蓄电池统计)						
1.1	蓄电池组电流		√		√		√
1.2	蓄电池组电压		√		√		√
1.3	蓄电池组放电试验电流		√				
1.4	蓄电池组回路开关状态	√		√		√	
1.5	蓄电池组回路开关事故跳闸	√		√		√	
1.6	蓄电池组过充电	△		△			
1.7	蓄电池温度		△		△		
1.8	蓄电池室温度		△		△		
2	充电装置(按每套充电装置统计)						

续表

内容	名称	直流柜或就地		直流系统监控装置		厂、站监控系统	
		开关量	模拟量	开关量	模拟量	开关量	模拟量
2.1	充电装置直流输出电压		√		√		△
2.2	充电装置直流输出电流		√		√		△
2.3	充电装置直流侧开关状态	√		√		△	
2.4	充电装置交流侧开关状态	√		√		△	
2.5	充电装置直流侧开关事故跳闸	√		√		√	
2.6	充电装置故障	√		√		△	
2.7	整流模块过热	△		△		△	
2.8	交流电源自动切换	√		√		√	
3	直流母线及绝缘监测装置(按每段母线统计)						
3.1	直流母线电压		√		√		√
3.2	直流母线电压异常	√		√		√	
3.3	直流系统接地	√		√		√	
3.4	绝缘监测装置故障	√		√		△	
3.5	母线分段开关状态	√		√		△	
4	直流馈线						
4.1	重要馈线开关状态	√		√		△	
4.2	重要馈线开关跳闸	√		√		√	

注：1. 表中“√”表示该项应列入。
2. 表中“△”表示该项有条件时或需要时可列入。

1.5.5 直流绝缘检测装置的技术要求

1）直流系统发生接地故障或绝缘电阻低于整定值（见表1.9-17）时，直流绝缘检测装置应可靠动作。

绝缘电阻整定值　　表1.9-17

系统电压(V)	绝缘整定值(kΩ)	系统电压(V)	绝缘整定值(kΩ)
220	25	48	1.7
110	7		

2）装置应能测量出直流系统一极或二极绝缘下降和绝缘电阻数值，当低于整定值时应能发出报警信号。

3）检测直流系统支路绝缘的绝缘监测装置应具有以下功能：

① 在线巡检直流支路绝缘状况。

② 显示并记录接地支路编号、极性绝缘电阻值（测量误差不大于整定值的10%）及发生时间。

③ 分别或同时检测直流母线正极、负极绝缘状况，显示并记录接地母线的极性、电阻值及发生时间。

④ 具备直流母线的电压监察功能，显示并记录母线电压数值（测量误差不大于整定值的0.5%），具有母线电压越限报警功能。

⑤ 具有直流系统绝缘电阻、母线电压越限定值的设定功能。

⑥ 具有报警延时、信号解除功能和延时断开支路功能（选择项）。

⑦ 检测馈线支路数应大于32路，采用传感器，应减少支路电容影响，安装方便。

⑧ 满足与电源监控装置或上位机的通信要求，具有标准的通信接口和通信规约，具有无源输出触点。

1.5.6 蓄电池检测装置的技术要求

1）能在蓄电池浮充电工况下，在线监测单体（或分组）蓄电池的电压值，当电压异常并偏离设定值时应能显示和报警。

2）能在蓄电池均衡充电工况下，在线监测单体（或分组）蓄电池的电压值，当电压异常并偏离设定值时，应能显示和报警。

3）能在线检测蓄电池充放电曲线，自动检测蓄电池内电阻值（选择项）。

4）蓄电池在正常运行工况下，能监测、记录并显示蓄电池温度。

5）能检测蓄电池放电安时数（选择项）。

6）应具有巡检功能。

7）满足与电源监控装置的通信要求，具有标准的通信接口和通信规约。具有无源输出触点。

8）低电压或过电压报警电压值可根据蓄电池类型、环境温度自行设定。

9）蓄电池异常或故障时，能显示蓄电池顺序号及单个蓄电池电压。

2 UPS电源

2.1 UPS电源构成

UPS电源（静态交流不停电电源）装置是一种用于连续供电的，以电力变流器构成的静止型电源设备。由整流器、逆变器、交流静态开关和蓄电池组等组成、其作用是保证向重要负载不间断地供电，并改善对负载的供电质量。

2.2 UPS电源用途

UPS电源正常运行时，由市电交流电源经整流器整流变为直流，并通过充电器对蓄电池组进行充电。再经逆变器输出优质的交流电源对用电设备供电。当市电突然停电时，UPS电源装置自动转换到蓄电池组，蓄电池组放电经逆变器对重要用电设备供电。由于UPS电源装置与市电电网经直流储能环节隔离，排除了市电瞬变干扰，并连续不间断地供给重要负载用电，保证了重要设备安全可靠地连续稳定地正常运行。

2.3 对UPS电源装置的基本要求

2.3.1 UPS电源的容量、规格

小型UPS电源装置容量1kVA及以下；

中型UPS电源装置容量2～15kVA。

输出容量最好按实际负载容量的1.3～1.5倍配置。常用的规格为1、2、3、5、6、10、12kVA等。

小型UPS电源装置输入电压为交流单相220V，可用于微型

计算机和精密电子仪器配套使用的备用电源。中型UPS电源装置输入电压一般为交流单相220V、10～15kVA的装置，广泛用于计算机系统、航空管理系统、卫星系统、精密仪器等系统中。

2.3.2 UPS电源装置对电网适应能力

1）输入电压变化的适用范围为±15%，但在输入电压超过±10%时会使在线式UPS电源装置失去转旁路的功能。对电网电压波动范围过大的地区，最好在UPS电源装置前级配置适当的交流稳压设备。

2）输入电压频率一般变化在50±0.5Hz以内，市电频率是相当稳定的，UPS电源逆变器的工作频率是必须与输入电压同步并锁相的，这是UPS电源在负载和逆变器故障时转旁路供电功能的最根本条件。

3）输入功率因数低时，就在UPS电源从电网吸收有功功率的同时，还要吸收无功功率，则增大系统的配置容量，影响系统的供电质量，降低UPS电源的工作效率，增大运行成本。电力部门对用电设备的输入功率因数要求在0.9以上，当不满足要求时，就必须配置无源或有源的功率因数补偿设备。

4）输入电流谐波成分不仅是造成UPS电源输入功率因数低的直接原因，还对电网产生严重污染。应符合《接入低压交流电网设备的谐波电流限值》IEC 1000-3-2和谐波电流限值IEC 1000-3-4，见表1.9-18、表1.9-19。

IEC 1000-3-2标准适用于输入电流小于或等于16A的设备。IEC 1000-3-4标准适用于输入电流大于16A的设备。

IEC 1000-3-2谐波电流限值 **表1.9-18**

谐波次数	谐波电流最大允许值(A)	谐波次数	谐波电流最大允许值(A)
3	2.3	$15\leqslant n\leqslant 39$	$0.15\times 15/n$
5	1.14	2	1.08
7	0.77	4	0.43
9	0.40	6	0.30
11	0.33	$8\leqslant n\leqslant 40$	$0.23\times 8/n$
13	0.21		

注：IEC 1000—3—2标准适用于输入电流≤16A的设备。

IEC 1000-3-4 谐波电流限制标准 表 1.9-19

谐波次数	谐波电流允许值 (I_n/I_1)(%)	谐波次数	谐波电流允许值 (I_n/I_1)(%)
3	21.6	21	≤0.6
5	10.7	23	0.9
7	7.2	25	0.8
9	3.8	27	≤0.6
11	3.1	29	0.7
13	2.0	31	0.7
15	0.7	33	≤0.6
17	1.2	偶次	≤8/n 或≤0.6
19	1.1		

5）频率跟踪速率是指当市电频率变化时，逆变器工作频率跟踪市电频率变化的响应能力，以 Hz/s 表示，一般为 1Hz/s。频率跟踪速率过大，逆变器对市电频率变化太敏感，造成逆变器工作频率不稳定或抖动；过小则逆变器对市电频率变化产生同步超差，当输出过载，逆变器发生故障或机内温度过高时，影响逆变转旁路动作的可靠性。

6）UPS 电源对环境应具有适应能力，包括环境温度、环境湿度、振动冲击、海拔、抗雷击能力及某些特殊的安装条件。

2.4 UPS 电源的分类

UPS 电源按其工作方式可分为后备式、在线互动式、传统双变换在线式和 Delta 变换在线式。

1）后备式 UPS 电源是指在电网正常供电时，由电网直接向负荷供电，当电网供电中断时，蓄电池对 UPS 电源的逆变器供电，并由逆变器向负荷提供交流电源，即逆变器总是处于后备供电状态。其特点是成本低、效率高，但输出电压和频率不稳定，转换中断。不适合高速通信及计算机应用。其电路结构框图如图

1.9-9 所示。

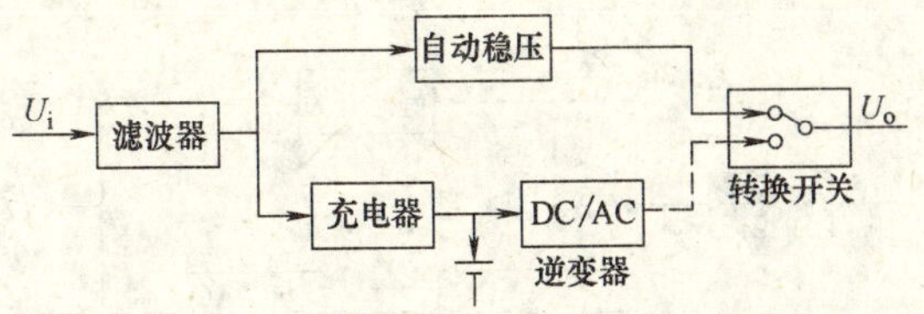

图 1.9-9　后备 UPS 电路结构框图

2）在线互动式 UPS 电源是指在电网正常供电，而其电压和频率在允许范围内，通过自动旁路开关由电网直接向负荷供电，当电网电压和频率不稳定，超过允许范围时，则市电通过整流逆变器向负荷供电。当电网电压、频率稳定在设定范围内，UPS 电源又经自动旁路开关由电网直接向负荷供电。其特点是成本低，正常情况下效率高，输出电压稳定。但输出频率不稳定，存在转换时间（4ms）。不适合发电机组供电和市电不稳定环境，不适合高速通信及计算机应用。其电路结构框图如图 1.9-10 所示。

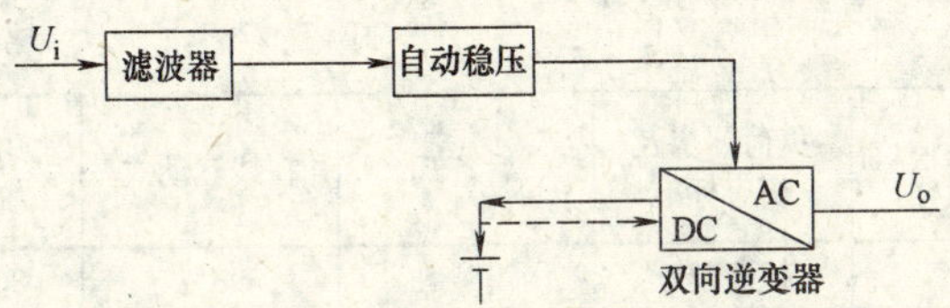

图 1.9-10　在线互动式 UPS 电路结构框图

3）在线式 UPS 电源平时是由电网通过其整流电路向逆变电路提供直流电源，并由逆变电路向负荷提供交流电源。当电网供电中断时，改由蓄电池经逆变电路向负荷提供交流电源。其特点是高质量电源输出；频率、电压稳定；零中断转换。但成本高、效率相对降低。适用于频率和电压不稳定的环境和高速通信及计算机应用。其电路结构框图如图 1.9-11 所示。

它是在线式 UPS 电源的最初形式，故称之为传统双变换在线式。

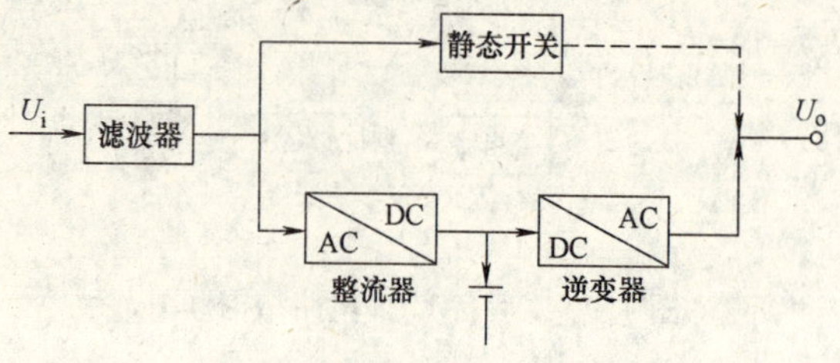

图 1.9-11 传统双变换在线式 UPS 电路结构框图

2.5 不同结构形式 UPS 电源的主要性能比较

2.5.1 不同类型 UPS 电源的输出能力和可靠性

UPS 电源的输出能力的大小，实际上代表着 UPS 电源可靠性的高低。表 1.9-20 反映了不同类型 UPS 电源的输出能力和可靠性指标的区别。表中各项指标指市电正常时的情况，在电池逆变时各种类型的 UPS 电源没有本质上的差别。

不同电路结构类型 UPS 输出能力和可靠性的比较

表 1.9-20

可靠性及输出能力指标	负荷要求及相应标准	后备式	在线互动式	中小功率传统双变换式
整机效率	越高越好	98%	98%	80%～85%
负荷电流峰值系数	越大越好	不限制	不限制	3∶1
负荷电流浪涌系数	越大越好	不限制	不限制	转旁路启动
允许的负荷功率因数	越宽越好	不限制	不限制	－0.7
逆变器长延时工作能力	任意	受热容量限制	不限制	不限制
过载能力	150% 1min	强	强	150% 1min

2.5.2 不同类型UPS电源的输出电性能指标

对UPS电源输出电性能指标的要求完全由负荷决定，但不同类型UPS电源能达到的电性能指标却表现出明显的差别，决定了不同类型UPS电源的适用范围和品质的优劣。见表1.9-21。

不同类型UPS输出电性能指标的比较　　表1.9-21

输出性能指标	负荷要求及相应标准	后备式	在线互动式	传统双变换式
电压波形	正弦波,准正弦波	方波,准正弦波,正弦波	正弦波	正弦波
电压稳定精度	±5%~±10%	±5%~±10%	±5%~±10%	±1%
电压波形失真度	<±5%	与电网和负荷有关	与电网和负荷有关	<3%线性负荷 <5%非线性负荷
瞬态电压动态范围	±5%	<±5%	<±5%	<±5%
瞬态响应时间(ms)	20~60	10~20	10~20	20
市电-电池切换时间(ms)	<10	≤10	≤4	0
逆变旁路切换时间(ms)				<2
并机负荷不均衡度	<5%			2%~5%
双向抗干扰能力		差	差	强,但UPS本身对电网产生干扰

2.6 UPS电源接线方案

根据供电的可靠性、连续性、稳定性和电源容量及其他参数质量要求，UPS电源系统可分为：单一式UPS电源系统；并联式UPS电源系统；冗余式UPS电源系统。

2.6.1 单一式UPS电源接线系统

单一式UPS电源系统只有一台UPS电源，由整流器、逆变器、蓄电池和旁路开关组成，一般适用于中小容量的UPS电源。

2.6.2　并联式UPS电源接线系统

并联式UPS电源系统具有一台UPS电源和另一台UPS电源并联运行。要求两台UPS电源与市电旁路电源保持同步运行。正常时两台UPS电源同时向负荷供电，各供一半负荷，当一台UPS电源故障时，经交流静态开关自动切除故障UPS电源而不影响系统供电。此时另一台UPS电源承担全部用电负荷。在需要时用电负荷也可经交流静态开关自动切换到市电旁路电源供电。

2.7　UPS电源选用

2.7.1　UPS电源选用规范及标准

（1）《信息技术设备用不间断电源通用技术条件》GB/T 14715—1993；

（2）《不间断电源设备》GB/T 7260—2003；

（3）《低压直流电源设备的特性和安全要求》GB/T 17478—2004；

2.7.2　UPS电源工作的环境条件

1）海拔高度1000m以下（有些产品可工作在海拔2000m或3000m以下）；

2）室内环境温度0～＋40℃（蓄电池室的环境温度20～25℃）；

3）室内相对湿度不大于90％（不允许结露）；

4）无剧烈振动、冲击、垂直倾斜度不超过5度的场所；

5）无易燃导电尘埃、无腐蚀性气体和爆炸危险的场所。

第10章　箱式变电站

箱式变电站被定义为：经过形式试验的用来从高压系统向低压系统输送电能的设备。它包括装在外壳内的变压器、高压和低压开关设备、电能计量设备和无功补偿设备、连接线和辅助设备。该类型的变电站安装在公众易于接近的地点，应依照规定的使用条件来保证人身的安全和用电安全。为此，箱式变电站除了规定了特性、额定值和相关的试验程序外，还特别注意到对人身保护的规定。这种保护由采用通过形式试验的元件以及合理的设计和外壳的结构来保证。

1　箱式变电站的组成与使用条件

1.1　组成与功能

箱式变电站是由高压开关设备、电力变压器、低压开关设备、电能计量设备、无功补偿设备、辅助设备和联结件等元件组成的成套配电设备，这些元件在工厂内被预先组装在一个或几个箱壳内，用来从高压系统向低压系统输送电能。

1.2　适用场所与使用条件

1.2.1　适用场所

箱式变电站的电压等级为高压6～35kV，低压220/380V。三相交流，50Hz。额定容量为30～1600kVA。箱式变电站中的变压器分干式和油浸两种。大多箱式变电站安装在室外，也可以安装在室内。箱式变电站可用于高压环网供电，也可以用于高压终端供电的变电站，便于深入负荷中心，提高供电质量。箱式变电站具有成套性强、体积小占地少、安装方便、投资省、建设周期短等优点。最近十几年箱变在我国发展迅猛，被广泛应用在城市电网改造、住宅小区、工矿企业、宾馆、医院、机场、公园、公路及铁路等户外场所。

1.2.2 使用条件

海拔高度不超过1000m。环境温度：最高温度40℃，最高日平均气温不超过35℃。最低气温－25℃。相对湿度：25℃时，日平均值不超过95%，月平均值不超过90%。户外风速不超过35m/s。地面倾斜度不大于3°。阳光辐射不得超过$1000W/m^2$。安装地点无爆炸危险、火灾、化学腐蚀及剧烈振动。当与上述正常使用条件不同时，由用户与制造厂协商解决。地震烈度8度。

1.3 设计与选型引用的主要标准

工程设计和选用产品应遵循的主要标准见表1.10-1。

设计和选用箱变应遵循的主要标准　　表1.10-1

编　号	名　称
DL/T 537—2002	高压/低压预装箱式变电站选用导则
GB/T 17467—1998	高压/低压预装式变电站
JB/T 10217—2000	组合式变压器
IEC 1330—1995	高低压预装式变电站
GB 50052—1995	供配电系统设计规范
GB 50053—1994	10kV及以下变电所设计规范
GB/T 15164—1994	油浸式电力变压器负荷导则
GB/T 17211—1998	干式电力变压器负荷导则
04D201—3	室外变压器安装

2 箱式变电站的类型与特性

2.1 箱式变电站的分类

箱式变电站按结构形式分为“组合箱式变电站”和“预装箱

式变电站”两大类。国产的“组合箱式变电站”与“美式箱变”在结构形式上比较接近，国产的“预装箱式变电站”与“欧式箱变”在结构形式上比较接近，但彼此都有不同之处。

2.2 组合箱式变电站

组合箱式变电站以下简称“组合式箱变”就是我国机械行业标准 JB/T 10217 规定的“组合式变压器”。该标准定义组合式变压器是将变压器器身、开关设备、熔断器、分接开关及相应辅助设备进行组合的变压器。组合箱式变电站是我国吸收“美式箱变”技术，并进行多项重大技术改进后自行开发的系列产品。

2.2.1 主要技术特性

(1) 组合式箱变将变压器器身、高压负荷开关、高压熔断器等电器元件安装在密封的变压器油箱体内，利用变压器油（矿物油、难燃油）作为整个产品的绝缘介质和散热介质。既具有变压器外壳在大气中直接散热，充分发挥油浸自冷式变压器的优点，又有结构紧凑、体积比预装箱式变电站小得多、安装方便的优点。

(2) 组合式箱变的箱体是由密封的油箱与封闭的高、低压室所组成的组合体。其高、低压室是借助于油箱壁，采用钢板将高、低压电缆接线和电器元件的操动、控制部分封闭起来的空间。高压室与低压室之间采用金属隔板隔开。

组合式箱变的结构分为前、后两个部分，前部为高压室、低压室，后部为油箱，呈“品”字形。高压室设有高压端子、负荷开关、无载分接开关、插入式熔断器、压力释放阀、油温计、油位计、放油阀及接地排。低压室设有低压端子、低压主开关及少量支路开关。油箱中有变压器、高压负荷开关、保护用熔断器、无载分接开关的转换触点。

(3) 由于组合式箱变的高、低压室内不放置成套高、低压开关柜和无功补偿柜，箱体不存在“铁柜子套铁柜子”的现象，因此具有结构紧凑，体积小占地少的明显优点。但由于低压室较少，只能安装 4～6 路出线开关，这也是组合式箱变的不足之处。现在有的生产厂对其低压室进行适当扩大，以满足客户对增多出线开关、加装无功补偿和电能计量装置的要求。使组合式箱变的结构形式除有“品”字形外，也有“目”字形，有逐渐向预装式箱变演变的趋势。

(4) 箱体为密封结构，充分考虑了防水、耐磨、防紫外线照射、安全性和操动方便的要求。高、低压室防护门之间设有机械连锁，只有当低压室的门打开之后，才能打开高压室的门。

(5) 高压端子配有套管，用于连接具有负荷开断能力的肘型电缆插头，套管与肘型电缆插头相接，将带电部分密封在绝缘体内，形成全绝缘结构，端子表面不带电（地电位），能可靠保证人身安全。肘型电缆插头可以在变压器满负荷情况下带电插拔，因此，肘型插头也可以作为负荷开关使用。

(6) 组合式箱变由后备保护熔断器和插入式熔断器串联提供保护。后备保护熔断器是限流熔断器，安装在箱体内部，只在箱体内部发生故障时才熔断，保护高压线路。插入式熔断器是油浸式熔断器，在变压器低压侧发生短路故障、过负荷及油温过高时熔断，主要用来保护组合式变压器。插入式熔断器熔断后，可以在现场很方便地更换熔丝。

(7) 油浸式负荷开关是三相联动开关，带有弹簧操动机构，可以完成负荷开关开断和关合操动。负荷开关分两位置和四位置两种，分别用于单路、双路和环网高压配电系统。

(8) 可根据工程需要在箱变上安装肘型全绝缘金属氧化锌避雷器，可以插拔，安装方便。

(9) 组合式箱变只能采用油浸变压器，不能采用干式变压器，这是与预装式箱变的显著区别。组合式箱变一般采用 S9-M 型油浸变压器，其绕组和铁心与高压负荷开关、高压熔断器等器件共箱油浸或分箱油浸。

(10) 组合式箱变按油箱结构一般可分为共箱式和分箱式：共箱式一般为高压电器元件与变压器器身共用一个变压器油箱；分箱式一般把负荷开关等高压电器元件单位独置于一个油箱，而其他高压电器元件与变压器器身置于另一个油箱，两个油箱间油路不通。通常这两个油箱上下放置，前者为上油箱，后者为下油箱。

2.2.2 对"美式箱变"的改进

组合式箱变（组合式变压器）是在吸收"美式箱变"技术的基础上，结合我国国情进行多项重大改进之后，自行开发出来的成套变电站设备。

(1)"美式箱变"本身并不具备"变电站"的全部功能。它的低压出线仅在低压室留有 4 个接线端子，不带低压开关回路，在美国实际应用时通常要在户内另配一个低压柜。在我国是由国内生产厂在箱变的低压室加装出线开关，由于箱体空间有限，只能安装大约 4 个出线开关，这很难满足用户对出线回路数量的要求。因此，"美式箱变"必须调整箱体空间，增设低压开关数量，以满足用户的工程需求。

(2)"美式箱变"不具备低压无功补偿功能和高压计量功能。根据我国供用电规则和电力行业的规定，必须按实际工程需求加装无功补偿装置和高压或低压计量装置，才能投入电网运行。加装时通常不是在箱变的外边另配一个无功补偿柜和计量柜，而是加装在箱变的高、低压室，这就要求相应扩大高、低压室的空间，改进高、低压室的设备布置。

(3) 美国的 10kV 电网为中性点接地系统，变压器采用 YNyn 联结，铁心为三相五柱式；而我国的 10kV 电网一般为中性点不接地系统（目前北京市四环路以内的 10kV 级配电网已由消弧线圈接地改为 10Ω 电阻接地），变压器采用 Dyn11、YynO 联结。因此，"美式箱变"必须进行改进，才能适用于我国 10kV 中性点不接地电网系统。

(4)"美式箱变"主要是 GE 和 Cooper（固珀）产品，执行的是美国ANSI标准，与中国的GB标准和国际IEC标准存在一定的差异。

（5）进口“美式箱变”的噪声水平为54～60dB，比国产油浸变压器高。我国规定组合式变压器的噪声级不得大于55dB，“美式箱变”必须优化其结构才能满足我国的环境要求。

因此，进口的“美式箱变”不经过改进，在我国是不适用的，目前改进后的“美式箱变”结构已趋向欧式化。事实证明，国产组合式箱变是完全适合我国国情的箱式变电站。

2.2.3 产品技术资料

（1）产品型号

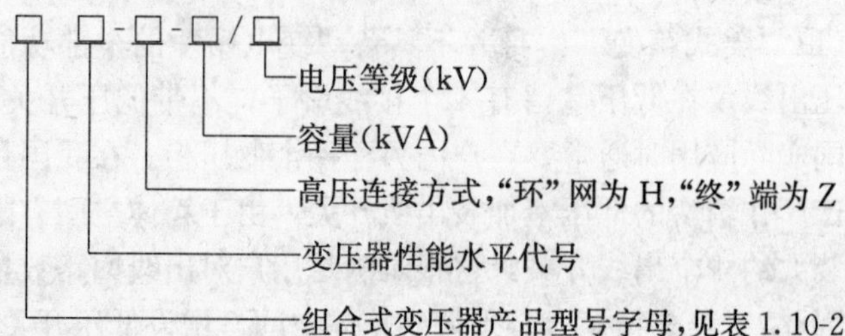

组合式变压器产品型号字母排列顺序及含义 表1.10-2

序号	分类	涵义		代表的字母
1	形式	“组”合式变压器	“共”箱式	ZG
			“分”箱式	ZF
2	相数	“单”相		D
		“三”相		S
3	绝缘油	一般变压器油		—
		难“燃”油		R
4	线圈导线材质	铜线		—
		铜“箔”		B
		“铝”“箔”		LB
5	铁心材质	电工钢片		—
		非晶“合”金		H
6	高压接线方案	环网		H
		“终”端		Z

举例：共箱组合式变压器、三相、低压采用铜箔式烧组、铁心采用非晶合金、一般变压器油、额定容量500kVA、高压接线方案为环网型、电压等级10kV、产品性能水平代号为10，该产品的产品型号为：ZGSBH10-H-500/10。

（2）基本技术参数

组合箱式变电站的主要技术参数见表1.10-3。

组合箱式变电站主要技术参数　　表1.10-3

序号	名　　称	单位	高压侧		变压器	低压侧
1	额定电压	kV	6	10		0.4
2	最高工作电压	kV	7.2	12		
3	额定容量	kVA			30～1600	
4	额定电流(元件)	A	6.3～630			50～3150
5	高压负荷开关短时耐受电流	kA	12.5、16、20、25			15～75
6	额定短时耐受时间	S	2			1
7	高压负荷开关峰值耐受电流	kA	31.5、40、50、63			30～165
8	短时工频耐压(1min)	kV	25	35	25/35	3.5
9	雷电冲击耐压	kV	60	75	75	
10	高压熔断器额定短路开断电流	kA	50			
11	防护等级		IP33		全密封	IP33
12	噪声水平	dB	≤55			
13	额定频率	Hz	50			

（3）ZGS□-$\frac{Z}{H}$ 组合箱式变电站，共箱式有“品”字形与“目”字形布置方式。一般“品”字形布置用于低压出线回路少的场所，“目”字形布置用于低压出线回路较多的场所。他们都是将变压器铁心、高压负荷开关和熔断器等共箱布置，体积小，安装方便。其高低压概略图、外形尺寸及布置图见图1.10-1、图1.10-2。

(4) ZGS□-$\frac{Z}{H}$ 改进型组合箱式变电站，分箱式由上油箱（高压负荷开关等电器）、下油箱（变压器器身及其他高压电器）、操动室、低压件组成。体积小、造价低。其高低压概略图、外形尺寸及布置图见图 1.10-3 与图 1.10-4。

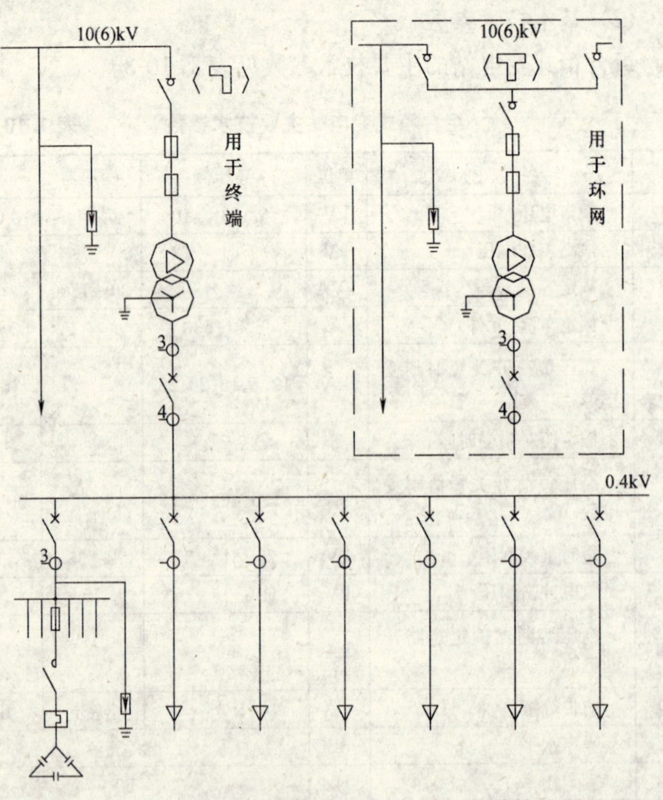

插入式熔断器熔丝规格

规格 \ 额定容量(kVA)		50	100	125	160	200	250	315	400	500	800	1000
熔丝规格	10kV	C04	C06	C07	C08	C10	C10	C10	C11	C12	C14	C16
	6kV	C06	C08	C09	C10	C10	C10	C12	C12	C14	C16	C16

图 1.10-1 ZGS□-$\frac{Z}{H}$-□/10 组合式箱变高低压概略图

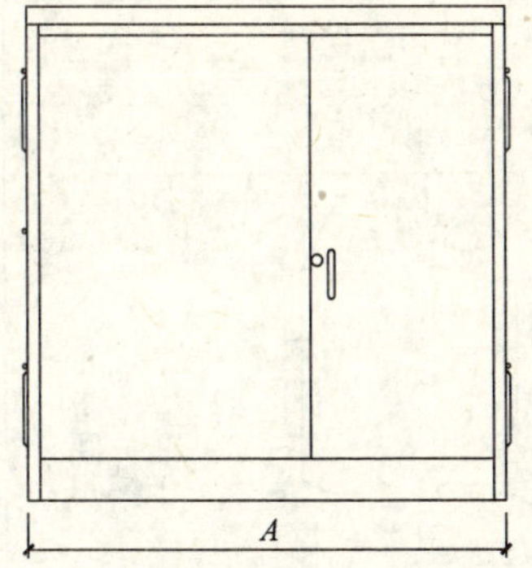

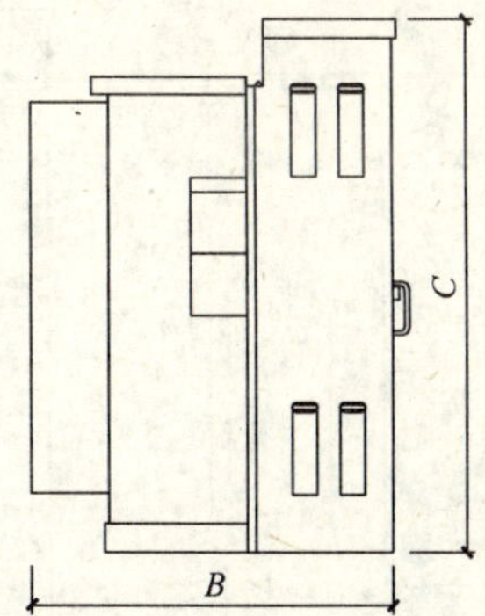

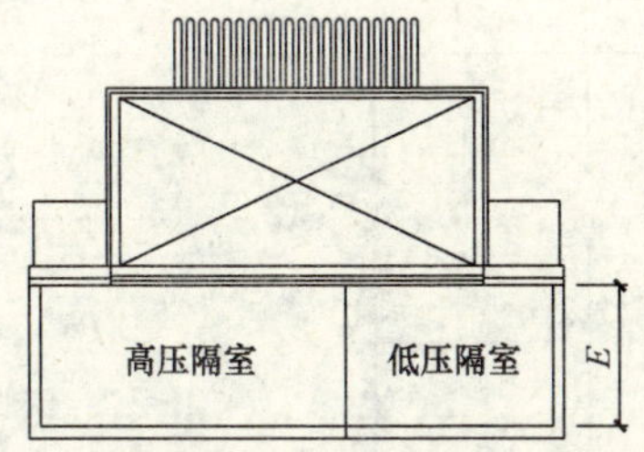

ZGS□-$\frac{Z}{H}$-□/10 组合式箱变外形尺寸

额定容量(kVA)	A	B	C	E	质量(kg)
50～200	2000	1116	1580	508	2000
250～500	2000	1330	1580	508	2450～3200
630	2000	1420	1710	632	3400
800	2000	1420	1710	632	3600
1000	2000	1420	1710	632	4000

图 1.10-2 ZGS□-$\frac{Z}{H}$-□/10 组合式箱变（品字形）外形及布置图

2.3 预装箱式变电站

2.3.1 主要技术特性

（1）预装式箱变的组成

预装式箱变是由高压开关设备、变压器、低压开关设备和外壳组成，并由工厂预先装配完成的变配电成套设备。箱变的箱体内分成高压室、变压器室和低压室三个功能隔室，且高压室和低压室功能齐全。预装式箱变有三相也有单相，一般用于户外，也

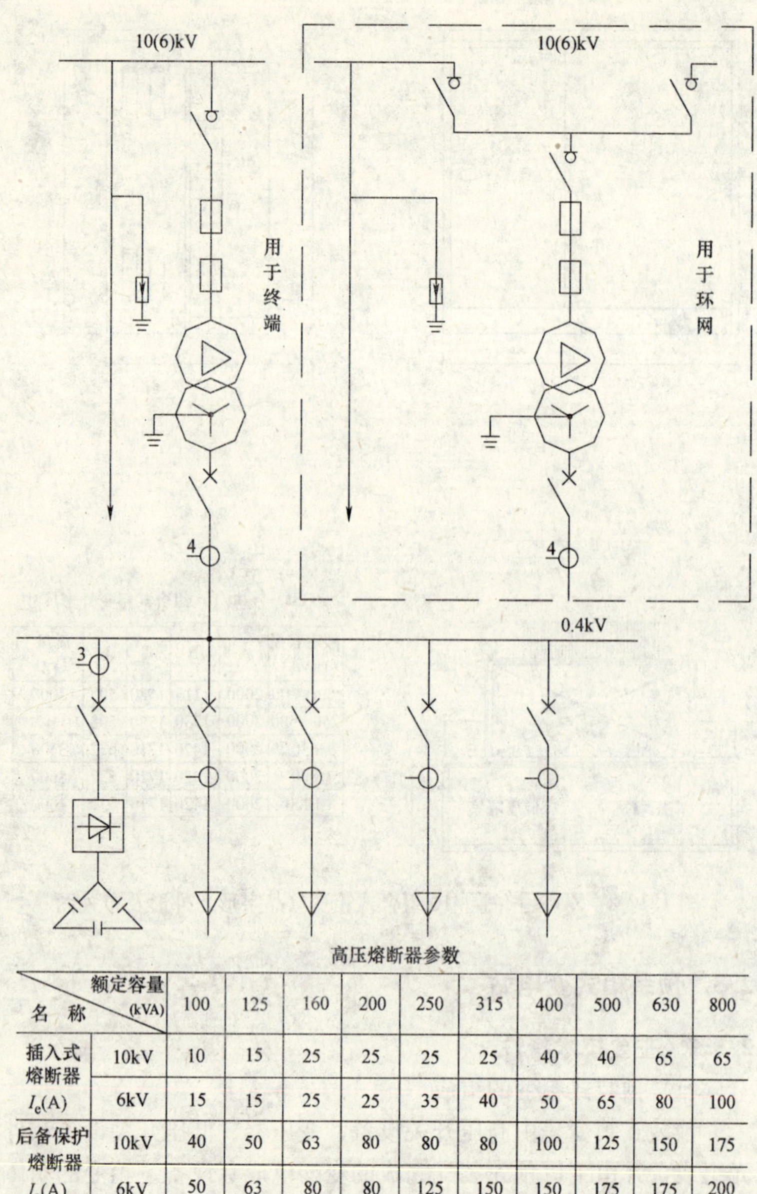

高压熔断器参数

名称	额定容量 (kVA)	100	125	160	200	250	315	400	500	630	800
插入式熔断器 I_e(A)	10kV	10	15	25	25	25	25	40	40	65	65
	6kV	15	15	25	25	35	40	50	65	80	100
后备保护熔断器 I_e(A)	10kV	40	50	63	80	80	80	100	125	150	175
	6kV	50	63	80	80	125	150	150	175	175	200

图 1.10-3 ZGS□-$\frac{Z}{H}$-□/10 组合式箱变（改进型）高低压概略图

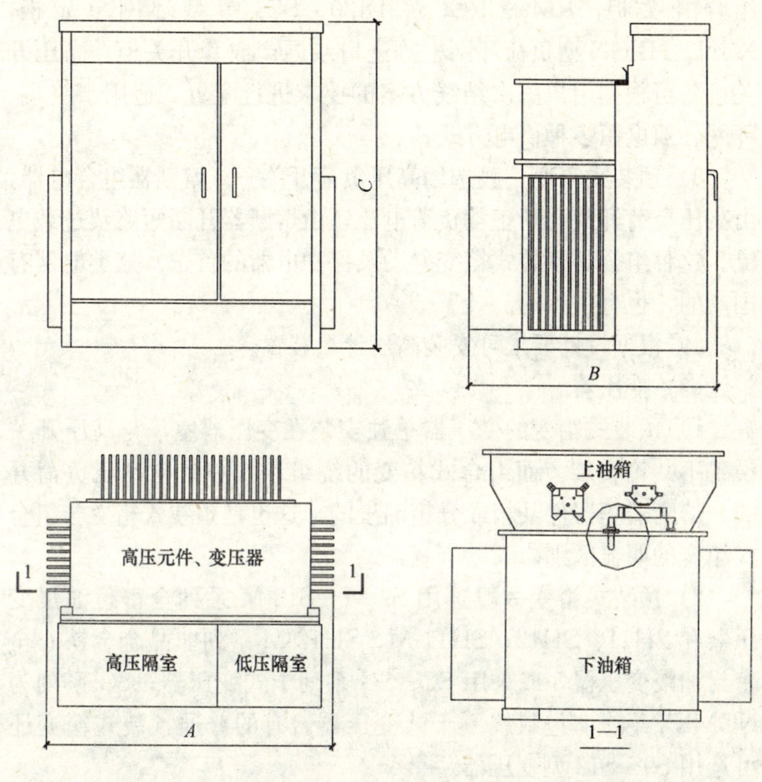

YBP□-$\frac{Z}{H}$-□/10 预装式箱变外形尺寸

额定容量(kVA)	A	B	C	质量(kg)
100～250	1830	1580	1720	1600～2000
315～800	1830	1580	1920	2200～3600

图 1.10-4 ZGS□-$\frac{Z}{H}$-□/10 组合式箱变（改进型）外形及布置图

可用于户内。

（2）高压开关设备

1）所有高压开关设备都集中设置在独立的高压室内，与变压器分室安装，这是与组合式箱变的明显区别。

2）高压开关设备一般选用 GA、GE 系列 SF6 气体绝缘环网组合开关柜，RM6、RGC、8DJ20、SC6等型环网单元柜，XGN、HXGN型负荷环网柜等进口或国产成套开关柜。高压开关设备可根据用户一次结线方案的要求进行配置，适用于终端、环网、双电源多种供电方式。

3）预装式箱变一般选用高压负荷开关——熔断器组合电器，由高压负荷开关开断正常负荷电流，由熔断器开断短路及过载电流。这种组合是预装式箱变操动及保护电器的首选。这类电器有国产的，也有进口的。

4）根据设计要求可安装高压计量装置。

（3）变压器

1）预装式箱变的变压器单独安装在变压器室，与高压开关设备不共箱安装。而组合式箱变的绕组和铁心是与高压负荷开关、熔断器等器件共箱或分箱油浸的。这也是预装式箱变与组合式箱变的明显区别。

2）预装式箱变一般选用S9-M～S12-M系列全密封油浸变压器和SH11、SH12、SH11-M、SH12-M系列非晶合金铁心全密封油浸变压器，或采用SC、SG系列干式变压器，SG系列为NOMEX绝缘非包封线圈干式变压器。有的普通预装式箱变还可选用S9～S12型变压器。

3）预装式箱变可根据环境条件和过负荷运行情况，加装通风机和温控温显装置。

（4）低压配电装置

1）预装式箱变的低压室一般大于组合式箱变的低压室，能安装较多的出线开关。低压室配电装置可根据用户的不同要求进行设计，并可安装低压计量和无功补偿装置。

2）低压室内开关设备可以采用面板装或柜装形式。柜装时宜选用专为箱变设计的结构紧凑体积小的低压柜，这种低压柜均为板前操动与维护，以尽量减少箱变的外形尺寸。

3）低压配电装置的元器件可以是国产的，也可以是进口的，根据用户的不同要求进行设计。

(5) 附加装置

箱变根据用户要求可配置变压器风机和温控温显装置。也可配置箱内照明系统。根据环境条件要求还可以加装凝露控制系统。用于路灯照明的箱变可加装光控时控装置。

(6) 预装式箱变的主要形式

1) 按箱体结构的形式可分为紧凑型、普通型和智能型。

① 紧凑型箱变由高压（环网柜）室、变压器室、低压室三个功能单元组成、成套性强、结构紧凑、占地少、节能、造价低。执行 DL/T 537—2002 标准。其产品型号有 DXB□/10、YB□/10 等。

② 普通型箱变是将高压柜、低压柜和变压器，套装在较大箱体内，组合方便，但体积大份量重。变压器罩在外壳内，需设机械通风。按 GB/T 17467—1998 标准归口管理。其产品型号较多，有 ZBW□/10 系列等。

③ 智能型箱变由高压、低压、变压器、计量单元及智能系统组成，成套性强，体积较小、占地少。采用基于 Profibus-DP 协议的现场总线，来实现智能化终端的功能。其产品型号有 XBZ1□/10、YBM（P）14、YBM（P）27 系列等。

2) 按安装方式可分平置型、沉箱型和地埋型三种（即箱变在地面上、部分在地面下和全部在地面下）。其中地埋型箱变是一种预制式地下箱式变电站，对改善地面环境有利，但通风与防水措施复杂、施工安装工程量大，目前很少采用。

2.3.2 对“欧式箱变”的完善

(1) “欧式箱变”基本具备变电站的功能，但缺少计量功能和无功补偿功能。根据我国供用电规则的要求，进口“欧式箱变”都必须由国内厂商进行加补，才能进入电网运行。我国生产的预装式箱变出厂时均具备计量和无功补偿功能。

(2) “欧式箱变”遵循的是 IEC—1330 标准，变压器在箱体内采取自然通风冷却。在正常使用条件下，变压器在外壳内的温升与同一台变压器在外壳外的温升之差值，IEC—1330 和 GB/T 17467 标准都明确规定了箱变外壳的级别有 10、20 和 30 三种，分别对应于上述条件下的10K、20K和30K变压器在箱壳内、外的最大温升差值。由此可见，若仅采取自然冷却，箱变的负载能力必然小于内装变压器的容量。因此，为了避免降容使用，完善后的“欧式箱变”和国产预装式箱变，都普遍采取在重载时进行强迫风冷的措施。

(3)“欧式箱变”整台体积小，高度一般不超过1.6m，不挡视线。但在国产化之后，由于有的生产厂选用的成套柜或元器件体积偏大或根据用户要求选用的变压器体积较大，使得整台箱变的体积较大，为了将箱变在地面以上的高度控制在不挡视线的范围内，因此将箱变的底部做成船型槽半埋到地下（即“沉箱型”），以达到良好的视野效果。

2.3.3　产品技术资料（产品型号）

预装式箱变的型号较多，现仅列出以下两个常用的型号：

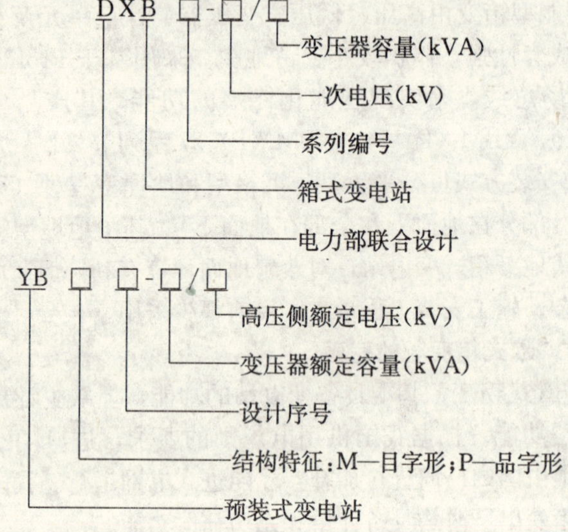

3　产品选用和安装要点

(1) 根据工程用电负荷的重要性及建设地点的高压供电等级

确定箱式变电站的高压进线电压等级。

(2) 根据工程所在地电网系统的短路容量、线路阻抗等参数进行短路电流计算，以便确定供电元件（如：高、低断路器、高压负荷开关、高压熔断器等）选型的具体参数和型号，并进行相关的校验。

(3) 进行负荷计算，并考虑适当余量后选择变压器的容量。

(4) 根据用户情况和环境条件选择合适的变压器类别（普通油浸变压器、密封式油浸变压器、干式变压器等)。

(5) 根据负荷情况选择恰当的低压出线回路数，确定低压断路器的容量，并预留适当的备用出线回路。

(6) 选择站址时应尽量靠近负荷中心，减少进出线电缆的长度，并应考虑便于进出线，便于维修等情况。

(7) 根据安装环境条件采取防止水淹的措施。

(8) 做好接地装置的安装。

(9) 基础做法与设备安装应满足所选用箱变产品资料的要求。

(10) 箱式变电站的土建施工与设备安装宜参照国家标准图集《室外变压器安装》(04D201-3) 中“预装式变电站”的做法。

4 查询、投标和订货时应提供的资料

4.1 查询和订货时应提供的资料

在查询或订购箱式变电站时，查询方应提供下列资料：

(1) 使用条件

最低和最高的周围空气温度；偏离正常使用条件或影响设备正常操动的任何情况，例如：海拔超过 1000m，快速的温度变化，风沙和雪，在水蒸气、潮气、烟雾、爆炸性气体、过量的尘埃或盐分（例如由车辆或工业污染引起的）下的过度暴露，地震或其他由外部因素引起的振动均应提供。

(2) 箱式变电站的特点和电气性能

标称和最高电压；额定电压；箱式变电站的额定最大容量；频率；相数；额定绝缘水平；额定短时耐受电流；额定短路持续时间；额定峰值耐受电流；高压和低压系统中性点接地方式；元件的额定值（高压和低压开关设备和控制设备，变压器，内部连接线）；元件的型式（例如空气绝缘的箱式开关设备的控制设备，油浸式变压器）；外壳级别；回路接线图；外壳的防护等级；变电站在地面下、部分在地面下或地面上安装；在内部或外部操动；外壳的材料和表面处理；机械应力（例如雪负荷、顶部负荷、风压等）；最大允许尺寸和影响箱式变电站平面图（总体布置）的特殊要求。

除了以上各项，查询方应简要地说明所有可能影响投标和订货的条件，例如：特殊的安装或就位条件、外部的高压连接线的位置、地方的防火和噪声控制规程。如果要求做特殊的型式试验，应提供有关的资料。

4.2 投标时应提供的资料

制造厂应给出下列资料（包括说明书和图样）：

(1) 4.1的（1）项和（2）项中列举的额定值和性能。

(2) 要求提供的形式试验证书或报告的清单。

(3) 结构特征，例如：各个运输单元的质量；箱式变电站的总质量；箱式变电站的外形尺寸和平面图（总体布置）；变压器的最大允许尺寸；外部连接线的布置说明；运输和安装的要求；运行和维护的说明；推荐的供用户采购的备件清单。

第11章 变配电所

1 变配电所所址选择

变电所是供电系统的中心环节，是进行电压变换及接受和分配电能的设施。它由变压器、高低压配电装置和附属设备组成。变压器是将系统的某一等级电压变换成用户需要的另一等级电压，通过变压进行电能传输的设备。配电装置将母线、隔离开关、断路器、熔断器、互感器、避雷器、消弧线圈、二次设备等按一定的要求组合起来，实现接受和分配电能的功能。二次设备包括测量和计量仪表、继电保护与自动装置、控制与信号设备和直流系统等。

建筑电气工程用户变电所的类型按其电压等级、供电容量、供电范围及其在系统中所处的地位可分为总变电所、分变电所。用户 35kV 及以下中压变电所称终端变电所。

1.1 变配电所的分类

在用电量较大的工业与民用建筑工程中，中压变配电系统一般采用 35kV、10 (6)kV 的电压等级。建筑电气工程中压变配电所是 35kV 及以下各级电压的变电所和配电所的总称，不包括 35kV 以上变电所时，也可称变配电所。中压变配电所包括下列主要类型：

(1) 35kV 变电所包括 35/10 (6)kV 变电所和 35/0.4kV 变电所。前者对用电单位来说常称总降压变电所或总变电所，后者又称 35kV 直降变电所。35/10 (6)kV 变电所由 35kV 配电室、主变压器（室）、10 (6)kV 配电室、电容器室组成。35kV 直降变电所由35kV配电室、35/0.4kV配电变压器（室）、低压配电室组成。

(2) 10 (6)kV配电所（简称配电所），也称开关站，有些地方又称开闭所。用户单位内的配电所常与10 (6)kV变电所合建。10 (6)kV配电所由10 (6)kV配电室、10 (6)kV电容器室组成。

(3) 10 (6)kV变电所（简称变电所），指高压侧电压为10 (6)kV变电所。在工业企业内又称车间变电所。10 (6)kV变电所由10 (6)/0.4kV配电变压器（室）和低压配电室组成。

另外，还有在炼钢、电解、铁路等工业企业中有特殊用途的电炉变电所、整流变电所、自动闭塞变电所等。

1.2 35kV变电所所址选择和所区布置

1.2.1 所址选择的一般规定

变电所所址的选择，应根据下列要求，综合考虑确定：

(1) 靠近负荷中心；

(2) 节约用地，不占或少占耕地及经济效益高的土地；

(3) 与城乡或工矿企业规划相协调，便于架空和电缆线路的引入和引出；

(4) 交通运输方便；

(5) 环境宜无明显污秽，如空气污秽时，地址宜设在受污源影响最小处；

(6) 具有适宜的地质、地形和地貌条件（例如避开断层、滑坡、塌陷区、溶洞地带、山区风口和有危岩或易发生滚石的场所），所址宜避免选在有重要文物或开采后对变电所有影响的矿藏地点，否则应征得有关部门的同意；

(7) 所址标高宜在50年一遇高水位之上，否则，所区应有可靠的防洪措施或与地区（工业企业）的防洪标准相一致，但仍应高于内涝水位；

(8) 应考虑职工生活上的方便及水源条件；

(9) 应考虑变电所与周围环境、邻近设施的相互影响。

1.2.2 所区布置要求

(1) 变电所的总平面布置应紧凑合理，并适当留有扩建余地。

(2) 变电所宜设置不低于 2.2m 高的实体围墙。城网变电所、工业企业变电所围墙的高度及形式，应与周围环境相协调。

(3) 变电所内为满足消防要求的主要道路宽度应为 3.5m。主要设备运输道路的宽度可根据运输要求确定，并应具备回车条件。

(4) 变电所的场地设计坡度，应根据设备布置、土质条件、排水方式和道路纵坡确定，宜为 0.5%～2%，最小不应小于 0.3%，局部最大坡度不宜大于 6%，平行于母线方向的坡度，应满足电气及结构布置的要求。当利用路边明沟排水时，道路及明沟的纵向坡度最小不宜小于 0.5%，局部困难地段不应小于 0.3%；最大不宜大于 3%，局部困难地段不应大于 6%。电缆沟及其他类似沟道的沟底纵坡，不宜小于 0.5%。

(5) 变电所内的建筑物标高、基础埋深、路基和管线埋深，应相互配合，建筑物内地面标高，宜高出屋外地面 0.3m；屋外电缆沟壁，宜高出地面 0.1m。

(6) 各种地下管线之间和地下管线与建筑物、构筑物、道路之间的最小净距，应满足安全、检修安装及工艺的要求，并宜符合《35～110kV 变电所设计规范》GB 50059—1992 的附录一和附录二的规定。

(7) 变电所所区场地宜进行绿化。绿化规划应与周围环境相适应并严防绿化物影响电气的安全运行。绿化宜分期、分批进行。

(8) 变电所排出的污水必须符合现行国家标准《工业企业设计卫生标准》GBZ 1—2002 的有关规定。

1.3 10 (6)kV 配变电所所址选择

1.3.1 所址选择的一般要求

配变电所位置选择，应根据下列要求经技术、经济比较确定：

(1) 接近负荷中心；

(2) 进出线方便；

(3) 接近电源侧；

(4) 设备吊装、运输方便；

(5) 不应设在有剧烈振动或高温的场所；

(6) 不宜设在多尘、水雾（如大型冷却塔）或有腐蚀性气体的场所，如无法远离时，不应设在污染源的下风侧；

(7) 不应设在厕所、浴室或其他经常积水场所的正下方且不宜与其贴邻；

(8) 不应设在爆炸危险场所以内和不宜设在有火灾危险场所的正上方或正下方，如布置在爆炸危险场所范围以内和布置在与火灾危险场所的建筑物毗连时，应符合现行的《爆炸和火灾危险环境电力装置设计规范》GB 50058—1992 的规定；

(9) 配变电所为独立建筑物时，不宜设在地势低洼和可能积水的场所；

(10) 高层建筑地下层配变电所的位置，宜选择在通风、散热条件较好的场所；

(11) 配变电所位于高层建筑的地下室（或其他地下建筑）时，不宜设在最底层。当地下仅有一层时，应采取适当抬高该所地面等防水措施，并应避免洪水或积水从其他渠道淹渍配变电所的可能性。

1.3.2 有关设计规定

(1) 装有可燃性油浸电力变压器的变电所，不应设在耐火等级为三、四级的建筑内。

(2) 一类高层、多层主体建筑内，严禁设置装有可燃性油的电气设备的配变电所。二类高层、多层主体建筑内不宜设置装有可燃性油的电气设备的配变电所，如受条件限制必须设置时可采用难燃性油的变压器，应设在首层靠外墙部位，且不应设在人员密集场所的正上方、正下方、贴邻或疏散出口的两旁，并应采取相应的防火和排油措施。

(3) 高层建筑的配变电所，宜设置在地下层或首层；当建筑物高度超过 100mm 时，也可设在高层区的避难层或上技术层内，但应注意解决设备的垂直搬运及 10kV 电缆敷设方式问题。

(4) 变电所应避开建筑物的伸缩缝、沉降缝处；并应避免积水沿其他渠道淹渍配变电所的可能。

(5) 变压器室不宜与有防电磁干扰要求的设备或机房贴邻或位于其正上方、正下方，不能满足时考虑防电磁干扰措施。

(6) 由市政管理及供电部门维护的高压分界小室，当位于建筑物内时应选择在地下一层或首层，并与变电所相邻。

(7) 大、中城市除居住小区的杆上变电所外，民用建筑中不宜采用露天或半露天的变电所，如确因需要设置时，宜选用带防护外壳的户外成套变电所。

(8) 露天或半露天的变电所，不应设置在下列场所：有腐蚀性气体的场所；挑檐为燃烧体或难燃体和耐火等级为四级的建筑物旁；附近有棉、粮及其他易燃物品集中的露天堆场；容易沉积可燃粉尘、可燃纤维、灰尘或导电尘埃且严重影响变压器安全运行的场所。

(9) 独立设置的配变电所、变压器室、电容器室不宜朝西开窗，确有困难时应采取加装遮阳挑檐，机械通风及植树等防西晒措施。

2　变配电所的布置

2.1　布置型式

变配电所的型式应根据用电负荷情况和周围环境确定，并应符合下列规定：

(1) 35/10 (6)kV 变电所分屋内式和屋外式。屋内式运行维护方便，占地面积少。在选择 35kV 总变电所的型式时，应考虑所在地区的地理情况和环境条件，因地制宜；技术经济合理时，应优先选用占地少的形式。35kV变电所宜用屋内式。

(2) 配电所一般为独立式建筑物，也可与所带10 (6)kV变电所一起附设于负荷较大的厂房或建筑物。

(3) 变电所的形式应根据用电负荷的状况和周围环境情况确定，并应符合下列规定：负荷较大的车间和站房，宜设附设变电所或半露天变电所；负荷较大的多跨厂房，负荷中心在厂房的中部且环境许可时，宜设车间内变电所或组合式成套变电站；高层或大型民用建筑内，宜设室内变电所或组合式成套变电站；负荷小而分散的工业企业和大中城市的居民区、宜设独立变电所，有条件时也可设户外箱式变电站；环境允许的中小城镇居民区和工厂的生活区，当变压器容量在315kVA及以下时，宜设杆上式或高台式变电所。

2.2 总体布置

变配电所设计应根据工程特点、负荷性质、用电容量、所址环境、供电条件、运行和安装维护，并适当考虑发展的可能性，合理选择设备和进行设备布置，并应满足下列规定：

(1) 布置要紧凑合理，便于设备的操作、搬运、检修、试验和巡视。高低压配电室内，宜留有适当数量配电装置的备用位置。

(2) 不带可燃性油的高、低压配电装置和非油浸的电力变压器，可设置在同一房间内。具有符合IP3X防护等级外壳的不带可燃性油的高、低压配电装置和非油浸的电力变压器，当环境允许时，可相互靠近布置在同一房间内。

(3) 有人值班的配电所，应设单独的值班室。当低压配电室兼作值班室时，低压配电室面积应适当增大。高压配电室与值班室应直通或经过通道相通，值班室应有直接通向户外或通向走道的门。

(4) 变电所宜单层布置。当采用双层布置时，变压器应设在底层。设于二层的配电室应设搬运设备的通道、平台或孔洞。

(5) 变配电所各房间经常开启的门、窗不宜直接通向相邻的酸、碱、蒸气、粉尘和和噪声严重的场所。

(6) 配电室、变压器室、电容器室的门应向外开。相邻配电室之间有门时，该门应双向开启或向低压方向开启。

(7) 当地震设防烈度为7度及以上时，电气设备的安装应符合下列要求：设备引线和设备间连线宜采用软导线，其长度应留有余量，当采用硬母线时，应有软导线或伸缩接头过渡；电气设备和装置的安装必须牢固可靠，设备和装置安装螺栓或焊接强度必须满足抗震要求；变压器类宜取消滚轮及轨道，并应固定在基础上。

(8) 柴油发电机室、控制室、重要变电所的值班室，应为单独房间。

(9) 高、低压配电室、变压器室、电容器室、控制室内不应有与其无关的管道和线路通过。

(10) 有人值班的独立变电所，宜设有厕所和给排水设施。

(11) 户外箱式变电站和组合式成套变电站的进出线宜采用电缆。

2.3 控制室布置

(1) 控制室应位于运行方便、电缆较短和朝向良好的地方。

(2) 控制室一般毗连高压配电室。当整个变电所为多层建筑时，控制室一般设在上层。

(3) 控制室内设置集中的事故信号和预告信号。室内安装的设备主要有控制屏、信号屏、所用电屏、电源屏，以及要求安装在控制室内的电能表屏和保护屏。

对于采用微机监控的变配电所，控制室内宜设置操纵台（工业型微机、打印机、专用通信前置机、模拟盘控制专用微机、抗干扰电源、UPS电源等）和光电动态显示模拟盘，以及所用电屏、直流电源屏。

(4) 屏的布置应使电缆最短、交叉最少。

(5) 屏的布置要求监视、调试方便，力求紧凑，并应注意整齐美观。

(6) 屏的排列方式视屏的数量多少而定，主环采用一字形、L形或Ⅱ形布置。

(7) 正面布置控制屏、信号屏。电源屏和所用电屏一般布置在侧面或正面的边上。控制屏的模拟接线应清晰，并尽量与实际配置相对应。

(8) 控制室各屏间及通道宽度可参考表 1.11-1。在工程设计中应根据房间大小，屏的排列长度作适当调整。

控制室各屏间及通道宽度（单位：mm）　　表 1.11-1

简图	符号	名称	一般值	最小值
b_2 b_1 b_3 b_4	b_1	屏正面—屏背面		2000
	b_2	屏背面—墙	1000	800
	b_3	屏边—墙	1000	800
	b_4	主屏正面—墙	3000	2500
		单排布置屏正面—墙	2000	1500

(9) 控制室应有两个出口。位于楼上的控制室，一个出口可通向室外楼梯的平台。

2.4　高压配电室布置

2.4.1　一般要求

(1) 配电装置尽量采用成套设备，其型号、规格应一致。配电装置应装设闭锁及连锁装置，以防止误操作事故的发生。

(2) 带可燃性油的高压配电装置，宜装设在单独的高压配电室内；当 10 (6)kV 高压开关柜的数量为 6 台及以下时，可和低压配电柜装设在同一房间内。

(3) 在同一配电室内单列布置的高低压配电装置，当高压开关柜或低压配电柜顶面有裸露带电导体时，两者之间的净距不应小于 2m；当高压开关柜和低压配电柜的顶面外壳的防护等级符合 IP2X 时，两者可靠近布置。

(4) 高压配电装置的柜顶为裸母线分段时，两段母线分段处宜装设绝缘隔板，其高度不应小于 0.3m。

(5) 高压配电室内宜留有适当数量开关柜的备用位置。

(6) 由同一配电所的两段母线供给一级负荷用电时，母线分段处应设防火隔板或有门洞的隔墙。供给一级负荷用电的两路电缆不应通过同一电缆沟，当无法分开时，则该电缆沟内的两路电缆应采用阻燃性电缆，且应分别敷设在电缆沟两侧的支架上。

(7) 高压配电室可开窗，但应采取防止雨、雪、小动物、风沙及污秽尘埃进入的措施。窗台距室外地坪不宜低于 1.8，但临街的一面不宜装设窗口。

2.4.2 安全净距、通道、围栏及出口

(1) 室内外高压配电装置的最小电气安全净距见表 1.11-2 和图 1.11-1。

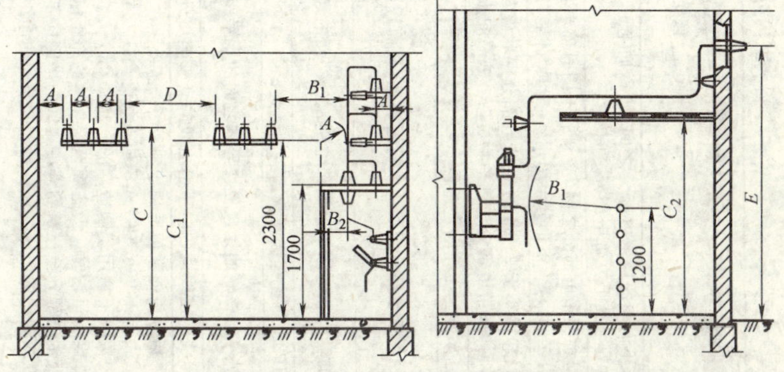

图 1.11-1 供校验用室内外高压配电装置最小电气安全净距

(2) 配电装置的布置应便于设备的搬运、检修、试验和操作。

室内外配电装置安全距离技术参数 **表 1.11-2**

符号	名称 / 内容 \ 额定电压(kV)	最小电气安全净距(mm) <0.5	3	6	10	35	备注
A	同相、不同相的裸带电部分之间，遮栏向上延伸线距地2.3(2.5)m处与其上方带电部分之间	20 (75)	75 (200)	100 (200)	125 (200)	300 (400)	
B_1	栅状遮栏至带电部分之间、交叉的不同时停电检修的无遮栏带电部分之间、裸带电部分至用钥匙(工具)才能打开的栅栏	800 (825)	825 (950)	850 (950)	875 (950)	1050 (1150)	A+750 室内 0.5kV 的除外
B_2	距地(楼)面小于2.5m的裸带电部分网状遮栏的防护等级为IP2X时，裸带电部分与遮护物(h≥1.7m)间水平净距	100 (175)	175 (300)	200 (300)	225 (300)	400 (500)	A+100 室内 0.5kV 的除外
B_3	裸带电部分至无孔固定遮栏	50	105	130	155	400	A+750 图中未出示
C	无遮栏裸带电部分至所内人行通道地(楼面)	柜前 2500 柜后 2300 (2500)	2500 (2700)	2500 (2700)	2500 (2700)	2600 (2900)	
C_1	设备的套管和绝缘子最低部位距地(楼)面的最小高度		2300 (2500)	2300 (2500)	2300 (2500)	2300 (2500)	否则应设固定遮栏或栅栏
C_2	具有IP2X防护等级网状遮栏的通道净高	1900	1900	1900	1900	1900	
D	不同时停电检修的无遮栏裸导体之间的水平距离	1875 (2000)	1875 (2200)	1900 (2200)	1925 (2200)	2100 (2400)	
E	低压母线引出线或(高)压引出线的套管至屋外人行通道面	(3650)	(4000)	(4000)	(4000)	(4000)	

注：1. 表中括号内的数值适用于室外。
2. 海拔大于1000m时，A值应按每升高100m增大1%修正。
3. 表中数值不适用于制造厂的产品。
4. 室外设备运输时，设备廊至裸导体的净距以及不同时停电检修的裸导体之间的垂直交叉距不小于表中B_1值。
5. 室外带电部分至建筑物外沿之间的净距应不小于D值。
6. 遮栏或栅栏的门应装锁。栅栏栅条间的净距以及栅栏最低栏杆至地面的净距应不大于200mm。

（3）高压配电室内各种通道的宽度不应小于表 1.11-3 所列数值。高压开关柜靠墙布置时，侧面离墙不应小于 200mm，背面离墙不应小于 50mm。

高压配电室内各种通道最小宽度（净距）（单位：mm）

表 1.11-3

通道分类	柜后维护通道	柜前操作通道	
单列布置	800(1000)	1500	单车长＋1200
双列面对面布置	800	2000	双车长＋900
双列背对背布置	1000	1500	单车长＋1200

注：1. 如果开关柜后面有进（出）线附加柜时，柜后维护通道宽度应从其附加柜算起。

2. 括号内的数值适用于 35kV 开关柜。

（4）当电源从柜后进线且需在正背后墙上另设隔离开关及其手动机构时，柜后通道净宽不应小于 1.5m；当柜背面的防护等级为 IP2X 时，可减为 1.3m。

（5）长度大于 7m 的高压配电室应设两个出口，并宜布置在配电室的两端。长度大于 60m 时，宜增添一个出口；位于楼上的配电室至少设一个出口通向室外的平台或通道。

（6）配电装置的长度大于 6m 时，其柜（屏）后的通道应为两个出口。

（7）配电室内裸带电部分上方不应布置灯具，若必须设置时，灯具与裸导体的水平净距应大于 1m。灯具不得采用吊链或软线吊装。

（8）室内配电装置裸露带电部分上方不应有明敷的照明或电力线路跨越。

（9）配电装置室内通道应保证畅通无阻，不得设立门槛，并不应有与配电装置无关的管道通过。

2.4.3 防火与蓄油设施

（1）室内单台电气设备的总油量在 100kg 以上时，应设储油设施或挡油设施。挡油设施宜按容纳 20％油量设计，并应有将事故油排至安全处的设施，否则应设置能容纳100%油量的储油设施。排油管内径的选择应考虑尽快将油排出，其值不应小于150mm。

(2) 配电室的门应为向外开的防火门，门上应装有弹簧锁，严禁用门闩。相邻配电室之间有门时，应能向两个方向开启。

(3) 配电装置室按事故排烟要求，可装设事故通风装置。事故通风装置的电源应由室外引来，其控制开关应安装在出口处外面。

(4) 高压配电室内应有消防器材，必要时可设置气体灭火装置。

2.5 电容器室布置

(1) 屋内高压并联电容器装置和高压开关柜不宜同室布置，宜设置在单独的房间内。当电容器组容量较小时，可设置在高压配电室内，但与高压配电装置的距离不应小于1.5m。

(2) 低压电容器装置可设置在低压配电室内，当电容器总容量较大时，考虑通风和安全运行宜设置在单独房间内。

(3) 成套电容器柜单列布置时，柜正面与墙面距离不应小于1.5m；当双列布置时，柜面之间距离不应小于2.0m。

(4) 装配式电容器组单列布置时，网门与墙距离不应小于1.3m；当双列布置时，网门之间距离不应小于1.5m。

(5) 安装在室内的装配式高压电容器组，下层电容器的底部距地面不应小于0.2m，上层电容器的底部距地面不宜大于2.5m，电容器装置顶部到屋顶净距不应小于1.0m。高压电容器布置不宜超过3层。

(6) 电容器外壳之间（宽面）的净距，不宜小于0.1m。电容器的排间距离，不宜小于0.2m。

(7) 长度大于7m的高压、低压电容器室应设两个出口，并宜布置在两端。电容器室的门应向外开。

(8) 电容器室应有良好的自然通风，浸渍纸介质电容器的损耗不超过 3W/kvar（1kV 及以下时为 4W/kvar)。通风窗的有效面积如无准确的计算资料，可根据进风温度高低（35℃或 30℃）按每 1000kvar 需要下部进风面积和上部出风面积 0.6m² 或 0.33m² 估算，低压电容器室的通风面积加大 1/3。

2.6 低压配电室布置

(1) 低压配电设备的布置应便于安装、操作、搬运、检修、试验和监测。

(2) 低压配电室的长度超过 7m 时，应设两个出口，并宜布置在配电室两端；位于楼上的配电室至少应设一个出口通向室外的平台或通道。

(3) 成排布置的低压配电柜的长度超过 6m 时，其柜后通道应设两个通向本室或其他房间的出口，如果两个出口间的距离超过 15m 时尚应增加出口。

(4) 低压配电室可设能开启的自然采光窗，但应有防止雨、雪和小动物进入室内的措施。临街的一面不宜开窗。

(5) 同一配电室内并列的两段母线，当任一段母线有一级负荷时，母线分段处应设防火隔断措施。由同一低压配电室供给一级负荷用电的两路电缆不应通过同一电缆沟，当无法分开时，则该两路电缆应采用阻燃电缆，且应分别敷设在电缆沟两侧支架上。

(6) 成排布置的低压柜，其柜前、柜后通道宽度不应小于表 1.11-4 所列数值。

低压配电室内各种通道最小宽度（净距）（单位：mm）

表 1.11-4

布置方式	柜前操作通道	柜后操作通道	柜后维护通道
固定柜单排式	1500(1300)	1200	1000(800)
固定柜双排面对面式	2000	1200	1000(800)

续表

布置方式	柜前操作通道	柜后操作通道	柜后维护通道
固定柜双排背对背式	1500(1300)	1500	1500
单面抽屉柜单排式	1800(1600)		1000(800)
单面抽屉柜面对面式	2300(2000)		1000(800)
单面抽屉柜背靠背式	1800		1500

注：1. 柜后操作通道系指装有断路器需柜后操作时。

2.（　）内数字为通道内有局部凸出物时，通道最小宽度。

(7) 低压配电室兼作值班室时，配电柜正面距墙不宜小于3m。

(8) 低压配电室的高度应和变压器室综合考虑，一般可参考下列尺寸：

1) 与台高地坪变压器室相邻时，其高度为4～4.5m；

2) 与不抬高地坪变压器室相邻时，其高度为3.5～4m；

3) 配电室为电缆进线时，其高度为3m；

4) 低压配电室的布置及低压柜的外形尺寸见图1.11-2及表1.11-5。

2.7 变压器室布置

(1) 每台油量为100kg及以上的三相变压器，应装设在单独的变压器室内。宽面推进的变压器低压侧宜向外；窄面推进的变压器油枕宜向外。

(2) 变压器室内可安装与变压器有关的负荷开关、隔离开关和熔断器。在考虑变压器布置及高、低压进出线位置时，应尽量使负荷开关或隔离开关的操动机构装在近门处。

(3) 在确定变压器室面积时，应考虑变电所所带负荷发展的可能性，一般按能装设大一级容量的变压器考虑。

(4) 可燃油油浸变压器外轮廓与变压器室墙壁和门的距离，就不小于表1.11-6所列数值。

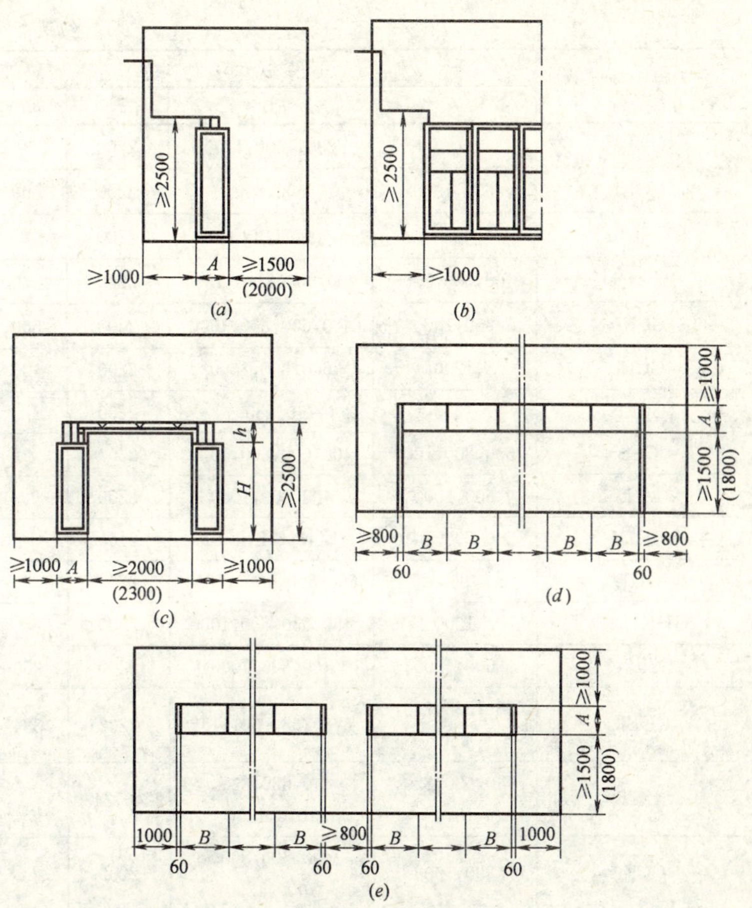

图 1.11-2 低压配电室的布置

(*a*) 单列离墙安装；(*b*) 侧面进线；(*c*) 双列离墙安装；(*d*)、(*e*) 平面布置

注：括号内的数值用于抽屉式低压配电屏。

低压柜的外形尺寸 **表 1.11-5**

开关柜型号	尺寸(mm)			
	A	*B*	*H*	*h*
JK	650,800	400,600,800,1000	2200	600
BGM、BGL、GGD1,2	600	800,1000	2200	

续表

开关柜型号	尺寸(mm)			
	A	*B*	*H*	*h*
GGD3	600,800	800,1000,1200	2200	
GGL1	600,1000	600,800	2200	550
GGL10	500	600,800,1000	2200	
Bloksdet	400,600,1000	700,900,1100,1300	2200	
GCK4	600,1000	400,600,800,1000	2200	500
GCL1	1200	600,800,1000	2200	420
GCLB	1000	600,800	2200	
GCS	600,800,1000	400,600,800,1000	2200	
MNS	600,1000	600,800,1000	2200	
GHD1	540,790,1040	443,658,874	2165	
GHL	800	660,800,1000,1200	2200	
GHK1,2,3	1000	450,650,800,1000	2200	
GZL2,3	600,1000	400,600,1000	2200	250
CUBIC	384,576,768,960	576,768,960,1152	2232	384
LGT	440,630,820,1010	440,630,820,1010,1200	2240,2430	
GCK3	800,1000	400,600,800,1000,1200	2200	
GDL8	570,760,950	570,760,950,1140	2210	
GMD190	600,1000	600,800,1000	2220	500
OKKen	650,900,100,1100	600,1000,1200,1400	2200、2350	
NY2000Z	800,1000	400,600,800,1000	2200	
M35	735,1085	490,560,700,840	2105 (2280)	
PRISMA	600,800,1000	700,900,1100	2025	

注：括号内的数值用于抽屉式低压配电柜。

可燃油油浸变压器外轮廓与变压器室墙壁和门的最小距离

表 1.11-6

变压器容量(kVA)	100～1000	1250～1600
变压器与后墙及侧墙净距(m)	0.6	0.8
变压器与门的净距(m)	0.8	1.0(1.2)

注：括号内的数值适用于 35kV 变压器。

(5) 有下列情况之一时，可燃性油浸变压器室的门应为甲级防火门：变压器室位于建筑物内。变压器室下边有地下室。变压器室位于容易沉积可燃粉尘、可燃纤维的场所。变压器室附近有粮、棉及其他易燃物大量集中的露天堆场。

此外，变压器室之间的门、变压器室通向配电室的门，也应为甲级防火门。

(6) 变压器室的通风窗应采用非燃烧材料。

(7) 车间内变电所和民用主体建筑内的附设变电所的可燃性油浸变压器室，应设置容量为 100％变压器油量的储油池。通常的做法是在变压器油坑内设置厚度大于 250mm 的卵石层，卵石层底下设置储油池，或者利用变压器油坑内卵石之间的缝隙作为储油池。

(8) 在下列场所的可燃性油浸变压器，应设置容量为 100％变压器油量的挡油设施（例如利用变压器室地坪抬高时的进风坑兼作挡油设施、设置挡油门、使变压器室的地坪有一定的坡度坡向后壁等)，或设置容量为 20％变压器油量的挡油池，并能将油排到安全处所的设施：变压器室位于容易沉积可燃粉尘、可燃纤维的场所；变压器室附近有粮、棉以及其他易燃物大量集中的露天场所；变压器室下面有地下室。

(9) 变压器室的大门一般按变压器外形尺寸加 0.5m。当一扇门的宽度为 1.5m 及以上时，应在大门上开一小门，小门宽 0.8m，高 1.8m。

(10) 在多层主体建筑的底层布置装有可燃性油的电气设置时，其底层外墙开口部位的上方应设置宽度不小于 1.0m 的防火挑檐。多油开关室和高压电容器室均应设有防止油品流散的设施。

(11) 10 (6)kV 油浸变压器室的高压则进线方式有架空进线或电缆进线；变压器低压侧出线一般为母线引出，也可用封闭母线和电缆出线；电源进线的断开点分为不设断开点、设隔离（负荷）开关、设负荷开关—熔断器三种形式；变压器室内的布置方式有宽面布置和窄面布置两种形式；变压器的安装方式有附设式低式和高式，车间内无风坑式和有风坑式；变压器的结构形式有敞开式或封闭式。设计时可参照国家标准图集《10/0.4kV 变压器室布置及变配电所常用设备构件安装》03D201-4。

(12) 干式变压器距墙及距门的距离不应小于表 1.11-7 所列数值。

干式变压器（有防护外罩）与墙壁和门最小距离（单位：m）

表 1.11-7

项目 \ 净距 \ 变压器容量(kVA)	100～1000	1250～1600	2000～2500
干式变压器带有 IP2X 以及上防护等级金属外壳距后壁，侧壁净距	0.6	0.8	1.0
干式变压器有金属网状遮栏距后壁，侧壁净距	0.6	0.8	1.0
干式变压器带有 IP2X 及以上防护等级金属外壳与门的净距	0.8	1.0	1.2
干式变压器有金属网状遮栏与门的净距	0.8	1.0	1.2

(13) 多台干式变压器布置在同一房间内时，变压器防护外壳间的净距不小于表 1.11-8 所列数值，参见图 1.11-3。

(14) 设置于变电所内的非封闭式干式变压器，应装设高度不低于 1.7m 的固定遮栏，遮栏网孔不应大于 40mm×40mm。变压器的外廓与遮栏的净距不宜小于 0.6m，变压器之间的净距不应小于 1.0m。

变压器防护外壳间的最小净距 **表 1.11-8**

项目＼净距＼变压器容量(kVA)		100～1000	1250～1600
变压器侧面具有 IP2X 防护等级及以上的金属外壳	A	0.60	0.80
变压器侧面具有 IP4X 防护等级及以上的金属外壳	A	可贴邻布置	可贴邻布置
考虑变压器外壳之间有一台变压器拉出防护外壳	B①	变压器宽度 b 加 0.60	变压器宽度 b 加 0.60
不考虑变压器外壳之间有一台变压器拉出防护外壳	B	1.00	1.2

注：① 变压器外壳的门应为可拆卸式。当变压器外壳的门为不可拆卸式时其 B 值应是门扇的宽度 C 加变压器宽度 b 之和再加 0.30。

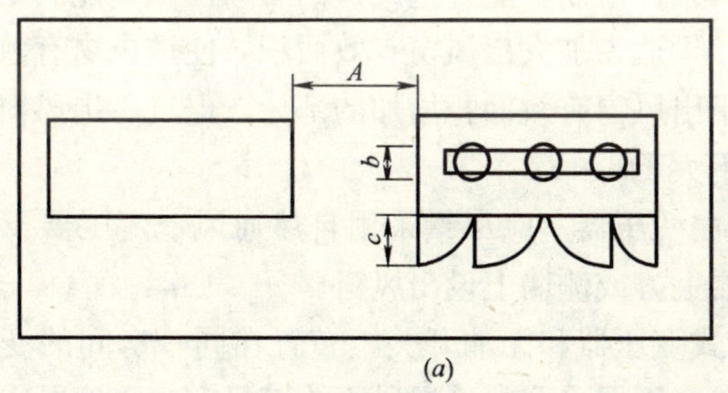

(*a*)

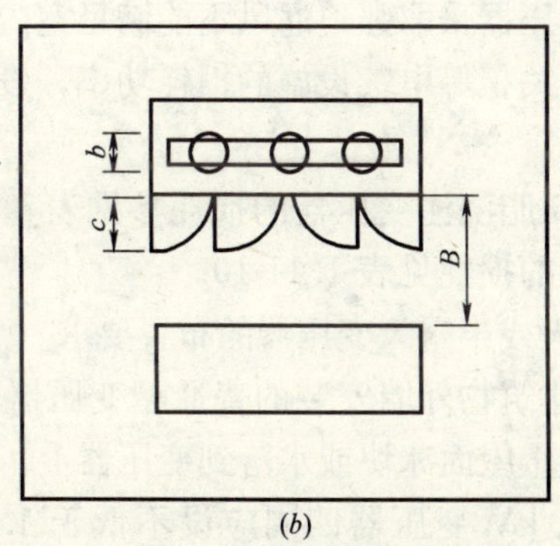

(*b*)

图 1.11-3 多台干式变压器布置

(*a*) 变压器之间 A 值；(*b*) 变压器之间 B 值

(15) 干式变压器的安装及布置可参见国家标准图集《干式变压器安装》99D201-2。

(16) 变压器室通风窗有效面积计算：

1) 通风窗有效面积计算公式如下

$$F_{\mathrm{j}}=F_{\mathrm{c}}=4.25P\sqrt{\frac{\xi}{h\Delta t^{3}}} \tag{1.11-1}$$

式中 F_{j}——进风窗有效面积，m^2；F_{c}——出风窗有效面积，m^2；P——变压器的全部损耗，kW；h——进风窗和出风窗中心高差，m；$\triangle t$——出风窗与进风窗空气的温差，℃，其值不大于15℃；ξ——进风口和出风口局部阻力系数之和，一般取5。

该公式的计算结果适用于进出风口有效面积之比为1∶1的情况。当因条件限制，能开进风口的有效面积不能满足上述比例要求时节，可适当加大出风窗有效面积，使进风窗有效面积不足的部分等于出风窗有效面积增加的部分，但进、出风窗有效面积之比一般不大于1∶2。

2) 油浸变压器室应尽量采用自然通风，变压器下方设进风窗，变压器上方或侧墙上设出风窗。

3) 干式变压器和无油开关柜布置在同一房间的变电所，当自然通风或变压器采取强迫通风不能满足室内温度要求时，宜根据变压器和开关柜等电气设施的损耗功率，设置空调装置进行通风降温。

4) 环氧树脂浇注变压器的损耗参见表1.11-9。高低压开关柜和电容器柜的损耗见表1.11-10。

(17) 露天或半露天变压器的布置要求

1) 靠近建筑物外墙安装的普通型变压器不应设在倾斜屋面的低侧，以防止屋面冰块或水落到变压器上。

2) 10 (6)kV 变压器四周应设不低于1.7m的固定围栏或墙。变压器外廓与围栏或墙的净距不小于0.8m，其底距地面的距离不应少于0.3m。相邻变压器之间的净距不应小于1.5m。

环氧树脂浇注变压器损耗 **表 1.11-9**

SC(B)10 型变压器	P_0 (W)	P_k (75℃,W)	U_k (%)	P_Σ (W)	SC(B)9 型变压器	P_0 (W)	P_k (75℃,W)	U_k (%)	P_Σ (W)
160	480	1860		2340	160	500	1980		2480
200	550	2200		2750	200	560	2240		2800
250	630	2400		3030	250	650	2410		3060
315	770	3030	4	3800	315	820	3100	4	3920
400	850	3480		4330	400	900	3600		4500
500	1020	4260		5280	500	1100	4300		5400
630	1180	5120		6300	630	1200	5400		6600
630	1130	5200		6330	630	1100	5600		6700
800	1330	6060		7390	800	1350	6600		7950
1000	1550	7090		8640	1000	1550	7600		9150
1250	1830	8460	6	10290	1250	2000	9100	6	11100
1600	2140	10200		12340	1600	2300	11000		13300
2000	2400	12600		15000	2000	2700	13300		16000
2500	2850	15000		17850	2500	3200	15800		19000

注：P_0—空载损耗；P_k—负载损耗；P_Σ—总损耗；U_k—短路阻抗电压百分数。

高压开关柜、高压电容器柜及低压开关柜、低压电容器柜损耗

表 1.11-10

高压开关柜（W/台）	高压电容器柜（W/kvar）	低压开关柜（W/台）	低压电容器柜（W/kvar）
200	3	300	4

3）供给一级负荷用电或油量均为 2500kg 以上的相邻可燃性油浸变压器的防火净距不应小于 5m，否则应设置防火墙，墙应高出油枕顶部，其长度应大于挡油设施两侧各 0.5m。

4）建筑物的外墙距室外可燃性油浸变压器外廓小于 5m 时，在变压器高度以上 3m 的水平线以下及外廓两则各加 3m（10kV 变压器油量在 1000kg 以下时，两侧各加 1.5m）的外墙范围内，不应有门窗通风孔。当建筑物外墙与变压器外廓的距离为 5～10m 时，可在外墙上设防火门，并可在变压器高度上设非燃性的固定窗。

5）当油量为 1000kg 以上时，应设置能容纳 100%油量的贮油池，或设置 20%油量的贮油或挡油墙。

设置容纳 20%油量的贮油池或挡油墙时，应有将油排到安全处所的设施，且不应引起污染危害。当设有油、水分离的总事故贮油池时，其容量不应小于最大一台变压器油量的 60%。

贮油池或挡油墙的长、宽尺寸，一般较变压器外廓尺寸每边相应加大 1m。贮油池的四周应高出地面 100mm，以防止雨水泥沙流入池内。贮油池内一般铺设厚度不小于 250mm 的卵石层，卵石直径为 50～80mm。

(18）户外箱式（预装式）变电站的布置要求

1）户外箱式变电站位置选择应避开室外低洼处，且具有良好的排水设施，基础台标高不低于 300mm。

2）基础台下应设电缆小室，小室高度不低于 1.2m。基础外设接地网，并选合适部位使接地极上部露出基础坑内。地上留出电缆小室的电缆井井盖。电缆小室预埋电缆管，管长 1500mm，

管径和数量由工程定。

3）箱式变电站进出电缆，高压应选用交联聚乙烯电缆，低压应选用全塑或交联聚乙烯电缆。

（19）杆上变压器台的布置要求

杆上变压器台应尽量避开车辆和行人较多的场所。在布线复杂、转角、分支、进户、交叉路口等的电杆上，不宜装设变压器台。

单柱式杆上变压器台适用于装设容量不超过30kVA的变压器；双柱式杆上变压器台可用于容量为50～315kVA的变压器，对于用电单位，不宜超过160kVA。

3 对有关专业的要求

3.1 防火要求

本章的前两节已经对变配电所各房间的防火要求作了较详细的介绍，尤其对油浸变压器室在防火方面的特殊要求和具体做法作了重点说明，本节在对其他专业的要求中不再重复。

3.2 选用标准图集

由于国产和进口变压器、高低压开关柜等变配电设备的型号、规格繁多，其外形尺寸，重量和基础做法各有差异，对楼（地）板荷载、基础安装，土建设计条件的要求亦各有不同，因此本节所列有关图、表只能作为设计参考。设计者应根据选用具体变配电设备的产品资料，决定相关土建条件和设备安装图。为了减轻工作量，电气设计可直接选用或参照下列标准图集：

(1) 10/0.4kV变压器室布置及变配所常用设备构件安装（03D201-4）；

(2) 室外变压器安装（04D201-3）；

(3) 干式变压器安装（99D201-2）；

(4) 其他有关国家标准图集和地方标准图集。

3.3 对土建、采暖、通风和给排水专业的要求

(1) 变配电所建筑物、构筑物的火灾危险性类别及最低耐火等级见表 1.11-11。

(2) 变配电所各房间对建筑的要求见表 1.11-12。

(3) 变配电所各房间对通风、采暖和给排水的要求见表 1.11-13。

(4) 变压器的轮距及计算荷重见表 1.11-14、表 1.11-15。

(5) 户内变压器基础设计条件见图 1.11-4。

(6) 户外变压器基础设计条件见图 1.11-5。

(7) 高低压开关柜、电容器柜及变配电所楼（地）板的计算荷重见表 1.11-16。

(8) 高、低压开关柜与高、低压电容器柜土建设计条件参见图 1.11-6～图 1.11-9。

变电所建筑物、构筑物的最低耐火等级　表 1.11-11

建、构筑物名称		火灾危险性类别	最低耐火等级
主控制室、继电器室(包括蓄电池室)		戊	二级
配电装置室	每台设备油量 60kg 以上	丙	二级
	每台设备油量 60kg 及以下	丁	
油浸变压器室		丙	一级
有可燃介质的电容器室		丙	二级
材料库、工具间(仅贮藏非燃烧器材)		戊	三
电缆沟及电缆隧道	用阻燃电缆	戊	二级
	用一般电缆	丙	

注：主控制室、继电器室的戊类应具备防止电缆着火延燃的安全措施。

变配电所各房间对建筑的要求　　表 1.11-12

<table>
<tr><td rowspan="2">房间名称</td><td rowspan="2">高压配电室
（有充油电气设备）</td><td rowspan="2">高压电容器室</td><td rowspan="2">油浸变压器室</td><td colspan="2">干式变压器室</td><td rowspan="2">低压配电室</td><td rowspan="2">控制室</td><td rowspan="2">值班室</td></tr>
<tr><td>独立布置</td><td>与配电装置同室布置</td></tr>
<tr><td>建筑物耐火等级</td><td>二级</td><td>二级（油浸式）</td><td>一级（非燃烧或难燃介质时为二级）</td><td colspan="2">二级</td><td>三级</td><td colspan="2">二级</td></tr>
<tr><td>屋面</td><td colspan="8">应有保温、隔热层及良好的防水和排水措施，平层顶应有必要的坡度，一般不设女儿墙</td></tr>
<tr><td>顶棚</td><td colspan="8">刷白</td></tr>
<tr><td>屋檐</td><td colspan="8">防止层面的雨水沿墙面流下</td></tr>
<tr><td>内墙面</td><td colspan="2">邻近带电部分的内墙面只刷白，其他部分抹灰刷白</td><td>勾缝并刷白，墙基应防止油浸蚀，与有爆炸危险场所相邻的墙壁内侧应抹灰并刷白</td><td>不必抹灰，但需勾缝刷白</td><td>抹灰、勾缝刷白</td><td colspan="3">抹灰并刷白</td></tr>
<tr><td>地坪</td><td>高标号水泥抹面压光</td><td>高标号水泥抹面压光，采用抬高地坪方案通风效果较好</td><td>敞开式及封闭低式布置采用卵石或碎石铺设，厚度为 250mm，变压器四周沿墙 600mm 需用混凝土抹平，高式布置采用水泥地坪，应向中间通风及排油孔作 2% 的坡度</td><td>水泥压光</td><td>水泥压光或水磨石</td><td>高标号水泥抹面压光</td><td>水磨石或水泥压光</td><td>水泥压光</td></tr>
</table>

续表

房间名称	高压配电室（有充油电气设备）	高压电容器室	油浸变压器室	干式变压器室		低压配电室	控制室	值班室
				独立布置	与配电装置同室布置			
采光和采光窗	宜设固定的自然采光窗，窗外应加铁丝网或采用夹丝玻璃，防止雨、雪和小动物进入，其窗台距室外地坪宜≥1.8m。在寒冷、污秽尘埃或风沙大的地区，宜设双层玻璃窗，临街一面不宜开窗	可设采光窗，其要求与高压配电室相同	不设采光窗	不设采光窗	自然采光，允许木窗，能开启的窗设纱窗，窗台高度≥1.8m	可设能开启的自然采光窗，并应设置纱窗，临街的一面不宜开窗	能开启的窗应设置纱窗，在寒冷或风沙大的地区采用双层玻璃窗	
通风窗	如果需要，应采用百叶窗内加铁丝网，防止雨、雪和小动物进入	采用百叶窗铁丝网、防止雨、雪和小动物进入	通风窗应采用非燃烧材料制作，应有防止雨、雪和小动物进入的措施；进出风窗都采用百叶窗，进风百叶窗内设网孔不大于10mm×10mm的铁丝网，当进风有效面积不能满足要求时，可只装设网孔≤10mm×10mm的铁丝网	出风窗采用百叶窗	进出风窗采用百叶窗			
				门上进风窗采用百叶窗，内设网孔不大于10mm×10mm的铁丝网				

续表

房间名称	高压配电室（有充油电气设备）	高压电容器室	油浸变压器室	干式变压器室		低压配电室	控制室	值班室
				独立布置	与配电装置同室布置			
门	门应向外开，相邻配电室有门时，该门应能双向开启或向低压方向开启							
	应为向外开的防火门，应装弹簧锁，严禁用门闩	与高压配电室相同	采用铁门或木门内侧包铁皮，单扇门宽≥1.5m时，应在大门上加开小门，小门上应装弹簧锁，锁的高度应考虑室外开启方便，大门及大门上的小门应向外开启，其开启角度≥120°，同时要尽量降低小门的门槛高度，使在室内外地坪标高不同时，出入方便	采用非防火门，单扇门宽≥1.5m时，在双扇门的一扇上应加开供维护人员出入的朝外开启的小门，小门应装弹簧锁，小门及大门的开启角度≥120°		允许用木制	允许用木制，在南方炎热地区经常开启的通向屋外的门内还宜设置纱门	
电缆沟 电缆室	水泥抹光并采取防水，排水措施，宜采用花纹钢盖板					水泥抹光并采取防水排水措施；宜采用花纹钢盖板		

变配电所各房间对采暖、通风、给排水的要求　　表 1.11-13

<table>
<tr><th rowspan="2">项目</th><th colspan="5">房间名称</th></tr>
<tr><th>高压配电室(有充油电气设备)</th><th>电容器室</th><th>油浸变压器室</th><th>低压配电室</th><th>控制室
值班室</th></tr>
<tr><td rowspan="2">通风</td><td rowspan="2">宜采用自然通风。当安装有较多油断路器时,应装设事故排烟装置,其控制开关宜安装在便于开启处</td><td>应有良好的自然通风,按夏季排风温度≤40℃计算;
室内应有反映室内温度的指示装置</td><td>宜采用自然通风,按夏季排风温度≤45℃计算,进风和排风的温差≤15℃</td><td rowspan="2">一般靠自然通风</td><td rowspan="2"></td></tr>
<tr><td colspan="2">当自然通风不能满足要求时,应设机械通风。当采用机械通风时,其通风管道应采用非燃性材料制作。如周围环境污秽时,宜加空气过滤器</td></tr>
<tr><td rowspan="2">采暖</td><td>一般不采暖,但严寒地区,室内温度影响电气设备和仪表正常运行时,应有采暖措施</td><td>一般不采暖,当温度低于制造厂规定值以下时应采暖</td><td></td><td>一般不采暖,当兼作控制室或值班室时,在采暖地区应采暖</td><td>在采暖地区应采暖</td></tr>
<tr><td colspan="5">控制室和配电室内的采暖装置,宜采用钢管焊接,且不应有法兰、螺纹接头和阀门等</td></tr>
<tr><td>给排水</td><td colspan="5">有人值班的独立变配电所宜设厕所和给排水设施</td></tr>
</table>

35/10kV 电力变压器轨轮距及计算荷重 表 1.11-14

型号	容量（kVA）	重量（kg）	油重（kg）	轨轮距（mm）
S9	800	3689	995	820
	1000	4260	1082	820
	1250	4775	1250	820
	1600	5788	1523	1070
	2000	6292	1687	1070
	2500	6480	1925	1070
	3150	8780	2100	1070
	4000	9970	2325	1070
	5000	11640	2640	1070
	6300	14000	2960	1475
	8000	16100	3300	1475
	10000	19120	5395	1475
	12500	24300	5395	1475
	16000	27300	5800	1475
	20000	31300	6400	1475
	25000	36600	7350	1475
	31500	43200	8700	1475
SFZ9	6300	13340	3160	1475
	8000	16670	4080	1475
	10000	19450	4350	1475
	12500	23760	5420	1475
	16000	27270	5920	1475
	20000	32460	6840	1475
SZ9	2000	7300	2100	1070
	2500	7665	2105	1070
	3150	9040	2500	1070
	4000	10611	2780	1070
	5000	12115	3090	1070
	6300	14470	3490	1475
	8000	17780	4380	1475
	10000	21240	5480	1475
	12500	25680	5960	1475
SC9	2000	6540		
	2500	6980		
	3150	9100		
	4000	10120		
	5000	12250		
	6300	15670		
	8000	18150		
	10000	22340		

注：各变压器的计算荷重 Q 为最大一级容量变压器的重量乘以 9.8，单位为 N。

10/0.4kV电力变压器轨轮距及计算荷重　表1.11-15

型号	容量(kVA)	重量(kg)	油重(kg)	轨轮距(mm)	型号	容量(kVA)	重量(kg)	油重(kg)	轨轮距(mm)
S9	315	1390	265	660	SCB9	400	1630		
	400	1645	320	660		500	1920		660
	500	1890	360	660		630	2210		660
	630	2825	605	820		800	2710		820
	800	3215	680	820		1000	3275		820
	1000	3945	870	820		1250	3950		820
	1250	4650	980	1070		1600	4785		820
	1600	5205	1115	1070		2000	5765		820

注：各变压器的计算荷重 Q 为最大一级变压器的重量乘以9.8，单位为N，但 Q 最小不小于30000N。

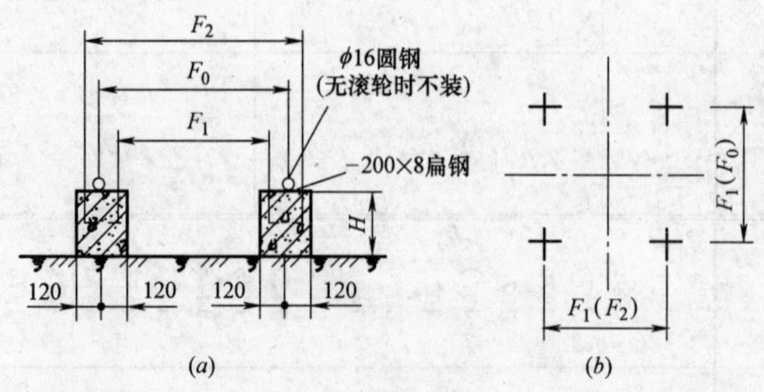

普通型电力变压器基础尺寸

变压器容量(kVA)	尺寸(mm)			变压器重量(kg)
	F_1	F_2	F_0	
200～400	550	660	605	2000
500～630	660	820	740	2900
800～1600	820	1070	945	6000
2000～5000	1070	1475	1273	(12500)
6300～10000			1475	(20000)

图1.11-4　户内变压器基础设计条件

(a) 变压器基础；(b) 荷重分布

注：1. 本图所示为不抬高地坪，当采用抬高地坪方案时，图中轨轮距仍然适用。

2. 表中括号内的数值适用于35kV变压器。

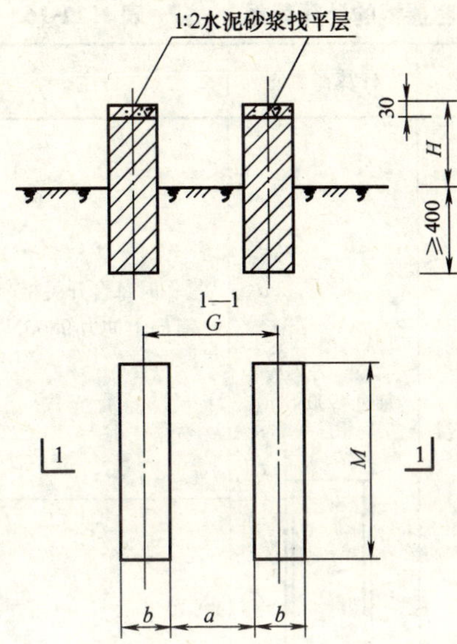

户外变压器基础尺寸 单位:mm

尺寸(mm)		变压器容量(kVA)					
		400	500	630	800	1000	1250
$H(S_9)$		1400	1400	1300	1000	900	800
M		1200	1200	1600	1600	1600	1600
G		660	660	660/820	820	820	820
$\frac{b}{a}$	混凝土	300	300	300	300	300	300
		360	360	360/520	520	520	520
	砖	370	370	370	370	370	370
		290	290	290/450	450	450	450
	200号块石	400	400	400	400	400	400
		260	260	260/420	420	420	420

图 1.11-5 户外变压器基础设计条件

注：1. 基础采用 M5 混合砂浆砌 MU10 砖或 M5 混合砂浆砌 MU20 块石。2. 基础须落在老土上。

高、低压开关柜、电容器柜的计算荷重　　　表 1.11-16

名称	型号	计算荷重图	备注
高压开关柜	JYN2-12,JYN4-12 JYN6-12,JYN8-12 KYN18A-12 KYN28-12,KYN28A-12 KYNA41-12,KYNZ12 KYN8000-10 KYN33-12 Munex KYN44-12(Z) KYN□-12(VUA) KGN1-12,XGN2-12	每边 4900N/m 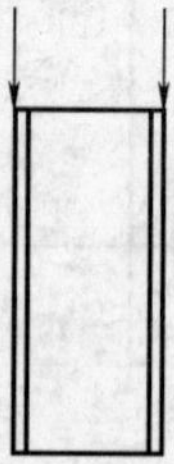	操作时每台开关柜尚有向上冲力 9800N
高压环网柜	XGN15-12 HXGN-12(L) (XGN20-12) HXGN15-12 RGC GA/GE HXGN-12ZF(R)		
高压电容器柜	GR-1 TBB		
低压配电柜	GGL1,GGL10 GGD1、2、3JK GHK1、2、3,GHL GCK1,GCK4 GCL1,GCLB GCS,MNS GHD1,CUBIC LGT	每边 2000N/m 	
低压电容器/屏	GGJ GRJ		

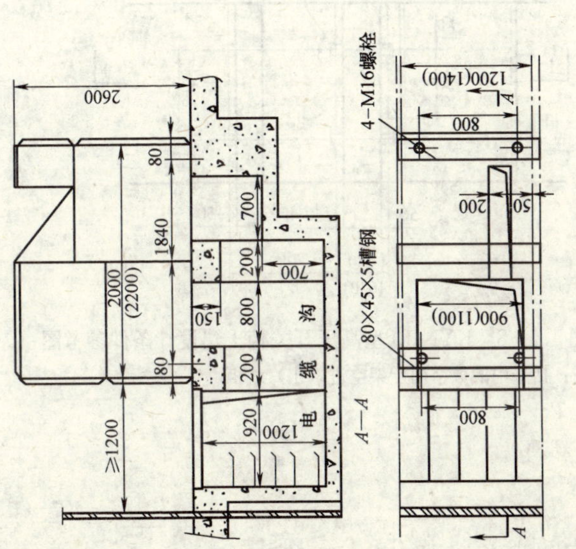

图 1.11-6 KYN□-35 型开关柜基础安装尺寸

注：括号内尺寸为真空断路器柜尺寸。

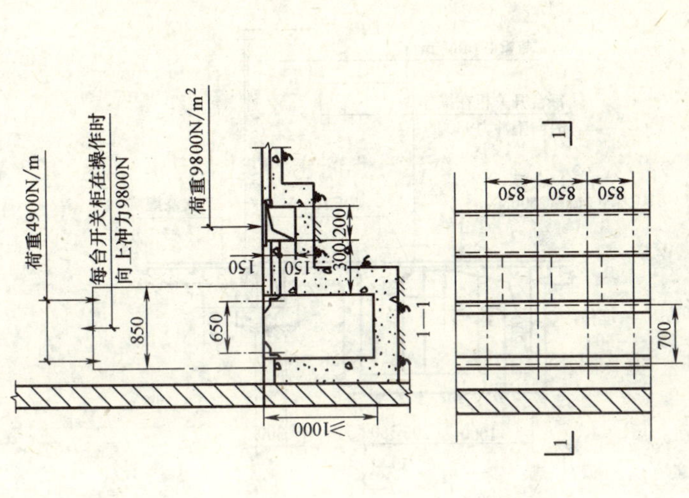

图 1.11-7 HXGN□-10 型高压开关柜土建设计条件参考图

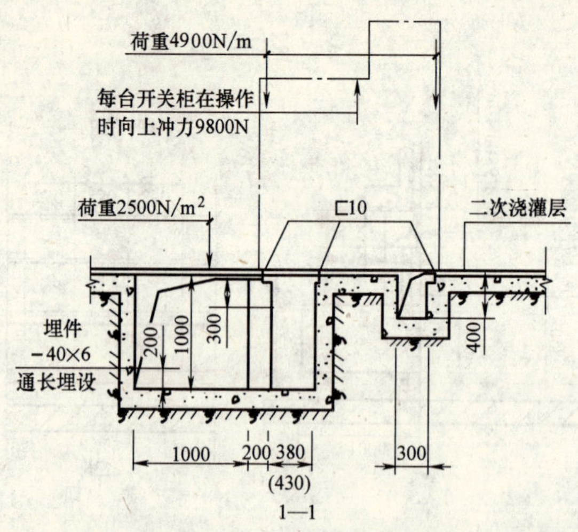

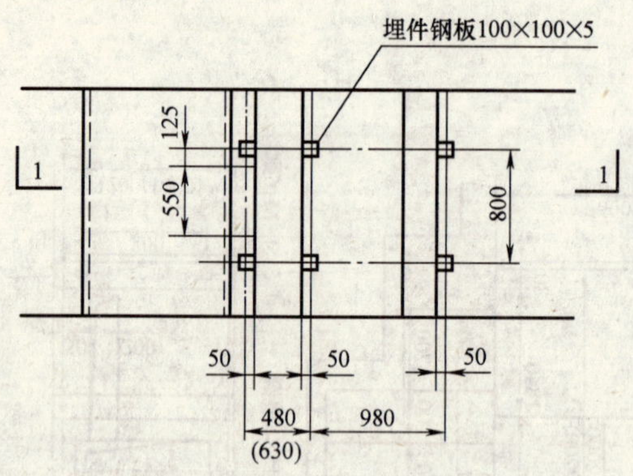

图 1.11-8 KYN-10 型高压开关柜土建设计条件参考图

注：括号中的数字用于架空进（出）线柜。

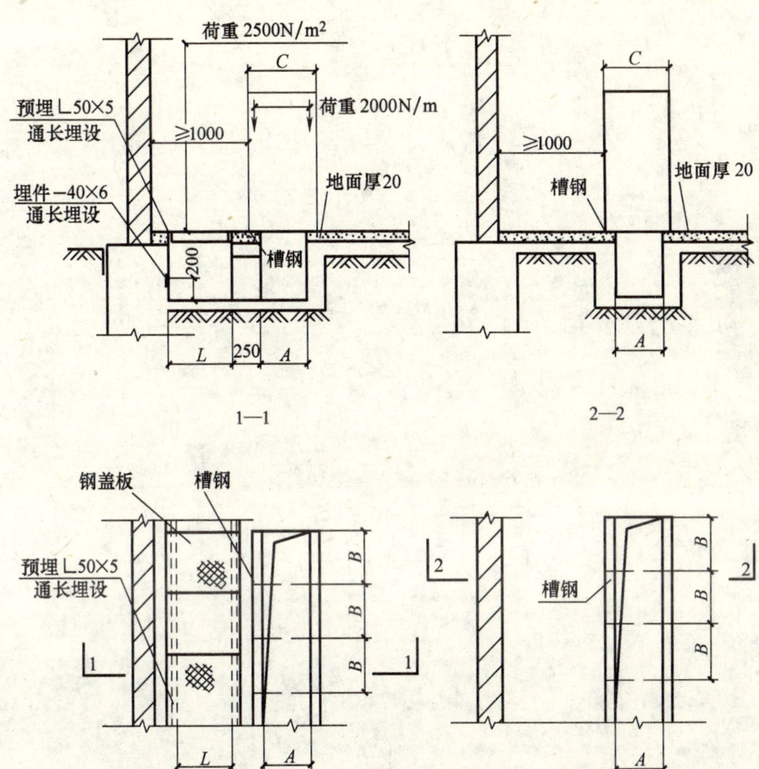

图 1.11-9 低压配电柜、低压电容器柜土建设计条件参考图

(*a*) 屏后有电缆沟；(*b*) 屏后无电缆沟（适用于电缆出线很少时）

注：1. 尺寸 B、L、A 由工程设计决定。

2. 槽钢型号及电缆沟深由工程设计决定。

第二篇　低压供配电系统工程

第 1 章　低压供配电系统

1　电力供配电系统

1.1　基本原则

（1）低压电力供配电系统应根据工程性质、规模、负荷容量等因素综合考虑。应满足生产和使用所需的供电可靠性和电能质量的要求，同时应注意接线简单，操动方便安全，具有一定灵活性，能适应生产和使用上的变化及设备检修的需要。

（2）自变压器二次侧至用电设备之间的低压配电级数不宜超过三级。

（3）在正常环境的车间或建筑物内，当大部分用电设备容量不很大，又无特殊要求时，宜采用树干式配电。

（4）当用电设备容量大，或负荷性质重要，或在有潮湿、腐蚀性环境的车间、建筑内，宜采用放射式配电。

（5）当一些用电设备距供电点较远，而彼此相距很近，容量很小的次要用电设备，可采用链式配电。但每一回路链接设备不宜超过 5 台，总容量不超过 10kW。

（6）在高层建筑内，当向楼层各配电点供电时，宜用分区树干式配电，但部分较大容量的集中负荷或重要负荷，应从低压配电室以放射式配电。

（7）生产流水线或互为备用的用电设备，根据生产要求，宜由不同的母线或线路配电。同一生产流水线的备用用电设备，宜由同一母线或线路配电。

（8）单相用电设备的配置应力求三相平衡。在 TN 及 TT 系统的低压电网中，如选 Y，yn0 接线组别的三相变压器，其由单相负荷三相不平衡引起的中性线电流不得超过 Y，yn0 接线的变压器低压绕组额定电流的 25%，且任一相的电流不得超过额定电流值。

(9) 冲击负荷和用量较大的电焊设备，宜与其他用电设备分开，用单独线路或变压器供电。

(10) 供配电系统的设计应便于运行、维修，生产班组或工段比较固定时，一个大厂房可分车间或工段配电，多层厂房宜分层设置配电箱，每个生产小组可考虑设单独的电源开关。实验室的每套房间宜有单独的电源开关。

(11) 在用电单位内部的邻近变电所之间宜设置低压联络线。

(12) 由树干式系统供电的配电箱其进线开关宜选用带保护的开关，由放射式系统供电的配电箱其进线可以用隔离开关。

1.2　常用低压电力配电系统

常用低压电力配电系统接线及有关说明见表 2.1-1。

常用低压电力配电系统　　**表 2.1-1**

名称	接线图	简要说明
放射式	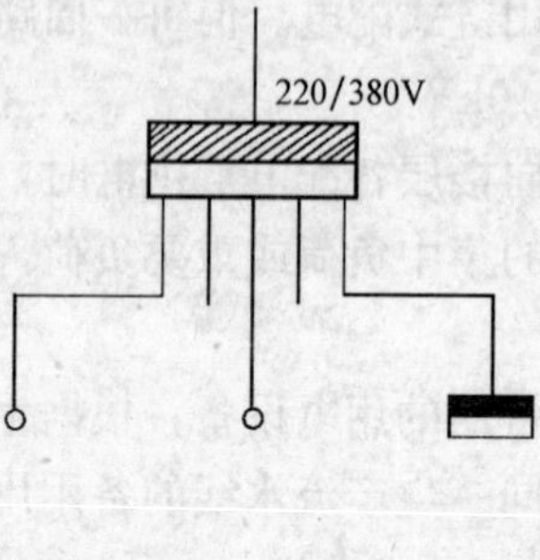 220/380V	配电线故障互不影响，供电可靠性较高，配电设备集中，检修比较方便，但系统灵活性较差，有色金属消耗较多，一般在下列情况下采用： 1. 容量大、负荷集中或重要的用电设备。 2. 需要集中连锁启动、停车的设备。 3. 有腐蚀性介质和爆炸危险等场所不宜将用电及保护启动设备放在现场者

续表

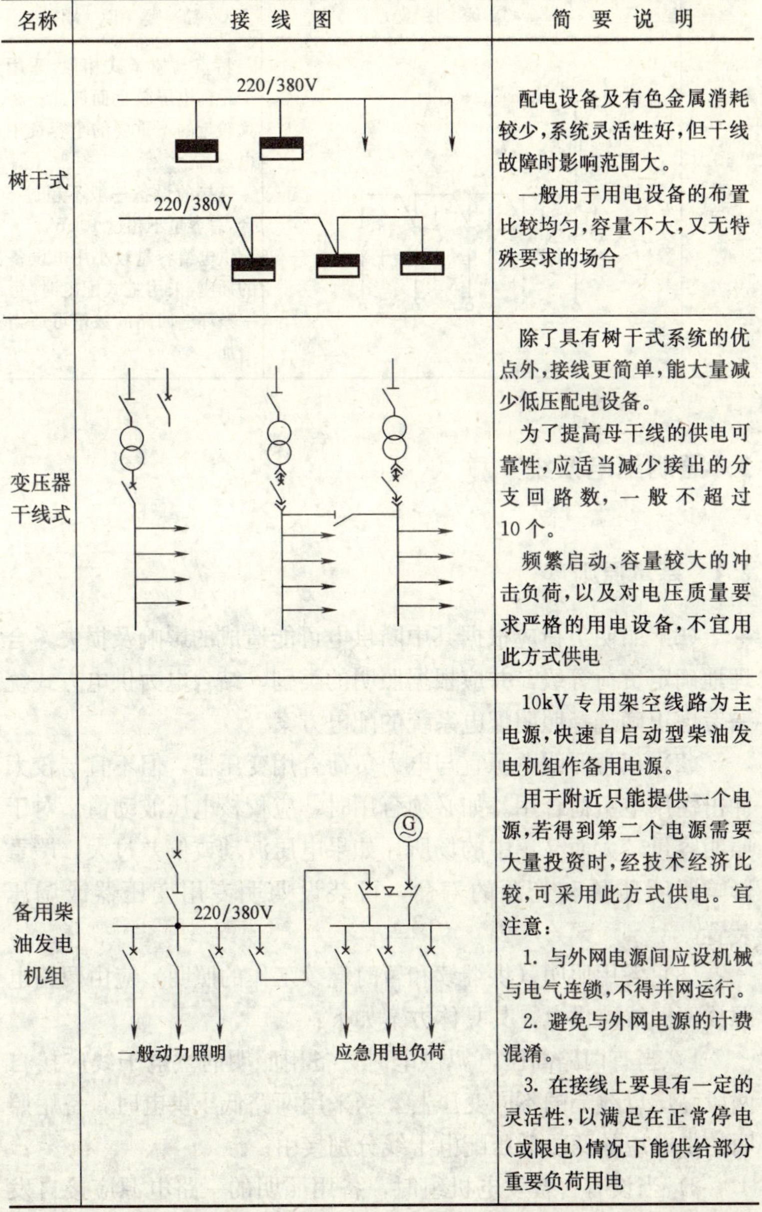

名称	接 线 图	简 要 说 明
树干式	220/380V 220/380V	配电设备及有色金属消耗较少，系统灵活性好，但干线故障时影响范围大。 一般用于用电设备的布置比较均匀，容量不大，又无特殊要求的场合
变压器干线式		除了具有树干式系统的优点外，接线更简单，能大量减少低压配电设备。 为了提高母干线的供电可靠性，应适当减少接出的分支回路数，一般不超过10个。 频繁启动、容量较大的冲击负荷，以及对电压质量要求严格的用电设备，不宜用此方式供电
备用柴油发电机组	G 220/380V 一般动力照明 应急用电负荷	10kV专用架空线路为主电源，快速自启动型柴油发电机组作备用电源。 用于附近只能提供一个电源，若得到第二个电源需要大量投资时，经技术经济比较，可采用此方式供电。宜注意： 1. 与外网电源间应设机械与电气连锁，不得并网运行。 2. 避免与外网电源的计费混淆。 3. 在接线上要具有一定的灵活性，以满足在正常停电（或限电）情况下能供给部分重要负荷用电

续表

名称	接 线 图	简 要 说 明
链式	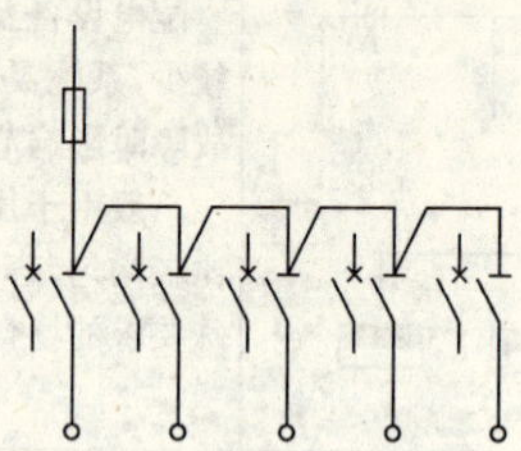	特点与树干式相似，适用于距配电屏较远而彼此相距又较近的不重要的小容量用电设备。 链接的设备一般不超过5台，总容量不超过10kW。 供电给容量较小用电设备的插座，采用链式配电时，每一条环链回路的数量可适当增加

2 照明配电系统

2.1 基本原则

（1）照明负荷应根据其中断供电可能造成的影响及损失，合理地确定负荷等级，并应根据照明的类别，结合电力供电方式统一考虑正确选择照明配电系统的配电方案。

（2）正常照明电源宜与电力负荷合用变压器，但不宜与较大冲击性用电负荷合用。如必须合用时，应校核电压波动值。对于照明容量较大而又集中的场所，如果电压波动或偏差过大，严重影响照明质量和光源的寿命，可装设照明专用变压器或调压装置。

（3）备用照明（供继续和暂时继续工作的照明）应由两路电源或两回线路供电，其具体方案如下：

1）当有两路高压电源供电时，备用照明的供电干线应接自两段高压母线上的不同变压器。当采用两路低压供电时，备用照明的供电应从两段低压配电干线分别接引。

2）当设有自备发电机组时，备用照明的一路电源应接自发电机作为专用供电回路，另一路可接自正常照明电源。在重要场所，尚应设置带有蓄电池的应急照明灯或用蓄电池组供电的备用照明，供发电机组投运前的过渡期间使用。

3）当供电条件不具备两路电源或两回线路时，备用电源宜采用蓄电池组，或设置带有蓄电池的应急照明灯。

4）当备用照明作为正常照明的一部分并经常使用时，其配电线路及控制开关应分开装设。当备用照明仅在事故情况下使用时，则当正常照明因故停电时，备用照明应自动投入工作。在有专人值班时，可采用手动切换。

5）疏散照明最好由另一台变压器供电。当只有一台变压器时，可在母线处或建筑物进线处与正常照明分开，还可采用镉镍电池（荧光灯还需带有直流逆变器）的应急照明灯。

6）在照明分支回路中，避免采用三相低压断路器对三个单相分支回路进行控制和保护。

7）照明系统中的每一单相回路的电流不宜超过 16A，灯具数量不宜超过 25 个。大型建筑组合灯具每一单相回路电流不宜超过 25A，光源数量不宜超过 60 个。建筑物轮廓灯每一单相回路不宜超过 100 个。

8）插座宜由单独的回路配电，并且一个房间内的插座宜由同一回路配电。当插座为单独回路时，数量不宜超过 10 个（组）。备用照明、疏散照明的回路上不应设置插座。

9）为减轻气体放电光源的频闪效应，可将其同一灯具或不同灯具的相邻灯管分接在不同相序的线路上。

10）机床和固定工作台的局部照明一般由电力线路供电。

11）移动式照明可由电力或照明线路供电。

12）道路照明可以集中由一个变电所供电，也可以分别由几个变电所供电，尽可能在一处集中控制。控制方式采用手动或自动，控制点应设在有人值班的地方。

13）露天工作场地、露天堆场的照明可由道路照明线路供电，也可由附近有关建筑物供电。

14）每个三相供电照明配电箱内最大最小相的单相负荷电流不宜超过30%。

2.2 电压选择

（1）照明网络一般采用220/380V三相四线制中性点直接接地系统，灯用电压一般为220V。当需要采用直流应急照明电源时，其电压可根据容量大小、使用要求来确定。

（2）安全电压限值有两档：正常环境50V；潮湿环境24V，安全电压及设备额定电压不应超过此限值。目前，我国常用于正常环境的手提行灯电压为36V。在不便于工作的狭窄地点，且工作者接触有良好接地的大块金属面（如在锅炉、金属容器内）时，用电压12V的手提行灯。

（3）在特别潮湿、高温、有导电灰尘或导电地面（如金属或其他特别潮湿的土、砖、混凝土地面等）的场所，当灯具安装高度距地面为2.4m及以下时，容易触及的固定式或移动式照明器的电压可选用24V，或采取其他防电击措施。

2.3 常用照明配电系统

常用照明配电系统的接线图及有关说明等见表2.1-2。

常用照明配电系统 表2.1-2

供电方式	接线图	简要说明
一台变压器	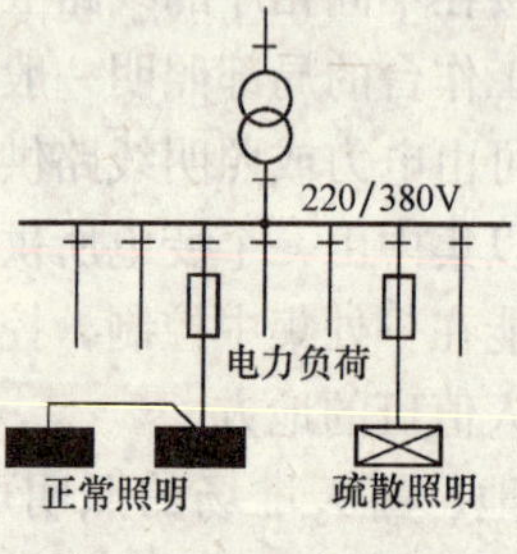	照明与电力负荷在母线上分开供电，疏散照明线路与正常照明线路分开

续表

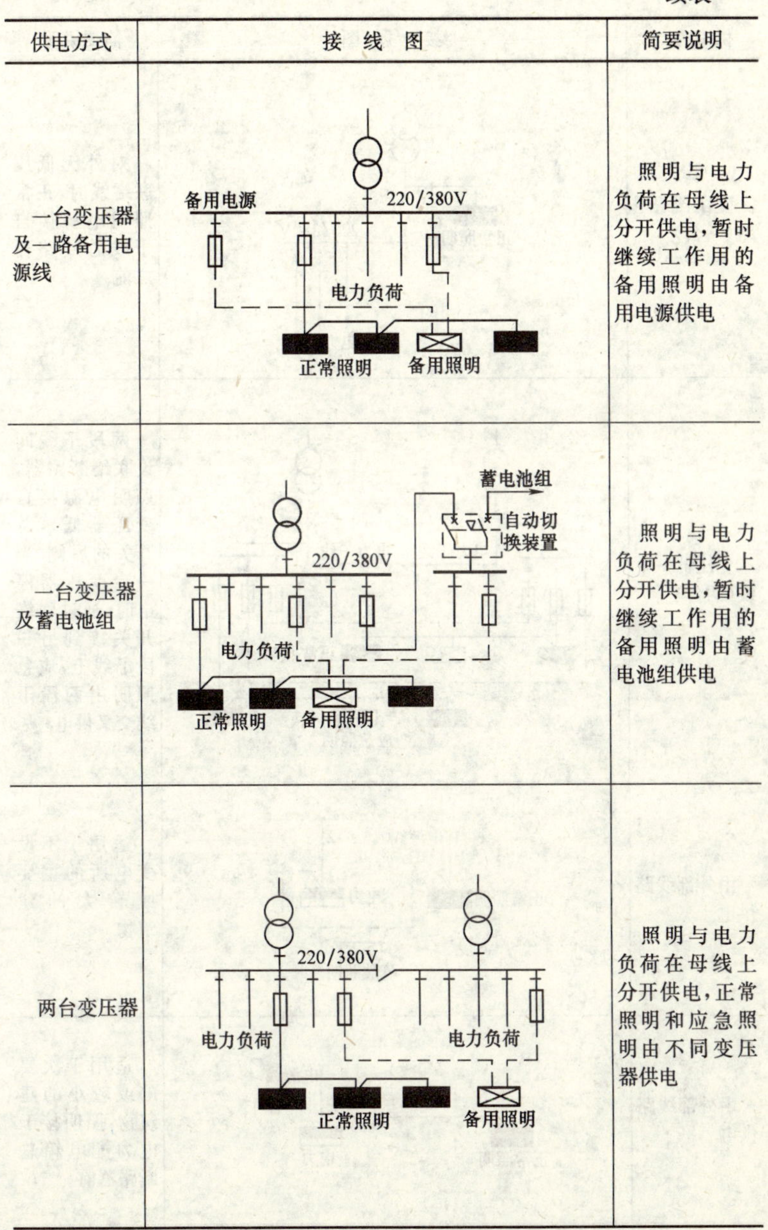

供电方式	接线图	简要说明
一台变压器及一路备用电源线	备用电源 220/380V 电力负荷 正常照明 备用照明	照明与电力负荷在母线上分开供电，暂时继续工作用的备用照明由备用电源供电
一台变压器及蓄电池组	蓄电池组 自动切换装置 220/380V 电力负荷 正常照明 备用照明	照明与电力负荷在母线上分开供电，暂时继续工作用的备用照明由蓄电池组供电
两台变压器	220/380V 电力负荷 电力负荷 正常照明 备用照明	照明与电力负荷在母线上分开供电，正常照明和应急照明由不同变压器供电

续表

供电方式	接线图	简要说明
变压器—干线(一台)	正常照明 220/380V 电力负荷	对外无低压联络线时,正常照明电源接自干线总断路器之前
变压器—干线(两台)	电力干线 电力干线 正常照明 应急照明	两段干线间设联络断路器,照明电源接自变压器低压总开关的后侧,当一台变压器停电时,通过联络开关接到另一段干线上,应急照明由两段干线交叉供电
由外部线路供电	1 电源线 2 正常照明 电力 疏散照明	适用于不设变电所的重要或较大的建筑物
由外部线路供电	电源线 正常照明 电力	适用于次要的或较小的建筑物,照明接于电力配电箱总断路器前

续表

供电方式	接线图	简要说明
低压供电（多层建筑）		在多层建筑物内，一般采用干线式供电，总配电箱装在底层

第 2 章　应急电源及供配电系统

1　应急电源种类

（1）自备应急柴油发电机组：它是以柴油机为动力，拖动工频交流同步发电机组成的发电设备。快速自启动的发电机组，适用于允许中断供电时间为 15s 以上的供电。应急电源的工作时间应按生产技术上允许的停车时间考虑，当与自动启动的发电机组配合使用时，不宜少于 10min。

（2）UPS 不间断电源：它是主要以电力变流器储能装置（蓄电池）和开关（电子和机械式）构成的保证供电连续性的静止型交流不间断电源装置。适用于允许中断供电时间为毫秒级的负荷。

（3）EPS 应急电源：由充电器、逆变器、蓄电池、隔离变压器、切换开关等装置组成的一种把直流电能逆变成交流电能的应急电源。适用于允许中断供电时间为 0.25s 以上的负荷。

（4）有自动投入装置的独立于正常电源的专用馈电线路：适用于自投装置的动作时间能满足允许中断供电时间 1.5s 或 0.6s 以上的应急电源。

（5）蓄电池：适用于容量不大的特别重要负荷，有可能采用直流电源者。

2　应急电源系统

（1）常用的应急电源可使用独立于正常电源的发电机组、不间断电源或供电网络中有效的独立于正常电源的专用馈电线路。

在工程设计中，应详细研究用电设备允许中断电源的时间，供电连续性、可靠性的要求，来确定是否纳入重要负荷、特别重要负荷，尽量减少重要负荷、特别重要负荷的负荷量。

（2）为确保对特别重要负荷的供电，严禁将其他负荷接入应急供电系统。

（3）应急电源与正常电源之间必须采取可靠措施防止其并列运行，目的在于保证应急电源的专用性，更重要的是防止向系统反送电。

（4）防灾或类似的重要用电设备的两回电源线路应在电源线路的最末一级配电箱处自动切换。

3 备用或应急电源的组成

3.1 柴油发电机组

柴油发电机组是以柴油机为动力的发电设备，具有热效率高、启动迅速、结构紧凑、燃料存储方便、占地面积小、工程量小、维护操动简单等特点，是在建筑中作为备用电源或应急电源首选的应急电源。柴油发电机组主要由柴油机（原动机）、发电机和控制屏三部分组成，这些设备可以组装在一个公共底盘上形成移动式柴油发电机组，也可以把柴油机和发电机组装在一个公共底盘上，控制屏和某些附属设备单独设置，形成固定式柴油发电机组。

3.1.1 柴油发电机组的功能要求

柴油发电机组可分为应急型和备用型。

应急电源用的柴油发电机组，按照《自动化柴油发电机组分级要求》GB/T 4712—2008，应选用 2 级以上的具有自动化功能的。应急机组平时应保持准备启动状态，以保证应急时能顺利启动，并根据《自动化内燃机电站通用技术条件》GB/T 12786—2006 标准要求有以下功能：

（1）自动维持准备运行状态。机组应急启动和快速加载时的机油压力、机油温度、冷却水温度应符合产品技术条件的规定。

（2）自动启动和加载：接自控或遥控指令或市电供电中断时，机组能自动启动并供电。机组允许三次自动启动，每次启动时间8～12s，启动间隔5～10s。第三次启动失败时，应发出启动失败的声光报警信号。设有备用机组时，应能自动地将启动信号传递给备用机组，机组自动启动的成功率不低于98%，市电失电后恢复向负荷供电时间一般为8～20s。

对于额定功率不大于250kW柴油发电机，首次加载量不小于50%额定负荷，大于250kW的柴油发电机按产品技术条件之规定。

（3）自动停机：接自控或遥控的停机指令后，机组应能自动停机，对于与市电电网并用的备用机组，当电网恢复正常后，机组应能自动切换和自动停机，由电网向负载供电。

自动并联与解列：接自控或遥控的并联与解列指令后，两台同型号的机组应能自动并联与解列。通常当第一台机组单机运行时功率持续达到产品技术条件规定时，应向第二台机组发出启动指令，使其自动投入并联运行。当两台并联机组的总输出功率持续减小到不大于总额定功率的40%时，自控系统应向两台并联机组中的一台发出解列和停机的指令。

两台机组并联运行时，应能自动分配输出的有功功率和无功功率，其分配差度均应不超过±10%。

（4）自动补给机组的燃油、机油、冷却水能够自动补充，机组启动用蓄电池自动充电。

（5）有过载、短路、过速度（或过频率）、冷却水温度过高、机油压力过低等项的保护装置。并根据需要选设过电压、欠电压、失电压、欠速度（或欠频率）、机油温度过高、启动空气压力过低、燃油箱油面过低、发电机绕组温度过高等方面的保护装置。

（6）有表明正常运行或非正常运行的声光信号系统。

3.1.2 柴油发电机组容量选择

（1）备用电容量按应急、备用负荷的大小和启动大的电动机容量等因素综合考虑确定，其机组台数由工程要求确定。

应急电源容量按应急负荷的大小和启动大的电动机容量等因素综合考虑确定，其机组台数由工程要求确定。

（2）在方案或初步设计阶段，按下述方法进行估算并选择其中最大者：

1）按建筑面积估算。建筑面积在 $10000m^2$ 以上的大型建筑，按 $15\sim20W/m^2$，建筑面积在 $10000m^2$ 以下的中小型建筑，按 $10\sim15W/m^2$。

2）可按供电变压器容量的 10%～20%估算柴油发电机的容量。

3）按电动机启动容量估算。

（3）在施工图阶段可根据一级负荷、消防负荷以及某些重要的二级负荷容量，按下述方法计算并选择其中容量最大者；

1）按稳定负荷计算发电机容量

$$S_{G1}=\frac{P_{\Sigma}}{\eta_{\Sigma}\cos\phi} \tag{2.2-1}$$

式中：S_{G1}——按稳定负荷计算的发电机视在功率，kVA；

P_{Σ}——发电机总负荷计算功率，kW；

η_{Σ}——所带负荷的综合效率，一般取 0.82～0.88；

$\cos\phi$——发电机额定功率因数，一般取 0.8。

2）按尖峰负荷计算发电机容量

$$S_{G2}=\frac{K_j}{K_G}S_m=\frac{K_j}{K_G}\sqrt{P_m^2+Q_m^2} \tag{2.2-2}$$

式中：S_{G2}——按尖峰负荷计算发电机视在功率，kVA；

K_j——因尖峰负荷造成电压、频率降低而导致电动机功率下降的系数，一般取 0.9～0.95；

K_G——发电机允许短时过载系数，一般取 1.4～1.6；

S_m——最大的单台电动机或成组电动机启动容量，kVA；

P_m——S_m的有功功率，kW；

Q_m——S_m的无功功率，kvar。

3）按发电机母线允许压降计算发电机容量

$$S_{G3}=\frac{1-\Delta U}{\Delta U}X'_d S_{st\Delta} \tag{2.2-3}$$

式中 S_{G3}——按母线允许压降计算发电机视在功率，kVA；

ΔU——发电机母线允许压降，一般取0.2；

X'_d——发电机的瞬态电抗，一般取0.2；

$S_{st\Delta}$——导致发电机最大电压降的电动机的最大启动容量，kVA。

（4）柴油发电机的额定功率系指外界大气压力为101.325kPa（760mm Hg）、大气温度为20℃、相对湿度为50%的情况下，保证能连续运行12h的功率（包括超负荷110%运行1h）。如连续运行时间超过12h，则应按90%额定功率使用。如气压、气温、湿度与上述规定不同，应对柴油发电机的额定功率进行修正。

（5）全压启动大容量鼠笼型电动机时，母线电压不应低于额定电压的75%或80%。电动机全压启动允许容量取决于发电机的容量和励磁方式以及电动机的额定启动容量。

宜选用高速柴油发电机组和无刷型自动励磁装置，选用的柴油发电机组应装设快速自动启动及电源切换装置，并应具有连续三次自动启动的功能，该机组宜采用启动蓄电池启动。

3.2 UPS不间断电源

不间断电源适用于向用户的关键设备，如互联网数据中心、银行的清算中心和通存通取网控系统、证券交易及期货贸易系统、民航和铁路的售票系统、卫星地面站及民航的航管调度系统、冶金及大规模集成电路的流水生产线管理系统、财税信息系统、气象和地震预报和监控系统等提供高质量的无时间中断的交流电源。

3.2.1 工作原理

UPS一般由整流器、蓄电池、逆变器、静态开关和控制系统组成。通常采用在线式UPS。它首先将市电输入的交流电源变成稳压直流电源，经过蓄电池和逆变器，利用逆变器将直流重新转变成稳定的、高质量的交流电源。可完全消除在输入电源中可能出现的任何电源问题（电压波动、频率波动、谐波失真和各种干扰）。

3.2.2 设置原则

符合下列情况之一时，应设置不间断电源装置：

(1) 用电负荷不允许中断供电时（如用于实时性计算机的电子数据处理装置、证券交易及期货贸易系统、民航和铁路的售票系统等）。

(2) 当用电负荷允许中断供电时间要求在1.5s以内时。

(3) 重要场所（如监控中心等）的应急备用电源。

(4) 需要高质量电源，如对电压、频率、波形失真等有较高要求的场所。

3.2.3 电源选择

(1) 不间断电源设备输出功率，应按下列条件选择：

1）不间断电源设备给电子计算机供电时，单台UPS其输出功率应大于电子计算机各设备额定功率总和的1.5倍。对其他用电设备供电时，为最大计算负荷的1.3倍。

2）负荷的最大冲击电流不应大于不间断电源设备的额定电流的150%。

(2) UPS应急供电时间；

1）为保证用电设备按照操动顺序进行停机时，其蓄电池的额定放电时间可按停机所需最长时间来确定，一般可取8～15min。

2）当有备用电源时，为保证用电设备供电连续性，其蓄电池额定放电时间的确定，一般可取10～30min。在系统中设有应急发电机时，UPS应急供电时间可以短一些。

3）如有特殊要求，其蓄电池额定放电时间可根据负荷特性来确定。

3.2.4 电源系统

根据用电设备对供电可靠性、连续性、稳定性和电源诸参数质量的要求，UPS 不间断电源宜采用以下几种类型，见表2.2-1。

UPS不间断电源系统　　表2.2-1

序号	系统方式	系统图	简要说明
1	单一式不间断电源系统	市电电源→UPS→负载	因只有一个不间断电源设备，一般用于系统容量较小，可靠性要求不高的场所
2	冗余式不间断电源系统	市电电源→冗余式UPS→负载	因不间断电源设备中增设一个或几个不间断电源装置作为备用确保了供电的连续性。一般用于系统容量较小的系统中
3	并联式不间断电源系统	市电电源→UPS、UPS、UPS（并联）→负载	可组成大型UPS供电系统，供电可靠性高，运行比较灵活，便于检修
4	并联冗余式不间断电源系统	市电电源→冗余式UPS、冗余式UPS、冗余式UPS（并联）→负载	可组成大型UPS供电系统，供电可靠性高，运行灵活方便，便于检修，对已出现的事故有冗余处理措施。可用于互联网数据中心、银行的清算中心等重要场所

3.3 EPS应急电源

EPS（Emergency Power Supply）利用IGBT大功率在模块及相关的逆变技术而开发的一种把直流电能逆变成交流电能的大型应急电源，其容量为0.5～400kW，是一种免维护无人值守的安全可靠的集中供电式应急电源装置。

3.3.1 EPS应急电源的工作原理

应急电源EPS由充电器、逆变器、蓄电池、隔离变压器、切换开关、监控器和显示、机箱及保护等装置组成。

应急电源EPS一般分不可变频应急电源和可变频应急电源。

(1) 不可变频EPS应急电源工作原理

不可变频EPS应急电源工作原理见图2.2-1，当电网有电时，电网电能通过K1直接给负载供电，若蓄电池电能不足时，同时通过充电器给蓄电池充电。当电网断电时，互投装置立即动作将K1断开，K2接通，同时逆变器瞬间启动，将蓄电池的直流电能转变为三相交流380V/50Hz电能，通过K2给负载进行应急供电。从电网断电到应急供电切换时间0.1～0.2s，且带载投入。

当电网恢复供电时，互投装置K2断开，K1通，立即为该电网供电，此时逆变器关闭，停止应急供电。从应急供电切换回电网供电时间为0.1～0.2s，且也是带载切换。

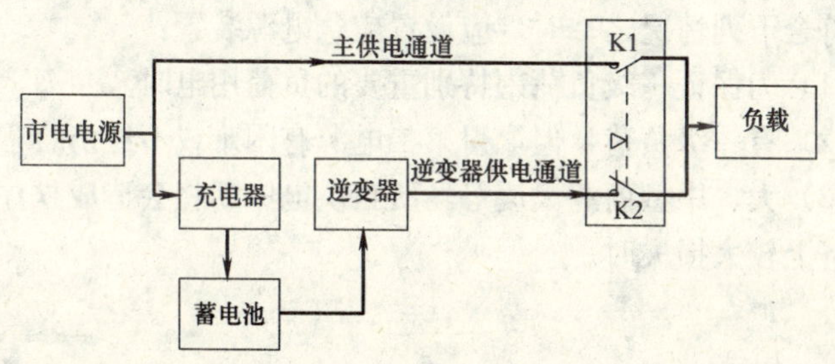

图2.2-1 不可变频EPS应急电源工作原理

（2）可变频 EPS 应急电源工作原理

可变频 EPS 应急电源工作原理见图 2.2-2，当电网有电时 KM1 吸合经整流给逆变器提供直流电，同时充电器对电池组充电。当电网断电时或者低于 380V 的 15%时，KM2 吸合由电池组给逆变器提供直流电。当需要电机负载工作时，给予启动信号（如运行信号、远程控制、消防联动信号），逆变器立即输出。从 0～50Hz 变频电能给电动机进行变频启动，其频率到达 50Hz 后保持正常运行。手动/自动选择转换开关，在自动位置可进行远程控制和消防联动（DC24）操动，在手动位置可进行本机操动，此时远程控制和消防联动不能进行操动，运行信号和手动或者自动位置消防中心可监控。

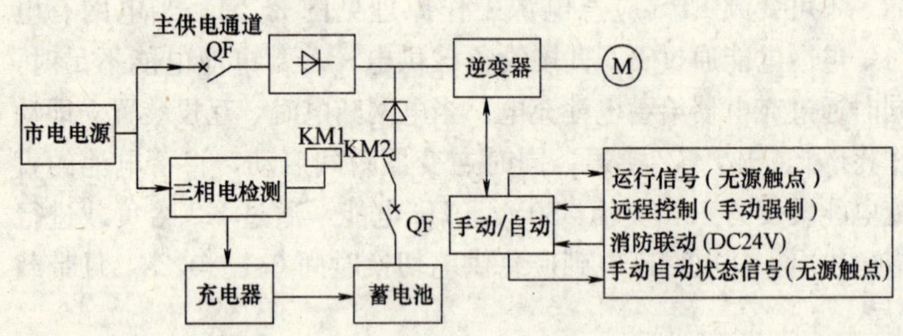

图 2.2-2 可变频 EPS 应急电源工作原理见图

3.3.2 EPS 应急电源设置原则

符合下列情况之一时，应设置应急电源装置：

（1）为保证一级负荷中特别重要的负荷用电时。

（2）有一级负荷，但取得第二电源有困难或不经济合理时。

（3）大、中型商业大厦等场所当供电中断将会造成秩序混乱和经济上较大损失时。

第3章　民用建筑供配电系统

1　高层建筑供配电系统

高层建筑分为一般高层建筑及商业性高层建筑。一般高层建筑是指普通居民住的高层住宅、机关单位自用的办公楼等。商业性高层建筑是指那些出租或出售的高层公寓及商住楼、宾馆饭店、写字楼、办公楼等。商业性高层建筑与一般高层建筑相比，其用电特点表现为用电设备种类多、用电水平高、耗电量大、供电可靠性要求高。

1.1　高压供电系统

1）高层建筑的配变电所的设计应根据负荷性质、用电容量、工程特点、所址环境、地区供电条件和节约电能等因素制定设计方案，并进行多方案的技术经济比较，力求做到保障人身安全、供电可靠、技术先进、经济合理和维修方便。并应根据工程特点、规模和发展规划做到近远期结合，并考虑扩容的可能性，适当留有余量。

2）商业性高层建筑一般需要两路高压电源，为确保一级负荷中特别重要的负荷用电，应配备应急柴油发电机组。

当有两路高压电源供电时，配变电所高压侧宜采用单母线或单母线分段的接线方式。

对于250m以上的超高层，可采用10kV中压深入负荷中心的供电方案。

一般住宅建筑及1000kVA及以下的变压器，宜采用环网式供电系统。

由地区电网供电的配变电所电源进线处，宜装设计量专用的电压、电流互感器。

1.2 低压配电系统

高层建筑低压配电系统的确定，应满足计量、维护管理、供电安全及可靠性的要求。应将照明与电力负荷分成不同的配电系统，消防及其他防灾用电设施的配电宜自成系统。

对于容量较大的集中负荷或重要负荷宜从配电室以放射式配电，对各层配电间的配电宜采用下列方式之一：

工作电源采用分区树干式，备用电源也采用分区树干式或由首层到顶层垂直干线的方式。

工作电源和备用电源都采用由首层到顶层垂直干线的方式。

工作电源采用分区树干式，备用电源可引自其他电源干线。

(1) 高层建筑垂直供电干线，应视负荷大小及分布情况可采用如下方式：

1) 插接母线供电干线式，根据功能要求宜分段供电。

2) 电缆供电干线式系统，线路宜采用预制分支电缆，供电范围视负荷分布情况确定。

3) 高层建筑内的消防及其他防灾用电设施，以及其他重要用电负荷的工作电源与备用电源应在末端自动切换。高层建筑的应急照明及消防用电宜自成系统。

4) 高层建筑的配电箱设置和配电回路划分，应根据负荷的性质和密度、防火分区、维护管理、计费要求以及建筑结构形式等条件综合确定。

5) 对于普通高层住宅的照明配电，每一单相回路如装设计量表时其额定电流不宜超过60A。

6) 自层配电箱至用电负荷的分支回路，对于旅馆、饭店、公寓等建筑物内的客房，宜采用每套房间设一分配电箱的树干式配电，每套房间内根据负荷性质再设若干支路。或采用对几套房间按不同用电类别，以几路分别配电的方式。但对贵宾间则直接采取专用分支回路供电，客房内用电设备的配电回路，应装设有过、欠电压保护功能的剩余电流保护器。

高层住宅的照明计量表应采用一户一表。公用楼梯、公用走道的照明及公用电力计量宜单独设表，并应符合物业管理的要求。

(2) 消防用电设施的配电要求：

1) 消防控制室、消防水泵、消防电梯、防排烟设施、火灾自动报警、自动灭火装置、火灾应急照明和电动防火门窗、卷帘、阀门等消防用电，一类建筑应按一级负荷要求供电；二类建筑的上述消防用电，应按二级负荷的两回线路要求供电。

2) 对高压受电的建筑物，其火灾消防及其他防灾系统用电，宜从变压器低压出口处分开自成供电体系，即独立形成防灾供电系统。

3) 一类建筑的消防水泵、消防电梯、防烟排烟风机的两个电源或两回线路，应在最末一级配电箱处自动切换。

4) 自备发电设备，应设有自动启动装置并能在30s内供电。二类建筑有自备发电设备时，当采用自动启动有困难时，可采用手动启动装置。

5) 高层建筑用应急柴油发电机组一般以低压（220/380V）同应急母线段相接，只有在250m以上超高层供电半径难以满足要求时，方考虑高压供电。

2 体育建筑供配电系统

综合体育馆按建筑级别分为特级、甲级、乙级、丙级四个等级。按体育场规模分为特大型、大型、中型和小型四个等级。

2.1 体育建筑的负荷分级

(1) 甲级以上体育馆、游泳馆的比赛厅（场）主席台、贵宾室、接待室、广场照明、计时记分装置、计算机房、电话机房、广播机房、电台和电视转播、新闻摄影电源及应急照明等用电设备均为一级用电负荷。特级体育设施应为特别重要负荷。

(2) 体育建筑的电气消防用电设备负荷等级应为该工程最高负荷等级。

(3) 第 (1) 项中非比赛使用的电气设备及乙级以下体育建筑的用电设备为二级负荷。

2.2 体育建筑的供配电

(1) 体育馆应符合一、二级负荷的供电要求，一般采用两个以上电源供电，低压母线分段运行，体育馆的电源由变电所引来，一级负荷双路电源末端互投，体育馆的互投线路电源取自不同的母线段。重要负荷根据需要应设柴油发电机或 UPS、EPS 应急电源。

(2) 仅在比赛期间才使用的大型用电设备宜设单独变压器供电。当电源电压偏差不能满足要求时，宜采用有载调压变压器。主要变配电室（间）发电机房严禁设置于大量观众能达到的场所。

(3) 户外电气设备，应有适应当地气候条件的防水、防尘、防潮、防虫、防盐雾腐蚀、防飓风等保护措施。高空安装的电气设备应牢固，并应创造良好的安装和维护条件。

(4) 供残疾人员使用的电气设备，应符合现行行业标准《城市道路和建筑物无障碍设计规范》JGJ 50 中的有关规定。

(5) 体育建筑的各种电气线路应为暗敷设。在专业维修人员可到达的场所可明设，但应有保护体，并采取防火措施。体育建筑的各种电线，宜采用铜芯导线。

(6) 游泳馆属潮湿场所，供游泳、水球、跳水及花样游泳的计时记分设备及其电源箱（柜）、插座箱及专用信号盘均应为防水、防潮型，室内的管线及用电设施尚应采取防腐措施。

(7) 体育馆内设总配电间，各竞赛场地用电点，宜设电源井或配电箱，其位置不得有碍于竞赛，设置数量及位置由体育工艺确定。对电源井的供电方式宜采用环形系统供电。

(8) 体育馆比赛场四周墙壁应设一定数量的配电箱和安全型插座，其插座安装高度不应低于0.3m。

(9) 电源井内不同用途的电气线路，相互之间应保持一定距离或采取隔离措施。为保证维护人员安全，井内电气设备为单侧布置时，其维护距离不应小于0.6m，电力装置和信号装置分别布置井壁两侧时，其维护距离不应小于0.8m，井内应有防排水措施。

(10) 采用TN-C-S、TN-S供电系统，建筑物除采取总等电位外，还应根据需要进行辅助等电位联结。

3 剧场供配电系统

3.1 概述

我国剧场建筑根据使用性质及观看和演出条件可分为歌舞、话剧、戏曲三类。剧场建筑的建设规模按观众容量可分为特大型、大型、中型和小型四种规模。剧场建筑按照等级可分为特、甲、乙、丙四个等级。

3.2 剧场用电负荷分级及供电系统

(1) 剧场用电负荷分级

一级负荷：应包括甲等剧场的舞台照明、贵宾室、演员化妆室、舞台机械设备、消防设备、电声设备、电视转播、应急照明及疏散指示标志等；

二级负荷：应包括乙、丙等剧场的消防设备、应急照明、疏散指示标志，甲等剧场观众厅照明、空调机房电力和照明、锅炉房电力和照明等；

三级负荷：不属于一、二级用电设备负荷均属三级负荷。

(2) 供电系统

一般可采用两路 10kV 电源，选用两台变压器。条件困难时，应取一回路高压加一回取自市电的低压，或两回路取自不同供电系统的低压加自备发电机组。

多数剧场因为单相负荷、三相负荷严重不平衡，以及采用可控硅调光引起电压波形畸变等原因，故宜选用 D，ynll 接线组别的配电变压器。如选用 Y，yn0 接线组别的配电变压器，应适当加大其容量。

3.3 低压配电系统

低压配电线路采用放射式和树干式相结合的方式。为避免舞台灯光可控硅调光设施对电声设备、电视转播设备的干扰，两者不应共用一台变压器。比较大的剧场宜选用两台变压器，一台供音响用电、电视转播等用电，另一台供舞台灯光和其他用电。

舞台演出过程中，可能频繁启动的交流电动机，当其启动冲击电流引起电源电压波动超过 3%时，宜采用与舞台照明负荷分开的变压器供电。

(1) 甲等剧场供电系统电压偏移应符合下列规定：

1) 照明为+5%～-2.5%；

2) 电力为±5%。

需要电视转播或拍摄电影的剧场，在观众厅两侧宜装设容量不小于 10kW，电压为主 220/380V 三相四线制的固定供电点。

甲等剧场应设追光室；乙、丙等剧场当不设追光室时，可在楼座观众厅后部或其他合适的位置预留追光电源，容量不得小于 30A。

调光回路应根据剧场类型和舞台大小配置。甲等歌舞剧场不应小于 480 回路；甲等话剧院不应小于 360 回路；甲等戏曲剧场不应小于 240 回路。

除可调回路外，各灯区宜配置 1～3 路直通电源。甲等以上的剧场，每回路容量不得小于 30A，乙等及以下剧场不得小于 20A。

(2) 灯光配线应符合下列规定：

由可控硅调光装置配出的舞台照明不宜采用多回路共用零线方式。当采用多回路共用零线方式时，则零线截面面积不应小于相线截面积。

由可控硅调光装置配出的舞台照明线路应远离电声、电视及通信等线路。当两种线路必须平行敷设时，其间距应大于 1.00m，当垂直交叉时，其间距应大于 0.50m，并应采用屏蔽措施。

天幕地排灯区应设置相应调光回路，同时应设零线截面积不小于相线截面积的三相回路专用电源。其电源容量为：甲等剧场不得小于 150A，乙等剧场不得小于 100A，丙等剧场不得小于 75A。

4 医疗建筑供配电系统

4.1 概述

我国综合医院的建设规模，按病床数量可分为 200、300、400、500、600、700、800、900、1000 床位其九种规模。按照等级可分为一级、二级、三级医院。一般综合医院有门诊部、住院部、手术部、辅助医疗、行政办公及服务性用房等部分。

4.2 供电系统

按照我国现行医院等级标准，医院的供电等级为一级或二级负荷。另外随着科学技术的不断进步与发展，医院的用电设备也越来越多，越来越精密，对用电的要求也越来越高。为了确保医院供电的安全性、可靠性，根据医院的规模采用以下几种供电方式：

（1）采用两路10kV电缆专线供电，自备柴油发电机，重要设备末端采用UPS或EPS供电。此类适用特级及三级医院。

（2）采用两路10kV电缆专线供电，重要设备末端采用UPS或EPS供电。此类适用三级医院。

（3）采用两路10kV电缆供电或一路10kV电缆专线供电、一路低压供电，此类系统适用于二级医院。

（4）一路10kV供电，重要设备末端采用UPS或EPS供电，仅用于一级医院。

收治传染性非典型肺炎患者的医院保证双路10kV电源供电，两路均能为100%负荷供电且一路检修或故障时，另一路不断电。

收治严重传染性疾病患者的医院空调负荷用电采用专用变压器，与配电照明变压器分开。

（5）放射线科具备下列条件之一者，宜设置专用电源变压器：

1）X射线管管电流200mA及以上的射线机超过5台时。

2）X射线管管电流200mA及以上的射线机，虽不足5台但其中含有CT机时。

3）X射线机设备总容量超过100kVA时。

4）具备300张及以上床位的综合医院。

5）虽不具备上述条件，但低压电网不能满足射线机要求的供电质量时。

放射线科采用专用变压器仍满足不了其中个别放射线机的供电质量要求时，宜对其中部分或全部放射线机采用自动有载调压变压器供电。

供电给放射线机的电源变压器、配电装置等电源设备，应靠近放射线科设置。

4.3 低压配电系统

根据医疗建筑负荷的特殊性并考虑到医院的可持续发展，可把用电设备分为几个供电系统：一般照明、应急照明、电压波动小一般医疗用电（插座）负荷、电压波动大的医用数字检影成像系统设备、空调及动力负荷，应根据负荷性质采用不同的供电方式。

(1) 重要医疗设备：CT 机（计算机断层扫描机）、MRI 机（磁共振机）、DSA 机（心血管造影机）、ECT 机（同位素断层扫描机）、α-刀、γ-刀等医疗装备用电宜由变电所不同低压母线段两路电源供电，末端自动切换。

(2) 烧伤病房、血透中心、中心手术部的电力及照明等宜由配变电所低压母线段两路电源供电，末端自动切换。

(3) 监护病房、产房、婴儿室、血液病房的净化室、血液透析室宜采用两路电源供电，末端自动切换。

(4) 对电源要求较高的医技检验科、血液透析室、中心手术部、重症监护 ICU 等处的特别重要的负荷，在采取两路电源末端自动切换的供电方式后，再增设 UPS 不间断电源以确保供电质量和可靠性。

(5) 电梯、消防设备应采用两路电源供电，末端自动切换。

(6) 应急照明配电箱由双路电源供电并自动切换。

(7) 洗衣房、营养部的动力等宜从变电所直接供电。

(8) 冷水机组、大容量水泵等由配变电所放射供电。

(9) 收治严重传染性疾病患者的医院的吸引、污水处理、焚烧炉、中心供应、太平间、检验化验等用电负荷均采用专线供电。

(10) 收治严重传染性疾病患者的医院的通风负荷用专线供电，宜在护士站集中控制。

(11) X 射线管管电流 400mA 及以上规格的射线机，应采用专用回路供电。

(12) X 射线机不应与其他电力负荷共用同一回路供电。

(13) 多台单相、两相医用射线机，应接于不同的相线上，并宜做到三相负荷平衡。

(14) 放射线设备的供电线路，应采用铜芯绝缘电线或电缆。

(15) 放射科、核医学科、功能检查室等部门的医疗装备电源，应分别设置切断电源的总开关。

(16) 如果X射线机需要设置为其配套的电源开关箱时，则电源开关箱应设在便于操动处，但不得设在射线防护墙上。

(17) 每个手术室应单独设置配电箱，容量不小于8kVA。

(18) 传染病医院的配电线路按照不同感染区、隔离区、正常区等划分的区域设置配电回路，分设在不同区域内的设备由不同配电回路供电，采用放射式配电。配管线槽或桥架穿越隔墙处应密封处理，防止交叉感染。

4.4 接地系统

医疗及诊断电气设备，应根据使用功能要求采用保护接地、功能性接地、等电位接地或不接地等型式。

(1) 医院接地系统宜采用TN-S及局部IT系统，不能采用TN-C-S或TN-C系统，因为TN-C-S或TN-C系统中PEN线在正常情况下可能带电，会引起病人的安全和妨害医疗电子设备运行、数据处理、信号传输等。

(2) 在收治传染性非典型肺炎患者的医院必须采用TN-S系统，PE线与N线严格分开。

(3) 在电源突然中断后，有招致重大医疗危险的场所采用电力系统不接地（IT系统）的供电方式。心脏手术室、心血管造影、血液透析室、重症监护ICU、抢救室等采用IT系统。

(4) 采用IT系统应设置绝缘监视装置，尽量减少系统容量，减少系统线路的长度，增加导线的绝缘等级，辅助以局部等电位接地。

(5) 采用隔离变压器的构成IT系统，隔离变压器必须有过载和短路保护装置。

(6) 使用插入体内接近心脏或直接插入心脏内的医疗电气设

备的器械，应采取防止微电击保护措施。

(7) 防微电击措施宜采用等电位接地方式，并使用Ⅱ类电气设备供电。

(8) 防微电击等电位联结，应包括室内给水管、金属窗框、病床的金属框架及患者有可能在 2.5m 范围以内直接或间接触及到的部分金属部件。用于上述部件进行等电位联结的保护线（或接地线）的电阻值，应使上述金属导体相互间的电位差限制在 10mV 以下。

(9) 手术室及抢救室应根据需要采取防静电措施。

5 商住楼供配电系统

高层民用建筑附设商店的电气负荷等级应与其相应的最高负荷等级相同；在商店建筑中，当有大量一级负荷时，其附属的锅炉房、空调机房等的电力及照明可为二级负荷；商店建筑中如设电话总机房，其交流电源负荷等级应与其电气设备之最高负荷等级相同。

商店建筑应装设各类应急照明。备用照明不作为正常照明的一部分使用时，必须采用能瞬时点燃的光源，其电源应有自动投入装置；如备用照明作为正常照明一部分使用时，其电源可不需装设自动投入装置，应将两者的配线及开关分开装设。值班照明宜利用正常照明中能单独控制的一部分，或备用照明的一部分或全部。

旅馆建筑，据其使用功能、建筑质量标准和设备、设施条件，由高至低分为六个等级。一、二级旅馆建筑及三级高层旅馆建筑宜设应急发电机组，其发电机容量应能满足消防用电设备及应急照明的使用负荷。

一、二级旅馆建筑中，由于电压偏差过大而不能满足要求时，宜采用有载自动调压变压器或采用其他调压措施。客房内宜设有分配电箱或专用照明支路。走道、门厅、餐厅、宴会厅、电梯厅等公共场所，应设供清扫设备使用的插座。插座回路（包括客房插座）宜设漏电保护开关。供移动电器使用时，应选用带接地孔的插座。

住宅建筑中的起居室、卧室、厨房、卫生间、客厅应各设2～4处电气插座。

饮食建筑中的厨房及饮食制作间的电源进线应留有一定余量。配电箱留有一定数量的备用回路及插座。

第4章　导体选择

1　电线、电缆类型的选择

1.1　导体材料选择

（1）下列场合不应采用铝芯线缆：

1）需要确保长期运行中连接可靠的回路，如重要电源、重要的操动回路及二次回路、电机的励磁回路等；

2）移动设备的线路及振动场所的线路；

3）对铝有腐蚀的环境；

4）高温环境、潮湿环境、爆炸及火灾危险环境；

5）应急系统及消防设施的线路；

6）工业及市政工程、户外工程的布电线（分支配电线）。

（2）下列场合不宜采用铝芯电缆：

1）非熟练人员容易接触的线路，如公共建筑与居住建筑；

2）线芯截面 $6mm^2$ 及以下的铝芯电缆。

（3）下列场合应采用铝导体：

1）对铜有腐蚀而对铝腐蚀相对较轻的环境；

2）氨压缩机房。

（4）下列场合宜采用铝导体：

1）架空输电线路；

2）较大截面的中频线路。

1.2　电缆芯数选择

（1）用于各种系统中的电缆芯数选择见表2.4-1。

电缆芯数选择表　　表 2.4-1

电压	系统制式	电缆芯数		说明
		单芯	多芯	
35kV 交流	三相	3×1		当前国产3芯电缆的填充料质量不稳定，各厂家差异大，应慎用
6～10kV 交流	三相	见本条(2)款	3芯	
<1kV 交流	三相四线制①	见本条(2)款	4或5芯②	TN-C系统的PEN线应和相线在同一电缆内，即用4芯
	三相三线制①	见本条(2)款	3或4芯②	
	单相两线制①		3芯	一般用3芯
	单相中频		2或4芯	用4芯应为等截面
≤50V 交流	单相 SELV		2芯	
≤1500V	直流		2芯	

注：① 指载流导体的系统制式，不包括 PE 线。
② 采用电缆芯作 PE 线时的芯数。

(2) 下列情况下宜采用单芯电缆组成电缆束替代多芯电缆：

1) 在水下、隧道或特殊的较长距离线路中，为避免或减少中间接头；

2) 沿电缆桥架敷设，为减小弯曲半径；

3) 负荷电流很大，采用两根电缆并联仍难以满足要求；

4) 采用矿物绝缘电缆。

(3) 用于交流系统的单芯电缆应选用无金属护套和钢带铠装的类型。若必须铠装时，应采用经隔磁处理的钢丝铠装电缆。

1.3 电力、电缆绝缘水平选择

电缆绝缘水平的选择见表 2.4-2。

(1) 电缆设计用缆芯对地（与绝缘屏蔽层或金属护套之间）的额定电压 U_N，应满足所在电力系统中性点接地方式及其运行要求的水平。中性点非有效接地（包括中性点不接地、经消弧线圈接地、高电阻接地）系统中的单相接地故障持续时间在 1min 到 2h 之间，必须选用第Ⅱ类的 U_N。仅当系统中的单相接地故

电缆绝缘水平选择（单位：kV） **表 2.4-2**

系统标称电压 U_n		0.22/0.38	3		6		10		35	
电缆的额定电压 U_N/U	U_N 第Ⅰ类	0.0/1 (0.3/0.5) (0.45/0.75)	1.8/3		3/6		6/10		21/35	
	U_N 第Ⅱ类			3/3		6/6		8.7/10		26/35
缆芯之间的工频最高电压 U_{max}			3.6		7.2		12		42	
缆芯对地的雷电冲击耐受电压的峰值 U_m					60	75	75	95	200	250

注：括号内数值只能用于建筑物的电气线路，不包括建筑物电源进线。

障能很快切除，中性点有效接地（直接接地和经低电阻接地）系统，在任何情况下故障持续时间不超过 1min 时，才可选用第Ⅰ类的 U_N。

（2）电缆缆芯之间的额定电压 U 应等于或大于系统标称电压 U_n。

（3）电缆设计用缆芯之间的工频最高电压 U_{max} 应按等于或大于系统的最高工作电压选择。

（4）电缆设计用缆芯对地的雷电冲击耐受电压峰值 U_m 应按表 2.4-2 选取。

1.4 绝缘材料及护套选择

1.4.1 普通电缆选择

（1）聚氯乙烯（PVC）绝缘电线、电缆

1）聚氯乙烯绝缘及护套电力电缆已经在很大范围内代替了油浸纸绝缘电缆、滴干绝缘和不滴流浸渍纸绝缘电缆。尤其适宜在线路高差较大或敷设在桥架、槽盒内以及含有酸、碱等化学性腐蚀土质中直埋；

2）低于－15℃的严寒地区应选用耐寒聚氯乙烯电缆；

3）在未具备有效隔热措施的高温环境或日光经常强烈照射的场合，宜选用相应的特种电线、电缆，如耐热聚氯乙烯线缆；

4）6kV较重要回路电缆，不宜用聚氯乙烯绝缘型；

5）地下客运设施、地下商业区、高层建筑和特殊重要公共设施等人流较密集场所，或者重要性高的厂房，不宜采用聚氯乙烯绝缘或者护套型电缆；

6）聚氯乙烯电缆不适用在含有苯及苯胺类、酮类、吡啶、甲醇、乙醇、乙醛等化学剂的土质中；在含有三氯乙烯、三氯甲烷、四氯化碳、二硫化碳、醋酸酐、冰醋酸的环境不宜采用。

（2）交联聚乙烯绝缘（XLPE）电线、电缆

1）交联聚乙烯绝缘聚氯乙烯护套电力电缆已被广泛采用。

2）普通交联聚乙烯绝缘材料不含卤素，因此，它不具备阻燃性能。

3）交联聚乙烯材料对紫外线照射较敏感，因此通常采用聚氯乙烯作外护套材料。在露天环境下长期强烈阳光照射下的电缆应采取覆盖遮荫措施。

4）交联聚乙烯绝缘聚氯乙烯护套电缆可敷设于水下，但应具有高密度聚乙烯护套及防水层的构造。

（3）橡皮绝缘电力电缆

1）橡皮绝缘电缆弯曲性能较好，能够在严寒气候下敷设，特别适用于水平高差大和垂直敷设的场合。

2）移动式电气设备的供电回路应采用橡皮绝缘橡皮护套软电缆（简称橡套软电缆）。

3）在可能经常被油浸泡的场所，宜使用耐油型橡胶护套电缆。

4）对于高温环境又有柔软性要求的回路，宜选用乙丙橡胶绝缘电缆。

5）采用氯磺化聚乙烯护套的乙丙橡皮绝缘电缆，适用于要求阻燃的场所。

1.4.2　阻燃电缆选择

（1）阻燃电缆的阻燃等级

阻燃电线电缆分为A、B、C、D四级，见表2.4-3。

阻燃电缆分级表　　表2.4-3

<table>
<tr><th>级别</th><th>供火温度</th><th>供火时间</th><th>成束敷设电缆的非金属材料体积</th><th>焦化高度</th><th>自熄时间</th></tr>
<tr><td>A</td><td rowspan="4">≥815℃</td><td rowspan="2">40min</td><td>≥7L/m</td><td rowspan="4">≤2.5m</td><td rowspan="4">≤1h</td></tr>
<tr><td>B</td><td>≥3.5L/m</td></tr>
<tr><td>C</td><td rowspan="2">20min</td><td>≥1.5L/m</td></tr>
<tr><td>D</td><td>≥0.5L/m</td></tr>
</table>

注：D级标准仅适用于绝缘电线。

（2）阻燃电缆选择要点

1）电线电缆成束敷设时，应采用阻燃型电线电缆。

当电缆在桥架内敷设时，应考虑将来增加电缆时，也能符合阻燃等级，宜按近期敷设电缆的非金属材料体积预留20%余量。电线在槽盒内敷设时，也宜按此原则来选择阻燃等级。

2）阻燃电缆必须注明阻燃等级。若不注明等级者，一律视为C级。

3）在同一通道中敷设的电缆，应选用同一阻燃等级的电缆。阻燃和非阻燃电缆也不宜在同一通道内敷设。非同一设备的电力与控制电缆若在同一通道时，亦宜互相隔离。

4）直埋地电缆，直埋入建筑孔洞或砌体的电缆及穿管敷设的电线电缆可选用普通型电线电缆。

5）敷设在有盖槽盒、有盖板的电缆沟中的电缆，若已采取封堵、阻水、隔离等防止延燃措施，可降低一级阻燃要求。

6）选用低烟低卤或无卤型电缆时，应注意这种电缆阻燃等级一般仅为C级。若要较高阻燃等级应选用隔氧层电缆或辐照交联聚烯烃绝缘，聚烯烃护套特种电缆。

（3）耐火电线、电缆选择

1）耐火电缆按耐火特性分为A类和B类两种，见表2.4-4。

耐火电缆分类表 表2.4-4

类别	耐火特性		
	受火温度(℃)	供火时间(min)	技术指标
A	900～1000	90	3A熔丝不熔断
B	750～800		

2）耐火电线、电缆主要用于在火灾时，仍须保持正常运行的线路。常用于：

① 消防泵、喷淋泵、消防电梯的供电线路及控制线路。

② 防火卷帘门、电动防火门、排烟系统风机、排烟阀、防火阀的供电控制线路。

③ 消防报警系统的手动报警线路，消防广播及电话线路。

④ 高层建筑或机场、地铁等重要设施中的安保闭路电视线路。

⑤ 集中供电的应急照明线路，控制及保护电源线路。

⑥ 计算机监控线路。

3）矿物绝缘电缆，它的使用场合主要有：

① 核电站或核反应堆、电子加速器、γ射线探伤室及工业X光室等辐射较强的场合。

② 一、二类建筑消防负荷的干线，重要消防设施（如消防泵、喷淋泵、消防电梯、排烟风机、消防控制中心等）的电源及控制线路宜采用矿物绝缘型耐火电缆。若采用有机类耐火电缆明敷则应用耐火电缆槽盒或穿管保护，同时管子表面涂防火涂料。

③ 明敷、需耐火同时要防水冲击及防重物坠落损伤时。

（4）耐火电线、电缆选择要点

1）耐火等级应根据一旦火灾时可能达到的火焰温度确定。通常油库或者电缆密集的隧道及电缆夹层内宜选择A类，其他为B类。

当难以确定火焰温度时，也可根据建筑物或工程的重要性确定。特别重大的选A类，次要的选B类。

2）火灾时，由于环境温度剧烈升高，而导致线芯电阻的增大，当火焰温度为800～1000℃时，导体电阻约增大3～4倍，此时仍应保证系统正常工作，须按此条件校验电压损失。

3）耐火电缆亦应考虑自身在火灾时的机械强度。因此，明敷的耐火电缆截面应不小于2.5mm^2。

4）应区分耐高温电缆与耐火电缆，前者只适用于高温环境。

5）一般有机类的耐火电缆本身并不阻燃。若既需耐火又要满足阻燃者，应采用阻燃耐火型电缆或矿物绝缘电缆。

6）普通电缆及阻燃电缆敷设在耐火电缆槽盒内，并不一定能满足耐火的要求，设计选用时必须注意这一点。

1.5 铠装及外护层选择

电缆外护层及铠装的选择见表2.4-5。外护层类型按《电缆外护层》GB/T 2952—2008划分。

（1）直埋地敷设。在土壤可能发生位移的地段，如流沙、回填土及大型建筑物、构筑物附近应选用能承受机械张力的钢丝铠装电缆，或采取预留长度、用板桩或排桩加固土壤等措施，以减少或消除因土壤位移而作用在电缆上的应力。

塑料电缆直埋地敷设时，当使用中可能承受较大压力或存在机械损伤危险时，应选用钢带铠装；不存在上述情况时，可不需要带有铠装。

电缆金属套或铠装外面应具有塑料防腐蚀外套，当位于盐碱、沼泽或在含有腐蚀性的矿渣回填土时，应具有增强防护性的外护套。

（2）水下敷设。敷设于通航河道、激流河道或被冲刷河岸、海湾处宜采用钢丝铠装；在河滩宽度小于100m、不通航的小河或沟渠底部，且河床或沟底稳定的场合可采用钢带铠装；但钢丝、钢带外面均须具有耐腐蚀的塑料或纤维外被层。对中压电缆一般需要有纵向和横向水密结构的护层。

各种电缆外护层及铠装的使用敷设场合　　表 2.4-5

护套或外护层	铠装	代号	敷设方式								环境条件						备注
			室内	电缆沟	电缆桥架	隧道	管道	竖井	埋地	水下	火灾危险	移动	多烁石	一般腐蚀	严重腐蚀	潮湿	
一般橡套	无		✓	✓	✓	✓	✓					✓		✓		✓	
不延燃橡套	无	F	✓	✓	✓	✓	✓				✓	✓		✓			耐油
聚氯乙烯护套	无	V	✓	✓	✓	✓	✓		✓		✓	✓		✓	✓	✓	
聚乙烯护套	无	Y	✓	✓	✓	✓	✓		✓			✓		✓	✓	✓	矿物绝缘电缆
铜	无		✓		✓	✓		✓			✓			✓	✓	✓	
聚氯乙烯护套	钢带	22	✓	✓	✓	✓			✓					✓	✓	✓	
聚乙烯护套	钢带	23	✓	✓	✓	✓			✓					✓	✓	✓	
聚氯乙烯护套	细钢丝	32				✓	✓	✓	✓	✓	✓		✓	✓	✓	✓	
聚乙烯护套	细钢丝	33				✓	✓	✓	✓	✓	✓			✓	✓	✓	
聚氯乙烯护套	粗钢丝	42				✓	✓	✓	✓	✓	✓		✓	✓	✓	✓	
聚乙烯护套	粗钢丝	43				✓	✓	✓	✓	✓	✓		✓	✓	✓	✓	

注：1. “✓”表示适用；无标记则不推荐采用。

2. 具有防水层的聚氯乙烯护套电缆可在水下敷设。

3. 如需要用于湿热带地区的防霉特种护层可在型号规格后加代号“TH”。

4. 单芯钢带铠装电缆不适用于交流线路。

(3) 导管或排管中敷设。宜选用塑料外护套。

(4) 空气中敷设。可能承受机械损伤或防鼠害、蚁害要求较高的场所，应采用铠装电缆，敷设于托盘、梯架、槽盒内。防白蚁型聚乙烯护套电线、电缆，它的规格、电气性能、机械物理性能与普通型同类产品相同。无防鼠、蚁害要求时，可不需铠装。

在含有腐蚀性气体环境中，铠装应具有挤出外护套。在有放射线作用的场所（如医疗放射设备、X射线探伤机、粒子加速器以及用于核反应堆壳内的电力电缆），应采用氯丁橡胶、铜护套或其他耐辐射的外护套；高温场所应采用硅橡胶类耐高温外护套或铜护套。

除架空绝缘电缆外，普通电缆用于户外时，宜有遮阳措施，如加罩、盖或穿管等。

1.6 分支电缆选择

分支电缆规格可根据实际负荷大小来选择。干线电缆一般不大于 185mm^2 为宜。分支部分截面可小于或等于干线电缆截面，但按机械强度考虑应不小于 16mm^2。分支电缆有单芯和多芯（拧绞型）两类。在敷设条件不受限制的场合，宜优先采用单芯电缆。

分支电缆可用于隧道和中高层建筑的电力及照明干线，也可用于工厂企业。

分支电缆的缺点是一旦分支部位确定后，在现场不能变更位置尺寸，因此灵活性不如插接式线槽。

1.7 母线的选择

(1) 矩形裸母线常用于低电压、大电流的场合，如电镀槽、电解槽的供电线路。

(2) 母线槽适合于多层厂房、标准厂房或设备较密集的车间，对工艺变化周期短的车间尤为适宜，母线槽还大量用于高层民用建筑。

母线槽选择可从以下几方面进行：

1）大电流母线槽推荐首选密集绝缘式。

2）空气绝缘母线槽在大电流规格时，导体截面利用不够经济，使导体断面尺寸偏大。

3）空气附加绝缘母线槽同于但优于空气绝缘母线槽。

4）馈电式母线槽常用于发电机或变压器与配电屏的连接线路，或者配电屏之间的连接线路。

5）插接式母线槽用来传输电能并可引出电源支路。

6）滑接式母线槽常用于移动设备的供电，如行车、电动葫芦和生产线上。对于工艺变更周期短的生产车间、生产流水线或检测线，使用十分方便。

7）表面喷涂钢板式母线槽单组母线载流量最大为 2500A，需要更大电流时，采用两组并联。主要适用于室内干燥环境，最高外壳防护等级可达 IP54～63。

8）塑料外壳母线槽可适用于相对湿度 98%的环境。外壳防护等级可达到 IP56。

9）树脂浇注式塑料母线槽适用于腐蚀环境及高湿度环境。

10）铝合金外壳母线槽单组母线的载流量可以做到 5000A。当电流需要更大时，才需要并联。外壳防护等级可达 IP66。可适合在室内外应用，而且外壳可作为 PE 线使用。

（3）在火灾情况下的一定时间内仍然保持正常运行特性的母线槽应采用耐火型。

耐火型母线槽就结构上分类有两种。一种是外涂敷型耐火母线槽。另一种是内衬垫型耐火母线槽。

（4）按额定电压选择：分低压母线槽 380V、660V 及高压母线槽 3.6～35kV。3.6～35kV 高压母线槽主要用于发电机出线及室内变电站。

（5）可采用大截面矿物绝缘电缆代替耐火母线槽。工作电流较大时，可采用多根矿物电缆并联使用。这不仅大大提高了耐火能力，减少接头，提高可靠性；而且可节约铜材 20%以上，在经济方面也有较强的竞争力。

2 电线、电缆截面选择

2.1 电线、电缆截面选择的条件

（1）通过负载电流时，线芯温度不超过电线、电缆绝缘所允许的长期工作温度，简称按温升选择截面。

（2）经济寿命期内的总费用最少，即初始投资和经济寿命期内线路损耗费用之和最少，简称按经济电流选择。

（3）通过短路电流时，不超过所允许的短路强度。

（4）电压损失在允许范围内。

（5）满足机械强度的要求。

（6）低压电线、电缆应符合电击防护的要求。

（7）考虑谐波电流的影响。

2.2 按温升选择截面

（1）为保证电线、电缆的实际工作温度不超过允许值，电线、电缆按发热条件的允许长期工作电流——载流量，按敷设条件及环境温度，不应小于线路的工作电流。

（2）电缆通过不同散热条件地段，其对应的缆芯工作温度会有差异，应按最恶劣散热条件地段（通常超过5m）来选择截面。

（3）当负荷为断续工作或短时工作时，应折算成等效发热电流，按温升选择电线、电缆的截面，或者按工作制校正电线、电缆载流量。

2.3 按经济电流选择截面

（1）当减少线芯截面时，初始投资减少，但线路损耗费用增大；反之增大线芯截面时，线路损耗减少，但初始投资增加。某一截面区间内，二者之和（总费用即TOC）最少，即为经济截面。

（2）按经济电流选择电线、电缆截面的方法，将减少35%～42%的线路损耗。

（3）一般情况下，按温升选择的截面与按经济电流确定的导体截面二者取较大者。

2.4 按电压损失校验截面

（1）对于少数远离变电所的用电设备或者使用次数很少的用电设备等，其电压偏移的允许范围可适当放宽，以免过多地耗费投资。

（2）对于照明线路，一般按允许电压损失选择线、缆截面，并校验机械强度和允许载流量。可先求得计算电流和功率因数，用电流负荷矩法进行计算。

（3）选择耐火电缆应注意，因着火时线芯温度急剧升高导致电压损失增大，应按着火条件核算电压损失，以保证重要设备连续运行。

只要将按正常情况（即电压偏移允许值按+5%～−5%）选择的电线、电缆截面放大一至两级就可以。原来选择 50mm^2 及以下时，放大一级截面；70mm^2 及以上时放大两级截面，通常就可以满足着火条件下的电压偏差不大于−10%的条件。

2.5 按机械强度校验截面（见表 2.4-6）

按机械强度允许的最小截面（mm^2）　　表 2.4-6

<table>
<tr><th colspan="3" rowspan="2">用　途</th><th colspan="3">导线最小允许截面</th></tr>
<tr><th>铝</th><th>铜</th><th>铜芯软线</th></tr>
<tr><td colspan="3">裸导线敷设于绝缘子上(低压架空线路)</td><td>16</td><td>10</td><td></td></tr>
<tr><td rowspan="5">绝缘导线敷设于绝缘子上，支点距离 L(m)</td><td>室内</td><td>$L\leqslant 2$</td><td>2.5</td><td>1.0</td><td></td></tr>
<tr><td rowspan="4">室外</td><td>$L\leqslant 2$</td><td>2.5</td><td>1.5</td><td></td></tr>
<tr><td>$2<L\leqslant 6$</td><td>4</td><td>2.5</td><td></td></tr>
<tr><td>$6<L\leqslant 15$</td><td>6</td><td>4</td><td></td></tr>
<tr><td>$15<L\leqslant 25$</td><td>10</td><td>6</td><td></td></tr>
<tr><td colspan="3">固定敷设护套线，轧头直敷</td><td>2.5</td><td>1.0</td><td></td></tr>
</table>

续表

用途			导线最小允许截面		
			铝	铜	铜芯软线
移动式用电设备用导线		生产用			1.0
		生活用			0.2
照明灯头引下线	工业建筑	屋内	2.5	0.8	0.5
		屋外	2.5	1.0	1.0
	民用建筑、室内		1.5	0.5	0.4
绝缘导线穿管			2.5	1.0	1.0
绝缘导线槽板敷设			2.5	1.0	
绝缘导线线槽敷设			2.5	1.0	

2.6 中性线（N）、保护接地线（PE）、保护接地中性线（PEN）的截面选择

（1）单相两线制电路中，无论相线截面大小，中性线截面都应与相线截面相同。

（2）三相四线制配电系统中，N 线的允许载流量不应小于线路中最大的不平衡负荷电流及谐波电流之和。当相线线芯不大于 $16mm^2$（铜）或 $25mm^2$（铝）时，中性线应选择与相线相等的截面。当相线线芯大于 $16mm^2$（铜）或 $25mm^2$（铝）时，若中性线电流较小可选择小于相线截面，但不应小于相线截面的 50%，且不小于 $16mm^2$（铜）或 $25mm^2$（铝）。

（3）三相平衡系统中，选择导线截面时，应计入谐波电流的影响。

1）当谐波电流较小时，仍按相线电流选择导线截面，但计算电流应按基波电流除以表 2.4-7 中的修正系数。

2）当三次谐波电流超过 33%时，它所引起的中性线电流超过基波的相电流。此时，应按中性线电流选择导线截面。计算电流同样要除以表 2.4-7 中的修正系数。

3）当谐波电流大于 10%时，中性线的线芯截面不应小于相线。例如以气体放电灯为主的照明线路、变频调速设备、计算机及直流电源设备等的供电线路。

谐波电流的校正系数　　表 2.4-7

相电流中三次谐波分量（%）	校正系统	
	按相线电流选截面	按中性线电流选择截面
0～15	1.0	
15～33	0.86	
33～45		0.86
>45		1.0

(4) PE线截面选择，通常可按表2.4-8选取。

PE、PEN线截面选择表　　**表 2.4-8**

相线截面(mm^2)	PE线截面(mm^2)	相线截面(mm^2)	PE线截面(mm^2)
$S\leqslant 16$	S^*	$400<S\leqslant 800$	200
$16<S\leqslant 35$	16	$S>800$	$\geqslant S/4$
$35<S\leqslant 40$	$\geqslant S/2$		

注：1. 当不是供电电缆线芯或外护层的组成部分时；按机械强度选择，通常有机械保护时≥2.5；无机械保护时≥4。

2. 本表根据IEC-439-1992编制。

(5) 三相系统中PEN线截面选择：采用单芯导线作PEN线干线，当截面为铜材时，不应小于$10mm^2$；为铝材时，不应小于$16mm^2$；采用多芯电缆的芯线作PEN线干线，其截面不应小于$4mm^2$。

3 电线、电缆载流量

电线、电缆载流量的选择应遵循国家标准《建筑物电气装置 第5部分：电气设备的选择和安装 第523节：布线系统载流量》的要求，导体的载流量还取决于下列因素：

(1) 电线、电缆的材质。如线芯导电材料的损耗大小、绝缘材料的允许长期工作温度和允许短路温度。

(2) 敷设处的环境温度。环境温度系指电线、电缆无负荷时周围介质温度。在不同的环境温度下，电线、电缆允许的载流量尚应乘以相应的校正系数。

（3）敷设方式。布线系统载流量国家标准《建筑物电气装置 第5部分：电气设备的选择和安装》GB/T 16895.15—2002将电线、电缆的敷设方式划分为九大类。

（4）土壤热阻系数。当选用交联聚乙烯绝缘聚氯乙烯护套电缆直埋地敷设时，宜采用土壤热阻系数2.5～3.0km/W来修正电缆载流量，以降低电缆表面温度，否则应采用特殊回填土换土处理。

（5）多回路敷设时的载流量修正。当多回路敷设时应乘以修正系数，如果某一回路的实际电流不超过30％的额定电流时，在选择修正系数时，此回路数可忽略不计。

（6）电缆户外敷设。电缆户外敷设且无遮阳时，载流量应乘以校正系数。

（7）穿管敷设：

1）当电线、电缆穿管明敷在空气中或暗敷在墙内、楼板内、地坪下，环境温度采用敷设地点的最热月平均最高温度。

2）在管线多根并列时，其载流量应乘以校正系数。

3）对于备用或正常情况下实际电流小于30％额定载流量的管线，可不必计入根数。

4）对不载流或正常情况下载流很小的中性线，可不计入电线根数。

（8）电缆在电缆沟内敷设：

1）室内电缆沟或者室外电缆沟盖板上覆土厚度超过30cm以上者，可不计阳光直射的影响。选择电缆截面时，电缆沟内空气温度可按最热月的日最高温度平均值加5℃来选择。

2）室外电缆沟盖板上无覆土的情况，应计入阳光直射使盖板发热而导致沟内气温上升的因素，通常，日照可使沟内平均气温升高2～5℃。

3）采用电缆隧道敷设时，须详细计算因电缆发热而引起的隧道内空气的升温。一般电缆隧道宜采用自然通风。在自然通风情况良好的电缆隧道内，选择电缆截面时，环境温度仍可采用最热月日最高温度平均值。

当电缆数量较多而且有一定数量的交联聚乙烯绝缘电缆时，由于它线芯工作温度达80～90℃，电缆外表的温度也接近60～70℃。会导致环境温度显著升高。当隧道内气温达到50℃时，须采取机械通风。此时，选择电缆截面应根据隧道内的计算温度来确定载流量。

4　按经济电流选择电缆截面

按经济电流选择电缆截面的注意要点：

(1) 按经济条件及技术条件选择结果的比较：通常按经济条件选择大于按技术条件选择的截面1～2级，但也有按热稳定等技术条件选择的截面大的情况，因此应该同时满足技术条件和经济条件，取二者截面较大者。简化设计程序时，可按允许载流量所选的截面放大1～2级，基本上能接近按经济条件所选择的结果。

(2) 年最大负荷利用小时T愈大，经济电流值愈小，反之则愈大。

(3) 经济寿命变化时，经济截面变化不大。

(4) 年最大负荷利用小时数不同，会直接影响经济截面大小。

(5) 回收年限。由于按经济电流选择电缆截面时，截面较大，使初期投资增加，根据计算一般2～4年即可收回投资。年最大负荷利用小时数T愈大，回收年限愈短。当超过回收年限之后，因损耗减小每年可节约费用，节约的数字逐年累计是十分可观的。

第5章　开关电器和保护电器的选用

1　低压电器选择的一般要求

工程设计所选用的低压电器，应符合国家现行的有关标准。

1.1　按正常工作条件选择

（1）电器的额定电压应与所在回路的标称电压相适应。电器的额定频率应与所在回路的标称频率相适应。

（2）电器的额定电流不应小于所在回路的负荷计算电流。切断负荷电流的电器（如开关、隔离开关）应校验其断开电流。接通和断开启动尖峰电流的电器（如接触器）应校验其接通、分断能力和每小时操动的循环次数（操动频率）。

（3）保护电器还应按保护特性选择。

（4）低压电器的工作制通常分为八小时工作制、不间断工作制、断续周期工作制、短时工作制及周期工作制等几种，应根据不同要求选择其技术参数。

（5）某些电器还应按有关的专门要求选择，如互感器应符合准确等级的要求。

1.2　按短路工作条件选择

（1）可能通过短路电流的电器（如开关、隔离器、隔离开关、熔断器组合电器及接触器、启动器），应满足在短路条件下短时耐受电流的要求。

（2）断开短路电流的保护电器（如低压熔断器、低压断路器），应满足在短路条件下分断能力的要求。根据不同变压器容量和高压侧短路容量计算出保护电器出线位置的三相短路电流，以校验保护电器的分断能力。

1.3 按使用环境条件选择

电器产品的选择应适应所在场所的环境条件，如多尘环境、化工腐蚀环境、高原地区、热带地区、火灾爆炸危险环境。当环境温度超过电器的正常工作温度时，应考虑降容系数。

2 开关、隔离电器和接触器的选用

2.1 隔离电器的选用原则

(1) 当维护、检修和测试需要隔断电源时，配电线路应装设隔离电器。

(2) 隔离电器应使所在回路与带电部分隔离。当隔离电器误操动会造成严重事故时，应有防止误操动的措施，如设连锁或加锁。

(3) 隔离器、隔离开关（包括它们和熔断器组合电器）适宜作隔离电器。此外，以下电器或连接件也可作隔离用：熔断器、具有隔离功能的断路器、插头与插座、连接片、不需拆除的特殊端子。严禁用半导体电器作隔离用。

(4) 冲击耐受电压及泄漏电流。

2.2 开关电器的选用原则

(1) 需要通、断电流的配电线路，应装设开关电器。

(2) 宜选用开关、隔离开关（包括它们和熔断器组合电器）作通断电路用。已装设断路器、接触器等保护、控制电器的回路，一般不必再装设开关电器。

(3) 选用开关或隔离开关，其额定工作电流应不小于该回路的计算电流。

(4) 需要装设开关电器和隔离电器的配电干线，如建筑物的低压配电线路进线处、配电箱的进线处，应装设隔离开关，一个电器可满足开关和隔离两者功能；需要同时有开关、隔离及保护三者功能的线路，应装设隔离开关熔断器组或熔断器式隔离开关。

(5) 四极开关的选用

1) 为电气维修安全而装设四极开关

① TN-C 系统内不允许装设四极开关；

② TN-C-S 和 TN-S 系统内不需为电气维修安全而装设四极开关；

③ TT 系统内应为电气维修安全而装设四极开关；

④ IT 系统内不必为电气维修安全而装设四极开关；

⑤ 在低压侧中性点直接接地的变电所内，如果实施等电位联结，则不论所供电的系统为 TN-C-S 系统、TN-S 系统或 TT 系统，都不需为电气维修安全而装设四极开关。

2) 为实现正常功能而装设四极开关

① 负荷端带 RCD 功能的双电源转换开关，应装用四极开关以保证实现 RCD 功能；

② 当引出中性线的 IT 系统电源用作 TN 系统或 TT 系统正常电源的备用电源时，其双电源转换开关应装用四极开关以保证实现 IT 系统供电的不间断性；

③ 变电所互为备用的变压器出线当采用大电流框架式断路器，其 RCD 由该断路器内四个电流互感器组成，由于此 RCD 动作灵敏度不高——只起在发生接地故障时提高线路过电流防护灵敏度的作用，此方案不需选用四极开关；

④ 如果需要对变电所的双变压器进行倒换，而变压器又需装设灵敏度高的 RCD，此时只需将 RCD 用电流互感器安装在变压器中性点与接地系统的连接线上，再通过一配套的继电器就可作用于跳闸或报警——起防接地电弧火灾的作用，亦不必装设四极开关。

2.3 接触器和启动器选用原则

（1）接触器和启动器的使用类别见表2.5-1。

接触器和启动器使用类别及代号　　表2.5-1

电流	使用类别代号	典型用途举例
交流	AC-1	无感或微感负载、电阻炉
	AC-2	绕线式感应电动机的启动、分断
	AC-3	笼型感应电动机的启动、运转中分断
	AC-4	笼型感应电动机的启动、反接制动或反向运转、点动
	AC-5a	放电灯的通断
	AC-5b	白炽灯的通断
	AC-6a	变压器的通断
	AC-6b	电容器组的通断
	AC-7a	家用电器和类似用途的低感负载
	AC-7b	家用电动机负载
	AC-8a	具有手动复位过载脱扣器的密封制冷压缩机中的电动机控制
	AC-8b	具有自动复位过载脱扣器的密封制冷压缩机中的电动机控制
直流	DC-1	无感或微感负载、电阻炉
	DC-3	并激电动机的启动、反接制动或反向运转、点动、在动态中分断
	DC-5	串激电动机的启动、反接制动或反向运转、点动、在动态中分断
	DC-6	白炽灯的通断

直接启动器属于AC-3、AC-4、AC-7b、AC-8a、AC-8b中的一种或多种。

所有星—三角启动器和两级自耦减压启动器属于AC-3类别。

转子变阻式启动器属于AC-2类别。

（2）应根据负载特性和操动条件选择接触器的使用类别。

用于控制鼠笼电动机，通常选用AC-3类别；用于控制需要点动、反向运转或反向制动条件下的电动机，应选用AC-4类别；用于控制电阻炉、照明灯、电容器等用电设备时，应相应选用 AC-1、AC-5a、AC-5b、AC-6b 类别。

(3) 选取的接触器的操动频率应符合被控设备的运行使用要求。

(4) 与短路保护电器（SCPD）的协调配合：

接触器和启动器与 SCPD 的协调配合类型（保护型式）有两种：

1) "1"型协调配合：接触器或启动器在短路条件下可以损坏，但不应对周围人身和设备造成危害。在修理前，不能再使用。

2) "2"型协调配合：接触器或启动器在短路条件下不应对周围人身和设备造成危害，且应能继续使用，但允许有容易分开的触头熔焊。

(5) 不间断工作制的运行设备，应选取特殊设计的接触器，如用银或银基触头的产品，以避免触头过热；如选用八小时工作制的接触器，应降低一级容量使用。

(6) 笼型感应电动机用启动器，通常应带有过载继电器，作电动机过载保护；当接触器前或该段配电线路首端未装单独的保护电器时，宜选用带保护电器的综合启动器。

2.4 热继电器的选择

(1) 交流三相电动机的断相保护应符合下列规定：

1) 连续运行的三相电动机，当采用熔断器保护时，应装设断相保护；当采用断路器保护时，宜装设断相保护；当低压断路器兼作电动机控制电器时，可不装设断相保护。

2) 短时工作或断续周期工作的电动机或额定功率不超过 3kW 的电动机，可不装设断相保护。

3) 断相保护器件宜采用断相保护热继电器，亦可采用温度保护或专用断相保护装置。

(2) 热继电器的整定电流应可调，调整范围应不小于其额定电流的20%。

(3) 热继电器和过载脱扣器在7.2倍整定电流下的动作时间，应大于电动机的启动时间。为此，应根据电动机的机械负载特性选择过载保护器件的脱扣级别，见表2.5-2。

电动机用过载保护器件的脱扣级别和脱扣时间 表2.5-2

脱扣级别(A)	以整定电流倍数表示的试验电流				适用范围
	1.05* 冷态开始	1.2 热态	1.5 热态	7.2 冷态开始	
	脱扣时间 t				
10	2h内不脱扣	<2h	<2min	2s<t≤10s	轻载启动
10	2h内不脱扣	<2h	<4min	4s<t≤10s	一般负载
20	2h内不脱扣	<2h	<8min	6s<t≤20s	重载启动
30	2h内不脱扣	<2h	<12min	9s<t≤30s	特重载启动

注：*适用于有温度补偿的热继电器。电磁式和无温度补偿的热继电器为1.0。

(4) 热继电器的复位方式应根据防止电动机意外启动的原则而定：用按钮、自复式转换开关或类似的主令电器手动控制起停时，宜采用自动复位的热继电器。用自动接点以连续通电方式控制起停时，应采用手动复位的热继电器，但工艺有特殊要求者除外。

(5) 电动机采用星—三角启动时，热继电器的可能装设位置有三个，见图2.5-1，其整定电流也不同：

1) 通常，热继电器与电动机绕组串联（位置1），整定电流应为电动机额定电流乘$\frac{1}{\sqrt{3}}$。这种配置能使电动机在星形启动时和三角形运行中都能受到保护。

2) 热继电器装在电源进线上（位置2），整定电流应为电动机额定电流。由于线电流为相电流的$\sqrt{3}$倍，在星形启动过程中，热继电器的动作时间将延长4～6倍，故不能提供完全的保护，但能提供启动失败的保护。

3) 热继电器装在三角形电路中（位置3），整定电流应为电

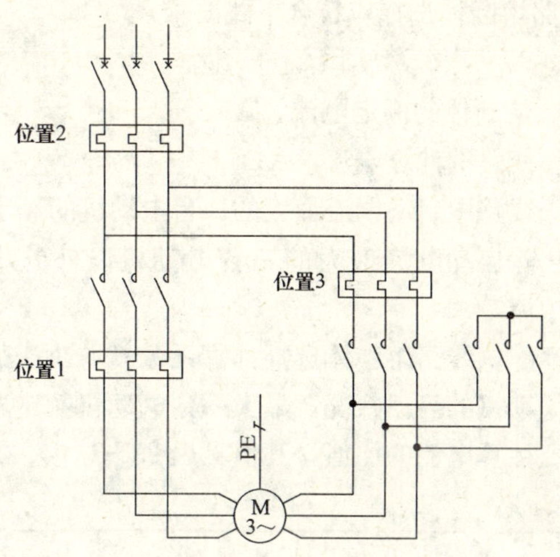

图 2.5-1 星—三角启动电路中热继电器的装设位置

动机额定电流乘$\frac{1}{\sqrt{3}}$。在星形启动过程中，没有电流流过热继电器。这相当于解除了保护，可用于启动困难的情况。

3 保护电器的选用

3.1 低压熔断器

3.1.1 熔断体额定电流的确定

熔断体额定电流的选择应保证在正常工作电流和用电设备启动时的尖峰电流下不误动作，并且在发生故障（如过载、短路和接地故障）时能适时熔断，以切断故障电路电流校验其切断时间。

(1) 按正常工作电流选择应符合下式要求

$$I_r \geqslant I_B \tag{2.5-1}$$

(2) 按用电设备启动时的尖峰电流选择

配电线路熔断体选择应符合下式要求

$$I_r \geqslant K_r [I_{rM1} + I_{B(n-1)}] \quad (2.5\text{-}2)$$

式中：I_r——熔断体的额定电流，A；

I_B——线路的计算电流，A；

I_{rM1}——线路中启动电流最大的一台电动机的额定电流，A；

$I_{B(n-1)}$——除启动电流最大的一台电动机以外的线路计算电流，A；

K_r——配电线路熔断体选择计算系数，取决于最大一台电动机的启动状况，最大一台电动机额定电流与线路计算电流的比值，其值见表 2.5-3。

K_r 值 **表 2.5-3**

I_{rM1}/I_B	≤0.25	0.25～0.4	0.4～0.6	0.6～0.8
K_r	1.0	1.0～1.1	1.1～1.2	1.2～1.3

(3) 照明线路熔断体选择应符合下式要求

$$I_r \geqslant K_m I_B \quad (2.5\text{-}3)$$

式中：K_m——照明线路熔断体选择计算系数，取决于电光源启动状况和熔断时间-电流特性，其值见表 2.5-4。

K_m 值 **表 2.5-4**

熔断器型号	熔断体额定电流(A)	K_m		
		白炽灯、卤钨灯、荧光灯	高压钠灯、金属卤化物灯	荧光高压汞灯
RL7、NT	≤63	1.0	1.2	1.1～1.5
RL6	≤63	1.0	1.5	1.3～1.7

当线路发生故障时，熔断体应保证在规定的时间内熔断，以切断故障电路。因此，熔断体电流值不能选得太大。

3.1.2 按短路电流校验熔断器的分断能力

熔断器的分断能力应大于被保护线路预期三相短路电流有效值。

3.2 低压断路器

3.2.1 用作配电线路的低压断路器选择

(1) 断路器额定电流的确定

断路器壳架等级额定电流（指塑壳式或开启式中所能装的最大过电流脱扣器的额定电流）I_{rQ}和断路器额定反时限电流指过电流脱扣器额定电流 I_{rt}的确定如下

$$I_{rQ} \geqslant I_{rt} \tag{2.5-4}$$

$$I_{rt} \geqslant I_{B} \tag{2.5-5}$$

式中：I_{rQ}——断路器壳架等级的额定电流，A；I_{rt}——反时限过电流脱扣器的额定电流，A；I_{B}——线路的计算负载电流，A。

(2) 瞬时过电流脱扣器的整定值（I_{zd3}）

瞬时过电流脱扣器整定电流，应躲过配电线路的尖峰电流，即

$$I_{zd3} \geqslant K_{zd3}[I'_{qM1} + I_{B(n-1)}] \tag{2.5-6}$$

式中：K_{zd3}——低压断路器瞬时脱扣器可靠系数，取 1.2；I'_{qM1}——线路中最大一台电动机全启动电流，A，它包括了周期分量和非周期分量，其值可取电动机启动电流 I_{qM1}的 2～2.5 倍；$I_{B(n-1)}$——除启动电流最大的一台电动机以外的线路计算电流，A。

为满足被保护线路各级间选择性要求，选择型低压断路器瞬时脱扣器电流整定值 I_{zd3}，还需躲过下一级开关所保护线路故障时的短路电流。

非选择型低压断路器瞬时脱扣器电流整定值，只要躲过回路正常工作时的尖峰电流即可，而且应尽可能整定得小一些。

(3) 定时限过电流脱扣器的整定值（I_{zd2}）

定时限过电流脱扣器主要用于保证保护装置动作的选择性。

1) 定时限过电流脱扣器整定电流，应躲过短时间出现的负荷尖峰电流，即

$$I_{zd2} \geqslant K_{zd2}[I_{qM1} + I_{B(n-1)}] \quad (2.5\text{-}7)$$

式中：I_{zd2}——低压断路器定时限过电流脱扣器可靠系数，取1.2；I_{qM1}——线路中最大一台电动机的启动电流，A；$I_{B(n-1)}$——除启动电流最大的一台电动机以外的线路计算负载电流，A。

2）定时限过电流脱扣器的整定时间通常有0.1（或0.2）s、0.4s、0.6s、0.8s等几种，根据需要确定。其整定时间要比下级任一组熔断器可能出现的最大熔断时间大一个级量。上下级时间级差取0.1～0.2s。

（4）反时限过电流脱扣器的整定值（I_{zd1}）

反时限过电流脱扣器整定电流

$$I_{zd1} \geqslant I_B \quad (2.5\text{-}8)$$

$$I_{zd1} \leqslant I_z \quad (2.5\text{-}9)$$

式中：I_B——线路的计算负载电流，A；I_z——导体的允许持续载流量，A。

3.2.2 用作照明的低压断路器的过电流脱扣器的整定

反时限和瞬时过电流脱扣器整定电流分别为

$$I_{zd1} \geqslant K_{zd1} I_B \quad (2.5\text{-}10)$$

$$I_{zd3} \geqslant K_{zd3} I_B \quad (2.5\text{-}11)$$

式中：I_B——照明线路的计算电流，A；I_{zd1}、I_{zd3}——反时限和瞬时过电流脱扣器可靠系数，取决于电光源启动状况和低压断路器特性，其值见表2.5-5。

用作照明的断路器反时限和瞬时过电流脱扣器可靠系数

表2.5-5

低压断路器种类	可靠系数	白炽灯、卤钨灯	荧光灯	高压钠灯、金属卤化物灯	荧光高压汞灯
反时限过电流脱扣器	K_{zd1}	1.0	1.0	1.0	1.1
瞬时过电流脱扣器	K_{zd3}	10～12	4～7	4～7	4～7

3.2.3 按短路电流校验低压断路器的分断能力

断路器的额定运行短路分断能力 I_{cs} 应不小于被保护线路最大三相短路电流有效值。如有困难，至少应保证断路器的额定极限短路分断能力 I_{cu} 不小于被保护线路最大三相短路电流有效值。

直流系统中，必须使用合适的电路图来得到串联的断路器极数，以保证各种不同工作电压要求的分断能力。

3.2.4 按短路电流校验低压断路器动作的灵敏性

为使低压断路器可靠切断接地故障电路，必须按下式来校验断路器瞬时或定时限过电流脱扣器动作的灵敏性。

$$I_{kmin} \geqslant K_i I_{zd3} \quad (2.5\text{-}12)$$

$$或\ I_{kmin} \geqslant K_i I_{zd2} \quad (2.5\text{-}13)$$

式中：I_{kmin}——被保护线路末端接地故障电流，A；I_{zd3}——低压断路器瞬时过流脱扣器的整定电流，A；I_{zd2}——低压断路器定时限过流脱扣器的整定电流，A；K_i——低压断路器瞬时或定时限过流脱扣器动作可靠系数，按低压配电设计规范《低压配电设计规范》GB 50054—1995 的规定，取 1.3。

3.3 剩余电流动作保护器（俗称漏电保护器）

剩余电流动作保护器能迅速断开接地故障电路，以防发生间接电击伤亡和引起火灾事故。

（1）AC 型、A 型和 B 型剩余电流动作保护器不得混合串联使用，只允许同动作类别的剩余电流动作保护器串联使用。

（2）剩余电流动作保护器作用于切断电源时，为了保证供电的连续性，宜在各分支回路安装剩余电流动作保护器，代替在总进线上安装剩余电流动作保护器。

（3）动作功能与电源电压有关的剩余电流动作保护器除非在发生故障时，即使在辅助电源失效的情况下，接触电压及持续时间对人体产生危险或引起火灾时仍能自动切断电源，否则应采用动作功能与电源电压无关的剩余电流动作保护。

(4) 剩余电流动作保护器应切断所保护回路的所有带电导体，包括 TN-S (TN-C-S) 系统中的N线导体。

(5) 当采用不带过电流保护的剩余电流动作保护器 (RCCB) 时，该剩余电流动作保护器应能耐受安装处的预期短路电流。

短路故障的不平衡电流或接地故障的接地电流，虽使不带过电流保护的剩余电流动作保护器脱扣，但不致使该剩余电流动作保护器损坏。

(6) 剩余电流保护器动作电流整定值要求如下：

1) 用于单台用电设备时，动作电流应不小于正常运行泄漏电流的4倍；

2) 配电线路的剩余电流动作保护器动作电流应不小于正常运行泄漏电流的3倍，同时还应满足其中泄漏电流最大的一台用电设备正常运行泄漏电流的3倍。

(7) 当剩余电流动作保护器用于插座回路和末端配电线路，并侧重防间接电击时，则应选择动作电流不大于30mA的高灵敏度剩余电流动作保护器。该剩余电流动作保护器在其他保护措施失效时，作为防直接接触的补充保护措施，应选择带过电流保护的剩余电流动作保护器 (RCBO)。

(8) 用于防止接地故障电流大于300mA引起的火灾危险，剩余电流动作保护器作用于切断供电电源；剩余电流动作继电器或剩余电流动作报警装置作用于报警。

例如：对于住宅和中小型建筑，剩余电流动作保护器可安装在建筑物电源总进线上。为保证其动作灵敏度及与末端插座回路漏电保护器的选择性，该剩余电流动作保护器动作整定值最好不大于0.3A，并有0.4s或以上延时。该剩余电流动作保护器作为防电弧性接地故障引起的火灾是很有效的。

(9) 串联使用的剩余电流动作保护器的保护选择性，应满足以下条件：

1) 电源侧剩余电流动作保护器的额定剩余动作电流（整定

值）应大于负载侧剩余电流动作保护器的额定剩余动作电流（整定值）的 3 倍；

2）电源侧剩余电流动作保护器应选用 S 型（延时固定或可调），级间动作时间差不小于 0.2s。

4 各级保护电器间的选择性配合

4.1 熔断器与熔断器的级间配合

（1）弧前时间大于 0.1s，额定电流 16A 及以上的串联熔断体的过电流选择比为 1.6∶1，也就是在一定条件下，上级熔断体电流大于或等于下级熔断体电流的 1.6 倍，就能实现有选择性熔断。

（2）当弧前时间小于 0.1s，上级熔断体的弧前 I^2t_{min} 值大于下级熔断体的熔断 I^2t_{max} 值时，可认为在弧前时间大于 0.01s 时，上下级熔断体间的选择性可得到保证。

4.2 熔断器与非选择型断路器的级间配合

（1）过载时，只要断路器长延时脱扣器的反时限动作特性和熔断器的反时限特性曲线不相交，即熔断体的额定电流值比长延时脱扣器的整定电流值大一定数值，则能满足选择性要求。

（2）短路时，要求熔断器的电流—时间特性曲线上对应于短路电流值的熔断时间，比断路器瞬时脱扣器的动作时间大 0.1s 以上，则下级断路器瞬时脱扣，而上级熔断器不会熔断，能满足选择性要求。

4.3 非选择型断路器与熔断器的级间配合

（1）过载时，只要熔断器的反时限特性和断路器长延时脱扣器的反时限动作特性曲线不相交，即长延时脱扣器的整定电流值比熔断体的额定电流值大一定数值，则能满足选择性要求。

（2）短路时，当故障电流大于非选择型断路器的瞬时脱扣器整定电流 I_{zd3}（通常整定为该断路器长延时整定电流 I_{zd1} 的 8～14 倍）时，则上级断路器瞬时脱扣，因此没有选择性；当故障电流小于 I_{zd3} 时，下级熔断器先熔断，具有部分选择性。

此方案仅用于允许无选择性断电。

4.4 选择型断路器与熔断器的级间配合

（1）过载时，只要熔断器的反时限特性和断路器长延时脱扣器的反时限动作特性曲线不相交，即长延时脱扣器的整定电流值比熔断体的额定电流值大一定数值，则能满足选择性要求。

（2）短路时，由于上级断路器具有短延时功能，一般能实现选择性动作。参数整定原则如下：

1）下级熔断器额定电流 I_r 不宜太大。

2）上级断路器的 I_{zd2} 值不宜太小，在满足 $I_d \geqslant 1.3I_{zd2}$ 要求前提下，宜整定大些。

3）短延时时间应整定大一些，如 0.4～0.8s。

4）I_{zd3} 在满足动作灵敏度条件下，尽量整定大一些，以免破坏选择性。

（3）具体方法是：在多个下级熔断器中找出额定电流最大的，其值为 I_r，假设熔断器后发生的故障电流 I_d 等于或大于 $1.3I_{zd2}$ 时，在熔断器时间—电流特性曲线上查出其熔断时间 t；再使断路器脱扣器的延时时间比 t 值大 0.15～0.2s。

4.5 非选择型断路器与非选择型断路器的级间配合

仅当故障电流大于下级非选择型断路器的瞬时脱扣器整定电流，而又小于上级非选择型断路器的瞬时脱扣器整定电流电流时，才有选择性。总体上说，这种配合不能保证选择性。

4.6 选择型断路器与非选择型断路器的级间配合

这种配合具有良好的选择性，参数整定原则如下：

（1）上级选择型断路器的短路短延时整定电流大于下级非选择型断路器的瞬时脱扣器整定电流的1.2倍。

（2）上级选择型断路器的瞬时脱扣器整定电流在满足动作灵敏性前提下，尽量整定大些，以免在故障电流很大时破坏选择性。

4.7　上级用带接地故障保护的断路器

（1）中性线电流保护方式。中性线电流整定值I_{zd0}一般为I_{zd1}的20%～100%，多为几百到一千安培，与下级熔断器和一般断路器很难有选择性。只有后者的额定电流很小（如几十安培）时，才有可能。整定原则：在满足动作灵敏性要求前提下，I_{zd0}应整定得大一些，延时时间尽量长一些。

（2）剩余电流保护方式。这种方式的整定电流更小，对于TN-S接地系统，在发生接地故障时，和下级熔断器、断路器之间很难有选择性。这种保护只能要求和下级剩余电流保护器之间具有良好选择性，多用于安全防护要求高的场所，所以应在末端电路装设剩余电流保护器，以减少非选择性切断电路。

（3）对为了防止接地故障而引起电气火灾而设置的剩余电流保护器，其整定电流小到0.5A，应是延时动作，同时末端电路应设有剩余电流保护器。有条件时（如有专人值班维护的场所），前者可不切断电路而发出报警信号。

4.8　级间选择性连锁（zone selective interlocking，简称ZSI）

具有“保护区域选择连锁”功能的智能断路器，利用微电子技术使保护更为完善，保证了动作灵敏性和选择性。

5　各种低压电器的安装位置要求

（1）保护电器应装设在操动维护方便，不易受机械损伤，不靠近可燃物的地方，并应采取避免保护电器运行时意外损坏对周围人员造成伤害的措施。

（2）对于树干式配电系统，保护电器应装设在被保护线路与电源线路的连接处。为了操动维护的方便，可将保护电器设置在离开连接点3m以内的地方，并应采取措施将该线段的短路危险减至最小，且不靠近可燃物。

（3）当从干线引出的敷设于不燃或难燃材料管、槽内的分支线，为了操动维护方便，可将分支线的保护电器装设在距连接点大于3m处。但在该分支线装设保护电器前的那一段线路发生短路或接地故障时，离短路点最近的上一级保护电器应能保证按规定的要求动作。

（4）一般情况下，应在三相线路上装设保护电器，在不引出N线的IT系统中，可只在二相上装设保护电器。

（5）N线上保护电器的装设：在TN-S或TT系统中，当N线的截面与相线相同，或虽小于相线但已能被相线上的保护电器所保护时，N线上可不装设保护；当N线不能被相线保护电器所保护时，应另为N线装设保护电器，将相应相线电路断开，但不必断开N线。

（6）断开N线的要求：

1）在TN-S或TT系统中，不宜在N线上装设电器将N线断开。当需要断开N线时，应装设能同时切断相线和N线的保护电器。但在TN-S系统中，当能可靠地保持N线为低电位时，则N线不需断开。

2）当装设剩余电流动作的保护电器时，应能将其所保护回路的所有带电导线断开。

3）在TN-C系统中，严禁断开PEN线，不得装设断开PEN线的任何电器。当需要为PEN线设置保护时，只能断开相应相线回路。

6 ATSE 的选用

6.1 一般规定

（1）满足国家标准《低压开关设备和控制设备 第 6 部分：多功能电器 第 1 篇：自动转换开关电器》GB/T 14048.11—2002 的要求。

（2）在允许可短时并联运行的供配电系统中，需要进行短时双电源并联运行无间断时间的电源转换时，应采用特殊转换电器。

（3）在供配电系统设计中，应尽量减少 ATSE 的配置级数。

（4）根据供配电系统的短路电流参数，合理选择 ATSE 的额定短时耐受电流、额定短路接通能力、额定短路分断能力等技术参数。

（5）ATSE 安装处不能停电维修时，除 CB 级 ATSE 采用抽屉式安装方式外，应加旁路开关。

（6）串级 ATSE 的动作时间应协调配合，下级 ATSE 的动作时间较上级 ATSE 的动作时间长 0.5～1s。不能满足用电设备断电时间要求时，采用 UPS 或 EPS 供电。

6.2 PC 级 ATSE 的选用

（1）负载为电动机混合负载时，应选用 AC-33B 类别的 PC 级 ATSE；无感或微感负载时，可选用 AC-31B 类别的 PC 级 ATSE。

（2）100A 及以下的 PC 级 ATSE，若负载为电动机时，宜具有 AC-3 指标——接通 $10I_e$、分断 $8I_e$。

（3）PC 级 ATSE 的短路保护电器的额定限制短路电流值须满足 ATSE 制造商的规定。在预期短路电流大的地点，宜采用熔断器作 PC 级 ATSE 的短路保护电器。

(4) 短路保护电器的额定电流可与该处PC级ATSE的额定电流一致。

(5) 负载为高感抗或大电机时，为避免切换时的冲击电流，应选用三段式PC级ATSE——具有“常用电源位”、“零位”、“备用电源位”三个工作位，并宜在转换前加延时。

(6) PC级ATSE供电线路发生过负荷或短路故障时，保护电器脱扣或熔断，控制电路应能闭锁，不进行转换操动。

(7) 二段式PC级ATSE的总动作时间一般为50～250ms；三段式PC级ATSE的总动作时间一般为350～600ms。

(8) 制造厂未指定短路保护电器（SCPD）的PC级ATSE，其额定短时耐受电流值如表2.5-6所示。

额定短时耐受电流值　　表2.5-6

额定工作电流（方均根值）I_e(A)	耐受时间(s)（交流50Hz电源）	额定短时耐受电流（方均根值）I_{cw}
$I_e \leqslant 100$	0.03	5kA
$100 < I_e \leqslant 400$	0.03	10kA
$400 < I_e \leqslant 500$	0.06	10kA
$500 < I_e \leqslant 1000$	0.06	$20I_e$
$I_e > 1000$	0.06	$20I_e$或50kA(选择小的)

根据PC级ATSE安装处的预期短路电流校验额定短时耐受电流，不能满足要求时：①可根据制造厂提供的短路保护电器（SCPD）在短路保护电器动作时间内足以耐受预期短路电流值；②选用CB级ATSE替代PC级ATSE。

6.3　CB级ATSE的选用

(1) CB级ATSE具有短路保护电器的功能，应满足供配电系统短路保护的分断能力。

(2) CB级ATSE的操动机构，应选用双操动机构：不得选用微型断路器组装的ATSE。

(3) CB级ATSE用于消防水泵、消防风机等重要负载时，应采用仅具有电磁式脱扣器的断路器，且该CB级ATSE与下级保护电器之间应有选择性动作。

(4) CB级ATSE的总动作时间一般为2000～3000ms。

第 6 章　特低电压配电

1　SELV（Self-sufficient ELV）

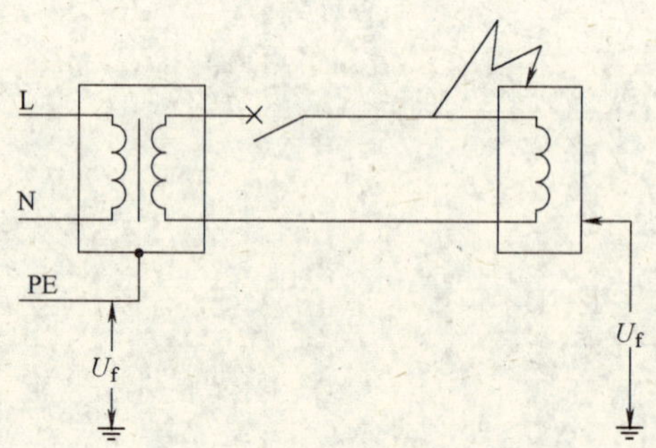

图 2.6-1　SELV 电路图

1.1　SELV 的电源要求

（1）符合《电力变压器、电源、电抗器和类似产品的安全》GB 19212 要求的安全隔离变压器。

（2）安全等级相当于安全隔离变压器的电源（如具有等效隔离绕组的电动发电机）。

（3）电化电源（如蓄电池）或与电压较高回路无关的其他电源（如柴油发电机）。

（4）符合相应标准的某些电子设备，这些电子设备已经采取了措施，以保证即使发生内部故障，引出端子的电压也不超过交流 50V，直流 120V。在直接接触或间接接触情况下，如果引出端子上的电压立即降至不大于上述电压值，则允许引出端子上出现大于交流 50V，直流 120V 的电压。

(5) 安全隔离变压器或电动发电机等移动式电源的选择和安装，必须达到Ⅱ类设备或与Ⅱ类设备等效的绝缘。

1.2 SELV 回路的配置

(1) SELV 回路的带电部分互相之间及与其他回路之间必须实行电气隔离，其电气隔离水平不得低于安全隔离变压器输入与输出回路之间的电气隔离水平。

(2) SELV 系统的回路导线必须与其他任何回路的导线物理上隔离。当本要求不能满足时，则要求采用如下措施之一：

1) SELV 回路的导线除应具有基本绝缘外，还必须装在封闭的非金属护套内；

2) 电压不同的回路的导线必须以接地的金属屏蔽层或接地的金属护套分隔开；

3) 电压不同的回路可以包含在一根多芯电缆或其他成组的导线内，但 SELV 回路的导线应单独地或集中地绝缘起来，其绝缘水平应按其中的最高电压考虑。

(3) SELV 系统的插头及插座必须满足如下要求：插头必须不可能插入其他电压系统的插座内；插座必须不可能被其他电压系统的插头插入；插座不得设置保护线触头。

1.3 SELV 回路的要求

(1) SELV 的带电部分严禁与大地或其他回路的带电部分及保护导体相连接。

(2) 外露可导电部分不允许有意地与下列部分之一连接：大地；其他回路的保护导体和外露可导电部分；外部可导电部分。

(3) 如果标称电压超过交流 25V 或直流 60V，应由下列措施来实现直接接触防护：使用防护等级至少为 IPXXB 的遮拦或外护物；绝缘能耐受交流 500V 试验电压，历时 1min。

2 PELV（Protective ELV）

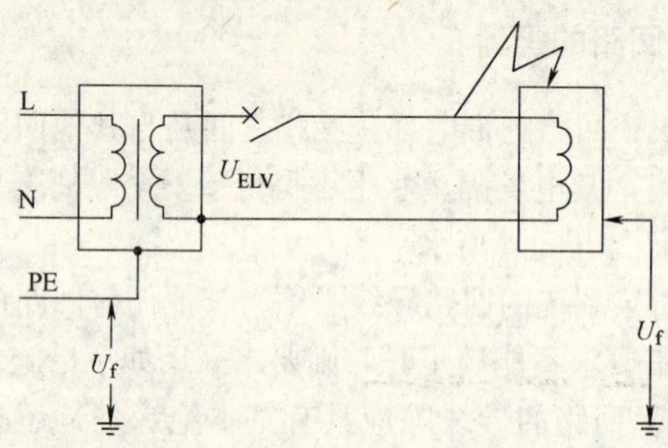

图 2.6-2 PELV 电路图

2.1 PELV 系统的电源要求同 SELV 系统的电源要求，见《SELV》中的相应规定。

2.2 PELV 的回路配置同 SELV 的回路配置，见《SELV》中的相应规定。

2.3 PELV 回路的要求

（1）直接接触防护必须由下列措施之一来实现：使用防护等级至少为 IPXXB 的遮拦或外护物；绝缘能耐受交流 500V 试验电压，历时 1min。

（2）如果设备在等电位联结有效区域内且标称电压不超过下述值时，不需设置上述直接接触防护。

1）设备通常只在干燥情况下使用，且带电部分不和人体大面积接触时，交流 25V 或直流 60V；

2）其他任何情况下，交流 6V 或直流 15V。

3 FELV (Functional ELV)

3.1 FELV一般要求

由于功能上的原因，使用了标称电压不超过交流50V，直流120V，但有关SELV或PELV的所有要求不能完全满足，及没有必要使用SELV或PELV时，则必须采用下述防护措施以保证直接接触及间接接触的防护，这种防护措施的组合称为FELV。

3.2 直接接触防护

直接接触防护必须由以下措施之一来实现：使用防护等级满足要求的遮拦或外护物；使用与一次回路要求的最小试验电压相当的绝缘。

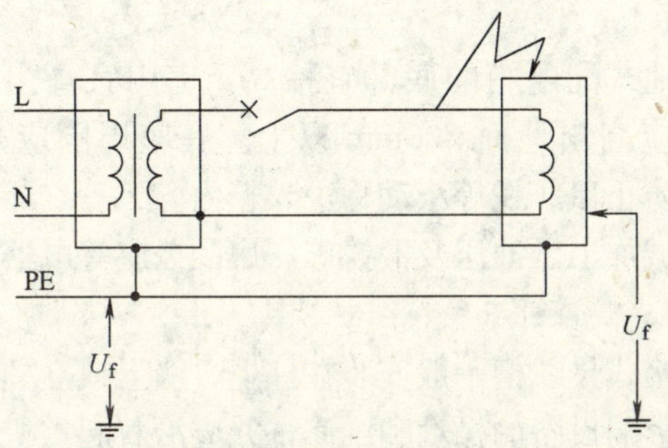

图2.6-3 FELV电路图

如果FELV回路中设备的绝缘不能耐受一次回路所要求的试验电压，则设备的可触及的非导电部分的绝缘水平必须在安装期间予以加强，使其能够耐受交流1500V，历时1min的试验电压。

第7章　电气设备布置

1　正常环境的配电设备布置要求

（1）配电设备的布置必须遵循安全、可靠、适用和经济等原则，并应便于安装、操动、搬运、检修、试验和监测。

（2）厂房内的配电箱应尽量靠近负荷中心和配电中心。用电设备的开关、按钮等已装在操动人员近旁。房间的电源开关宜装在门的近旁。

（3）配电箱、控制箱的正面应有不小于1m的操动、维修间距。

（4）落地式配电箱的底部宜抬高，室内宜高出地面50mm以上，室外应高出地面200mm以上。底座周围应采取封闭措施，并应能防止鼠、蛇等小动物进入箱内。

（5）机械加工、冲压及锻铸等厂房的插座等电器不宜安装在800mm以下。

（6）插接式母线槽一般安装在柱上、墙上或立柱上，其位置和高度不应影响设备的操动和维修，并应沿着起重机行走方向布置，且不应低于2.5m。

2　爆炸及火灾危险环境的配电设备布置要求

（1）爆炸和火灾危险环境的配电设备布置应满足现行的国家规范《爆炸和火灾危险环境电力装置设计规范》的要求。

（2）配电设备应布置在爆炸危险性较小或没有爆炸危险的环

境内。

(3) 在火灾危险环境内，正常运行时有火花的和外壳表面温度较高的电气设备，应远离可燃物质。

(4) 在火灾危险环境内，不宜使用电热器。当生产要求必须使用电热器时，应将其安装在非燃材料的底板上。

3 腐蚀性环境的配电设备布置要求

配电设备应尽量避免布置在有腐蚀性环境的场所；如必须布置在其中，配电设备应采用防腐型设备，或采取必要的防腐措施。

4 洁净环境的配电设备布置要求

(1) 洁净室内的配电设备应选择不易积尘、便于擦拭的小型暗装设备，不宜设置大型落地安装的配电设备。

(2) 洁净区内安装于墙上的电气设备与墙体接缝处应有可靠的密封措施。

5 高频环境的配电设备布置要求

(1) 高频环境中的电源装置应有金属屏蔽外壳。高频回路中外露的导体和电气设备应采取操动人员免受高频电场伤害的局部屏蔽措施。

(2) 高频环境中的电源线路在需要处应装设滤波器。

6 高温环境的配电设备布置要求

配电设备应尽量避免布置在高温环境中，在高温环境中的开关电器及导线应采取降容措施。

第8章　电能质量

1　概述

电力系统的电能质量是指电压、频率和波形的质量。电能质量主要指标包括：电压偏差、电压波动和闪变、频率偏差、谐波（电压、电流谐波畸变率和谐波电压、电流含有率）和三相电压不平衡度等。

2　电压偏差

2.1　基本概念

电压偏差是供配电系统在正常运行方式下（即系统中所有元件都按预定工况运行），系统各点的实际电压 U 对系统标称电压 U_n 的偏差 δU，常用相对于系统标称电压的百分数表示，即：

$$\delta U=\frac{U-U_n}{U_n}\times 100\% \tag{2.8-1}$$

2.2　电压偏差允许值

（1）电气设备均应在其标称的额定电压下运行，否则会出现输出功率降低、过电流、过热等问题。

（2）在配电设计中，常用电气设备端子的电压偏差应按《供配电系统设计规范》GB 50052—1995 的规定值见表 2.8-1 进行设计。表中照明数据是根据《建筑照明设计标准》GB 50034—2004 以及《城市道路照明设计标准》CJJ 45—2006 中的规定；

电动机数据是根据《电动机基本技术要求》GB 755—2000 的规定，括号内所示见该规范条文说明。

用电设备端子电压偏差允许值　　表 2.8-1

名　称	电压偏差允许值(%)	名　称	电压偏差允许值(%)
电动机			照明
正常情况下	+5～-5	一般工作场所	+5～-5
少数远离变电所	+5～-10	远离变电所的小面积一般工作场所	+5～-10
		应急照明、安全特低电压供电的照明	+5～-10
		道路照明	+5～-5

(3) 供电电压允许偏差

根据《供电质量　供电电压允许偏差》GB 12325—2008 给定的供电压允许偏差值列于表 2.8-2 中。

供电部门和用户产权分界处的供电电压偏差允许值　表 2.8-2

系统标称电压(kV)	供电电压偏差允许值(%)
>35 三相(线电压)	正、负偏差绝对值之和≤10
≤10 三相(线电压)	±7
0.22 单相(相电压)	+7、-10

注：1. 供电电压偏差允许值是电力系统在正常运行条件（指电力系统中所有元件都按预定工况运行）下，供电电压对系统标称电压的偏差，它是用户计费电度表处一年四个季节中最大偏差值，一般不出现在一个季节，用户可调整变压器分接头以适应季节性电压的变化。

2. 用电设备额定工况的电压偏差允许值仍由有关标准规定，例如旋转电机按《旋转电机基本技术要求》GB 755 标准规定。

3. 对电压有特殊要求的用户，供电电压偏差允许值由供用电协议确定。如供电电压偏差均为正偏差或均为负偏差时，按较大的偏差绝对值作为衡量依据。

2.3 电压偏差计算

如果在某段时间内线路或其他供电元件首段的电压偏差为 δu_1，线路电压损失为 Δu_1，则线路末端电压偏差为：

$$\delta u_{\mathrm{x}} = \delta u_1 - \Delta u_1 \tag{2.8-2}$$

当有变压器或其他调压设备时，还应计入该等设备内的电压提升，即

$$\delta u_x = \delta u_1 + e - \sum \Delta u \quad (2.8\text{-}3)$$

式中：δu_1——线路首端的电压偏差，%；$\sum \Delta u$——回路中电压损失总和，%；e——变压器分接头设备的电压提升，%。

2.4　线路电压损失

（1）电压损失是指串联电路中阻抗元件两端电压的代数差。

（2）线路电压损失允许值

在配电设计中，应按照用电设备端子电压偏差允许值的要求和地区电网电压偏差的具体情况，确定电压损失允许值。当缺乏计算资料时，线路电压损失允许值可参考表2.8-3。变压器高压侧为稳定的系统标称电压时，低压侧线路允许电压损失计算值见表2.8-3。

线路电压损失允许值　　**表2.8-3**

名　　称	允许电压损失(%)
从配电变压器二次侧母线算起的低压线路	5
从配电变压器二次侧母线算起的供给有照明负荷的低压线路	3～5
从110(35)/10(6)kV变压器二次侧母线算起的10(6)kV线路	5

3　电压波动与闪变

3.1　基本概念

（1）电压波动或闪变是指电压方均根值（每半个基波电压周期方均根值）一系列的快速变动。它是波动负荷（生产或运行过程中从电网中取用快速变动功率的负荷，例如炼钢电弧炉、轧机、电弧焊机等）引起的电压快速变动，可能引起人对灯闪的不适感以及信息技术设备的工作受到干扰。

电压变动 d 是电压方均根值变动的时间特性曲线上相邻两个极值之差，以系统标称电压 U_n 的百分数表示，即：

$$d=\frac{U_{max}-U_{min}}{U_n}\times100\% \qquad (2.8\text{-}4)$$

电压变化频度 r 是单位时间内电压变动的次数（电压由大到小或由小到大各算一次变动）。同一方向的若干次变动，如间隔时间小于 30ms，则算一次变动。

单位时间内电压变动的次数称为电压变动的频度 r，一般以 h^{-1} 作为频度的单位。

国际电工标准（IEC）规定，在低压民用电力网中，稳态电压变动 d_c 应不超过 3%，最大的电压变动 d_{max} 应不超过 4%，电压变动 d 超过 3%的持续时间不应超过 200ms。

（2）闪变是电压波动引起的视感效应，是指灯光照度不稳定造成的视觉感受。

短时闪变值 P_{st} 是衡量短时间（若干分钟）内闪变强弱的一个统计值。$P_{st}=1$ 为闪变引起视感刺激性的通常值。

长时间闪变值 P_{lt} 是由短时间闪变值 P_{st} 推算出，反映长时间（若干小时）闪变强弱的量值。

3.2 电压变动和闪变的限值

（1）按《电能质量　电压波动和闪变》GB 12326—2000 的有关限值和叠加的规定：电力系统公共连接点处（电力系统中一个以上用户的连接处）由波动负荷产生的电压变动限值 d 与变动频度 r 和电压等级有关，见表 2.8-4。

电压变动限值　　表 2.8-4

$r(h^{-1})$	d(%)	
	LV($U_n\leqslant$1kV),MV(1kV$<U_n\leqslant$35kV)	HV($U_n>$35kV)
$r\leqslant1$	4	3
$1<r\leqslant10$	3	2.5
$10<r\leqslant100$	2*	1.5*
$100<r\leqslant1000$	1.25	1

注：对于随机性不规则的电压波动，依 95%概率最大值（指的是将实测值由大到小的次序排列，舍弃前面 5%的大值，取剩余的实测值中最大值），表中有“*”的值为其限值。

（2）电力系统公共连接点处，由波动负荷引起的短时闪变值 P_{st} 和长时间闪变值 P_{lt} 应不大于表 2.8-5 所列的限值。

各级电压下的闪变限值 **表 2.8-5**

系统电压等级	LV($U_n \leqslant 1$kV)	MV(1kV$<U_n \leqslant 35$kV)	HV($U_n > 35$kV)
P_{st}	1.0	0.9(1.0)	0.8
P_{lt}	0.8	0.7(0.8)	0.6

注：1. P_{st} 和 P_{lt}，每次测量周期分别取为 10min 和 2h（下同）。
2. MV 括号中的值仅适用于公共连接点连接的所有用户为同电压级的用户场合。

3.3 引起电压波动和闪变的常见设备及降低措施

（1）引起电压波动和闪变的常见设备，主要包括电弧炉及电弧焊机等。它们在工作时，随机且大幅度波动的无功功率会引起配电系统电压的严重波动，并构成闪变干扰。

（2）单相电弧焊机的额定电压，除小容量电焊机外应尽量采用 380V 而不采用 220V。多台电弧焊机宜均匀地接在三相线路上，当容量较大时宜在线路上并联电容器。

（3）较大容量的电弧焊机宜用专线供电。

（4）选用较大容量的变压器供电。

（5）较大容量的电弧焊机或焊机群与对电压变动和闪变敏感的负荷，分别由不同的变压器供电。

（6）选用阻抗电压比较小的变压器供电，条件许可时可采用两台相同参数的变压器并联供电，以降低阻抗电压。

4 大功率设备启动时的电压降及其供电电源容量的确定

4.1 基本概念

电动机启动时在配电系统中要引起电压下降。启动前的电压有效值 U 与启动时的电压有效值 U_q 之差称为电压下降，用相对值（与系统标称电压 U_n 的比值）或百分数表示，即：

$$\Delta u_q = \frac{U - U_q}{U_n}$$

或 $$\Delta u_q = \frac{U - U_q}{U_n} \times 100\% \qquad (2.8\text{-}5)$$

电动机启动时的电压相对值（与系统标称电压 U_n 的比值）或百分数表示为

$$u_q = \frac{U_q}{U_n}$$

或 $$u_q = \frac{U_q}{U_n} \times 100\% \qquad (2.8\text{-}6)$$

4.2 电动机启动时在配电系统中引起电压下降时的电压允许值

电动机启动时，其端子电压应能保证被拖动机械要求的启动转矩，且在配电系统中引起的电压下降不应妨碍其他用电设备的工作，即电动机启动时，配电母线上的电压应符合下列要求：

（1）在一般情况下，电动机频繁启动时不应低于系统标称电压的90%，电动机不频繁启动时，不宜低于标称电压的85%。

（2）配电母线上未接照明负荷或其他对电压下降敏感的负荷且电动机不频繁启动时，不应低于标称电压的80%。

（3）配电母线上未接其他用电设备时，可按保证电动机启动转矩的条件决定；对于低压电动机，还应保证接触器线圈的电压不低于释放电压。

4.3 电机启动时供电电源容量的确定

笼型电动机直接启动时，供电电源容量的确定原则见表2.8-6。

按电源容量估算的允许全压启动的电动机最大功率　表2.8-6

电动机连接处电源容量的类别	允许全压启动的电动机最大功率(kW)
配电网络在连接处的三相短路容量 S_k(kVA)	(0.02～0.03)[①] S_k
10(6)/0.4kV 变压器的容量 S_{rT}(kVA) (假定变压器高压侧短路容量≥$50S_{rT}$)	经常启动时，不大于 $0.2S_{rT}$ 不经常启动，不大于 $0.3S_{rT}$
小型发电机功率 P_{rG}(kW)	(0.12～0.15)P_{rG}
变压器电动机组	电动机功率不大于变压器容量的80%

注：① 对应于电动机额定启动电流倍数为7～4.5时。

5　谐波

5.1　基本概念

交流电网中，由于许多非线性电气设备的投入运行，其电压、电流波形实际上不是完全的正弦波形，而是不同程度畸变的非正弦波。非正弦波通常是周期性电气分量，根据傅里叶级数分析，可分解成基波分量和具有基波分量整数倍的谐波分量。非正弦波的电压或电流有效值等于基波和各次谐波电压或电流有效值的方均根（平方和的平方根）值。基波频率为电网频率（工频50Hz）。谐波次数（n）是谐波频率与基波频率的整数比。

谐波含有率是周期性电气量中含有的第 n 次谐波分量有效值与基波分量有效值之比，用百分数表示。第 n 次谐波电压和谐波电流含有率分别为：

$$\left.\begin{aligned} HRU_n &= \frac{U_n}{U_1}\times 100\% \\ HRI_n &= \frac{I_n}{I_1}\times 100\% \end{aligned}\right\} \tag{2.8-7}$$

式中：U_n、U_1——第 n 次谐波电压和基波电压有效值，kV；I_n、I_1——第 n 次谐波电流和基波电流有效值，A。

谐波含量（电压或电流）是周期性电气量中含有的各次谐波分量有效值的方均根值。谐波电压和谐波电流含量分别为：

$$\left.\begin{aligned} U_{\mathrm{h}} &= \sqrt{\sum_{n=2}^{\infty} U_n^2} \\ I_{\mathrm{h}} &= \sqrt{\sum_{n=2}^{\infty} I_n^2} \end{aligned}\right\} \tag{2.8-8}$$

表征波形畸变程度的总谐波畸变率，是用周期性电气量中的谐波含量与其基波分量有效值之比，用百分数表示。电压、电流总谐波畸变率分别为：

$$\left.\begin{aligned} THD_{U}&=\frac{U_{h}}{U_{I}}\times100\%=\frac{\sqrt{\sum\limits_{n=2}^{\infty}U_{n}^{2}}}{U_{1}}\times100\%=\sqrt{\sum_{n=2}^{\infty}(HRU_{n})^{2}}\times100\% \\ THD_{I}&=\frac{I_{h}}{I_{I}}\times100\%=\frac{\sqrt{\sum\limits_{n=2}^{\infty}I_{n}^{2}}}{I_{1}}\times100\%=\sqrt{\sum_{n=2}^{\infty}(HRI_{n})^{2}}\times100\% \end{aligned}\right\} \tag{2.8-9}$$

$$\left.\begin{aligned} U&=\sqrt{U_{1}^{2}+\sum_{n=2}^{\infty}U_{n}^{2}}=\sqrt{\sum_{n=1}^{\infty}U_{n}^{2}} \\ I&=\sqrt{I_{1}^{2}+\sum_{n=2}^{\infty}I_{n}^{2}}=\sqrt{\sum_{n=1}^{\infty}I_{n}^{2}} \end{aligned}\right\} \tag{2.8-10}$$

式中：U——电压有效值，kV；I——电流有效值，A。

谐波按照相序，分为正序谐波（第 4、7、10……、$3n+1$ 次）、负序谐波（第 2、5、8……、$3n-1$ 次）、零序谐波（第 3、6、9……、$3n$ 次）。按照谐波次数，分为偶次谐波、奇次谐波、分次谐波（非整数次谐波）。

5.2 谐波源

用户向公用电网注入谐波电流的电气设备或在公用电网中产生谐波电压的电气设备，统称谐波源。常见谐波源主要有：换流设备、电弧炉、铁芯设备、照明设备、某些生活日用电器等非线性电气设备。

5.3 谐波标准

根据国家标准《电能质量　公用电网谐波》GB/T 14549—1993 之规定，公共电网谐波电压（相电压）限值见表 2.8-7。

公共连接点的全部用户向该点注入的谐波电流分量（方均根值）不应超过表 2.8-8 中规定的允许值。

公共电网谐波电压（相电压）限值 表 2.8-7

电网标称电压 kV	电压总谐波畸变 %	各次谐波电压含有率(%)	
		奇次	偶次
0.38	5.0	4.0	2.0
6、10	4.0	3.2	1.6
35、66	3.0	2.4	1.2
110	2.0	1.6	0.8

注入公共连接点的谐波电流允许值 表 2.8-8

标准电压(kV)	基准短路容量(MVA)	谐波次数及谐波电流允许值(A)											
		2	3	4	5	6	7	8	9	10	11	12	13
0.38	10	78	62	39	62	26	44	19	21	16	28	13	24
6	100	43	34	21	34	14	24	11	11	8.5	16	7.1	13
10	100	26	20	13	20	8.5	15	6.4	6.4	5.1	9.3	4.3	7.9
35	250	15	12	7.7	12	5.1	8.8	3.8	4.1	3.1	5.6	2.6	4.7
66	500	16	13	8.1	13	5.4	9.3	4.1	4.3	3.3	5.9	2.7	5.0
110	750	12	9.6	6.0	9.6	4.0	6.8	4.0	3.2	2.4	4.3	2.0	3.7
标准电压(kV)	基准短路容量(MVA)	谐波次数及谐波电流允许值(A)											
		14	15	16	17	18	19	20	21	22	23	24	25
0.38	10	11	9.7	9.7	18	8.6	16	7.8	8.9	7.1	14	6.5	12
6	100	6.1	5.3	5.3	10	4.7	9.0	4.3	4.9	3.9	7.4	3.6	6.8
10	100	3.7	3.2	3.2	6.0	2.8	5.4	2.6	2.9	2.3	4.5	2.1	4.1
35	250	2.2	2.5	1.9	3.6	1.7	3.2	1.5	1.8	1.4	2.7	1.3	2.5
66	500	2.3	2.6	2.0	3.8	1.8	3.4	1.6	1.9	1.5	2.8	1.4	2.6
110	750	1.7	1.9	1.5	2.8	1.3	2.5	1.2	2.4	1.1	2.1	1.0	1.5

当电网公共连接点的最小短路容量不同于表 2.8-8 基准短路容量时，应按照下式修正表中的谐波电流允许值：

$$I_n=(S_{k1}/S_{k2})I_{np} \qquad (2.8\text{-}11)$$

式中：S_{k1}——公共连接点的最小短路容量，MVA；S_{k2}——基准短路容量，MVA；I_{np}——表 2.8-8 中第 n 次谐波电流允许值，A；I_n——短路容量为 S_{k1} 时的第 n 次谐波电流允许值，A。

在国家标准《电磁兼容 限值 谐波电流发射限值（设备每

相输入电流≤16A)》GB 17625.1—2003 中，按照谐波电流限值，设备分类如下：

A类：

—平衡的三相设备；

—家用电器，不包括列入D类的设备；

—工具，不包括便携式工具；

—白炽灯调光器；

—音频设备。

B类：

—便携式工具；

—不属于专用设备的电弧焊设备。

C类：

—照明设备。

D类：

按照某些要求，额定功率不大于600W的下列设备：

—个人计算机或个人计算机显示器；

—电视接收机。

A类设备的谐波电流限值 **表 2.8-9**

奇次		偶次	
谐波次数(n)	最大允许谐波电流(A)	谐波次数(n)	最大允许谐波电流(A)
3	2.30	2	1.08
5	1.14	4	0.43
7	0.77	6	0.30
9	0.40	$8\leqslant n\leqslant 40$	$0.3\times 8/n$
11	0.33		
13	0.21		
$15\leqslant n\leqslant 39$	$0.15\times 15/n$		

B类设备输入电流的各次谐波不应超过表2.8-9给出值的1.5倍。

C类设备的谐波电流限值 表 2.8-10

谐波次数(仅有奇次) n	基波频率下输入电流以百分数表示的最大允许谐波电流含量(%)
2	2
3	30×λ
5	10
7	7
9	5
11≤n≤39	3

注：λ—电路功率因数。

D类设备的谐波电流限值 表 2.8-11

谐波次数(仅有奇次) n	每瓦允许的最大谐波电流 (mA/W)	最大允许谐波电流 (A)
3	3.4	2.30
5	1.9	1.14
7	1.0	0.77
9	0.5	0.40
11	0.35	0.33
13≤n≤39	3.85/n	0.15×13/n

5.4 减小谐波影响的技术措施

减小谐波影响的技术措施 表 2.8-12

序号	名称	内 容	评 价
1	增加换流装置的脉动数	改造换流装置或利用相互间有一定移相角的换流变压器	1. 可有效地减少谐波含量； 2. 换流装置容量应相等； 3. 使装置复杂化
2	加装交流滤波装置	在谐波源附近安装若干单调谐或高通滤波支路，以吸收谐波电流	1. 可有效地减少谐波含量； 2. 应同时考虑无功补偿和电压调整效应； 3. 运行维护简单，但需专门设计
3	改变谐波源的配置或工作方式	具有谐波互补性的设备应集中布置，否则应分散或交错使用，适当限制谐波量大的工作方式	1. 可以减小谐波的影响； 2. 对装置的配置或工作方式有一定的要求

续表

序号	名称	内　容	评　价
4	加装串联电抗器	在用户进线处加串联电抗器，以增大和系统的电气距离，减小谐波对地区电网的影响	1. 可减小和系统的谐波相互影响； 2. 应同时考虑功率因数补偿和电压调整效应； 3. 装置运行维护简单，但需专门设计
5	改善三相不平衡度	从电源电压、线路阻抗、负荷特性等找出三相不平衡原因，加以消除	1. 可有效地减少 3 次谐波的产生； 2. 有利于设备的正常用电，减小损耗； 3. 有时需要用平衡装置
6	加装静止无功补偿装置（或称动态无功补偿装置）	采用 TCR、TCT 或 SR 型静补装置时，其容性部分设计成滤波器	1. 可有效地减少波动谐波源的谐波含量； 2. 有抑制电压波动、闪变、三相不对称和无功补偿的功能； 3. 一次性投资较大，需专门设计
7	增加系统承受谐波能力	将谐波源改由较大容量的供电点或由高一级电压的电网供电	1. 可以减小谐波源的影响； 2. 在规划和设计阶段考虑
8	避免电力电容器组对谐波的放大	改变电容器组串联电抗器的参数，或将电容器组的某些支路改为滤波器，或限制电容器组的投入容量	1. 可有效地减小电容器组对谐波的放大并保证电容器组安全运行； 2. 需专门设计
9	提高设备或装置抗谐波干扰能力，改善抗谐波保护的性能	改进设备或装置性能，对谐波敏感设备或装置采用灵敏的保护装置	1. 使用于对谐波（特别暂态过程中的谐波）较敏感的设备或装置； 2. 需专门研究
10	采用有源滤波器、无源滤波器等新型抑制谐波的措施	研制、逐步推广应用	目前还只用于较小容量谐波源的补偿，造价较高

6 不平衡度

6.1 基本概念

交流额定频率为50Hz电力系统正常运行方式下，由于负序分量引起的公共连接点的电压不平衡。

(1) 不平衡度：表示三相电力系统运行中三相不平衡的程度，用电压或电流负序分量与正序分量的方均根值百分比来表示。

(2) 正序分量：将不平衡的三相系统的电量按对称分量法分解后，其正序对称系统中的分量。

(3) 负序分量：将不平衡的三相系统的电量按对称分量法分解后，其负序对称系统中的分量。

(4) 公共连接点：电力系统中一个以上用户的连接处。

(5) 电压不平衡度的允许值：

1) 电力系统的公共连接点正常电压不平衡度允许值为2%，短时不得超过4%。

电气设备额定工况的电压不平衡度和负序电流允许值查阅电气设备各自的标准规定确定，例如旋转电机，查阅《旋转电机 基本技术要求》GB 755规定。

2) 接于公共连接点的每个用户，引起该点正常电压不平衡度允许值一般为1.3%。根据公共连接点的负荷状况，邻近发电机、继电保护和自动装置安全运行要求，可作适当变动，但必须满足要求。

(6) 引起电压不平衡的原因

电力系统中三相电压不平衡主要是由负荷不平衡、系统三相阻抗不对称以及消弧线圈的不正确调谐所引起的。

在中性点不接地系统（6、10、35kV）中，当消弧线圈调谐不当和系统对地电容处于串联谐振状态时，会引起中性点电压过高，从而引起三相对地电压的严重不平衡。《交流电气装置的过电压保护和绝缘配合》DL/T 620—1997 规定，中性点电压位移率应小于 15%相电压。

6.2 不平衡负荷产生的影响

(1) 引起旋转电机的附加发热和振动，危及其安全运行和正常出力。

(2) 引起以负序分量为启动元件的多种保护发生误动作（特别是当电网中同时存在谐波时），这对电网安全运行是有严重威胁的。

(3) 电压不平衡使半导体变流设备产生附加的谐波电流（非特征谐波），而这种设备一般设计上只允许 2%的电压不平衡度。

(4) 电压不平衡使发电机容量利用率下降。由于不平衡时最大相电流不能超过额定值，在极端情况下，只带单相负荷时则设备利用率仅为 $UI/\sqrt{3}UI=0.577$

(5) 变压器的三相负荷不平衡，不仅使负荷较大的一相绕组过热导致其寿命缩短，而且还会由于磁路不平衡，大量漏磁通经箱壁、夹件等使其严重发热，造成附加损耗。

(6) 在低压配电线路中，三相负荷不平衡会影响计算机正常工作，还会引起照明光源寿命缩短（电压过高）或照度不足（电压过低）以及电视机的损坏等。

(7) 三相负荷不平衡时，将引起电网损耗的增加。

(8) 使电加热炉的电能消耗增加，产量减少，使炉子的效率降低。

(9) 对于通信系统，电力三相不平衡时，会增大对其干扰，影响正常通信质量。

6.3 降低三相低压配电系统不平衡度的措施

为降低三相低压配电系统的不平衡度，设计低压配电系统时常用的措施：

(1) 单相用电设备接入220/380V三相系统时时应尽量使三相负荷平衡。

(2) 由地区公共低压电网供电的220V照明负荷，若线路电流不超过30A可用单相供电，否则应以220/380V三相四线制供电。

(3) 将不对称负荷接到更高的电压等级电网供电，以使连接点的短路容量 S_k 足够大（例如对于单相负荷，S_k 大于50倍负荷容量时，就能保证连接点的电压不平衡度小于2%）。

(4) 采用平衡装置。

6.4 不平衡度的相关计算表达式

(1) 不平衡度的计算表达式

$$\varepsilon_U = \frac{U_2}{U_1} \times 100\% \qquad (2.8\text{-}12)$$

式中：U_1——三相电压正序分量方均根值，V；U_2——三相电压负序分量方均根值，V。

如将式中的 U_1、U_2 换为 I_1、I_2，则成为相应的电流不平衡度 ε_i 的表达式。

(2) 不平衡度的近似计算式

1) 设公共连接点的正序阻抗与负序阻抗相等，则：

$$\varepsilon_U = \frac{\sqrt{3} I_2 U_1}{10 S_k} \% \qquad (2.8\text{-}13)$$

式中：I_2——电流的负序值。A；S_k——公共连接点的三相短路容量，MVA；U_l——线电压，kV。

2) 相间单相负荷引起的电压不平衡度表达式为：

$$\varepsilon_U = \frac{S_l}{S_k} \times 100\% \qquad (2.8\text{-}14)$$

式中：S_l——单相负荷容量，MVA。

第9章 电机的启动、控制、保护

1 电机启动方式的选择原则

（1）电机启动方式的选择应遵循简单可靠、经济合理的原则。

（2）电动机启动方式应保证传动机械所要求的启动转矩。

（3）电动机启动时在配电系统中引起的电压下降不应超过允许值，不应妨碍其他用电设备正常工作。

（4）电机启动方式应与供电电源的容量相适应。

电动机启动方式及其特点　　　　表2.9-1

启动方式	全压启动	变压器—电动机组启动	电抗器降压启动	自耦变压器降压启动	软启动	星—三角降压启动
启动电压	U_n	kU_n	kU_n	kU_n	$(0.4\sim0.9)U_n$（电压斜坡）	$\frac{1}{\sqrt{3}}U_n=0.58U_n$
启动电流	I_q	kI_q	kI_q	k^2I_q	$(2\sim5)I_n$（额定电流）	$\left(\frac{1}{\sqrt{3}}\right)^2 I_q=0.33I_q$
启动转矩	M_q	k^2M_q	k^2M_q	k^2M_q	$(0.15\sim0.8)M_q$	$\left(\frac{1}{\sqrt{3}}\right)^2 M_q=0.33M_q$
突跳启动	—	—	—	—	可选（90% U_n 或 80% M_q 直接启动）	—
适用范围	高、低压电动机	高、低压电动机	高压电动机	高、低压电动机	低压电动机	定子绕组为三角形接线的中心型低压电动机
启动特点	启动方法简单，启动电流大，启动转矩大	启动电流较大，启动转矩较小		启动电流小，启动转矩较大	启动电流小并可调，启动转矩可调	启动电流小，启动转矩小

注：1. 表中 U_n：标称电压；I_q、M_q：电动机的全压启动电流和启动转矩；k：启动电压与标称电压的比值，对于自耦变压器为变比。

2. 电动机启动时，如启动电器受电端电压降低为标称电压的 u_q 倍，则表中启动电压、启动电流、启动转矩尚应分别乘以 u_q、u_q 及 u_q^2。

2　电机启动设备的选择及要求

2.1　软启动设备的选择原则及要求

（1）软启动器工作原理及其与传统减压启动方式的区别

软启动器主要由三相反并联的晶闸管及电子控制电路组成。启动时，晶闸管的导通角从0°开始，逐渐增大，电动机的端电压从零开始逐渐上升，直至达到克服阻力矩，保证启动成功。

鼠笼型异步电动机的传统启动方式有星一三角启动、自耦减压启动、串联电抗器启动等等。这些启动方式都属于有级减压启动，启动转矩不可调，启动过程中会出现二次冲击电流，对负载机械有冲击转矩，且受电网电压波动的影响。软启动器可以克服上述缺点，软启动器具有无冲击电流、恒流启动、可无级调节至最佳启动电流等优点。

（2）软启动设备的选择

原则上，不需要调速的鼠笼型异步电动机均可应用软启动器。

1）要求减小电动机启动时产生力矩冲击的设备，例如，启动频繁的起重机、机床等，应用软启动器可显著延长机械的使用寿命。

2）要求启动、停车比较平滑的设备，例如机库电动大门等，应用软启动器可收到较好的效果，避免冲击、窜动等现象。

3）不允许电动机瞬时停机的场合，例如高层建筑供水系统，若瞬时停机，会产生“水锤”效应，使管道甚至水泵损坏。应用软启动器的软停车功能可解决上述问题。

4）对启动、制动以及启动特性有特殊要求的场合，应用软启动器可比较方便地实现。

5）对于轻载启动、负载持续率低的电动机，应用软启动器可实现较明显的节能效果。

6）由于软启动器启动过程中，电动机端电压低于额定电压，启动转矩较小。一般来说，启动转矩小于50%的负载，宜采用软启动器；而对于启动转矩大于50%的负载，宜采用变频器；采用软启动器应考虑适当降容。

7）应避免同一配电线路上多台软启动器同时启动，软启动器启动过程中产生大量高次谐波，可能会对其晶闸管的触发产生影响，启动电流增大。

2.2 变频设备的选择原则及要求

（1）变频器工作原理

变频器通过变换负载的频率与电压，来实现启动与调速。其变化频率的方法，有交—直—交、交—交等。变频器的控制方式，按照其发展年代先后经历了：$U/f=C$，正弦脉宽调制（SPWM）控制方式；电压空间矢量（SVPWM）控制方式；矢量控制（VC）方式；直接转矩控制（DTC）方式等。

（2）变频器选择

变频器在频率很低时（3Hz）具有可达150%的启动转矩，适用于重载启动的场合。

1）用于重载启动和频繁启动、制动运行的负载时，变频启动时变频器的容量计算：

$$I_{fe}\geqslant(1.2\sim1.3)I_e \tag{2.9-1}$$

式中：I_{fe}——变频器的额定输出电流；I_e——电动机的额定电流。

2）直接启动时变频器的容量计算：

$$I_{fe}\geqslant I_q/k_f=k_q\cdot I_e/k_f \tag{2.9-2}$$

式中：I_q——电动机直接启动电流；k_q——电动机直接启动的电流倍数，约5～7倍；k_f——变频器允许过载倍数，一般可取1.5。

第 10 章　电动机启动设备特性及应用

1　直流电动机的启动

直流电动机工作原理：是利用在磁场中的带电导体将受到电磁力的作用而产生运动，通过换相器适当改变通入导体电流的方向，将使转子沿轴旋转。

1.1　直接启动

直流电动机启动时，应该给励磁回路通入额定励磁电流，在电机磁隙中建立额定磁场，然后再给电枢回路供电。

直流电动机机械特性的一般表达式

$$n=(U/C_e\Phi_N-(R_a+R)T/C_eC_T\Phi_N^2)=n_0-\beta T \qquad (2.10\text{-}1)$$

$$U=E_a+I_aR_a \qquad (2.10\text{-}2)$$

直流电机直接启动时，由于初始速度 n_0 为零，电枢反电势 E_a 为零，此时启动电流 $I_{st}=U/R_a$。由于电枢电阻很小，启动电流可达到额定电流的 10～20 倍，使得电机换向严重恶化，甚至产生环火。启动力矩 $T_{st}=C_T\Phi_N I_{st}$，由于启动电流太大，产生很大的转矩，会造成机械冲击，损坏传动机构。因此，除了一些特殊的小型直流电动机由于电枢电阻 R_a 较大，可以直接启动外，一般直流电动机都不允许直接启动。

一般直流电动机的最大允许电流为 $1.5\sim2.0I_N$。为限制启动电流可采用降低端电压启动或电枢回路串电阻启动。

1.2　降压启动

降低电源电压 U，可使启动电流 $I_{st}=U/R_a=(1.5\sim2)I_N$，

启动力矩 $T_{st}=C_T\Phi_N I_{st}=(1.5\sim2)T_N$。电动机接入电源后，开始启动，随着启动的进行，转速升高，$E_a=C_e\Phi_N n$ 增大，$I_a=(U-E_a)/R_a$ 下降，启动转矩 $T=C_T\Phi_N I_a$ 随之下降。为了保证在启动过程中有足够的启动转矩，可逐渐升高电源电压直至 U_N，使得整个启动过程平均启动转矩基本不变。启动过程中电流基本不变，对配电系统引起的电压波动较小。降压启动是直流电机启动最常使用的方法，通常与电机调速装置配合使用。

1.3 电枢回路串电阻启动

电枢回路串电阻 R，启动电流为 $I_{st}=U_N/(R_a+R)$。根据启动条件要求，对配电系统引起的波动限制、机械冲击的限制，确定所串入的电阻大小。为保持启动的平稳性，可逐段切除启动电阻；启动完成后，切除全部电阻。这种方式，启动设备简单，造价便宜。但启动过程中将有能量损失在串接电阻上，引起电阻发热，设备较大，且启动转矩随着电阻的切换发生跃变。

2 交流电动机的启动

交流电动机工作原理：是利用旋转磁场使电动机的转子切割磁力线，在转子内产生感应电势和感应电流，感应电流在磁场的作用下产生磁场力带动机械设备沿旋转磁场的方向转动。

交流电动机等效电路，见图 2.10-1。

基本方程：

$$U_1=E_1+I_1(r_1+jX_1) \tag{2.10-3a}$$

$$E_1=I_m(r_m+jX_m) \tag{2.10-3b}$$

$$E_1=E_2 \tag{2.10-3c}$$

$$E_2=I_2(r_2+jX_2)+I_2(1-S)r_2/S \tag{2.10-3d}$$

$$I_1+I_2=I_m \tag{2.10-3e}$$

式中：U_1——电源电压；E_1——激磁电势；I_m——激磁电流；r_m——激磁电阻；X_m——激磁电抗；r_1——定子电阻；X_1——

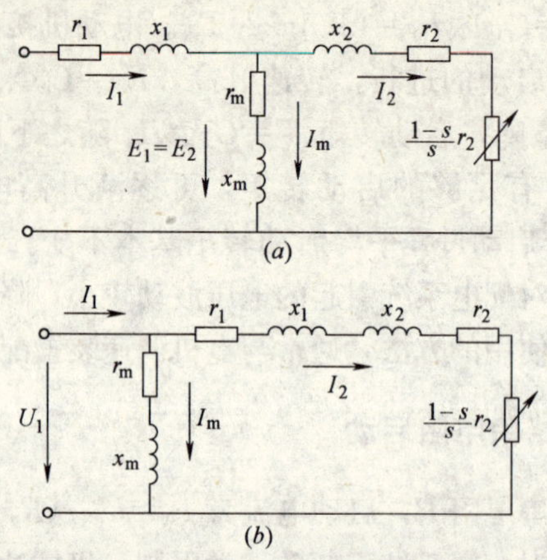

图 2.10-1　交流电动机等效电路

(a) 异步电动机 T 形等效电路；(b) 异步电动机简化等效电路

定子电抗；r_2——转子电阻；X_2——转子电抗；S——转差率。

力矩方程：

$$T=m_1p/2\pi f_1\times\{U_1{}^2\cdot r_2/S\div[(r_1+r_2/S)^2+(X_1+X_2)^2]\} \tag{2.10-4}$$

电动机临界转差率：

$$S_{\mathrm{m}}=r_2/[r_1^2+(X_1+X_2)^2]^{1/2} \tag{2.10-5}$$

电动机最大转矩：

$$T_m=m_1pU_1^2/4\pi f_1\{r_1+[r_1^2+(X_1+X_2)^2]^{1/2}\} \tag{2.10-6}$$

在一般的异步电动机中，通常 $r_1\ll x_1+x_2$，故有：

$$S_{\mathrm{m}}=r_2/(X_1+X_2) \tag{2.10-7}$$

$$T_{\mathrm{m}}\approx m_1pU_1^2/4\pi f_1(X_1+X_2) \tag{2.10-8}$$

电动机启动转矩：

$$T_{\mathrm{st}}=m_1p/2\pi f_1\times\{U_1^2\cdot r_2\div[(r_1+r_2)^2+(X_1+X_2)^2]\} \tag{2.10-9}$$

电动机启动电流：

$$I_{\mathrm{st}}=U_1/[(r_1+r_2)^2+(X_1+X_2)^2]^{1/2} \tag{2.10-10}$$

电动机转矩简化表达式

$$T \approx 2T_m/(S/S_m+S_m/S) \qquad (2.10\text{-}11)$$

式中：S_m——最大转差率；f_1——电源频率；T_m——电动机最大转矩；T——电动机转矩；T_{st}——电动机启动转矩；I_{st}——电动机启动电流。

电动机在启动时，由于转子初始转速度为零，转子相对于磁场的切割速度很大。将产生很大的感应电流，造成电网的电压波动、大的力矩造成机械冲击。

电动机启动的基本要求：电动机启动时，其启动电流应能保证所拖动的机械要求的启动转矩，对电动机本身端子的电压不做要求。但是在配电系统中引起的电压波动不应妨碍其他用电设备的工作。为此，交流电动机启动时，各级配电母线上的电压一般频繁启动不宜低于90%，不频繁启动不宜低于85%。

2.1 笼型交流电动机的直接启动

当符合下列条件时，可采用全压直接启动电动机。

（1）启动时，各级配电母线上的电压一般频繁启动不宜低于90%，不频繁启动不宜低于85%。通常电动机额定功率不超过电源变压器额定容量的30%时。

（2）所拖动的机械设备能承受全压直接启动冲击转矩。

（3）制造厂对电动机的启动方式无特殊要求。

异步电动机在设计时已考虑到直接启动时的电磁力和发热对电动机的影响。因此，只要负载对启动过程要求不高，而且供电电网允许的话，可以采用设备简单、操动方便的直接启动方法。

2.2 笼型交流电动机的降压启动

由于直接启动的电流通常是额定电流的4～7倍，经核定引起母线电压波动超过15%，或者所拖动的机械设备不能承受全压直接启动冲击转矩，可采用降压启动。对笼型电机而言，降压启动的启动转矩小于全压启动，启动时间大于全压启动。降压启动方式有星一三角启动、电阻降压启动、自耦变压器降压启动、软启动器降压启动等。

2.2.1 定子回路串三相对称电阻或电抗降压启动

定子回路串三相对称电阻或电抗降压启动线路如图 2.10-2。

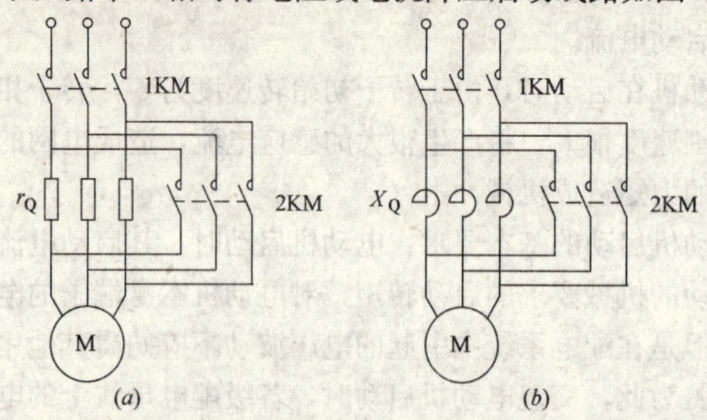

图 2.10-2 定子回路降压启动线路图

(*a*) 定子串电阻降压启动；(*b*) 定子串电抗降压启动

启动时接触器 1KM 闭合，2KM 断开，电动机定子绕组通过启动电阻 r_Q 或启动电抗 X_Q 接入电网，启动电流在 r_Q 或 X_Q 上产生压降，使定子绕组的相电压比额定电压减小了，从而减小了启动电流。启动结束后，切除 r_Q 或 X_Q，电动机进入正常工作状态。

设定子回路串三相对称电阻或电抗时启动电流所需降低的倍数为 K，即 $K=I_{st}/I'_{st}$。全电压直接启动转矩为 T_{st}，启动转矩为 T'_{st}，电源电压为 U_1，定子绕组电压为 U'_1，则有：$U_1/U'_1=I_{st}/I'_{st}=K$，根据启动转矩的公式可得：

$$T_{st}/T'_{st}=(U_1/U'_1)^2=K^2 \quad (2.10\text{-}12)$$

由此可知，定子回路串三相对称电阻或电抗启动时，电流降低 K 倍，则启动转矩降低 K^2 倍，所以采用此方法启动时，一定要验算启动能力可否满足要求。通常用于空载或轻载启动。

异步电动机定子回路串电阻简化等效电路为图 2.10-3。

定子回路串三相对称电阻 r_Q 时电动机启动电流

$$I'_{st}=U_1/[(r_1+r_2+r_Q)^2+(X_1+X_2)^2]^{1/2}=U_1/[(r_k+r_Q)^2+X_k^2]^{1/2}$$

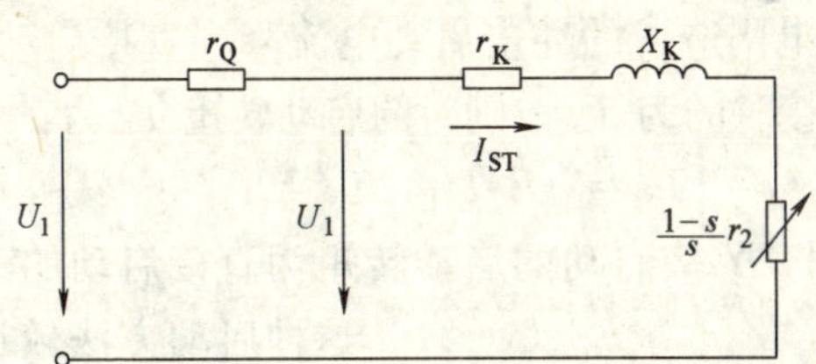

图 2.10-3　异步电动机定子串电阻降压启动简化等效电路

因为 $I_{st}/I'_{st}=K$

于是 $U_1/(r_k^2+X_k^2)^{1/2}=KU_1/[(r_k+r_Q)^2+X_k{}^2]^{1/2}$

解得启动电阻 r_Q 为：

$$r_Q=[K^2r_k^2+(K^2-1)X_k{}^2]^{1/2}-r_k \tag{2.10-13}$$

同理可求得启动电抗 x_Q 为：

$$x_Q=[K^2X_k^2+(K^2-1)r_k{}^2]^{1/2}-X_k \tag{2.10-14}$$

定子串电阻启动要消耗较多的电能在电阻上，且电阻散热需要较大的散热面积，很不经济。故适用于低压小功率电动机。定子串电抗启动主要用于高压大功率电动机。

2.2.2　星形—三角形启动

正常运行时定子绕组为三角形连接，具有六个出线端子，启动时，接触器 1KM、3KM 闭合，定子绕组接成星形，电动机降压启动，当电动机转速接近稳定转速时，3KM 断开而 2KM 闭合，定子绕组接成三角形，启动过程结束。

电动机直接启动时，定子绕组△接，每相绕组启动电压等于额定电压，$U_1=U_{1N}$，每相启动电流为 I_{st}，则启动电流 $I_{st}=3^{1/2}I_{1st}$。启动定子绕组 Y 接，每相启动电压 $U'_1=U_1/3^{1/2}=U_{1N}/3^{1/2}$，每相启动电流为 I'_{st}，则

$$I'_{st}/I_{st}=U'_1/U_1=(U_{1N}/3^{1/2})/U_{1N}=3^{-1/2} \tag{2.10-15}$$

Y 接启动电流 I'_{st} 等于启动相电流 I'_{1st}，即

$$I'_{st}=I'_{1st}=I_{1st}/3^{1/2} \tag{2.10-16}$$

于是 $$I'_{st}/I_{st}=(I_{1st}/3^{1/2})/3^{1/2}I_{1st}=1/3 \tag{2.10-17}$$

上式说明，Y-△启动时，相电压和相电流降到直接启动的

$1/3^{1/2}$时，对电网造成的冲击启动电流降到直接启动 1/3。由于$T_{st}\propto U_1^2$，直接时的为 T_{st}，则时的启动转矩 T'_{st}为：

$$T'_{st}=(U'_1/U_1)^2T_{st}=T_{st}/3 \qquad (2.10\text{-}18)$$

上式表明，Y 接启动的启动转矩为直接启动的 1/3。可见，这种启动方法较适用于用于空载或轻载启动。其特点是启动电流小、启动设备简单、价格便宜、运行可靠，因此在工程中得到大量的使用。

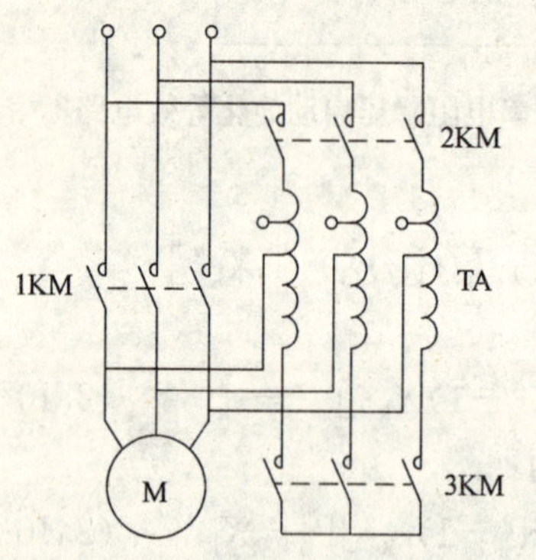

图 2.10-4 自耦变压器降压启动接线图

2.2.3 自耦变压器降压启动

笼型异步电动机降压启动的接线图见图 2.10-4。

图中 TA 为自耦变压器。启动时接触器 2KM、3KM 闭合，自耦变压器一次侧加上额定电压，由绕组抽头决定的二次侧电压加到定子绕组上，电动机在低压下启动。当转速升高接近稳定转速时，2KM、3KM 断开而 1KM 闭合，TA 脱离电网，全电压加于定子绕组上，启动结束。

设自耦变压器一次侧加上额定相电压 U_1，二次侧相电压为 U'_1，其每相电路原理图见图 2.10-5。则自耦变压器的变比 k 为：$k=U'_1/U_1=W_1/W_2$

当电动机采用自耦变压器降压启动时，加于电动机两端的相电压为 $U'_1=U_1/k$，由于 $I\propto U$，电动机的定子启动电流 I'_{1st}即自耦变压器二次侧相电流，为电动机全压启动电流 I_{1st}的 $1/k$，即 $I'_{1st}=I_{1st}/k$。因为

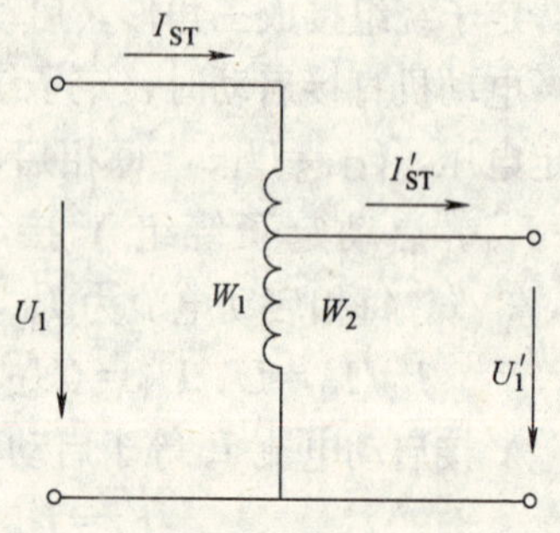

图 2.10-5 自耦变压器降压启动的每相电路图

电动机是接在自耦变压器二次侧，其一次侧电流 I_1 应是二次侧电流的 $1/k$。即

$$I_1 = I'_{1st}/k = I_{1st}/k^2 \tag{2.10-19}$$

启动转矩 T'_{st} 与全压启动转矩 T_{st} 关系为：

$$T'_{st}/T_{st} = (U'_1/U_1)^2 = 1/k^2 \tag{2.10-20}$$

由上式可知，采用自耦变压器将电压降到额定电压的 $1/k$ 倍，则启动电流和启动转矩均为直接启动的 $1/k^2$ 倍。不难看出，与定子回路串电阻或电抗降压启动相比，电动机启动转矩相同时，自耦变压器所需电流较小。

用于降压启动的自耦变压器，二次绕组通常备有三组抽头供选用。如 QJ2 型有 55%、64%、73%三组抽头，QJ3 型有 40%、60%、80%三组抽头，以满足不同的启动电流和启动转矩的要求。

自耦变压器降压启动广泛用于容量较大的低压电动机的启动，其优点是电压抽头可供不同负载选择；但体积大、质量重、价格高、需经常维护检修。

启动用自耦变压器的容量可选择与电动机的额定功率相同，但它是按短时工作制来设计的，每小时允许连续启动次数和每次启动时间均有明确规定，不能超过。如电动机要求连续启动次数 n 较多，每次启动时间 t 较长，总的启动时间超过最大允许时间 T 时，则必须选择较大容量的自耦变压器。

$$P_{TA} \geqq P_d k_i nt/k^2 T \tag{2.10-21}$$

式中，P_{TA} 为自耦变压器容量，kVA；P_d 为电动机额定容量，kVA；k_i 为电动机启动电流倍数。

2.2.4 软启动器降压启动

软启动器降压器是 20 世纪 90 年代，随着电力电子元件及其控制技术的成熟发展起来的高性能、智能化的电动机启动设备。它可以实现笼型异步电动机的无级平滑启动，可方便地调节最大启动电流和启动时间，特别适用于负载无法承受突然冲击启动的场合。其缺点启动是供给电动机的电流是非正弦波，存在高次谐

波，对电网和周围电气设备造成电磁干扰。

软启动器的实质仍然是降压启动，其启动电流、启动力矩的变化，由公式（2.10-4）、式（2.10-9）和式（2.10-10）可知：电动机的启动电流与电压成正比；电动机的力矩与电压的平方成正比。使加在电动机上的电压，按照一定的规律变化，即可控制电动机的力矩和电流，从而实现理想的启动。

软启动器的主回路通常采用由晶闸管组成的三相交流调压电路，串接于电动机的供电线路上见图2.10-6。启动时，接触器1KM闭合，接入软启动器，按预先设定的模式，通过同步触发电路，改变晶闸管的导通角，调节输出电压，实现电动机的启动过程。启动过程结束后，断开1KM，接通旁路接触器，使电动机直接接于供电线路，减少损耗。

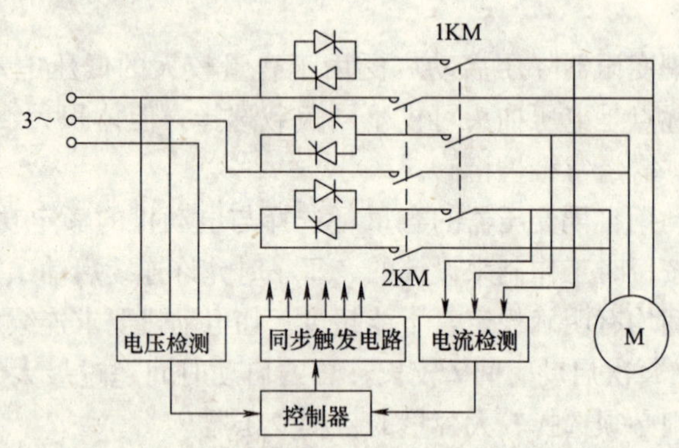

图2.10-6 软启动器控制原理框图

目前，软启动器有以下几种启动方法：

（1）限流软启动。在电动机启动过程中限制启动电流，不得超过设定值 I_m，主要用于轻载启动。优点是启动电流小，可根据需要调整，对电网电压影响小；缺点是启动力矩不能保持最大，启动时间相对较长。

（2）电压双斜坡启动。输出电压按线性先迅速升至电动机启动所需的最小电压值；然后按设定速率逐渐升压，直至达到额定电压。其特点是启动电流相对较大，且启动时间较短，负载无冲击，适用于重载启动。

(3) 转矩控制启动。按电动机的启动转矩线性上升的规律控制输出电压，用于重载启动。优点是启动平滑，减少对电网的冲击，缺点是启动时间较长。

(4) 加突跳转矩控制启动。启动瞬间加突跳转矩，克服机械设备的静转矩，机械动起来以后，改变转矩给定值使其平滑升速。适用于重载启动。优点是启动时间短。缺点是突跳转矩对电网带来冲击，干扰其他负载。

(5) 电压控制启动。控制电压以保证电动机获得适当的启动转矩，尽可能的缩短启动时间，是最优的轻载启动方式。

随着电力电子技术的发展，大功率电力电子元件日趋成熟，软启动器的造价成本必将降低，由于软启动器体积小、功能强、控制方式多且改变灵活，因此在实际使用过程中，当笼型异步电动机不能直接启动时，应优先考虑采用软启动器启动。

2.3 绕线型三相异步电动机的启动

绕线型三相异步电动机转子电路可外串三相对称阻抗，以减小启动电流及增大启动转矩，启动结束后切除外串阻抗。所以，它可用于重载和频繁启动的生产机械上，主要有下述两种启动方法。

2.3.1 转子串频敏变阻器启动

对于单纯为了限制启动电流、增大启动转矩的绕线型异步电动机，可采用转子串频敏变阻器启动。

频敏变阻器的铁心是由几片或十几片厚度为 30～50mm 的钢板叠成，三根铁心柱上绕着接成星形的三相绕组组成。频敏变阻器的每相等效电路如图 2.10-7 所

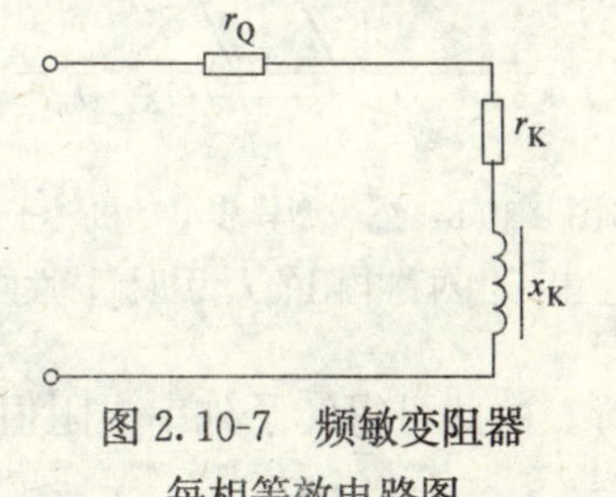

图 2.10-7 频敏变阻器每相等效电路图

示，图中 r_p 为绕组电阻，x_{mp} 为带铁心绕组的电抗，r_{mp} 是反映铁损耗的等效电阻，频敏变阻器铁心叠片厚，铁损耗大，故 r_{mp} 之值比一般电抗器大。当电动机启动时，转子频率高，与频率平方成正比的涡流损耗更大，r_{mp} 比 x_{mp} 大的多，相当于转子串入一个比较大的电阻，使 I_{st} 小而 T_{st} 大。随着转速升高，f_2 变小，涡流损耗小，r_{mp} 变小；电抗 $x_{mp}=2\pi f_2 L_{mp}$ 也小，L_{mp} 为绕组电感。在整个启动过程中 r_{mp} 与 x_{mp} 都自动减小，始终使电动机保持较大的启动转矩。启动结束，f_2 很低，频敏变阻器的阻抗亦很小，但为了免除其在运行中产生的不必要损耗，应将集电环短接，切除频敏变阻器。

频敏变阻器结构简单、运行可靠、无需经常维护，价格便宜；但功率因数低，与转子串电阻启动相比，启动转矩小、最大转矩略有下降，适用于频繁启动不需调速的生产机械。

2.3.2 转子串三相对称电阻分级启动

绕线型异步电动机转子串三相对称电阻启动时，相当于增大转子绕组电阻值，从 $T_m \approx m_1 p U_1^2 / 4\pi f_1 (X_1 + X_2)$ 和 $S_m = r_2 / ([r_1^2 + (X_1 + X_2)^2]^{1/2}$ 公式可知：最大转矩与转子电阻无关，转子绕组串入电阻后 T_m 保持不变。但临界转差率 S_m 随着转子绕组电阻的增大成正比地增加。其机械特性见图 2.10-8。

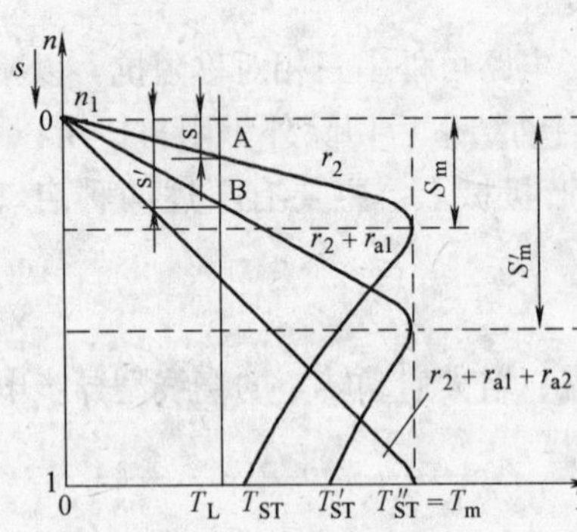

图 2.10-8 绕线型异步电动机转子回路串三相对称电阻的人为机械特性曲线

当电动机其他参数不变时，在转子绕组中串接电阻 r_a 前后，若要保持转矩不变，由式（2.10-4）可知，必须保证 $r_2/S=(r_2+r_a)/S'$ 不变才行。由此可得转子外串电阻值为：

$$r_a=(S'/S-1)r_2 \tag{2.10-22}$$

从式（2.10-9）可知，启动转矩随着转子电阻的增大而增大。

采用分级切除启动电阻的方法，可以提高平均启动转矩和减小启动电流与启动转矩的冲击。

由于异步电动机机械特性曲线为非线性，很难准确算出各级启动电阻值。为简化计算，在 $0<S<S_m$ 范围内的机械曲线可视作直线，其误差并不大；根据电动机转矩简化表达式 $T\approx 2T_m/(S/S_m+S_m/S)$，当 $S/S_m \ll S_m/S$ 时，可用机械特性近似表达式 $T=2T_m S/S_m$ 计算各级启动电阻。

由机械特性近似表达式可见，当 S 不变时，T 与 S_m 成反比，$T\propto 1/S_m$，根据式 $S_m=r_2/[r_1^2+(x_1+x_2)^2]^{1/2}$ 可推知，临界转差率与每相转子电路总电阻 R 成正比，$S_m \propto R$。因此可得 $T\propto 1/R$。

它说明在转速不变即转差率 S 不变时，T 与每相转子电路电阻成反比。

绕线型异步电动机转子串电阻分级启动的优点是：可获得最大的启动转矩，启动时功率因数高，启动电阻可兼作调速电阻。但如要求平均启动转矩尽量大，则启动级数就多，使启动设备增多，投资增大，维修不太方便，启动过程中有大量的能量消耗在串接电阻上。

3 变频调速启动

笼型交流异步电动机，量大、面广、使用效率及性价比高、制造方便，但对其调速控制，始终没有较好的方法。直到 20 世纪 80 年代成熟的商品化的变频装置问世以后，这个问题才得到很好的解决。目前采用的方法很多，有 PWM 脉宽调制技术、矢量控制技术、模拟控制、计算机数字控制等等，但是万变不离其宗，其核心理论、仍然是通过改变电源频率来调节电机的速度。如三相异步电动机有调速要求，亦可结合调速设备采用变频的方式启动。

3.1 变频调速原理

由电机学的基本公式 $n_0=60f/p$ 可知：在磁极对数 p 一定的条件下，改变电源频率 f，即可改变电动机的同步转速。异步电动机的实际转速总低于同步转速，而且随着同步转速而变化。电源频率增加，同步转速 n_0 也增加，实际转速也增加；电源频率下降，同步转速 n_0 也下降，实际转速也降低，这种通过改变电源频率实现的电机速度调节过程称为变频调速。

变频调速控制方式基本上有两种。电源频率低于基频范围调速；电源频率高于基频范围调速。

3.1.1 电源频率低于基频范围调速

异步电动机的额定频率称为基频，即电网电源频率，在我国为50Hz。电机定子绕组内感应电动势为

$$U_1 \approx E_1 = 4.44 f_1 W K_{W1} \Phi_1 \qquad (2.10\text{-}23)$$

式中，E_1 为定子绕组感应电动势；Φ_1 为气隙磁通；f_1 为电源频率；W 为定子每相绕组匝数；K_{W1}为基波绕组系数。

在变频调速时，如果只降低定子频率 f_1，而定子每相电压保持不变，则必然会造成 Φ_1 增大。由于电动机制造时，为提高效率减少损耗，通常在 $U_1=U_n$、$f_1=f_n$ 时，电动机主磁路已接近饱和，增大 Φ_1 势必使主磁路过饱和，这将导致励磁电流急剧增大，铁损增加，功率因数下降。

(1) 使 E_1/f_1 保持不变。根据上式，若在降低 f_1 的同时，亦降低 U_1，使 E_1/f_1 保持不变，则可保持 Φ_1 不变，从而避免了主磁路过饱和现象的发生。这种控制方式为恒磁通控制。此时电动机的电磁转矩为

$$T=m_1 p f_1 (E_1/f_1)^2/2\pi \times 1/(r_2/S+SX_2{}^2/r_2)$$

由于 S 较小，可近似认为 $(r_2/S)^2 \rangle\rangle X_2^2$ 则有

$$T \approx m_1 p (E_1/f_1)^2/2\pi \times f_1 S/r_2 = K f_1 S \qquad (2.10\text{-}24)$$

式中，$K=m_1 p\ (E_1/f_1)^2/2\pi r_2$

由此可知：若频率 f_1 不变，则 $T \propto S$；若 T 不变，则 $S \propto 1/f_1$；

转矩为 T 时，对应的速降

$\Delta n = n_1 - n = Sn_1 = [T/(Kf_1)] \times (60f_1/p) = 60T/(Kp)$

上式表明：若 T 不变，不管 f_1 如何变化，Δn 都相等。这说明，不同频率 f_1 对应的各条机械特性是互相平行的。根据力矩方程可求出最大值。

电动机临界转差率：

$$S_m = r_2/X_2 = r_2/(2\pi f_1 L_2) = k/f_1$$

式中，L_2 为转子电感值。

电动机最大转矩：

$$T_m = m_1 p f_1/4\pi \times (E_1/f_1)^2 \times 1/(2\pi f_1 L_2) = \text{常数} \quad (2.10\text{-}25)$$

$$\Delta n_m = S_m n_1 = k/f_1 \times 60 f_1/p = 60k/p = \text{常数} \quad (2.10\text{-}26)$$

由此可见：基频以下变频调速时，若保持 E_1/f_1 = 常数，最大转矩及最大转矩处的转速降落均等于常数，与频率无关。因此不同频率的各条机械特性曲线是平行的，硬度相同，见图 2.10-9。

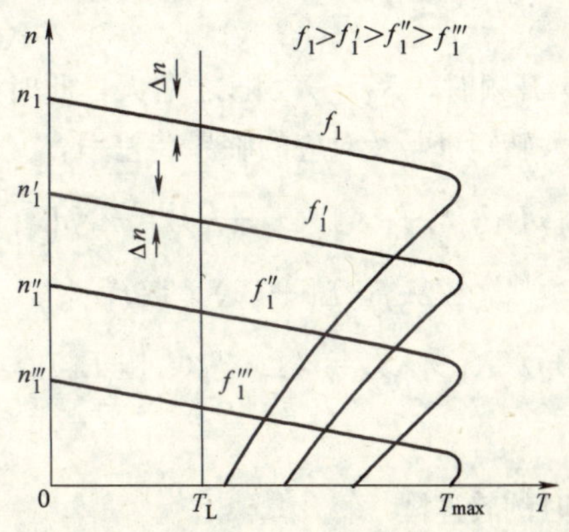

图 2.10-9 保持$\frac{E_1}{f_1}$=常数、变频调速时的机械特性

(2) 使U_1/f_1保持不变。U_1/f_1保持不变的调速，这种控制方式是近似恒磁通控制方式。由力矩方程

$T=m_1pf_1/2\pi\times(U_1/f_1)^2\{(r_2/S)/[(r_1+r_2/S)^2+(x_1+x_2)^2]\}$ 得到

电动机最大转矩：

$$T_m=[m_1p(U_1/f_1)^2/4\pi]\times f_1/\{r_1+[r_1{}^2+(X_1+X_2)^2]^{1/2}\} \quad (2.10\text{-}27)$$

电动机临界转差率：

$$S_m=r_2/[r_1{}^2+(X_1+X_2)^2]^{1/2} \quad (2.10\text{-}28)$$

从上式看出，保持U_1/f_1为常数，在基频以下变频调速时，T_m已不是常数，它随着f_1降低而减小。显然保持U_1/f_1为常数变频调速时，过载能力随频率下降而降低，特别是在低频低速运行时，还可能会拖不动负载。

3.1.2 电源频率高于基频范围调速

在基频以上变频调速时，定子频率f_1大于额定频率f_N，要保持Φ_1恒定，定子电压将高于额定值，通常这是不允许的。因此，基频以上变频调速时，只能保持U_1为额定电压不变。这样，随着f_1升高，磁通Φ_1必然会减小，这是降低磁通的调速方法。

$f_1>50\mathrm{H_Z}$升频时，X_1+X_2随之增大，此时$X_1\ll X_1+x_2$可忽略。则最大转矩T_m及对应的临界转差率S_m分别为：

$$T_m\approx m_1pU_1{}^2/4\pi f_1\times1/(x_1+x_2)=m_1pU_1^2/4\pi f_1\times 1/2\pi f_1(L_1+L_2)\propto1/f_1^2 \quad (2.10\text{-}29)$$

$$S_m\approx r_2/(X_1+X_2)=r_2/2\pi f_1(L_1+L_2)\propto1/f_1 \quad (2.10\text{-}30)$$

最大转速时的转速降

$$\Delta n_m=S_mn_1\approx r_2/2\pi f_1(L_1+L_2)\times60f_1/p=\text{常数} \quad (2.10\text{-}31)$$

由以上可知，当 $U_1=U_N$ 不变，f_1 大于 50Hz 变频调速时，T_m 将与 f_1^2 成反比减小；S_m 与 f_1 成反比减小；而 Δn_m 则保持不变，即不同频率下各条机械特性曲线近似平行，其机械特性曲线如图 2.10-10。

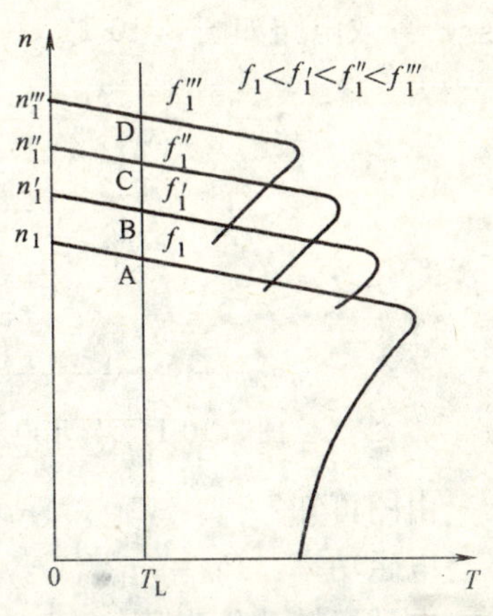

图 2.10-10 保持 $U_1=U_N$ 不变的升频调速机械特性

正常运行时 S 很小，r_2/S 比 r_1 及 X_1+X_2 都大很多，忽略 r_1 及 X_1+X_2，则电磁功率可表示为：

$$P_M=m_1 I'^2_2 r_2/S=m_1\cdot\{U_1/[(r_1+r_2/S)^2+(X_1+X_2)^2]^{1/2}\}^2\cdot r_2/S\approx m_1 U_1^2 S/r_2 \quad (2.10\text{-}32)$$

调速时，因为保持 I_1 不变，则不同频率下 S 变化不大，可近似认为不变，因此，$P_M\approx$常数，可近似认为属于恒功率调速。

3.1.3 三相异步电动机变频调速特点

(1) 由基频向下变频调速，保持 E_1/f_1 不变，为恒磁通变频调速，属于恒转矩调速方式；保持 U_1/f_1 不变，为近似恒磁通变频调速，属于近似恒转矩调速方式。

由基频向上变频调速，保持 U_1 不变，f_1 升高，Φ_1 下降，为弱磁变频调速，属于恒功率调速方式。

(2) 机械特性曲线基本平行，特性曲线较硬，调速范围宽，转速稳定性好。

(3) 运行时 S 变化小，转差功率损耗小，效率高。

(4) 频率连续可调，能实现无级调速，调速平滑性好。

3.2 变频调速启动

变频调速启动其实是变频调速过程的一种特殊状态，此时，$n=0$；$S=1$，此时的力矩为启动力矩 T_{ST}、电流为启动电流

I_{ST}。等效电路如图 2.10-11。

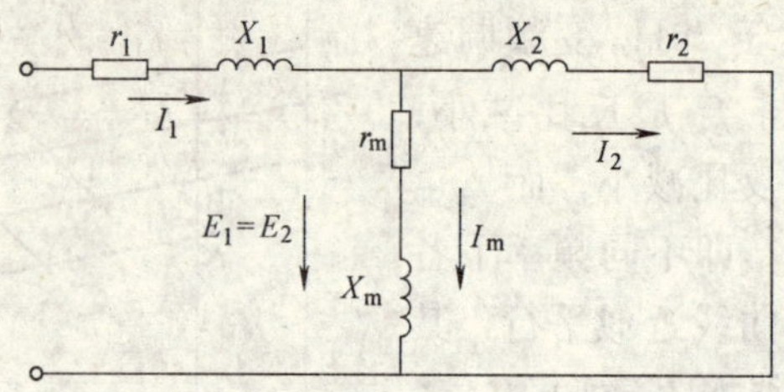

图 2.10-11 异步电动机直接启动等效电路

由图可知：

电磁功率：$P_M=m_1U_1^2(r_2/S)/[(r_1+r_2/S)^2+(x_1+x_2)^2]$

电动机转动角速度：$\omega=2\pi f_1/p$

电磁力矩：$T=p/\omega=m_1pf_1/2\pi\times(U_1/f_1)^2\{(r_2/S)/[(r_1+r_2/S)^2+(X_1+X_2)^2]\}$

当 $n=0$；$S=1$ 时：

电动机启动转矩：$T_{ST}=m_1pf_1/2\pi\times(U_1/f_1)^2r_2/[(r_1+r_2)^2+(X_1+X_2)^2]\}=k_1f_1$ (2.10-33)

电动机启动电流：$I_{ST}=U_1/[(r_1+r_2)^2+(x_1+x_2)^2]^{1/2}=k_2U_1$ (2.10-34)

由上节分析我们知道：由基频向下变频调速，通常采用同时改变电压 U_1 和频率 f_1，但保持 U_1/f_1 不变，为近似恒磁通变频调速方法，属于近似恒转矩调速方式。

保证电机正常启动的基本条件：(1) 电动机启动转矩 T_{ST}必须大于所拖动负载转矩。(2) 电动机启动电流 I_{ST}必须满足电网波动的要求。

由以上两式知：若要满足（1）条件，并不难。只要在保证 U_1/f_1 不变的前提下，改变电源频率 f_1，使 $T_{ST}>(1.1\sim1.3)T_f$ 即可保证启动。具体需要多大，视负载能承受冲击力矩而定。若要满足（2）条件，亦不难。只要在保证 U_1/f_1 不变的前提下，改变电源电压 U_1，控制启动电流 I_{ST}，使其对电网的造成得波动在允许范围之内即可。在启动过程通过无级改变电压 U_1 和

频率 f_1，可保证转矩恒定，启动平稳，减少对负载的冲击。

但是要注意：一般变频器的过流能力，控制在1.5倍额定电流。所以其启动力矩受到限制，若负载静力矩太大，有可能启动失败。解决的办法是加大变频器的容量。

综上所述，用变频器可以完全满意的启动电动机，但仅为了电动机的启动就使用变频器，有点得不偿失。因为目前变频器的价格仍然很高。通常都是结合电动机的调速要求，采用变频调速的方法，从而也兼顾了启动的要求。

3.3 变频调速的应用

在工业和民用的许多部门，都离不开电力传动系统。由于考虑到生产机械在各种情况下的工作运行，配用的拖动电机功率一般定位在最大工作能力情况下，而大量的生产场合由于功率需求始终处于变动之中，在恒定转速拖动时，无法进行拖动功率与实际功率需求的匹配平衡。这就导致了大量的电动机处于轻载运行，使电能利用率低，电耗大、浪费电能现象严重。所以许多场合，在电力传动系统中加入调速控制，根据拖动负载实际需求，改变电机的转速达到最佳配合，可减少电能的浪费和损耗。变频调速与其他传统的调速系统如变极调速、调压调速、串级调速、滑差调速等相比具有明显的优势。

3.3.1 变频调速在供水系统中的应用

传统的供水系统采用高位水箱、气压罐供水方式，高位水箱式占用空间、增加重量、容易造成二次污染、水压不稳。气压罐供水方式，存在漏气泄压现象严重的问题，导致电机频繁启动，效率低、浪费电能。应用变频调速设备调节水量，是一种完全匹配的供水方式，通过改变水泵电机的供电频率，调节水泵转速，通过压力传感器检测供水压力并加以控制，保证在用水量变化时，供水量也随之变化，实现供用水量的匹配，保证供水的压力恒定即为恒压供水。这种方式，无需其他辅助面积和设备，占地少。用水高峰期，用水量大，电机高速运转，用水低谷期，用水量小，电机低速运转，减少从电网吸取的功率，节约能源。实现了按需供水。

3.3.2 变频调速在中央空调系统的应用

中央空调系统一般有冷冻机主机、冷冻水系统、冷却水系统组成。冷冻机主机是整个装置的冷源。冷冻水系统是将通往各个房间或场所的循环水由冷冻机降温为冷冻水。冷却水系统是通过冷却水、室外冷却塔循环，将冷冻机在制冷的过程中本身产生的热量散发到大气中去。冷冻水、冷却水的水温均可通过控制水的流量、流速得到很好的控制。变频调速具有良好的无级调速性能，因此在中央空调系统中得到广泛的应用。

除此之外，变频调速在轧钢、风机、电力、机械加工、化工工业等也得到了大量的应用。

3.4 变频器的选择

通常变频器以适用的电机容量（kW）、输出容量（kVA）、额定输出电流（A）表示。其中额定电流为变频器允许的最大连续输出电流的有效值，无论什么用途都不能连续超出此值的电流。

输出容量为额定输出电压及额定输出电流时的三相视在输出功率。根据实际情况，此值只能作为变频容量的参考值。因为随着输入电压的降低此值无法保证。不同厂家的变频器适用同样的电机容量，而其输出容量则有较大的差距，根本问题在于同一电压等级的变频器的输出容量（kVA）的计算电压不同。因此，不同厂家适合同一容量电机的变频器的输出量无可比性，容易引起误会。

3.4.1 根据电机电流选择

不同厂家的电机，不同系列的电机，不同极数的电机，即使同一容量等级，其额定电流也不尽相同。不同极数电动机的额定电流参考之见表 2.10-1。变频器生产厂家给出的数据，都是对 4 极电机而言的。6 极电机或多极电机传动，不能单纯以电机容量

为选择变频器的标准。还应有

$$I_0 \geqslant \sum nkI_e \tag{2.10-35}$$

式中：I_0 为变频器的额定输出电流，A；n 为并联电动机的台数；k 为系数（一般为 $k=1.1$）；I_e 为电动机的额定电流，A。

不同极数电动机的额定电流参考值　　表 2.10-1

电机功率(kW) 电机极数/电流(A)	7.5	11	15	18.5	22	30	37	45	55	75	90	110	132
4 极/I_e	15.5	21	29	36.8	43.7	58	70	84	105	136	162	200	235
6 极/I_e	18	26	34	38	45	60	72	85	108	140	168	205	245
8 极/I_e	19	26	36	39	47	63	76	92	118	153	182	220	265

3.4.2 过载容量

根据负载不同的类型往往需要过载能力大的变频器，比如200％过载，60s。但通用变频器过电流能力通常为在一个周期内允许 125％或 150％过载，60s。超过过载值就必须增大变频器的容量。

3.4.3 过载频度

通用变频器规定 125％，60s 或 150％，60s 的过载能力的同时，还规定了工作周期，有的厂家规定 300s 为一个过载周期，而有的厂家规定 600s 为一个过载周期，严格按规定运行，变频器就不会过热。

同时，大多数厂家给出的电流过载倍数是在规定的工作周期内，允许长期连续电流，即以额定输出电流为基础。但也有个别公司在标明电流过载 150％，60s 的同时指出，其基础电流为额定输出电流的 91％。也就是说，当传动设备刚投入运行时，允许过载额定输出电流的 150％，60s，而后一个工作周期中仍然需要过载 150％，60s，则必须保证过载前的负载电流不大于 91％额定电流，此时过载实为额定输出电流的 136％。

在一定周期内限制过电流的倍数及时间，主要是限制变频器超过最大允许温升，因此，在规定周期内过电流时间短，可以提高过流能力，如：180%，20s，过流能力不变，如要缩短工作周期，则必须加大变频器的容量；频繁起制动的生产机械，其工作周期远短于规定周期。一般选用变频器的容量应比电动机容量大1~2等级。

3.4.4 电动机轻载运行

电动机的实际负载比电动机的额定输出功率小很多时，一般认为可选择与实际负载相称的变频器容量，然而这是不合适的。因为：(1) 电机在空载时也流过额定电流30%以上的励磁电流。(2) 启动电流与电动机施加的电压、频率相对应，而与负载转矩无关。如果变频器容量选的太小，则可能出现启动电流超过变频器允许的电流，而不能启动的现象。(3) 电机容量大，负载小，按实际负载电流选择变频器供电时，脉动电流值增大。因而，可能出现超过变频器的过流能力，而不能运行的情况。

3.4.5 按负载性质选择

用变频器传动电机与用正弦波传动的电动机相比，由于变频器输出波形中含有高次谐波的影响，电动机的功率因数、效率均将恶化，温升升高。另一方面，变频传动时要得到与工频电源传动时同样的转矩，变频器输出电流的基波有效值通常要等于工频电源的有效值。变频器输出电流由基波电流与高次谐波电流叠加合成。因此，变频器传动时电机的基本特性将不同与工频电源传动。

利用电机的等值电路可求得空载电流为：

$$I_0=(I_{01}^2+\sum I_{0k}^2)^{1/2} \tag{2.10-36}$$

式中，I_{01}为定子空载基波电流；I_{0k}为定子空载k次谐波电流。

上式表明，变频传动比工频传动的空载电流要大，其中，定转子铜损和与载波频率有关的铁损是高次谐波引起损耗增大的主要原因。高次谐波分量引起的损耗增大与负载的大小无关，大体上与空载一样。基本为一定值。因此，负载越轻，谐波损耗增加的影响越大，引起功率因数将低，效率下降，温升升高。

通常电动机额定运转（输出额定电压、频率及功率）时，变频器供电的电动机电流比工频供电的电动机电流约增加16%，温升增加20%。因此，变频器供电时普通电动机不宜在额定频率下满载运行。